明晶梨（华梨 2 号 × 桂花梨）

明翠梨（早美酥 × 翠冠）

明雪梨（金水 2 号 × 翠冠）

明蜜梨（安农 1 号 × 翠冠）

明香梨（圆黄实生）

明脆梨（安农 1 号 × 鄂梨 2 号）

明酥梨（圆黄实生）

黑斑病　　褐斑病

灰斑病　　干腐病

梨锈病

枝干轮纹病

果实轮纹病

白粉病

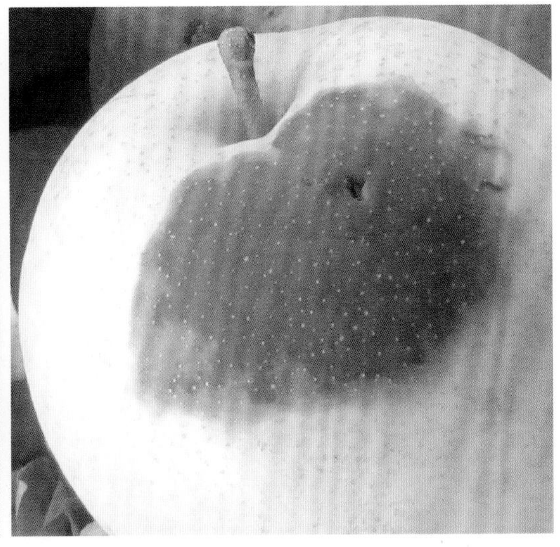

果实日灼

生理裂果

除草剂危害(小叶)

梨实蜂

梨茎蜂

梨木虱

梨二叉蚜

梨瘿蚊

梨小食心虫

鸟害

梨网蝽

刮树皮

树干涂白及翻耕

夏季梨园自然生草

冬季梨园人工生草

国家重点研发计划项目2019YFD1001400资助

乡村振兴——现代农业种植实用技术读本系列

# 梨适地适栽与良种良法

李先明 著

武汉理工大学出版社

**图书在版编目（CIP）数据**

梨适地适栽与良种良法 / 李先明著. — 武汉：武汉理工大学出版社，2022.6
ISBN 978-7-5629-6602-9

Ⅰ. ①梨… Ⅱ. ①李… Ⅲ. ①梨—果树园艺 Ⅳ. ① S661.2

中国版本图书馆 CIP 数据核字（2022）第 111704 号

责任编辑：杨　涛
责任校对：张莉娟
装帧设计：艺欣纸语
排　　版：武汉正风天下文化发展有限公司
出版发行：武汉理工大学出版社
社　　址：武汉市洪山区珞狮路 122 号
邮　　编：430070
网　　址：http://www.wutp.com.cn
经　　销：各地新华书店
印　　刷：武汉市金港彩印有限公司
开　　本：710×1000　1/16
插　　页：8
印　　张：19.5
字　　数：480 字
版　　次：2022 年 6 月第 1 版
印　　次：2022 年 6 月第 1 次印刷
定　　价：48.00 元

凡购本书，如有缺页、倒页、脱页等印装质量问题，请向出版社市场营销中心调换。
本社购书热线电话：027-87515778　87515848　87785758　87165708（传真）

# 序

我国果树生产地域广、类型多，跨越寒、温、热三个气候带，在漫长的系统发育过程中，经过自然选择和人工驯化，形成了各具特色的果树优势产业区。我国的梨在长期的自然选择和生产发展过程中，逐渐形成了四大产区：环渤海（辽、冀、京、津、鲁）秋子梨、白梨产区，西部地区（新、甘、陕、滇）白梨产区，黄河故道（豫、皖、苏）白梨、砂梨产区，长江流域（川、渝、鄂、浙）砂梨产区。北方梨产区主要栽培品种有酥梨、黄冠、雪花、库尔勒香、鸭梨、早酥、红香酥、玉露香等，南方梨产区主要为翠冠、黄花、湘南、金花、鄂梨2号、苍溪雪梨等。

我国果树品种多样化的水平以及满足市场多元化需求的能力明显提升，但是不同主产区品种同质化、熟期集中、专用品种缺乏及良种无良法表现得较为突出，亟须解决果树良种评价标准和指标体系、优质丰产栽培关键限制因子及调控等问题。因此，国家重点研发计划“果树优质高效品种筛选及配套栽培技术研究”于2019年5月启动，旨在筛选适宜轻简化、优质高效栽培以及适宜特定气候区域的品种并研发配套技术体系，着力突破制约柑橘、苹果、梨、葡萄产业发展面临的技术瓶颈，提高水果产量、品质和经济效益，满足市场多元化需求，为我国水果产业供给侧结构性改革提供支持。

《梨适地适栽与良种良法》一书为该项目的阶段性研究成果，为湖北省农业科学院果树茶叶研究所李先明研究员编撰。该专著系统介绍了梨树的经济意义、梨产业在乡村振兴中的作用、砂梨品种、引选种和育种、栽培新模式及建园、梨园土肥水管理、整形修剪、果实管理、病虫害防治以及采后处理等内容，对提高我国长江流域地区砂梨的标准化生产技术水平具有借鉴作用。我相信，该专著的出版将会受到果树科技工作者及广大果农的欢迎。

华中农业大学教授

2022年3月

# 前　言

我国梨的栽培历史悠久，黄河流域地区梨的人工栽培历史有3000多年。在春秋战国时期，梨已成为黄河流域地区广受欢迎的水果。西汉时期长江流域地区已开始人工栽培梨树，梨产业在不同历史时期的快速发展，也是其自身物质文化和精神文化价值的凝聚。我国的民间俗语、俚语、歇后语中也有许多关于梨的记述，如“七月核桃八月梨，九月枣儿甜蜜蜜”“立秋胡桃白露梨，寒露柿子红了皮”等，出现了许多诸如“梨园子弟”“孔融让梨”“哀梨蒸食”“梨虽无主，我心有主”等历史典故。

我国是世界上栽培梨的起源中心，也是梨的重要原产地和生产大国。中国梨在世界梨产业发展中有着举足轻重的位置。据FAO统计，2018年中国梨栽培面积占世界梨栽培总面积的67.85%，梨产量占世界梨总产量的68.24%。梨产量在我国仅次于苹果和柑橘，是第三大水果，梨生产地区分布范围广，除海南省、港澳地区外，其余各省、自治区、直辖市均有种植，梨产业已经成为部分山区、半山区脱贫致富、实现乡村振兴的当家产业。

我国梨产业在发展过程中也存在一些问题，主要表现为种业产业水平低，苗木市场紊乱；品种多、乱、杂，亟须优化调整；质量总体不优，果农收益低；栽培技术滞后，人工劳力成本高。为使广大梨农在生产种植中全面了解梨栽培新品种及新技术，“适地+适栽”“良种+良法”，科学种植，在国家重点研发计划项目“果树优质高效品种筛选及配套栽培技术研究/2019YFD1001400”的资助下，湖北省农业科学院果树茶叶研究所李先明研究员编著此书，供科技工作者、生产管理人员和果农参考。由于著者水平所限，书中的缺点和错误在所难免，敬请批评指正！（联系电话：13971014917；邮箱：xianmingli@126.com；微信同手机号码）

著者：李先明

2022年3月

# 目　录

# 第一章　概　述

# 第一节　梨树的经济意义

## 1. 我国梨的栽培历史

我国梨的栽培历史悠久，在以采集、渔猎经济为主的原始社会，树木的果实已是人类赖以生存的食物来源之一。据考证，新石器时代遗址中就有果实、果核出土。梨的栽培在原始农业时期，经历了对野生梨进行驯化、培育和选择的过程。据史料记载，黄河流域地区梨的人工栽培历史有3000多年。《诗经·召南·甘棠》载有“蔽芾甘棠，勿剪勿伐，召伯所茇”。[①]在陕西省岐山县发现保存完好的“召伯甘棠”石碑，确实为召伯所植。

西汉时期长江流域地区已开始栽培梨树，《子虚赋》记载楚地“楂梨梬栗，橘柚芬芳”。[②]长沙的中山靖王很喜欢梨，将梨作为墓葬的随葬品。淮南王主持编写的《淮南子》记载“佳人不同体，美人不同面，而皆说（悦）于目；梨、橘、枣、栗不同味，而皆调于口”[③]。

随着我国考古工作的不断开展，考古人员在新疆吐鲁番盆地地区发掘出公元557年的北朝时期墓葬，发现了梨干遗物以及梨的竹简史料，证明新疆也是梨树的原产地之一。北宋王安石的诗作《送李宣叔倅漳州》中就有“蕉黄荔子丹，又胜楂梨酢”[④]的诗句，表明梨果在福建很早就有栽培，并受到广大人民的欢迎。

## 2. 不同历史时期梨的品种

我国是梨的原产地，也是世界上栽培梨的初生中心。我国栽培的砂梨、白梨和秋子梨统称为中国梨，原产于我国。全世界梨有35种，我国有13种，野生梨在我国分布很广，东北有耐寒的秋子梨，华北平原和黄河流域有杜梨，江南和华南有砂梨和豆梨，果实小，熟后味甜，很早就成为人们的采集对象，进而被驯化为栽培品种。

---

① [宋]朱熹集传：《典藏国学 诗经》，上册：上海古藉出版社，2013.08，第21页。

② [汉]司马相如：《子虚赋》// 裴普南、何风奇、李孝堂等：《汉魏六朝赋选》，上海：上海古籍出版社，1983年，第17页。

③ [汉]刘安等：《淮南子》，上海上海古藉出版社，1990年，第17卷第185页。

④ [宋]王安石撰：《临川先生文集》，上海：复旦大学出版社，2016.09，第235页。

我国汉代关中地区就有很多梨的优良品种，《西京杂记》记载“初修上林苑，群臣远方各献名果异树……紫梨、青梨（实大）、芳梨（实小）、大谷梨、细叶梨、缥叶梨、金叶梨（出琅琊王野家，太守王唐所献）、瀚海梨（出瀚海北，耐寒不枯）、东王梨（出东海中）、紫条梨”[①]。

唐宋时期随着社会经济的快速发展，梨的品种更加丰富多彩。《旧五代史·太祖纪》记载了多个梨品种，包括镇州水梨、河东白杜梨、晋州和绛州黄消梨、陕府凤栖梨、青州水梨、郑州鹅梨等。宋《洛阳花木记》记载了27个梨的品种，包括水梨、红梨、雨梨、浊梨、鹅梨、穰梨、消梨、乳梨、袁家梨、车宝梨、大洛（谷）梨、甘棠梨、早接梨、凤西（栖）梨、密指梨、罨罗梨、棒槌梨、清沙烂、棠梨、压砂梨、梅梨、榅桲梨等；《东京梦华录》记有河北鹅梨、西京雪梨、夫梨、甘棠梨、凤栖梨、镇府浊梨。

元明清时期，许多古籍和地方志对梨的品种都有详细记载，许多梨品种至今仍然能寻到踪迹。元代王祯《农书》记载：“魏府多产鹅梨。北地有香水梨，最为上品”[②]，在元代，香水梨已为著名的良种。《明经世文编》记载“京师、南京种有雪梨”。可见当时栽培的优良品种不少与今天是一致的，其中华北地区的宛平县有香水、秋白、红绡、鹤顶红、雪梨；昌平县有香水、秋白、红绡、鹅、瓶梨，历城县有鹅梨、秋白、香水，高唐州有香水、鹅梨，莱阳有香水、平桑、铁皮梨，翼城县有香水、秋白、酥梨，平陆县有鹅梨，西华县有袁家梨，等等。

### 3. 梨的药用价值

梨古称为果宗、快果、玉乳、蜜父等，具有独特的营养价值，其根、皮、枝、叶及果实、果皮都可用来入药。梨果实富含维生素A、B、C、D、E和微量元素碘，含水量多，含糖量高，其中主要是果糖、葡萄糖、蔗糖等可溶性糖，并含多种有机酸，故味甜，汁多爽口，香甜宜人，食后满口清凉，既有营养，又解热症，可止咳生津、清心润喉、降火解暑，是夏秋热病之清凉果品；又可润肺、止咳、化痰。中医认为梨性寒、味甘、微酸，入肺、胃经，有生吞津、润燥、消痰、止咳、降火、清心等功用，可用于热病津伤、消渴、热痰咳嗽、便秘等症的治疗。

---

① [汉]刘歆等：《西京杂记译注》，上海：上海三联书店，2013.06，第51页。

② [元]王祯撰：《农书译注　上》，济南：齐鲁书社，2009.04，第270页。

（1）茯苓贝梨

茯苓 15 g，川贝母 10 g，梨 1000 g，蜂蜜 500 g，冰糖适量。将茯苓洗净，切成小方块。川贝母去杂、洗净。梨洗净，去蒂把、切成丁。将茯苓、川贝母放入铝锅中加适量水，用中火煮熟，再加入梨、蜂蜜、冰糖，继续煮至梨熟，出锅即成。使用时汤鲜甜，可吃梨、喝汤，润肺止咳、清化热痰、增白养颜。

（2）梨膏

秋梨 100 kg，麦门冬、百合、贝母各 1 kg，款冬花 750 g，冰糖 2 kg。水煎浓缩成清膏，每清膏 300 g，加入炼蜜 300 g，共熬至滴水成珠为度。每服 15 g，温开水冲服，每日 2 次。治阴虚咳嗽，咽干口渴，音哑气喘，或自汗盗汗。

（3）雪梨罗汉果汤

雪梨 1 个，罗汉果半个。将雪梨洗净，切碎块，罗汉果洗净，水煎，水沸 30 min 后饮汤。可治急慢性咽炎，阴虚有热者。

（4）治疗肺痰咳嗽、干咳咯血

雪梨 6 个，削皮挖心，将 100 g 糯米煮成饭，川贝粉 12 g，冬瓜条 100 g 切碎，冰糖 100 g 拌匀，装入梨中，蒸 50 min 后食用，早晚各服 1 次。润肺化痰，降火止咳。

（5）治疗感冒

生梨 1 个，洗净连皮切碎，加冰糖蒸熟吃。或将梨去顶挖核，放入川贝母 3 g、冰糖 10 g，置碗内文火炖之，待梨炖熟，喝汤吃梨，连服 2 ～ 3 d，疗效尤佳。生梨 1 个，将蜂蜜或冰糖放入梨内，蒸熟吃梨喝汤，每日 1 次，连吃 5 d 为一疗程。或将梨挖心削皮，放入北杏仁 10 g，冰糖 30 g 蒸熟吃，可止咳化痰，清热生津。

## 4. 梨文化

农业文化遗产发掘、保护、传承和利用是促进优秀传统文化传承体系建设的重要举措，对于弘扬传统农耕文化，增强国民对民族文化的认同感、自豪感，促进乡村振兴及农民就业增收具有重要的意义。文化是一个民族共同体在长期的历史发展、生产、生活实践中所形成的文化心理、价值观念、生命意识及独特的生活方式的具体表现。果树的文化价值作为一种社会文化现象，往往以最原始、最广泛的形态具体而深刻地反映人们的生活方式、物质生产水平、思想意识、精神状况等。伴随旅游业的快速发展，人们的旅游消费观念逐渐发生变化，利用果树文化的旅游价值，因地制宜地开发果树文化旅游区已经成为乡村振兴的重要途径。

梨文化的传承是一个连续不断的发展过程，具有空间上的统一性、时间上的连续性。这一过程中人类作为主体，梨作为客体，梨文化是二者相互作用的结果，它既是一种社会现象，是人们长期创造形成的产物，同时又是一种历史现象，是社会历史的积淀。梨在我国有着3000多年的经济栽培历史，梨的文化史承载于史书、典籍关于其悠久栽培历史的记录中，梨文化源远流长，在以农业经济占主导地位的中国社会发展历程中，梨的发展主要以作为贡品、日常食用以及部分用作交易的方式参与社会发展的历程中。唐朝宰相魏征为治疗母亲的哮喘病研制出了梨糖膏。宋代诗赞曰："名果出西州，霜前竞以收。老嫌冰熨齿，渴爱蜜过喉。色白瑶盘发，甘应蚁酒投。仙桃无此比，不畏小儿偷。"[①]因此，梨产业在不同历史时期的快速发展，也是梨自身物质文化和精神文化价值的凝聚，丰富了梨的发展历史，从而使梨的物质文化与精神文化代代传承。

（1）梨园

我国人民在习惯上称戏班、剧团为"梨园"，称戏曲演员为"梨园弟子"，把几代人从事戏曲艺术的家庭称为"梨园世家"，将戏曲界称为"梨园界"等。梨园实为唐代训练乐工的机构，为唐玄宗时所设，其主要职责是训练乐器演奏人员，乐工和数百名排练的宫女在"梨园"演练，故被称为"梨园弟子"。白居易在《长恨歌》记有"梨园弟子白发新"，此后戏曲工作者就被称为梨园弟子。

其实梨园原是唐代都城长安的一个地名，是皇家禁苑中与枣园、桑园、桃园、樱桃园并存的一个果园，设有离宫别殿、酒亭球场等场所供帝后、皇戚、贵臣宴饮游乐。经唐玄宗倡导，梨园由一个单纯的果园逐渐演变为我国历史上第一座集音乐、舞蹈、戏曲教学于一体的综合性艺术学院。

（2）哀梨蒸食

"哀梨蒸食"用来讥讽蠢人不识好歹、不辨东西好坏而随意糟蹋，好比得了"哀家梨"，不懂得享用，却把它蒸来吃。《世说·轻诋》注"桓南郡每见人不快，辄嗔云'君得哀家梨，当不复蒸食否！'"为"言愚人不别味，得好梨蒸食也"[②]。

（3）梨虽无主，我心有主

《元史》载，宋元之际，世道纷乱。学者许衡外出，天气炎热，口渴难忍。路边正好有棵梨树，行人都去摘梨止渴。唯许衡不为所动。许衡认为："非其有而取之，不

---

① 北京大学的文献研究所：《全宋诗》，北京：北京大学出版社，1998.12，第五册，第2909页。

② [南宋]刘义庆撰，徐传武注：《世说新语选择》，济南：齐鲁书社，1991.04，第376页。

可也。”“人曰：‘世乱，此无主。’曰：‘梨无主，吾心独无主乎？’①”此典故说明纯洁的心灵是智者所追求的，心灵有了污点，人生也就不再完美了。

（4）梨花带雨

唐代白居易《长恨歌》记有“玉容寂寞泪阑干，梨花一枝春带雨”。这句诗描述女子哭泣时的面容像沾着雨点的梨花一样，原意旨在形容杨贵妃哭泣时的姿态，后用以形容女子的娇美。

# 第二节　我国梨产业现状及发展趋势

## 1. 世界及中国的梨生产

梨是蔷薇科（Rosaceae）梨亚科（Pomaceae）梨属（*Pyrus* L.）植物，落叶乔木果树。世界上梨属植物有35种，分布于我国的就有13种。梨的栽培品种主要分属西洋梨（Pyrus *communis* L.）、秋子梨（P. *ussuriensis* Maxim）、白梨（Pyrus *bretschneideri* Rehd.）、砂梨（Pyms *pyrifolia* Nakai）和新疆梨（P. *sinkiangensis* Yü）5大类。世界上应用于生产实践中的梨主栽品种约200个，我国就有100多个，如秋子梨系统的南果梨、京白梨、花盖等，白梨系统的鸭梨、雪花梨、慈梨、库尔勒香梨、金花梨等，砂梨系统的苍溪雪梨、云南宝珠梨、黄花梨、中梨1号、翠冠，以及从日、韩引进的丰水梨、新高梨、黄金梨等，近年从欧美引进的西洋梨如巴梨、康佛伦斯、红安久等品种表现也较好。

2020—2021年，中国梨总产量为1600万t，出口量为55万t，进口量保持在1.1万t。欧盟梨总产量为233.7万t，其中进口量为17.0万t，出口量为30.5万t。北美洲美国梨总产量预计将达到72.0万t，经济增长最快的地区主要为华盛顿州和俄勒冈州，尽管供应量增加，但由于主要市场需求下降，出口量将降至11.0万t，进口量将降至7.0万t。南美洲阿根廷梨总产量达到61.0万t，出口量为32.0万t；智利梨总产量为21.3万t，出口量为11.0万t。南非梨总产量为41.0万t，出口量为22.0万t。俄罗斯梨总产量为24.7万t，进口量保持在19.5万t的水平。

① [明]宋濂：《元史》，长春：吉林人民出版社，1995，第652页。

**表 1–1 世界梨产量及贸易情况** 单位：万 t

| 国家（地区） | 产量 | | 国家（地区） | 进口量 | | 国家（地区） | 出口量 | |
|---|---|---|---|---|---|---|---|---|
| | 2019—2020 年 | 2020—2021 年 | | 2019—2020 年 | 2020—2021 年 | | 2019—2020 年 | 2020—2021 年 |
| 中国 | 1731.4 | 1600.0 | 印度尼西亚 | 23.6 | 20.0 | 中国 | 61.9 | 55.0 |
| 欧盟 | 206.1 | 233.7 | 俄罗斯 | 19.4 | 19.5 | 阿根廷 | 33.0 | 32.0 |
| 美国 | 65.8 | 72.0 | 欧盟 | 18.4 | 17.0 | 欧盟 | 30.5 | 30.5 |
| 阿根廷 | 60.0 | 61.0 | 巴西 | 14.3 | 14.0 | 南非 | 21.7 | 22.0 |
| 土耳其 | 53.0 | 55.0 | 越南 | 13.0 | 13.5 | 智利 | 11.6 | 11.0 |
| 南非 | 40.7 | 41.0 | 白俄罗斯 | 11.9 | 12.5 | 美国 | 13.0 | 11.0 |
| 印度 | 31.0 | 30.0 | 中国香港 | 7.6 | 8.0 | 土耳其 | 5.1 | 5.5 |
| 日本 | 25.9 | 25.9 | 墨西哥 | 8.4 | 8.0 | 白俄罗斯 | 1.6 | 2.5 |
| 俄罗斯 | 29.0 | 24.7 | 美国 | 7.2 | 7.0 | 韩国 | 3.1 | 2.5 |
| 智利 | 22.2 | 21.3 | 加拿大 | 6.0 | 6.5 | 澳大利亚 | 0.9 | 0.9 |
| 其他 | 55.5 | 51.2 | 其他 | 40.2 | 41.4 | 其他 | 1.5 | 1.2 |
| 总计 | 2320.6 | 2215.8 | 总计 | 170.0 | 167.4 | 总计 | 183.9 | 174.1 |

数据来源：《中国果树》，2020 年 12 月。

我国是世界栽培梨的中心，也是梨的重要原产地和生产大国。据 FAO 统计，2018 年，中国梨栽培面积为 93.77 万 $hm^2$（含中国台湾地区），占世界梨栽培总面积的 67.85%；梨产量为 1619.7 万 t（含中国台湾地区），占世界梨总产量的 68.24%。自 1989 年以来，世界梨种植面积（不含中国地区）总体呈下降趋势，产量小幅波动但基本稳定在 750 万 t。

（1）我国梨的主要产地

我国是世界第一产梨大国，也是产梨强国，中国梨在世界梨产业发展中有着举足轻重的位置，梨是我国仅次于苹果、柑橘的第三大水果。《2019 年中国农村统计年鉴》显示，2018 年我国梨产量为 1607.8 万 t，同比下降 2.0%；梨园面积 94.34 万 $hm^2$，同比增加 2.4%。我国梨生产分布范围广，除海南省、港澳地区外，其余各省、自治区、直辖市均有种植。

我国梨产业发展大体分为三个阶段。第一阶段：中华人民共和国成立后至改革开放前为起步发展阶段，梨树种植面积、梨产量由 1952 年的 150 万亩（1 亩≈ 667 $m^2$）、40 万 t 发展到 1978 年的 460 多万亩、160 多万 t，梨单产由每亩 267 kg 提高到 351 kg。

第二阶段：1979—2000 年为快速发展阶段，梨树种植面积突破 1500 万亩，梨产量突破 850 万 t，分别比 1979 年增长了 2.2 倍和 4.5 倍，单产由 1979 年的每亩 320 kg 提高到 2000 年的 553 kg。第三阶段：2001 年至今进入稳定发展阶段，梨树种植面积增长速度减缓，2018 年为 1415 万亩，产量大幅度增长，达到 1620 万 t，梨单产由 2000 年的每亩 553 kg 提高到 2018 年的每亩 1145 kg。

我国梨产业发展的前两个阶段基本是以扩大面积提高总产为主的外延式扩张，生产经营管理方式比较粗放；第三阶段开始走向以提高单产、优化区域布局为主的内涵式发展之路，果品质量明显提高。总体上说，我国梨产业现正处于由粗放经营向集约经营转变的过程中，但地区间发展不平衡，差异较大。2018 年，从各省、区、市梨产量看，河北梨产量为 329.7 万 t，占全国产量的 20.5%，其次为辽宁、河南、安徽、新疆、山东、陕西等地，年产量在 100 万～130 万 t 之间，四川、江苏、山西、云南等地年产量在 50 万～99 万 t 之间，上述 11 个省、区、市占全国产量的 81.2%。长江以北 17 省、区、市（冀、鲁、辽、京、津、吉、黑、内蒙古、晋、陕、新、甘、宁、青、皖、苏、豫）梨产量为 1206.2 万 t，占全国产量的 3/4，长江及其以南 12 省、区、市（川、滇、桂、浙、鄂、黔、渝、湘、闽、赣、粤、沪）产量占全国的 1/4，是我国重要的早熟梨生产区。

从分县市区看，2018 年产量超过 20 万 t 的县市区有河北的晋州、赵县、辛集、泊头、深州、魏县，新疆的库尔勒、阿克苏，辽宁的绥中、海城，安徽的砀山，陕西的蒲城，河南的宁陵。

（2）我国梨的主要品种结构

我国梨的种植范围较广，在长期的自然选择和生产发展过程中，逐渐形成了四大产区：即环渤海（辽、冀、京、津、鲁）秋子梨、白梨产区，西部地区（新、甘、陕、滇）白梨产区，黄河故道（豫、皖、苏）白梨、砂梨产区，长江流域（川、渝、鄂、浙）砂梨产区。

我国北方梨产区（长江以北 17 个省、区、市）主要栽培品种有酥梨、黄冠、雪花、库尔勒香、鸭梨、新高、红香酥、南果等，其次是早酥、秋白、苹果梨、锦丰、花盖、茌梨、丰水、圆黄、中梨 1 号、大果水晶、玉露香、新梨 7 号、长把、尖把、冬果、五九香等，近期秋月、玉露香、红香酥、苏翠 1 号、翠玉等新品种在北方梨产区发展势头较好。南方梨产区（长江及其以南 12 省、区、市）主要品种为翠冠、黄花、湘南、金秋、金花、黄金、圆黄、鄂梨 2 号、苍溪雪梨等，主要市场定位是早熟、优质、鲜食。

## 2. 国内梨市场供需及流通情况

我国城乡居民的生活方式和消费结构正在发生新的重大阶段性变化，对农产品加工产品的消费需求快速扩张，对食品、农产品质量安全和品牌农产品消费的重视程度明显提高，市场细分、市场分层对农业发展的影响不断深化；农产品消费日益呈现功能化、多样化、便捷化的趋势，个性化、体验化、高端化日益成为农产品消费需求增长的重点；对新型流通配送、食物供给社会化、休闲农业和乡村旅游等服务消费需求不断扩大，均为推进农产品加工业和产业融合创造了巨大的发展空间。

2018 年，我国梨人均占有量为 11.5 kg，是世界梨人均占有量 3.0 kg 的 3.8 倍。市场供给的梨品种和数量都丰富多彩，呈现出供大于求的态势，导致部分地区出现季节性、结构性的卖梨难问题，部分传统大宗品种低价滞销情况突出，严重打击了梨农的生产积极性。表 1-2 为 2017—2019 年主要梨品种批发价格受到气候原因导致减产的影响，2018 年我国香梨、酥梨、鸭梨、雪花梨等主要品种批发价格较 2017 年大幅上涨，价格高低与增减的变化完全取决于供求关系，从价格的涨幅可以看出减产的幅度。

表 1–2　国内主要梨品种批发价格

| 品种 | 批发价 /（元·kg$^{-1}$） | | | 2018 年同比增减 /% | 2019 年同比增减 /% |
|---|---|---|---|---|---|
| | 2017 年 | 2018 年 | 2019 年 | | |
| 黄冠 | 2.90 | 2.91 | 2.90 | 0.34 | −0.34 |
| 酥梨 | 1.91 | 3.08 | 1.55 | 61.26 | −49.68 |
| 雪花 | 1.44 | 2.02 | 1.84 | 40.28 | −8.91 |
| 鸭梨 | 1.75 | 2.83 | 2.02 | 61.71 | −28.62 |
| 香梨 | 2.31 | 9.00 | 11.00 | 289.61 | 22.22 |
| 平均 | 2.06 | 3.97 | 3.86 | 92.71 | −2.77 |
| 平均（除香梨） | 2.00 | 2.71 | 2.08 | 35.50 | −23.25 |

数据来源：中国果品流通协会。

## 3. 我国梨的进出口情况分析

（1）出口情况

梨是我国第三大出口水果，出口量位列苹果、柑橘之后。我国也是世界上鲜梨出口量最多的国家，2019 年鲜梨出口量为 42.17 万 t，占世界鲜梨出口贸易量的 24.84%，占我国水果出口总量的 11.66%，仅占我国梨产量的 2.48%。鲜梨出口量比 2018 年减少

4.05%，主要受2018年度梨产量减少、中美贸易摩擦以及检验检疫等因素的影响，但是集中度进一步提高，出口额和出口价格呈现出上升的态势，出口额达5.14亿美元，同比增长8.90%，占我国水果出口总额的9.33%。2019年，我国对俄罗斯、美国、菲律宾、马来西亚等国的鲜梨出口量减少较大，但是对越南、吉尔吉斯斯坦、尼泊尔等国出口量增加较大。

据海关统计，2019年，我国鲜梨出口国家和地区达到64个，较2018年增加2个，其中包括我国香港地区以及33个亚洲国家、14个欧洲国家、8个美洲国家、5个非洲国家、3个大洋洲国家。出口量达万吨级以上的国家6个，分别为印度尼西亚、越南、泰国、马来西亚、菲律宾、缅甸，亚洲尤其是东南亚地区仍然是我国鲜梨传统消费区，出口数量最多，其次是北美和欧洲地区。2019年，出口量排列前14的国家和地区中，亚洲国家和地区占10个，其中印度尼西亚、越南、泰国、马来西亚等国家梨进口量占我国梨出口总量的79.56%，进口数额占我国梨出口总额的80.41%（表1-3）。

**表1-3　2018—2019年我国梨主要出口国家贸易情况**

| 国家（地区） | 出口量/t | | 2019年同比增减/% | 出口额/万美元 | | 2019年同比增减/% |
|---|---|---|---|---|---|---|
| | 2018年 | 2019年 | | 2018年 | 2019年 | |
| 印度尼西亚 | 170602.2 | 155722.7 | −8.7 | 13071.5 | 13097.3 | 0.2 |
| 越南 | 66606.2 | 100292.9 | 50.6 | 10910.8 | 17570.7 | 61.0 |
| 泰国 | 48010.8 | 46740.4 | −2.6 | 6850.4 | 6374.3 | −6.9 |
| 马来西亚 | 34075.1 | 29916.7 | −12.2 | 3489.0 | 3438.6 | −1.4 |
| 菲律宾 | 20927.0 | 17758.8 | −15.1 | 2204.9 | 2163.4 | −1.9 |
| 缅甸 | 12195.3 | 12828.0 | 5.2 | 1680.9 | 1970.7 | 17.2 |
| 加拿大 | 10779.3 | 9648.5 | −10.5 | 1231.4 | 1296.9 | 5.3 |
| 美国 | 11537.8 | 9443.6 | −18.2 | 1606.4 | 1333.4 | −17.0 |
| 俄罗斯 | 36183.5 | 8284.6 | −77.1 | 3263.9 | 820.6 | −74.9 |
| 新加坡 | 8795.3 | 8228.3 | −6.4 | 1053.4 | 995.9 | −5.5 |
| 荷兰 | 8418.0 | 8101.1 | −3.8 | 744.1 | 784.9 | 5.5 |
| 孟加拉 | 7018.2 | 7768.7 | 10.7 | 614.5 | 674.3 | 9.7 |
| 吉尔吉斯斯坦 | 2920.5 | 4608.3 | 57.8 | 338.5 | 647.7 | 91.3 |
| 尼泊尔 | 1401.4 | 2321.6 | 65.7 | 128.9 | 222.0 | 72.2 |
| 合计/平均 | 439470.6 | 421664.2 | −4.05 | 47188.6 | 51390.7 | 8.90 |

数据来源：中华人民共和国海关总署官方网站。

从我国梨出口价格（表 1-4）看，呈现出上升的态势。2019 年，我国梨出口平均价格为 1218.6 美元 /t，同比上升 12.9%，其中文莱、越南、缅甸、委内瑞拉、柬埔寨、美国、吉尔吉斯斯坦、泰国、澳大利亚等国家和地区出口价格在前 10 位。

**表 1–4 2019 年我国梨主要出口国家和地区价格**

| 国家（地区） | 2018 年价格 /（美元·$t^{-1}$） | 2019 年价格 /（美元·$t^{-1}$） | 同比增减 /% |
|---|---|---|---|
| 印度尼西亚 | 766.2 | 841.1 | 9.8 |
| 越南 | 1638.1 | 1751.9 | 6.9 |
| 泰国 | 1426.8 | 1363.8 | -4.4 |
| 中国香港 | 1380.8 | 1424.8 | 3.2 |
| 马来西亚 | 1023.9 | 1149.4 | 12.3 |
| 菲律宾 | 1053.6 | 1218.2 | 15.6 |
| 缅甸 | 1378.3 | 1536.3 | 11.5 |
| 加拿大 | 1142.4 | 1344.2 | 17.7 |
| 美国 | 1392.3 | 1412.0 | 1.4 |
| 俄罗斯 | 902.1 | 990.5 | 9.8 |
| 新加坡 | 1197.7 | 1210.4 | 1.1 |
| 荷兰 | 883.9 | 968.9 | 9.6 |
| 孟加拉 | 875.6 | 867.9 | -0.9 |
| 吉尔吉斯斯坦 | 1159.1 | 1405.5 | 21.3 |
| 尼泊尔 | 920.2 | 956.3 | 3.9 |
| 平均 | 1079.5 | 1218.6 | 12.9 |

数据来源：中华人民共和国海关总署官方网站。

（2）进口情况

2019 年，鲜梨获准进入我国市场的国家有荷兰、比利时、美国（加利福尼亚州、华盛顿州、俄勒冈州）、阿根廷、新西兰、日本、智利等国家。其中日本准入的是砂梨，新西兰准入的是西洋梨和砂梨，其他国家均准入的是西洋梨。

据海关统计（表 1-5），2019 年我国大陆进口鲜梨 1.28 万 t，同比增长 72.7%，进口额 2115.1 万美元，同比增长 67.1%。受到中美贸易摩擦的影响，美国输华鲜梨数量大幅下降，进口额同比下降 77.0%；阿根廷、荷兰、比利时、新西兰分别增加 297.9%、

33.3%、34.0%、45.8%；智利西洋梨首次获准进入中国大陆市场，表现不俗。

**表 1-5　2018—2019 年我国梨进口贸易情况**

| 国家 | 进口量 /t | | 2019 年同比增减 /% | 进口额 / 万美元 | | 2019 年同比增减 /% |
|---|---|---|---|---|---|---|
| | 2018 年 | 2019 年 | | 2018 年 | 2019 年 | |
| 比利时 | 3731.3 | 5208.3 | 39.6 | 629.5 | 843.5 | 34.0 |
| 荷兰 | 2051.8 | 2931.7 | 42.9 | 344.7 | 459.4 | 33.3 |
| 阿根廷 | 580.6 | 2200.6 | 279.0 | 93.4 | 371.5 | 297.9 |
| 智利 | 0 | 1726.8 | — | 0 | 266.7 | — |
| 新西兰 | 469.3 | 633.4 | 35.0 | 104.6 | 152.4 | 45.8 |
| 美国 | 596.9 | 130.8 | −78.1 | 93.8 | 21.6 | −77.0 |
| 合计 / 平均 | 7429.9 | 12831.6 | 72.7 | 1266.0 | 2115.1 | 67.1 |

数据来源：中华人民共和国海关总署官方网站。

我国进口的西洋梨品种有 12 个，主要有来自比利时、荷兰的康弗伦斯，美国的安久、红安久、巴梨及红茄梨，来自阿根廷和智利的潘克汉姆斯、卡门、佛罗尔（Forelle）、玫瑰玛丽（Rosemarie），新西兰的红梨，葡萄牙的罗恰（Rocha）。2019 年，我国梨进口平均到岸价格为 1745.9 万美元 /t，同比降低 0.5%，见表 1-6。

**表 1-6　我国梨进口鲜梨价格**

| 国家（地区） | 2018 年价格 /（美元·$t^{-1}$） | 2019 年价格 /（美元·$t^{-1}$） | 2019 年同比增减 /% |
|---|---|---|---|
| 比利时 | 1687.2 | 1619.5 | -4.0 |
| 荷兰 | 1680.1 | 1567.0 | -6.7 |
| 阿根廷 | 1607.7 | 1688.0 | 5.0 |
| 智利 | — | 1544.7 | — |
| 新西兰 | 2228.3 | 2406.8 | 8.0 |
| 美国 | 1570.9 | 1649.5 | 5.0 |
| 合计 / 平均 | 1754.8 | 1745.9 | -0.5 |

数据来源：中华人民共和国海关总署官方网站。

## 4. 韩国梨产业发展模式及对我国的启示

韩国梨产业从 20 世纪 80 年代末开始快速发展，成功完成了从传统水果产业经济到

现代水果产业经济的转型，已经成为亚洲梨重要的生产国和出口国之一。笔者曾应韩国农村振兴厅梨研究所邀请，对韩国梨产业发展模式进行了考察。在韩期间，笔者深入到科研机构、工厂、市场及生产单位，深切感受到韩国梨产业链条中科研、生产、采后处理及贸易等环节的深刻变化。

## (一)韩国梨产业模式的特征

(1)科研先行，科技为产业发展提供有力支撑

韩国中央政府对农业科技的发展非常重视，国家农业研究所的科研人员均为政府官员，科研经费全部由政府提供，每年人均科研经费 1 亿韩元。韩国梨树的科研工作主要由农村振兴厅下设的园艺研究所及其所属的梨研究所来完成，罗州梨研究所有职工 18 人，其中研究人员 13 人；科研选题主要来自生产实际中出现的问题，生产与科研紧密结合，并且科研先行于生产，新技术、新成果能够及时推广普及。

① 育种目标立足于产业需求（表 1-7）

表 1-7 韩国选育的主要梨新品种

| 品种 | 单果重 /g | 果形 | 果皮色 | SSC/% | 硬度 /（kg·5mm $ø^{-1}$） | 成熟期 | 年份 |
|---|---|---|---|---|---|---|---|
| 黄金 | 430 | 圆形 | 绿色 | 14.9 | 1.0 | 中熟 | 1984 |
| 秋黄 | 395 | 扁圆 | 黄褐 | 14.1 | 1.1 | 晚熟 | 1985 |
| 华山 | 543 | 扁圆 | 鲜黄 | 12.9 | 1.0 | 中熟 | 1992 |
| 圆黄 | 566 | 扁圆 | 黄褐 | 13.4 | 1.3 | 中早熟 | 1994 |
| hanareum | 482 | 圆形 | 淡黄 | 13.8 | 1.2 | 早熟 | 2001 |
| 晚黄 | 553 | 扁圆 | 黄褐 | 13.2 | 1.2 | 晚熟 | 2007 |

韩国梨育种始于 20 世纪 20 年代末期，大规模育种工作从 1967 年开始，育种目标主要立足于韩国的生态气候条件，定位为高品质、大果型及品种抗逆性，主要育种单位为韩国农村振兴厅国家园艺研究所以及位于罗州市的梨研究所，育种方法主要是常规杂交育种，近期亦注重生物技术辅助育种研究，如 DNA 早期选择标记及转基因技术等，并开展矮化及抗逆性砧木的育种工作。韩国在梨品种选育方面成果卓著，先后选育出黄金梨、圆黄梨等新品种，为韩国梨产业的发展提供品种支撑。

② 轻简技术开发注重省力化、低成本化

韩国自 20 世纪 60 年代起开始了以工业为中心的经济飞速发展，从一个落后的农业

国一跃成为新兴的工业化国家，导致农业地位下降和农业人口的流失，农业人口趋于老龄化，60 岁以上的农业人口占全国农业人口的 40.79%，给韩国农业生产带来严重影响，水果生产也不例外。

鉴于此，韩国进行了以轻简化、省力化、低成本化为重点的技术研发，在栽培制度和整形模式上进行了大胆革新，先后引进了美国、荷兰、日本、澳大利亚等国的棚架式、篱架式和“Y”字形等栽培模式，自主创制了“V”字形、“T”字形及单臂篱架形等不同树形，进行系统的产量和品质比较试验。其中，“Y”字形棚架单位面积产量高，投资回收早，疏花疏果、果实套袋和采摘等田间作业容易，节省劳动力 47%，成为主要的生产树形。目前，韩国梨树形主要采用杯形和“Y”字形整形修剪，老梨园一般采用杯形棚架栽培，行株距（6 ～ 7）m×（6 ～ 7）m，面积约占梨生产面积的 60%；新建梨园多采用“Y”字形棚架栽培，行株距（6 ～ 7）m×（1 ～ 2）m。同时，在果园灌溉、施肥、土壤管理及精细花果管理的关键技术环节等方面进行创新，集成熟化了一批新技术。

③ 病虫害控制技术开发立足于环境友好

有效的病虫害防控是农业产业丰收的关键。韩国属海洋性气候，其地形地貌及气候特点与我国辽东半岛和胶东半岛相似，年降水量大，梨树病虫害种类多，主要为康氏粉蚧、梨木虱、梨大食心虫、二斑叶螨、苹果蚜虫及梨锈病、黑星病、黑斑病、轮纹病、白粉病、白纹羽病等；梨园年喷药剂次数 12 ～ 17 次，在不同的年份随着气候的变化而增减，成本较高。研究重点主要是环境友好型病虫害防控技术研发，如壁蜂技术、性诱剂技术等已经通过试验研究后开始推广应用；采用灌注热水消毒土壤防治梨白纹羽病，对环境无污染，成本较低、效果好。同时，韩国还加强病虫害监测体系建设，改进病虫信息收集和病虫预报手段，提高病虫害预警水平。

（2）生产机制以市场需求为导向，注重果品质量

① 梨产业规模迅速扩大，近期呈现稳健调整态势

韩国国土面积为 10.329 万 $km^2$，耕地面积 156.5 万 $hm^2$，其中水果生产面积占 8.3%。自 20 世纪 90 年代以来，梨种植面积以每年 11.3% 的速度逐年增长，至近期栽培面积达到 2.17 万 $hm^2$，占水果生产总面积的 13.8%；产量也快速增加，近期占水果总产量的 17.2%，主要生产地区为忠清南道、全罗南道、庆尚北道和京畿道。近期，随着国际金融危机影响的日益加剧，韩国梨产业发展呈现稳健调整的态势，面积产量略有调减，

但是产品质量逐步提高，销售价格呈现总体上升的趋势。

② 品种结构逐步调整，新品种应用比例增加（表 1-8）

**表 1–8 韩国梨主要栽培品种及面积**

| 品种 | 2002 年 | | 2007 年 | |
|---|---|---|---|---|
| | 面积 /$hm^2$ | 比例 /% | 面积 /$hm^2$ | 比例 /% |
| 新高梨 | 20886 | 76.9 | 18022 | 81.5 |
| 甘川梨 | 597 | 2.2 | 262 | 1.2 |
| 黄金梨 | 684 | 2.5 | 384 | 1.7 |
| 秋黄梨 | 532 | 2.0 | 394 | 1.8 |
| 华山梨 | 675 | 2.5 | 490 | 2.2 |
| 圆黄梨 | 1309 | 4.8 | 1215 | 5.5 |
| 长十郎 | 1104 | 4.1 | 557 | 2.5 |
| 丰水梨 | 264 | 1.0 | 152 | 0.7 |
| 今村秋 | 105 | 0.4 | 66 | 0.3 |

为了提高果品市场竞争力，生产中梨的品种结构也不断进行调整。20 世纪 50—60 年代，韩国梨栽培品种均来自日本，如长十郎、晚三吉、今村秋、二十世纪和早生赤等；20 世纪 70 年代，日本梨新品种新高梨成为新建梨园的首推品种，现在新高梨的栽培面积仍然约占韩国梨栽培总面积的 80%。从 20 世纪 90 年代后期开始，韩国自己选育的梨品种，如黄金、华山、秋黄、甘川的栽培面积逐年增加，现在圆黄梨已经成为仅次于新高梨的第二大栽培品种，据韩国方面预测，今后韩国自己选育的梨品种栽培面积将逐年增加。

③ 注重标准化生产，提高果品质量

韩国水果生产重视质量，质量控制贯穿于水果生产的全过程，许多传统技术及新兴生产技术在果园生产中都能得到体现，如梨架式栽培、果园生草、果园滴灌等，整个果园的质量管理符合良好农业规范（GAP），每个环节都遵循农协提供的生产标准，并进行详细登记记录。韩国梨生产的精细化水平科技含量较高，罗州市的梨园全部实行套袋栽培，采用“Y”字形棚架式，在行间架设拱圆式铁管，每隔 1 m 埋设一根，埋土深 0.5 m，在地上 0.7 m 左右开始弯管，拱圆高度为 2.5 m；分别在地上 0.8 m、1.5 m、2.0 m 处架设三道横梁用于固定，铁管架式类似于拱圆式大棚。修剪方式采用长枝修剪，基本进行大枝（结果枝组）更新，节省劳力。梨果质量较优，现场测定的特级果最大单果重 1.5 kg，可溶性固形物 12.5%。

④ 果园机械化程度高，节省劳动力成本

近30多年来，韩国在有限的土地资源上实现了经济的飞速发展，人民生活走向富裕；但农业实现现代化的同时，农业生产中的各种生产资料成本也日益上升，包括劳动力成本，水果生产也不例外。韩国政府注重改善农业机械流通条件，实行农机购销自由化，同时向农民发放购买农机的贷款，提高生产效率，节省劳动力成本。罗州市梨园机械化水平很高，从生产环节来看，除果实套袋和采收外，果园的灌溉、施肥、喷药等全部实行自动化、机械化作业，果园的农机具包括小型履带式拖拉机、喷药机具及施肥用的大型拖拉机等。

（3）果农组织化程度高，促进果农收益增加

韩国的农业社会化服务体系已经达到相当完善的程度，为现代农业创造了极为有利的条件。1981 年，根据修改后的《农业协同组合法》，韩国农协将三级组织改组为只有单位组合和中央会的两级组织，形成了一个自主性高、相对完整的组织体系。水果生产是劳动、资金及技术密集型产业，受市场规律制约，抵御经济风险能力弱。为了在激烈的市场竞争中保护果农的经济效益，各级水果生产协会提供农业教育、技术培训、生产资料供应、农业信贷发放及产品收购销售等整个水果产业链条中诸多环节的全方位服务，保护果农利益。

（4）注重梨采后商品化处理，提高产品附加值

韩国梨采后商品化处理程度相当发达，产地都建立了现代化的商品化处理工厂，部分农户还建立了小型家庭作坊式梨分级包装车间。在韩期间，笔者参观了罗州市园艺产品及梨专用商品化处理工厂，工厂内梨果的清理、分级和包装，包括货物的装卸、中转、出库全部实现了机械化。梨果分级时全部按照重量进行机械化自动分级，并有专门的控制平台；包装鲜销的梨必须符合一定的标准，达不到标准的一律转为外卖或加工；质量检查由专业质检人员负责，新高梨的可溶性固形物 11.6% 以下的不允许进入；所有的梨包装重量均为 7.5 kg，只是根据包装内不同梨的个数来确定等级和售价，并且包装十分考究，在纸箱外面都注明了产地、生产者姓名、品种、重量、个数、等级和监督电话及国家质量认证机构认可的质量标志。超市中 7.5 kg 重的 1 盒新高梨售价为 3.5 万韩元，每千克售价约合人民币 30 元。

（5）市场体系建设日臻完善，出口竞争优势明显

韩国梨产品在销售环节总体上保持供求平稳、购销两旺，这主要得益于韩国建立的完善的农产品市场体系。自20世纪80年代以来，韩国中央政府在全国主要的大城市建立了以公营大型农产品批发市场为主体，民营及一般法定批发市场为辅的农产品网络体系。

韩国梨果主要为鲜食，9月上旬至10月上旬以及1月至2月节假日期间需求量较大；少数梨果用作加工梨汁、梨罐头、梨酒和梨果酱等，在韩国梨研究所，我们品尝了梨果加工浓缩后的梨汁，风味浓郁，十分可口。韩国梨由于生产成本较高，主要为内销，出口总量较小，主要出口地为美国、加拿大、印度尼西亚、新加坡以及我国台湾、香港地区，其中出口美国和中国台湾地区的梨总量约占整个梨出口总量的90%。但是梨出口价格呈现逐年增加的态势。

## （二）对中国梨产业发展的启示

中国梨产业发展也面临诸多问题，主要表现在品种布局与区域规划不尽合理，品质提高与质量机理尚不完善，采后商品化处理环节薄弱，市场体系建设滞后及产业协同调节机制缺乏等。因此，借鉴韩国梨产业发展模式及其特征，对中国梨产业实现可持续发展有重要的启示。

（1）增加科技及产业投入，转变科技投入方式

尽管我国科技进步对中国农业增长的贡献率由1978年的20%提高到2003年的45%左右，再到2020年的58.3%，超过了土地、劳动力及物资投入要素的贡献份额，但是当前我国农业科技总量仍然不足，投入水平及使用效率仍然不高。因此，可以借鉴韩国的经验，科研先行，完善科技投入的机制和模式，调整投入重点，由注重农业产中科技向注重产前、产中、产后科技整体布局合理配置转变，从注重科技研发向注重研发与中试示范并重转变，加强对公益性农业科研机构和农业院校的支持。传统农业技术精华广泛传承，现代生物技术、信息技术、新材料和先进装备等日新月异、广泛应用，生态农业、循环农业等技术模式不断集成创新，为农业可持续发展提供有力的技术支撑。

（2）合理布局和规划，强化标准化生产

科学确定梨产业区域发展重点，调整区域功能定位，发挥资源优势，引导加工、流通、储运设施建设重点向华北白梨区、西北白梨区、长江中下游砂梨区和特色梨优势区聚集，形成优势突出和特色鲜明的梨产业带。同时，强化标准生产，落实好良好操作规范（GMP）、

良好生产规范（GPP）、良好分销规范（GDP）、卫生标准操作程序（SSOP），对“农户→消费者”的各个环节加以控制，形成产业安全预警追溯系统，从而形成一套严格而科学的覆盖生产全过程的质量安全保障体系。

近年来，受石油、煤炭、天然气等原材料涨价的影响，化肥、农药、农膜等农业生产资料价格呈上涨态势，农资价格上行压力加大，生产用工成本上升；同时，我国农村劳动力也将逐步进入老龄化阶段，据农业部监测，全国外出就业的农村劳动力总数达1.545亿人，其中男性平均年龄34.7岁，女性平均年龄32.1岁，留乡务农劳动力平均年龄超过45岁[①]。这些问题将随着我国工业化进程加快而日益凸显，借鉴韩国的经验，逐步提高果园装备水平，推行生产自动化、机械化；研发推广轻简省力化栽培技术，节省劳动力成本，不断提高资源利用率和劳动生产率，走内涵提升式发展之路。

（3）提高果农组织化程度，强化企业的龙头引领作用

20世纪80年代以来，中国实行以农户为产业单元的承包责任制，农业生产主要是农户分散经营，技术水平落后、组织化程度低，梨产业也不例外。而随着市场经济在我国的深入发展，这种小生产与大市场的矛盾日益凸显出来。可以借鉴韩国的经验，加强农业协会建设，同时结合我国的国情，大力发展“公司＋农户”模式、“公司＋合作社＋农户”模式、“合作社＋公司＋农户”模式、股份合作模式等组织形式，规范运作，实现双赢，推动产业健康发展。

强化企业的引领作用，建立农户与企业之间有效的整体协调机制，防止市场风险往上游企业转嫁；强化龙头企业核心地位，建立企业与基地农户之间的风险共担、利益共享的利益机制，通过企业拉动农户、创新科技及快速收集市场信息，使整个梨产业供应链达到收益最大化。

（4）加强采后商品化处理，提高产品市场竞争力

中国梨采后商品化处理程度低，采后处理不科学，梨果冷链流通几乎是一片空白；梨总储藏能力约550万t，其中普通冷藏约400万t，气调冷藏约50万t，土窑洞、半地下窖、通风库等简易储藏100万t。鲜梨经过机械化清洗、打蜡、分级、包装比例低，导致我国梨产品在国际市场上果品外观品质竞争力明显偏弱，果实整齐度不一、果形不正、色泽差；而韩国所有进入超市销售的梨果产品都必须进行商品化处理。包装及人工成本较高，2019年黄冠梨冷藏费用为每件制冷费6.0～6.5元（每件重量13.5～15.0 kg），

① 长阳土家族自治县农业农村局：《全国种植业发展》，农业局，2011.

其中库存管理费 1.0 元，电费 2.5 元（折合每千克梨果电费约 0.2 元），人工成本 1.0 元，储藏利润 1.5 ～ 2.0 元。

（5）建立有效的产业协同调节机制，增强产品出口实力

随着世界水果产业布局的调整，世界梨生产格局发生显著变化，梨的生产重心逐渐向发展中国家转移。发达国家梨的生产无论是产量还是面积总体上均呈下降趋势，发展中国家梨产量占世界梨总产量的比重上升幅度高达 50%，其产量占全球产量的比重也已超过 60%，而发达国家梨产量在全球总产量占比已经降到了 30% 左右。梨的出口同样向发展中国家转移，梨的主要出口地区——欧洲，出口量占世界的比重已下降到 50% 以下，与此同时，中国等发展中国家出口量占世界的比重逐步提高，梨生产和出口格局的变化将会使市场竞争变得更加激烈。

为了提高我国的梨出口竞争力，在提高产品质量的同时，建立以企业为主体的现代梨产品供应链显得尤为重要，在产业链各个节点企业形成无缝连接的基础上，通过高效的信息系统使节点企业进行技术交流与协作，最终提升梨产业整体的竞争力。河北省梨产业的龙头企业——河北省百丰农产有限公司，十分重视信息技术和电子商务技术，通过集成 EDI、GPS/GSM-GPRS、GIS、GA 等技术，构成一种“田头→餐桌”的实体结构，通过种植、加工、包装、储运和营销等过程使梨果产品实现从农户到消费者的增值。

# 第三节 湖北省梨产业现状、存在问题及对策

湖北省位于长江中游，洞庭湖以北，故名湖北，简称鄂。东西长约 740 km，南北宽约 470 km，总面积 18.59 万 $km^2$，占中国总面积的 1.94%，介于北纬 29°01′53″ ～ 33°6′47″、东经 108°21′42″ ～ 116°07′50″ 之间，最东端是黄梅县，最西端是利川市，最南端是来凤县，最北端是郧西县。

湖北省地处亚热带，位于典型的季风区内。全省除高山地区外，大部分为亚热带季风性湿润气候，光能充足，热量丰富，无霜期长，降水充沛，雨热同季。湖北省大部分地区太阳年辐射总量为 85 ～ 114 kcal/$cm^2$，多年平均实际日照时数为 1100 ～ 2150 h，其地域分布是由鄂东北向鄂西南递减，鄂北、鄂东北为 2000 ～ 2150 h，鄂西南为 1100 ～ 1400 h。年平均气温 15 ～ 17℃，大部分地区冬冷、夏热，春季气温多变，秋季气温下降迅速。全

省无霜期在 230 ～ 300 d 之间，平均年降水量在 800 ～ 1600 mm 之间，地域分布呈由南向北的递减趋势，鄂西南最多达 1400 ～ 1600 mm，鄂西北最少为 800 ～ 1000 mm。降水量分布有明显的季节变化，夏季最多，冬季最少。6 月中旬至 7 月中旬雨量最多，强度最大，是梅雨期。

### 1. 湖北省梨产业发展概况

（1）梨产业发展历史

湖北省地处长江中游，位于汉水流域及长江沙洲砂梨优势产业区。我国长江流域地区砂梨栽培历史悠久，但是相比较而言，早期南方物产见于文献的较少，不过从汉代开始，关于梨的记载逐渐多起来，至迟从晋代开始，长江流域产的优质梨也开始见诸史籍。南朝宋时期《永嘉郡记》记载青田村产一种质量上乘供上贡的御梨。南北朝时期《荆州土地记》记有“江陵有名梨”[①]，说明湖北江陵地区生产品质优良的梨。

湖北省枝江市百里洲镇位于长江中游荆江首端，是万里长江上最大的江心洲，北依长江与枝江城区隔江相望，南靠松滋河与松滋市相邻。百里洲镇生产水果的历史悠久，砂梨主要品种有丰水梨、圆黄梨、黄金梨、翠冠梨、黄花梨、金水梨等，果实富含果糖、葡萄糖、苹果酸，并含脂肪、蛋白质、钙、磷、铁、维生素、胡萝卜素、烟酸等营养物质，个大、肉脆、汁多、味甜。1999 年，百里洲砂梨被认定为中国国际农业博览会湖北名牌产品，中国“星火计划”名优产品，2010 年，在国家工商总局成功注册“百里洲砂梨”地理标志商标；2012 年，“百里洲砂梨”获得农业部“地理标志农产品”称号；2014 年 10 月 11 日，原国家质检总局批准对“百里洲砂梨”实施地理标志产品保护。

湖北省钟祥市旧口镇位于江汉平原地区，旧口砂梨的种植历史可追溯到明朝嘉靖年间，规模种植始于 20 世纪 50 年代，到 20 世纪 70 年代已形成相当规模，梨果主要为椭圆形和圆形，果皮为黄绿色、黄褐色和金黄色，色泽均匀一致，表面光滑、圆润，无凹凸感。单果重 300 ～ 350 g，果肉白色，肉质细嫩松脆，汁多、味甜。风味独特，无涩感，清脆爽口。2011 年 12 月 20 日，农业部批准对“旧口砂梨”实施农产品地理标志登记保护。

湖北老河口市地处鄂西北汉水中游，具有雨量适中、光照充足、昼夜温差大、无霜期长、雨热同季的气候特点，沿江的冲积沙洲十分适宜砂梨生长，生产面积已发展到

---

① 缪启愉、缪桂龙：《齐民要术译注》，上海：上海古籍出版社，2006.12，第 280 页。

11 万亩，年产量 25 万 t，产值 3.8 亿元，形成了大板块、大基地，产业优势凸显。1997 年，汉水牌砂梨经国家工商局注册，主要栽培品种为翠冠、黄金、圆黄、丰水等，不仅味道甘甜，而且个大色鲜，平均单果重 400 g，最高可达 1000 g 以上，外形圆满，皮薄色浅，宛如水晶般透亮，肉质细、松、脆，汁液较多，甜酸适度。“汉水”牌优质砂梨被湖北省名牌战略推进委员会评为“湖北名牌产品”，先后被评为“湖北省著名商标”“湖北省三大名果”，时任总书记胡锦涛曾亲临视察。

湖北省宣恩县椒园镇黄坪村为湖北省黄金梨生产专业村。该村南距宣恩县城 10 km，北距恩施州府 33 km，从 209 国道穿村而过，全村总面积约 12 $km^2$，耕地面积 4296 亩，黄金梨为村主导产业。以市场为导向，以特色果品为拳头产品，以科技为支撑，该村立足于黄金梨优势产业，在村支书的带领下成立 2 个合作社，种植黄金梨 8000 亩，先后被列为农业部和省、州、县新农村试点示范村。2008 年 4 月 6 日，中央政治局常委、国务院副总理李克强视察黄坪村，对该村的黄金梨产业发展给予了高度评价。

（2）梨产业现状

湖北省是砂梨生产大省。砂梨产业的发展曾经为全省农村产业结构调整、农业增产、农民增收发挥了重要作用。随着我国水果消费层次的提高、消费观念的改变和国内外果品市场供求关系的变化，湖北省砂梨生产的比较优势逐渐丧失，砂梨产业的发展已经由单纯的数量、规模扩张时期进入到优化结构、提高质量和效益的调整时期，面临着转型期的阵痛。近期梨产业通过换品种、调结构、改模式，从而提品质、增效益，全省砂梨生产呈现出稳中有升的态势。

湖北省梨产量自 2005 年以后保持稳定，年产量均在 40 万 t 左右（图 1-1）。1995 年梨产量为 26.02 万 t，至 2005 年的 10 年间梨产量增加 了 1.8 倍，达到 46.80 万 t。与同期湖北省水果产量的变化类似，自 2015 年以后，湖北省水果产量均保持在 650 万 t 左右。

从生产面积看，近十年全省砂梨种植面积维持在 40 万亩的水平，最近 5 年呈现出稳中有升的态势，逐年缓慢增加。1995—2005 年，湖北省砂梨生产面积均稳定在 50 万亩以上，自 2005 年以后，砂梨生产面积逐年调减，直到 2017 年降到最低，仅为 34.37 万亩。主要原因为 20 世纪 80—90 年代，全省大力发展的中熟品种黄花梨、湘南梨在南方市场受到翠冠梨的冲击，市场占有率及销售价格急剧下滑，导致卖梨难，经济效益低下，果农含泪砍树毁园。

从 1995 年开始，湖北省砂梨单位面积产量呈现出增加的态势，至 2015 年达到最高值——每亩 1178.17 kg，见图 1-2。近年来，砂梨每亩产量均保持在 1000 kg 以上，表明此时期随着品种改良及栽培技术水平的逐步提高，全省砂梨的生产技术水平有所提高。

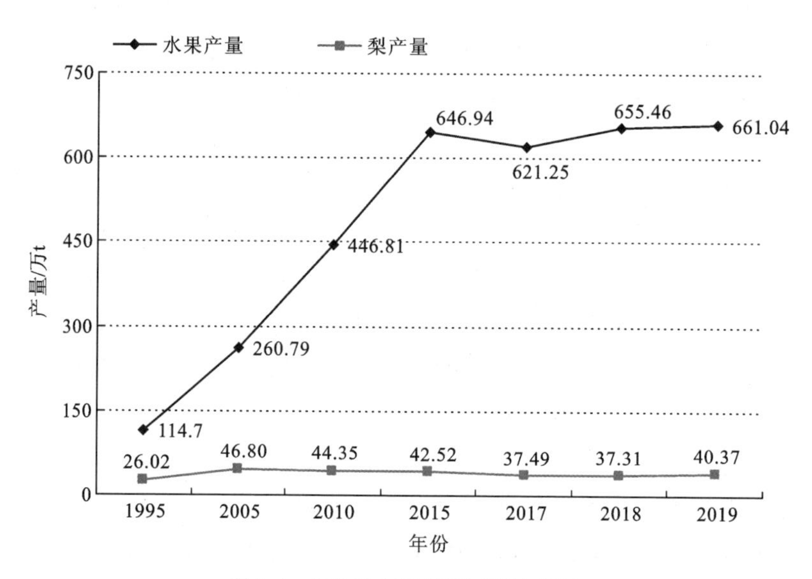


图 1–1　湖北省水果及梨的产量年变化

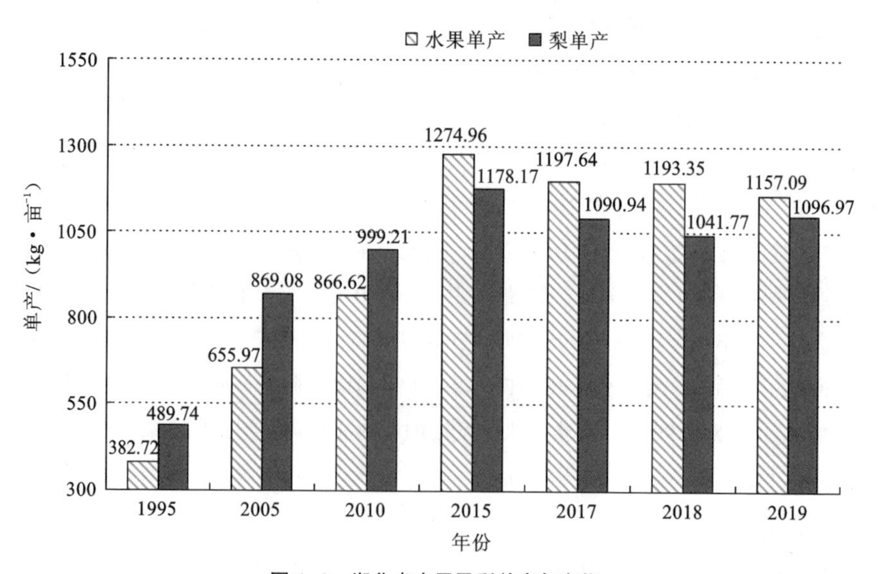


图 1–2　湖北省水果及梨单产年变化

湖北省砂梨产业地域分布特点为全省遍布，相对集中，主要集中在汉江流域及长江沿岸沙洲地区，主要集中分布在汉江流域（鄂北地区）的老河口市、枣阳市、襄阳区等地，长江沙洲沿岸（鄂中地区）的钟祥市、京山市、枝江市、潜江市等地，见图 1-3。一些新兴的梨产区由于生态气候条件独特、起点高，砂梨产业呈现出快速发展的态势，产业规模较大，如利川市、咸丰县、建始县等地。近期随着乡村产业振兴工作的深入，鄂西地区的砂梨产业规模逐年增大，产业效益较高。

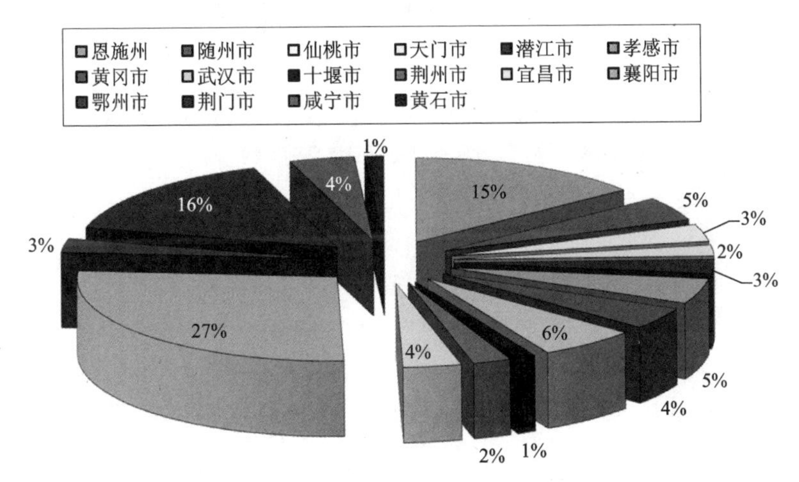


图 1-3 湖北省各县市砂梨生产面积百分比

## 2. 存在的主要问题

（1）品种多、乱、杂，亟须优化调整

全省砂梨栽培总面积中，中熟品种黄花、湘南仍然占有很大比重，另外，生产上还有翠冠、黄冠、圆黄、华梨 1 号、华梨 2 号、爱宕、长十郎、早美酥、中梨 1 号以及金水梨系列品种（鄂梨 2 号、金水 2 号、金蜜等），见图 1-4，栽培品种多、乱、杂。湘南梨、黄花梨因其具有丰产、易管理的特点，故 20 世纪 80—90 年代一度成为我省农民脱贫致富的当家品种，生产面积和产量均占全省砂梨生产总面积和总产量的 90% 以上，主要优点是耐粗放管理、产量高、适应性广，尤其是在江汉平原及汉江沙滩地区产量特高，果个大，一般亩产 4000 kg 以上；这两个品种虽质量不优，但在水果市场供不应求的年代，极大地满足了人民群众的数量需求，经济效益高。但是随着水果市场由供不应求转变为供过于求，黄花梨、湘南梨在南方及湖北省本地市场的竞争力急剧降低，导致卖梨难。

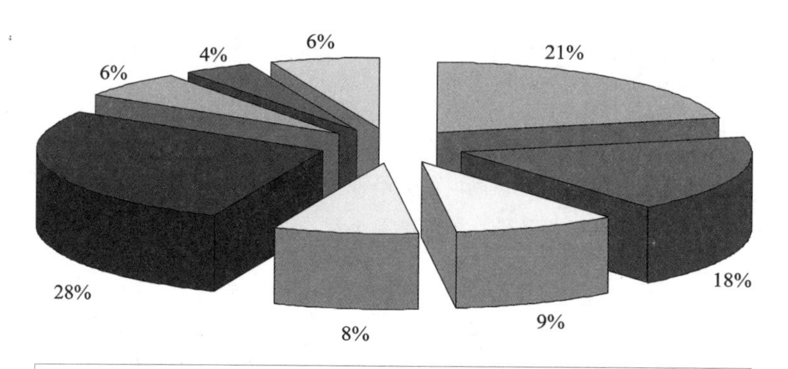


图 1-4 湖北省砂梨主要栽培品种比例

（2）质量总体不优，果农收益低

我国开始实行家庭联产承包责任制后，全省的水果业发展突飞猛进，其中以黄花梨、湘南梨的快速发展为代表，在江汉平原地区涌现了一批砂梨生产专业村以及一大批砂梨生产专业户，但是全省砂梨生产格局仍以千家万户的分散生产经营为主，存在生产管理模式粗放的问题，与发展现代集约型农业还有相当大的差距。尽管全省砂梨优质果比例由 20 世纪 90 年代的不足 35% 提高到目前的 80% 以上，但是市场上仍然充斥着大量未经清洗、分级和包装等处理的梨果，销售价格低。20 世纪 80—90 年代中期，在南方梨果市场享有盛名的枝江市“百里洲”“旧口”牌砂梨，由于失去产业支撑，已经淡出南方梨果市场，曾经红极一时的包装、运输、餐饮、旅馆、经纪人行业也随之消失，教训深刻。

2018—2019 年，笔者团队在湖北梨产区进行了调研，通过核算，在不计入人工成本和土地成本的情况下，平均每亩梨园每年的农用物资投入达到了 1900 元，而梨果的销售价格多年来一直维持在 1.6 ～ 3.0 元 /kg，每亩产量一般在 2500 ～ 3250 kg，平均每亩梨园的年收入在 4000 ～ 7500 元之间，除去人工劳动力成本，所剩无几，大多数果农的收益水平低下。

（3）果农组织化程度不高，产业体系不健全

农民专业合作社和家庭农场是近年来我国农业生产方面的两个重要组织类型，而农民专业合作社数量、规模最大，是最主要的组织形式。农民专业合作社是在农村家庭承包经营基础上，同类农产品的生产经营者或者同类农业生产经营服务的提供者、利用

者，自愿联合、民主管理的互助性经济组织。近年来全省的农民专业合作社数量不断增长，发展相对较好的合作社严格秉承“统一管理、分散经营”的模式，可以在一定程度上降低农资的价格，降低果农生产成本；提供统一的技术指导，对主要病虫害进行“统防统治”，有效保证果品质量；在果品销售方面，相比普通散户更具有价格竞争力，从而提高果农的收入。

尽管砂梨主产县市和乡镇，特别是许多砂梨专业村都建立了各种形式的梨农合作组织，如专业合作社、家庭农场等，但组织化程度较低，品牌影响力度较弱，绝大多数合作社形同虚设，根本达不到使果农增加收益的目的，更有甚者，以合作社的名号掩人耳目，利用国家惠农政策为个人套取好处。特别是砂梨产业的龙头企业规模小、数量少，品牌影响力不大，对产业的拉动能力不够，没有与果农形成真正意义上的利益共同体，导致全省砂梨产业无法实现可持续发展。

（4）栽培技术滞后，人工劳动力成本高

砂梨生产技术水平集中反映在土壤管理模式、水肥管理和花果管理等方面。土壤管理模式通常有免耕、清耕、间作和生草覆盖几种方式，生草覆盖技术能够提高土壤肥力、改善生态环境、提高果实质量，还有优化果园小气候、抑制杂草生长、美化果园环境等作用，是较为先进的土壤管理模式。湖北省梨园的土壤管理模式主要是清耕和间作，与集约化的现代农业发展理念格格不入。应当提倡采取深耕深松、保护性耕作、秸秆还田、增施有机肥、种植绿肥等土壤改良方式，增加土壤有机质，提升土壤肥力。恢复和培育土壤微生物群落，构建养分健康循环通道。

在花果管理方面，人工辅助授粉、疏花疏果和果实套袋技术被广泛使用。梨树由于花期短等客观因素的制约而需要短期内投入大量的劳动力同时作业，同时果实采收和冬季修剪也是梨园劳动最为密集和劳动强度最大的时期，绝大多数劳动作业都需要人力完成，拥有较大面积梨园的果农都不能依靠自身的劳动力来完成上述各种作业，雇工成为必然选择，生产力的极度缺乏，进一步增加了用工的成本，提升了梨园生产成本。

另外，湖北省高温多湿少日照，雨热同期，砂梨病虫害较为严重，栽培技术不规范以及农药、化肥的滥施滥用问题较为突出，导致梨果质量安全堪忧。梨农难以跨越“重数量、轻质量”的传统农业生产观念，生产上偏施化肥，提早采摘，病虫害防治不到位，进行掠夺式生产，梨果市场竞争力弱，种植经济效益低下，进一步降低了利润，导致果农放弃管理或粗放管理，形成了恶性循环。

（5）品牌少而小，销售渠道狭窄

20 世纪 80 年代，江汉平原的黄花梨、湘南梨声名远播，在广州、深圳、福建、厦门、上海等南方市场“威名赫赫”，“百里洲”“旧口”“汉水”等一批优质、名牌商标，被列为中华人民共和国地理标志保护产品。但是近年来，随着梨果生产和市场规模的扩大，梨果及其产品品类可谓“百花齐放”，以及现代网络技术的日益发达和自媒体技术的不断成熟，梨果及其产品的销售可谓“遍地开花”，线上与线下的销售体系紧密结合、不断完善，这对传统的销售模式提出了前所未有的挑战。大多数的品牌经不起市场的冲击，最终遭到弃用。特别是现阶段水果市场供应品类丰富，总体供大于求，可供人们选择的对象不胜枚举，梨产品如果没有较高的可识别性，消费者可能会选择一些其他类型的“替代品”，这极大地降低了消费者的购买欲望，从而影响产品的品牌影响力和生命力。

### 3. 发展对策

（1）改良品种，调优结构

“一粒种子可以改变世界”。品种是所有现代农业科技的有效载体，品种就是市场，品种就是生产力。汉水流域及长江沙洲的砂梨区主攻方向为“压缩、改造老劣中熟品种，积极发展早、中熟品种，增加早熟梨的比例”。

我国传统的库尔勒香梨、莱阳慈梨、河北鸭梨风味浓郁、口感好，但是由于其外形不美观，所以在国际市场上竞争力不强，而日本和韩国培育出的优良砂梨品种，风味虽不如我国的传统梨品种，但由于其外形美观，在市场上的竞争力反而较强，且售价高。湖北省砂梨主栽品种确定的首选目标应着重于熟期特异、品质好、果个大、外观美、抗性强、适应性广，亟须进行系统的品种选育、引进及鉴定、观察、筛选及综合评价，确定主栽品种，这是当前砂梨品种结构及果品质量提升的当务之急。

（2）规范栽培，提升质量

湖北省梨园普遍存在着土壤有机质含量偏低的问题，大部分果园土壤有机质含量不足 2%，而日本、欧美等发达国家通过果园生草培肥地力，土壤有机质含量大多在 3% 以上。因此，要研发可持续发展的土壤改良技术，建立梨树矿质营养地理信息系统以及营养诊断与精准施肥智能专家系统，通过计算机网络与手机短信平台提供服务。当前农村劳动力短缺，用工成本逐年大幅度提高，雇工难度逐年增大，这些问题直接影响着梨园的正常管理和收益。另外，果园化肥农药的滥施滥用现象普遍存在，导致肥药的使用量大幅上升。

为了确保生产安全、健康、优质的果品，全省重点推行以提高砂梨质量为核心的标准化、安全化生产技术体系，最大限度地减少化学农药和肥料的使用及其副作用的产生，实现“从土地到餐桌”全程监控质量。主要技术措施一是加快相关标准的修订和制定工作，包括梨园病虫害综合防治技术体系、梨园精准化施肥技术和水果质量保证制度体系等。二是全面推行标准化生产，依据已经制定的相关行业标准，指导梨农严格按标准化要求进行生产，从而实现梨园管理技术统一、质量标准统一、市场销售统一。三是重点推广果实套袋、花果精细管理、平衡施肥、节水栽培、果园覆盖、树体改造等绿色、安全、高效、轻简技术，提高产品质量和市场竞争力。同时，加强砂梨清洗、分级、包装、冷链储运等一系列产后处理技术措施，提高砂梨产品的商品性状和货架形象。

（3）强化组织，壮大品牌

信息技术等高新技术的不断变革为果品生产和销售融合注入了不竭的发展动力。移动互联网、大数据、云计算、物联网等新一代信息技术发展迅猛，以农产品电商、农资电商、农村互联网金融为代表的“互联网+”农业服务产业迅速兴起。新技术的飞速发展，延伸了农业产业链条，重构了产业主体之间的利益联结机制，创新了城乡居民的消费方式，为砂梨产业的发展注入了不竭的发展动力。当下应该以湖北省现有的砂梨龙头企业为基础，着力培育壮大一批生产能力强、生产理念先进的重点企业，鼓励和促进生产、加工、科研部门加强协调和深度融合，切实帮助广大果农和企业解决技术方面的困难。同时，发挥龙头企业、果农协会和果业专业合作社的桥梁和纽带作用，将分散生产的果农组织起来，共同应对市场的挑战。

广大果农、合作社以及生产企业应该加强与政府的沟通，及时向政府反映问题、寻求帮助，从而使政府更加有效地发挥提纲挈领的主心骨作用和全心全意为人民服务的使命意识。生产是消费的源头，只有提高产品的质量和安全，做消费者放心满意的产品，才能赢得市场的尊重，这就需要广大果农、合作社以及生产企业严于律己，严格遵守相关质量安全生产标准。

目前，全省砂梨产业基本是以家庭为单位，规模小，投入不足，缺乏组织性。从生产到销售市场各环节关联性差，“小生产与大市场”的矛盾突出，很难实现产、运、储、销一体化，严重削弱了终端产品的竞争力。今后要扶持一批龙头企业，下联广大农户，上联国内外市场，延展果品销售空间和时间，组织和引领分散果农走向市场。通过各种类型的经济合作组织有效运作，把良种推广、基地建设、标准化生产、果品分级包装、储藏加工及运输营销等产前、产中、产后各环节有机地结合起来，实行专业化生产、区域化布局、一体化经营、社会化服务、企业化管理的生产经营方式，着力培育在国内外市场具有较高知名度的名牌产品，真正做到靠品牌开拓市场，靠品牌提升档次，靠品牌提高效益。

（4）做强板块，区域发展

《湖北省乡村振兴促进条例》指出“支持开展绿色食品、有机农产品和农产品地理标志认证，建立地理标志产品重点支持和保护清单，支持创建农业区域公用品牌、企业品牌、大宗农产品品牌、特色农产品品牌，建立健全品牌运营、管理和保护机制，推进品牌强农”。

提升和发展湖北省砂梨产业是一个系统性的宏伟工程，相关政府部门、职能部门、科研部门要在宏观、全局、大局层面做出谋划。对于全省梨产业链的各个环节、各生产区域、市场供需情况等方面的数据要进行详细的统计，并确保信息的准确性、及时性、公开性，从而为政府的决策提供有力的依据，为订单化生产模式打下基础，解决梨果市场经常出现的价格波动过大的问题。全省砂梨产业主要分布在汉江流域和长江滩地，老河口、钟祥、京山、枝江、公安、潜江、仙桃等地的砂梨生产已经形成规模，砂梨产业优势板块已初具雏形，砂梨生产布局要紧紧围绕这些重点县市，通过品牌建设，做强板块，实现区域发展，要建设汉江流域砂梨板块以及长江滩地砂梨板块，实现全省砂梨产业资源合理配置和优化，避免梨果供不应求的时候价格一路走高或者长期处于高位；而供过于求的时候梨果价格长期处于低位，导致梨农砍树毁园。同时，根据市场的周年需求变化制定出相配套的果品储藏、加工发展区划和较合理的市场布局及规模，进一步提高全省砂梨产业的生产专业化、市场规模化、经营产业化。

## 第四节　梨产业在乡村振兴中的作用

### 1. 乡村振兴与梨产业功能

我国果树文化历史悠久，无数文人骚客在诗词歌赋中描绘并赞美果树，为果树增添了许多的文化内涵。从秦汉、隋唐至明清时期，果树广泛应用于园林造景及民俗文化中。如今，结合乡村旅游的开发，果树文化正以新的载体出现在人们的视野中，其中果树特

色小镇和水果主题节庆等新颖的旅游形式充分地将果树文化融入乡村建设中，并逐渐发展为地域文化的重要组成部分，对乡村振兴与发展的意义重大。果树除了果、花、叶、枝等直观形象美外，还具有抽象美，这种抽象美体现在文人喜欢运用托树言意、借景抒情等方式来表达内心想法，向别人传递一种寓意，这种具有象征意义的手法广泛应用于园林造景艺术中，具有丰富的文化内涵。在果树观光旅游中，通过向游客展现色彩艳丽的果实、随季节变化的叶片、蜿蜒盘曲的枝条，可以让游客产生丰富的联想，游客结合自己的人生经历，借景抒情，或感受丰收的喜悦，或感受平和安详的生活，或感受先人的智慧等。在现代生活中，很多观赏果树被广泛种植在庭院、阳台之中，使家庭氛围更加温馨、雅致。

《湖北省乡村振兴促进条例》（以下简称《条例》）已由湖北省第十三届人民代表大会第三次会议于 2020 年 1 月 17 日通过，自 2020 年 5 月 1 日起施行。“实施乡村振兴战略，必须坚持中国共产党的领导，坚持农业农村优先发展、农民主体地位，坚持城乡融合发展、人与自然和谐共生，坚持改革创新、激发活力，坚持因地制宜、循序渐进，按照产业兴旺、生态宜居、乡风文明、治理有效、生活富裕的总要求，促进乡村产业振兴、人才振兴、文化振兴、生态振兴、组织振兴。”“乡村振兴规划的编制，应当与国土空间规划相衔接，符合本地实际，统筹城乡产业发展、基础设施、基本公共服务、资源能源、生态环境保护等布局，推动城乡生产生活要素自由流动、平等交换和公共资源合理配置，形成城乡融合、区域一体、多规合一的规划体系。”《条例》还要求“坚持新发展理念，以市场为导向，推进农业供给侧结构性改革，构建现代农业产业体系、生产体系、经营体系，提高农业创新力、竞争力和全要素生产率，实现农业高质量发展。培育农村新产业、新业态、新模式，推动一、二、三产业融合发展，突出优势特色，发展壮大乡村产业。”“县级以上人民政府应当调整优化农业生产力布局，推进农业绿色化、优质化、特色化、品牌化，重点培育壮大农业全产业链，促进农业结构优化升级。”

（1）梨树的文化价值与利用

旅游开发是指人们为发掘、改善及提高旅游资源的吸引力而致力于从事的开拓与建设活动。果树文化价值的开发是旅游开发的一项重要内容，可使我国富饶的农耕文化旅游资源发挥应有的旅游效用，并最终促进乡村经济发展与人民的物质文化、精神文化水平的提升，意义十分重大。文化是旅游的灵魂，旅游是文化的载体，果树文化内涵丰富，具有很高的旅游开发价值，充分利用果树文化资源进行旅游开发，既可保护与传承果树文化，又可促进旅游业的健康发展。旅游因果树文化的渗透会变得丰富多彩，富有品位，果树文化因旅游的开发会变得生机勃勃，富有活力。

梨产业除了生产功能以外，梨树也是我国古人驯化的、非常有价值的果树，其木材坚硬，在建筑和造船上被广泛应用，还常被用作砧板和雕刻。《齐民要术》记载梨叶可用来染绛色。梨花美容、梨树美姿、梨木美景也是观光果园的重要组成部分。观光果园应拆分为“观光”和“果园”两个独立的部分。“观光”最早出现在先秦典籍《易经·观卦》中“观国之光，利用宾于王”[①]，“果园”的雏形最早出现在周朝的苑、囿中。唐禁苑中有不少果树的专类园，如梨园、葡萄园、芳林等。现代观光果园是一门农业与旅游业融合的新兴产业，属于观光休闲农业园的重要类型，是以果树为基础，在园林美学、果树栽培学、景观生态学等相关规划理论依据下，以农耕文化为核心，挖掘果树文化底蕴，将水果生产、加工与游人体验结合起来，集农事活动、自然风光、科技示范、休闲娱乐、环境保护于一身的新型果树产业与旅游业相结合的一种生产经营形态。

（2）湖北梨产业历史底蕴深厚，产业集聚度高

湖北省梨的栽培历史悠久，自古就是重要的经济作物。南北朝时期《荆州土地记》记有“江陵有名梨”[②]，说明湖北江陵地区生产品质优良的梨。20 世纪 80 年代湖北荆门出土过战国时期的梨核。2019 年，湖北省梨生产面积为 36.80 万亩，主要集中在江汉平原地区的钟祥市、京山市、老河口市等地，另外，湖北西部地区的宣恩县、利川市有规模化栽培。高度集中的梨产业相比零散的分布具有明显的优势，第一，能够有效地降低产业链各环节的成本，比如，可以大大降低企业收购原料鲜果的运输费用、储藏费用等生产成本，从而提高企业的收益率；第二，有利于保持整个梨产业的领先优势，无论是对于梨的种植还是加工，产业的高度集中都可以加强各要素之间的协作和竞争，从而使之保持领先的优势，能焕发出更大的活力，当然也更加有利于各个组成部分形成自己的核心能力；第三，有利于营销优势的形成，如同零售商业的扎堆效应，便于集聚人气。产业聚集化程度高的优势为湖北省梨产业继续向好发展并实现一、二、三产业融合奠定了基础。

梨产业化是指将梨的培育选择和实施这一过程，形成创造和满足人类经济需要的物质性和非物质性生产的、从事营利性经济活动并提供产品和服务的产业。梨的产业化是人与梨载体相互作用所创造的物质和精神财富的综合，是一个广义的产业范畴。它既包

---

① [明]苏俊著：《易经生生篇》，北京：商务印书馆，2018.06，第 44 页。

② 缪启愉，缪桂龙撰：《齐民要术译注》，上海：上海古籍出版社，2006.12 第 180 页。

含传统梨的生产以及与生产相关的技术和栽培理念的更新，也涵盖从梨的生产所辐射的各个方面，如人文社会层面的梨文化。同时，根据各个领域的不同目的的需要，又可将梨产业分为三个层次：第一层是以梨市场为单位划分的产业，即产业组织；第二层是以梨的生产技术和工艺的相似性为根据划分的产业，即产业联系；第三层是以梨为中心的经济活动为根据划分的产业，即产业结构。科学把握梨产业文化的差异性与多样性，分类指导与梯次推进，结合梨产业提质增效的需要，构建与生产空间、生活空间、生态空间相协调的产业发展格局，带动城乡要素流动与乡村产业结构调整。

（3）交通发达，区位优势明显

湖北省位于中国中部，长江中游，东邻安徽，西连重庆，西北与陕西接壤，南接江西、湖南，北与河南毗邻。2019 年 10 月 15 日，交通运输部确定湖北省为第一批交通强国建设试点地区。2016 年，湖北省实现所有的县市通国道、99% 的县市通一级及以上公路、所有的乡镇通国省道、98% 的乡镇通二级以上公路、所有的建制村通沥青（水泥）路。境内的铁路线有京广线、京九线、武九铁路、襄渝线、汉丹线、焦柳线、长荆线、宜万铁路、渝利铁路；高铁有京广高铁、汉宜客运专线等。湖北省内河航道通航里程总计 8638 km，等级航道所占比重为 71%，三级及以上航道所占比重为 21.8%。湖北省现有武汉天河国际机场、宜昌三峡国际机场、襄阳刘集机场、恩施许家坪机场、神农架红坪机场、十堰武当山机场等民航机场，以及正在规划中的武汉江南国际机场和鄂东机场等，武汉市是中国航空运输中心之一，位于武汉市黄陂区的武汉天河国际机场是华中地区规模最大、功能最齐全的现代化航空港，是全国十大机场之一。区位上的巨大优越性带来了其他多方面的优势，首先，在技术层面优势明显，无论是在梨栽培，还是在加工、储藏等全产业链的各个环节，湖北省拥有众多的科研机构和高等院校，并且紧邻多个科研、教育发达的国内大都市；其次，资金优势明显，武汉市是国家级中心城市，为长江中游的特大城市，是中国历史文化名城，楚文化的发祥地之一，无疑大大增加了对投资的吸引力，在观光梨园的人气集聚方面也具有得天独厚的优势。

（4）“数字果园”“电商果园”建设

《湖北省乡村振兴促进条例》要求“加强乡村电子商务人才培养和平台建设，培育和壮大乡村电子商务市场，推进乡村电子商务综合示范，发展线上线下融合的现代乡村商品流通和服务网络，实现城乡生产与消费多层次对接。各级人民政府应当保护、利用乡村生态环境、自然景观、传统文化和乡俗风情等特色资源，丰富乡村旅游产品，提高服务管理水平，提升乡村旅游发展质量和综合效益”。

“数字果园”借力“互联网+”模式，是通过对现有信息和通信技术的充分利用，对果园生产、管理、经营、流通、服务等领域进行数字化设计、可视化表达和智能化控制管理。“数字果园”可以与市场无缝对接，消费者可以更加直观地看到梨果生产的每个环节，从而促使果农以更加精细的方式进行生产，增强了消费者的信任。作为观光梨园产业链的延伸，通过“数字果园”客户端的推介，消费者可以“认领”梨树，可以为其命名，还能通过“数字果园客户端”随时探望，春看花、夏赏绿、秋尝果。“数字果园”的建设将开创湖北省梨产业发展的新模式，成为湖北省乡村振兴及梨产业发展新的增长点。

坚持绿色生态，促进持续发展。把绿色作为产业融合发展的基本遵循，着力促进可持续发展。牢固树立节约集约循环利用的资源观，通过绿色加工、综合利用，实现节能降耗、环境友好。积极发展电子商务等新业态新模式，推进大数据、物联网、云计算、移动互联网等新一代信息技术向全省砂梨生产、经营、加工、流通、服务领域的渗透和应用，促进砂梨产业与互联网的深度融合。

## 2. 梨果营养与饮食

梨是我国传统栽培的重要果树之一，在长期的利用过程中，梨果肉脆嫩汁多，香甜可口，果实长期为国人喜欢食用，据中央卫生研究院营养学家分析，每 100 g 新鲜梨果肉中含蛋白质 0.1 ～ 0.28 g，脂肪 0.1 g，碳水化合物 12 g，钙 5 ～ 7.5 mg，磷 6 ～ 10 mg，铁 0.2 ～ 0.4 mg，胡萝卜素 0.01 mg，硫胺素 0.01 mg，核黄素 0.01 mg，尼克酸 0.2 mg，抗坏血酸 3 ～ 4 mg。

在新时代乡村振兴背景下，依托现有的果树栽培体系，把文化价值融入果业生产，结合乡村旅游的开发，对促进我国水果产业的多功能融合和产业结构优化具有重要的实践意义。随着经济社会的不断发展，人民生活水平不断提高，对饮食的追求也日趋多样化、特色化，许多观光梨园利用丰富的梨果资源，以梨果实为食材，推出了一系列梨特色食谱，广受欢迎。

（1）梨牛肉饼

梨 1 个，牛肉 200 g，红椒 1 个，鸡蛋 1 个，淀粉、葱、姜、食盐、生抽、蚝油、糖、料酒若干。牛肉先切碎后剁成馅，加上葱、姜碎，加生抽、料酒、盐、蚝油抓腌，适量加水；梨去皮切小丁，肉馅加糖拌和，打 1 个鸡蛋，将梨丁拌入其中，放上一勺淀粉，抓拌均匀。牛肉全瘦，淋上些油，分装在平底碗或者深盘中，水开后入笼，蒸 12 min，将红椒和蒜苗切碎，肉饼蒸好后放上，边吃边拌。

（2）百合梨盅

梨 1 个，百合 8 片，枸杞 6 个，冰糖适量。枸杞用凉水清洗干净后备用，百合清洗干净，放煮锅里加水，加冰糖煮 2 min。将梨清洗干净，从四分之一处切开，挖去梨核。将煮好的百合连同汤一起装入梨盅，上面放枸杞。放入蒸锅蒸 20 min 即可。

（3）藕梨荸荠羹

梨 1 个，莲藕 2 节，荸荠 8 个，水、干桂花少许。梨、藕、荸荠清洗干净，藕刮掉外皮，去掉两端；荸荠削皮，去掉黑色的芽眼。梨去皮去核切大块，荸荠切 4 块。三种材料混合后冲一遍凉水，倒入料理机中，再倒入适量水，将食材打成糊糊，后倒入锅中加热至糊糊状后，盛入碗中，撒少许干桂花即成莲藕雪梨荸荠桂花羹。

（4）梨烤鸡翅

梨 1 个，番茄 1 个，鸡翅 6 个，洋葱半个，葱、蒜、蜂蜜适量。鸡翅洗净，背部用刀划两刀，在清水中浸泡出血水。梨、洋葱、番茄、蒜、葱切块，用料理棒打成泥，番茄酸甜，洋葱去腥，做成梨清香秘制酱汁，加入适量的盐，放入洗好的鸡翅，封好保鲜膜，冷藏 1 d。烤盘上铺上油纸，鸡翅排放好，于烤箱中烤 20 min；将烤盘取出，鸡翅刷上一层蜂蜜，再入烤箱烤 10 min，至鸡翅表面金黄即可。

（5）梨枣鸡汤

梨 1 个，鸡半只，红枣、姜、葱白、盐适量。锅中加入适量清水，放入两三片姜大火煮开，放入鸡肉煮至没血水，捞出洗净。红枣洗净，配上两段葱白，几片姜，梨去皮切块。将所有材料放入高压锅中，注入适量清水，加压后煮 20 min，出锅前放入少许盐即可。

（6）梨藕排骨汤

梨 1 个，莲藕 2 ～ 3 节，排骨 500 g，姜、葱、盐、红枣适量。锅中加入适量清水，放入两三片姜大火煮开，放入排骨煮至没血水，捞出洗净。梨去皮切块，姜去皮切片，葱白两段，莲藕去皮切块，所有材料放入高压锅中，加入适量清水，加压后煮 20 min，出锅前放入少许盐即可。

（7）梨胡萝卜骨头汤

梨 1 个，胡萝卜 1 ～ 2 个，猪骨头 500 g，姜、葱、盐、枸杞适量。锅中注入适量清水，放入几片姜，大火煮开，放入骨头。梨去皮去核后切块，胡萝卜切成块，枸杞用水泡后放入，所有材料放入高压锅中，加入适量清水，加压后煮 20 min，出锅前放入少许盐即可。

（8）梨藕肉片

梨 1 个，莲藕 1 节，辣椒 1 个，五花肉 100 g，姜、蒜、料酒、生抽、白胡椒粉、玉米淀粉适量。莲藕切片后放入开水锅里，煮熟后用清水浸泡，辣椒切碎，梨切片备用。五花肉切成片，肉片用料酒、生抽、白胡椒粉、淀粉腌制 10 min。炒锅烧热，加入适量油爆香辣椒、姜、蒜，放入腌好的肉片翻炒变色，加入藕片翻炒 1 min，最后加入梨片及适量盐，翻炒均匀即可。

## 3. 梨园美学与文化传承

（1）梨花的美景

梨花开在诗词里，可以不择地点、不分时节，因人而异，因境而别。无论是深宫庭院，还是塞外沙海；无论是暮春时节，还是胡天八月；无论是迟暮美人，还是漂泊游子，梨花都随时随地为人盛开，有花团锦簇、洁白如雪的壮观，有随风飘零、满目破碎的凄凉，也有沐浴朗月、临溪绽放的高洁。梨花洁白秀丽，给人以优雅飘逸之想，极大地丰富了古人的精神生活，诚如陆游所说："粉淡香清自一家，未容桃李占年华。常思南郑清明路，醉袖迎风雪一杈。""嘉陵江色嫩如蓝，凤集山光照马衔。杨柳梨花迎客处，至今时梦到城南。"[①] 其盛开时繁花似雪，非常壮观；凋零时随风起舞，有如蝶飞。

梨，特别是梨花所暗含的高洁净亮、光艳照人、明艳胜雪的杰出品质常常为诗人骚客自比，表现出闲散静穆中的骚动不平以及怀才不遇的人生慨叹。唐代丘为所作的《左掖梨花（同王维、皇甫冉赋）》："冷艳全欺雪，余香乍入衣。春风且莫定，吹向玉阶飞"[②] 就很好地体现了这一点。

（2）梨花的豪情

古代诗人通过描述梨花美景，抒发壮志豪情。唐朝边塞诗人岑参曾在《白雪歌送武判官归京》云："北风卷地北草折，胡天八月即飞雪。忽如一夜春风来，千树万树梨花开"，[③] 胡地八月，冰天雪地，银装素裹，寒彻透骨，诗人却妙想设喻，说梨花盛开，热闹缤纷，不见凄神寒骨之感，只觉温馨热烈之兴，堪称盛世大唐边塞诗的压卷之作，抒写塞外送别、客中送客之情，但并不令人感到伤感，反而充满了浪漫的理想和壮逸的情怀。

---

① [宋]陆游：《剑南诗稿校注》，上海：上海古籍出版社，1985.09，第 3711 页。

② [唐]王组著；[清]赵殿成笺注：《王石丞集笺注》，上海：上海古籍出版社，1998.03，第 254 页。

③ 马茂元选注：《唐诗选　上》，上海：上海古籍出版社，2017.11，第 270 页。

（3）梨花悲情

当梨花飘零，诗人也常常借此抒发春光易逝的惆怅。宋代李重元“雨打梨花深闭门”[①]，是人们熟知的表达“伤春怀人”的名句。

（4）梨花月夜

我国古代善于抽象思维的诗人，还将梨花的素雅与明月的皎洁联系起来，交相辉映，营造出一种超凡脱俗的闲适美景。宋代晏殊描绘的“梨花院落溶溶月，柳絮池塘淡淡风”[②]意境最为典型。

（5）梨花思情

唐诗《杂诗》中以想象中的故园梨花溪月之优雅高洁来反衬游子客居异地，有家难回的羁旅愁怨，云：“旧山虽在不关身，且向长安过暮春。一树梨花一溪月，不知今夜属何人？”[③]第一、二句诗交代诗人羁旅长安，有家难归的困窘；第三、四句诗想象故园旧山之景，抒写思乡念亲之情。一树梨花，沐浴着朗朗月光，静听潺潺溪水，像亭亭玉立的仙女，笑容可掬，姿态可亲。故乡的梨花啊，美丽高洁，幽雅迷人，可是对于漂泊在外的诗人来说，岂不是“美人如花隔云端”吗？“不知今夜属何人？”问得何等伤心，何等苦涩！溪月梨花越是空蒙优美，就越能够反衬出游子归程无计的苦闷忧思。

梨果和梨花为国人长久利用，故在我国习俗和工艺中也留下了各种烙印，如惊蛰吃梨，梨花雕件，梨木家具、乐器及工艺品等。另一方面，梨与离谐音，故北方一些居民不“分梨”而食。此种情形由来已久。”

---

① [宋]黄升选编；杨万里点校集评：《花庵词选》，上海：上海古籍出版社，2019.09，第177页。水照

② 王水照，朱刚注译：《宋诗一百首》，上海：上海古籍出版社，1997.04，第10页。

③ 富寿荪选注；刘拜山，富寿荪评解：《千首唐人绝句　下》，上海：上海古籍出版社，2017.08，第765页。

# 第二章　砂梨品种

# 第一节　早熟品种

## 金水 2 号

### 1. 品种来源

湖北省农业科学院果树茶叶研究所选育而成，亲本为长十郎 × 江岛。1978 年获全国科技大会奖及湖北省科技大会奖，多次被评为“全国优质早熟梨”。

### 2. 品种特征特性

果实近圆形，果形指数 0.95，平均单果质量 225 g，最大果重 517 g。果形整齐一致，萼洼中等、深广，萼片脱落，梗洼浅狭，近果柄处有似鸭梨状的瘤状凸起，被誉为“南方鸭梨”。果皮呈黄绿色，果面极平滑洁净，有蜡质光泽，果点浅、小而稀，外观漂亮。果肉呈乳白色，肉质细嫩、酥脆，果肉去皮硬度 6.20 $kg/cm^2$，石细胞极少，汁液特多，可溶性固形物含量 12.1%，可滴定酸含量 0.19%，味酸甜，微香，储藏后香气更浓，品质上，果心小。

树姿较直立，树势强旺，生长势强，15 年生树高 3.6 m，干周 32 cm，冠径 2.45 m。新梢粗壮、直立，平均长 82 cm。萌芽率为 60.84%，成枝力中等，平均延长枝剪口下抽生长枝 2.07 个。以短果枝结果为主，短果枝占总结果枝的 75%，中果枝占 20%，长果枝占 5%。花序坐果率为 95.7%，果台连续结果能力高，平均每果台坐果 3.44 个。

武汉地区叶芽萌动期为 2 月下旬，花芽萌动期为 3 月中旬，初花期为 3 月中下旬，盛花期为 3 月下旬，新梢在 5 月底停止生长，果实成熟期为 7 月下旬。有采前落果现象。

抗逆性和抗病虫性较强，适应性广，对需冷量要求低，在广西桂林、福建建宁、江西鹰潭和上饶、江苏海宁和南京以及安徽合肥生长结实正常。对黑斑病、黑星病抗性强，较抗轮纹病；抗旱性、耐渍性较强。对土壤条件要求较高，适于土层肥沃深厚、透气性良好的沙壤土及壤土，土壤贫瘠、干旱时，易采前落果。

### 3. 栽培技术要点

（1）授粉品种为鄂梨 2 号、华梨 2 号、翠冠，配置比例为（3 ～ 4）∶1。

（2）金水 2 号坐果率高，务必疏果，定果后每果台留单果，定果后叶果比为25∶1，树冠内每 20 cm 间距留 1 个果。

（3）生产高档果品时，果实进行二次套袋栽培，谢花后 15 d 内套小蜡袋，30 d 后直接在小蜡袋上套大袋，带袋采收。

（4）主要树形为细长纺锤形、小冠疏层形、双层形，双层形树体结构，树高 2.5 ～ 3.0 m，主干高 40 ～ 50 cm。主枝分两层，第一层 3 ～ 4 个主枝，基角 65° ～ 70°，主枝在中心干上的间距为 10 ～ 15 cm，每主枝配套 1 ～ 2 个侧枝。第二层 1 ～ 2 个亚主枝，基角为 50° ～ 60°，主枝在中心干上的间距约 10 cm。第一层和第二层主枝在中心干上的层间距为 0.8 ～ 1.2 m，行内株间允许 10% ～ 20% 交接，树冠覆盖率约 80%。金水 2 号生长势强，幼树要注意开张主枝角度，以轻剪甩放为主。

（5）注意分批采收，否则容易发生采前落果。果实成熟一批采收一批，过熟则易导致夜蛾危害。

## 鄂梨 2 号

### 1. 品种来源

湖北省农业科学院果树茶叶研究所选育而成。亲本为中香 ×（伏梨 × 启发），获湖北省科技进步奖二等奖，多次被评为“全国优质早熟梨”，并获得“最佳风味奖”。

### 2. 品种特征特性

果实为倒卵圆形，果形指数 1.01。平均单果质量 242 g，最大果重 507 g。果形整齐一致。果皮呈绿色，近成熟时呈黄绿色，皮薄，具蜡质光泽，果点中大、中多、分布浅，外观美。果肉洁白，肉质细嫩、松脆，果肉去皮硬度 5.78 $kg/cm^2$，汁特多，石细胞极少，可溶性固形物含量 12.6%，可滴定酸含量 0.18%，味甜，微香，品质上。果心极小，5 心室。

树姿半开张，树冠圆锥形，主干灰褐色，一年生新梢绿褐色，平均长 69 cm，粗 0.78 cm，节间长 3.45 cm。幼叶初展呈橙红色，成熟后墨绿色，狭椭圆形，叶片长 11.53 cm、宽 6.61 cm，叶柄长 2.55 cm、粗 0.21 cm。平均每个花序 5.5 朵花，花瓣 5 枚，花蕾粉红色，花冠白色，直径 3.62 cm。

株形为普通型，生长势中庸偏旺。萌芽率为 79.46%，成枝力 3.1 个。自花不结实，平均每果台坐果 1.8 个，果台连续坐果率为 12.77%。早果性好、丰产，盛果期每亩产量可达 2500 kg 以上。

武汉地区叶芽萌动期为 2 月底至 3 月初，落叶期为 11 月下旬，营养生长期约 275 d。花芽萌动期为2月下旬，初花期为3月中旬，盛花期为3月下旬，终花期为3月底至4月初，果实成熟期为 7 月中下旬，果实发育天数为 106 d。

该品种高抗黑星病、黑斑病，保叶能力强，不容易返青返花，对轮纹病、梨锈病的抗性同金水 2 号；对需冷量要求低，在广西桂林地区、南宁地区生长结实正常。

### 3. 栽培技术要点

（1）授粉品种为金水 2 号、翠冠、早美酥，配置比例为（3 ～ 4）∶1。

（2）合理负载，定果后每果台留单果，疏去短形果、畸形果、病虫果、小果及短果柄果。定果后叶果比为 25∶1，树冠内每 20 cm 间距留 1 个果。

（3）果实进行二次套袋栽培，谢花后 15 d 内套小蜡袋，30 d 后直接在小蜡袋上套大袋，带袋采收。

（4）主要树形为细长纺锤形、小冠疏层形及倒伞形，平棚架栽培（二主枝棚架、多主枝棚架、漏斗式架下结果棚架等），坐果率高、产量高、品质优。长江中游及以南地区注意控制营养生长，促进花芽分化。4 月中下旬注意抹芽、抹梢，抹除剪口附近、背上直立的芽梢。幼旺树注意轻简长放拉枝，结果后回缩更新。

## 鄂梨 1 号

### 1. 品种来源

湖北省农业科学院果树茶叶研究所选育而成，亲本为伏梨 × 金水酥，获湖北省科技进步奖二等奖。

### 2. 品种特征特性

果实近圆形，果形指数 0.95。平均单果质量 262 g，最大果重 536 g，果形整齐一致。果皮呈暗绿色，果面平滑，具少许蜡质光泽，多雨年份有块状锈斑。果肉呈白色，肉质细嫩，果肉去皮硬度 6.24 $kg/cm^2$，石细胞极少，可溶性固形物含量 10.6%，可滴定酸含量 0.19%，汁多、味甜、品质上。5 心室，种子小，黄褐色，卵形，长 0.68 cm。果实较耐储藏。

树姿开张，树冠阔圆锥形，主干呈灰褐色，较光滑。一年生枝绿褐色，节间长

3.71 cm。幼叶初展呈淡绿色，成熟后呈绿色，卵圆形，叶片长 10.59 cm、宽 6.09 cm，叶缘锐锯齿，略皱，叶柄长 2.78 cm、粗 0.23 cm。平均每花序 8.53 朵花，花蕾白色，略呈淡红，花冠白色，花冠直径 3.18 cm，花瓣 5 枚。

生长势中庸，萌芽率为 71%，成枝力低，平均为 2.1 个。自花不结实，平均每果台坐果 2.2 个、每果台发副梢 1.05 个，果台连续坐果率为 10.37%。幼树以腋花芽结果为主，四年生树腋花芽果枝比例仍高达 55.67%，盛果期以短果枝结果为主。无采前落果现象。

武汉地区叶芽萌动期为 3 月中旬，展叶期为 3 月底至 4 月初，落叶期为 11 月下旬，营养生长期 245 d。花芽萌动期为 3 月上旬，初花期为 3 月中下旬，盛花期为 3 月底，终花期为 4 月上旬，果实成熟期为 7 月初，可采期为 6 月底至 7 月上旬，果实发育天数 89 d。

该品种高抗黑星病，较抗轮纹病、黑斑病、梨锈病，对梨茎蜂、梨实蜂和梨瘿蚊都具有较强的抗性。适应性广，在湖北、广西、云南、四川、江西、浙江、重庆、福建、湖南等省、自治区、直辖市表现为生长结实佳良。

### 3. 栽培技术要点

（1）授粉品种为早酥、西子绿、早美酥，配置比例为（3 ～ 4）∶1。

（2）适宜树形为疏散分层形、小冠疏层形及开心形。冬季修剪以回缩、甩放、疏枝为主，超宽回缩、过弱更新、强枝甩放，需扩充树冠，补空时则行短截。夏剪以拉枝、摘心、抹芽、刻伤等措施为主。

（3）基肥适时足量，追肥适时适量。基肥应早施，以还原树势；深施，以送肥入口。9—10 月于树冠滴水线处挖宽、深各 40 ～ 50 cm 条沟，每株施入有机肥 50 ～ 75 kg，加上过磷酸钙 1.0 ～ 1.5 kg，逐年向外扩展。盛果期基肥进行全园撒施，然后翻耕。

## 玉 香

### 1. 品种来源

湖北省农业科学院果树茶叶研究所选育而成，亲本为伏梨 × 金水酥，获湖北省科技进步奖一等奖。

### 2. 品种特征特性

果实近圆形，果形指数 1.01。平均单果质量 246 g，最大果重 420 g。果形整齐一致，果柄长 3.59 cm、粗 0.28 cm，梗洼浅、中广，部分果实萼片脱落，萼洼浅、中广。果皮呈暗绿色，果点少、浅，果面平滑。果肉洁白，肉质细嫩、松脆，果肉去皮硬度 6.22 kg/cm$^2$，石细胞少，可溶性固形物含量 12.2%，可滴定酸含量 0.17%，味浓甜，品质上。果心中大，果实心室数 5，每果种子数 6 ～ 8 粒。种子呈黄褐色，长 0.66 cm、宽 0.32 cm，卵形。不耐储藏。

树姿开张，树冠阔圆锥形。主干灰褐色，表面光滑。一年生枝呈暗褐色，长 94.50 cm、粗 3.5 cm，节间长 3.80 cm，皮孔中大、中密。叶片广椭圆形，老叶绿色，长 9.12 cm、宽 6.85 cm，叶柄长度 4.7 cm，叶缘细锯齿、具刺芒，叶端凸尖或尾尖，叶基圆形；幼叶粉红色，有茸毛；叶芽小，三角形，离生；花芽小，椭圆形，鳞片呈褐色。每花序 5 ～ 8 朵花，花冠白色，花冠直径 3.21 cm，花瓣 5 ～ 8 枚，雌蕊 5 ～ 6 个，雄蕊 24 ～ 29 个。

生长势中庸。萌芽率为 76.47%，成枝力低，平均 2.0 个。平均每果台坐果 2.0 个，每果台发副梢 1 ～ 2 个，果台连续坐果力为 12.75%。以短果枝结果为主，总结果枝中长果枝比例为 11.40%，短果枝比例为 9.27%，中果枝比例为 79.33%。

武汉地区叶芽萌动期在 3 月上中旬，展叶期为 3 月下旬到 4 月初，落叶期为 10 月中旬。花芽萌动期为 3 月上旬，盛花期为 3 月下旬，果实成熟期为 7 月中下旬，果实发育期 107 d，营养生长期 200 d。

该品种高抗黑星病、白粉病，抗黑斑病、褐斑病、轮纹病，没有特殊病虫害发生。叶片和果实主要病虫害是锈病、轮纹病、黑斑病、梨木虱、梨网蝽，枝干病害以轮纹病为主。

### 3. 栽培技术要点

（1）授粉品种为翠冠、华梨 2 号、金水 2 号，配置比例为（3 ～ 4）∶1。

（2）玉香梨坐果率很高，特别是进入盛果期以后，必须严格疏果，合理负载，才能达到应有的果实大小和优良品质。每果台留单果，定果后每亩留果数为 1.0 万～ 1.5 万个，适宜叶果比为 25∶1。

（3）果实套袋，进行二次套袋栽培，谢花后 15 d 内套小蜡袋，30 d 后直接在小蜡袋上套大袋，带袋采收。

（4）适宜树形为疏散分层形、小冠疏层形及开心形。冬季修剪时注意慎用短截。对于树冠上部的直立枝、强旺的斜生枝忌用短截，以免造成树上长树。可实行“三套枝”制度，保留预备枝，轮换更新，控制结果部位外移。

# 华梨 2 号

## 1. 品种来源

华中农业大学选育而成，亲本为二宫白 × 菊水，多次被评为“全国优质早熟梨”。

## 2. 品种特征特性

果实扁圆形，果形指数 0.92。平均单果质量 195 g，最大果重 370 g。果形圆整一致，萼片脱落，萼洼深、狭。果皮呈浅绿色，果点少、浅、中大，果面平滑。果肉洁白，肉质极细嫩、松脆，果肉去皮硬度 5.86 $kg/cm^2$，汁液特多，石细胞极少，可溶性固形物含量 12.2%，可滴定酸含量 0.15%，味甘甜，品质上。果心极小，较耐储藏，室温下可存放约 20 d，储藏后果皮变为黄色。

树势中庸，树姿开张，干性中等偏弱。萌芽率高，成枝力中等。枝条较细而长，弯曲明显，节间较长。叶片为长卵圆形，多略向内抱合；叶基楔形，两边多不对称。花芽易形成。幼树以中长果枝结果为主，成年树以短果枝结果为主，盛果期亩产 2500 kg 以上。

武汉地区叶芽萌动期为 2 月下旬，落叶期为 11 月下旬，营养生长期约 280 d。花芽萌动期为 2 月下旬，初花期为 3 月中旬，盛花期为 3 月下旬，终花期为 3 月底至 4 月初，果实成熟期为 7 月中旬，可提前或延迟 10 d 采收。

## 3. 栽培技术要点

（1）授粉品种为翠冠、翠玉、金水 2 号，配置比例为（3 ～ 4）∶1。

（2）华梨 2 号坐果率很高，盛果期务必合理负载，疏花疏果，否则果个变小，品质变劣。每果台留单果，定果后每亩留果数为 1.0 万～ 1.2 万个，适宜叶果比为 25∶1。

（3）适宜树形为小冠疏层形、细长纺锤形及开心形。对幼树尽量轻剪，少短截，适当疏枝，重视拉枝，摘心，促进多发枝、发短枝；适当配备好大、中、小型结果枝组，培养牢固骨架，充实内膛；盛果期对结果枝组应注意回缩更新复壮。

（4）务必加强肥水管理，防止树势早衰。基肥施用应在 9—10 月于树冠滴水线处挖宽、深各 40 ～ 50 cm 的条沟，每株施入有机肥 50 ～ 75 kg，加上过磷酸钙 1.0 ～ 1.5 kg，逐年向外扩展。盛果期基肥进行全园撒施，然后翻耕。

# 翠　冠

## 1. 品种来源

浙江省农业科学院园艺所选育而成，亲本为幸水 ×（杭青 × 新世纪），获国家科技进步奖二等奖，多次被评为“全国优质早熟梨”。

## 2. 品种特征特性

果实扁圆形，果形指数 0.90。平均单果质量 277 g，最大果重 580 g。果梗长 4.1 cm、粗 0.3 cm，略有肉梗，梗洼中广，萼洼广而深，有 2 ～ 3 条沟纹，萼片脱落。果皮光滑，底色呈绿色，面色呈暗绿色，分布有锈斑，果点浅、小而少。果肉白色，肉质细嫩、松脆，果肉去皮硬度 5.39 kg/cm$^2$，汁液多，石细胞少，可溶性固形物含量 12.4%，可滴定酸含量 0.11%，味甘甜，品质上。果心线不缝合，果心中位，呈心脏形，小。

树势健壮，树姿较直立，主干树皮光滑。一年生嫩枝绿色，顶部小叶为红色，茸毛中等，皮孔长圆形开裂；成熟枝褐色，顶芽凸出明显，平均长 74 cm，芽节间距 3.9 cm。叶片呈长椭圆形，浓绿，大而厚，叶长 12.0 cm、宽 7.2 cm，叶柄长 5.7 cm，粗 0.12 cm。叶缘锯齿细锐尖，叶端渐尖略长。花白色，雄蕊 20 ～ 22 枚，雌蕊 5 枚。种子卵圆形，呈褐色。萌芽率和发枝力强，盛果期以短果枝结果为主，果台连续结果能力强，着坐果均匀，果个均匀。

武汉地区叶芽萌动期为 3 月上旬，落叶期为 11 月下旬。花芽萌动期为 2 月下旬，初花期为 3 月中旬，盛花期为 3 月下旬，终花期为 3 月底至 4 月初，果实成熟期为 7 月下旬，7 月中旬即可采收，果实发育期 110 d。

该品种抗逆性强，适应性广，高抗黑星病、白粉病，抗黑斑病、褐斑病，较抗轮纹病，耐瘠薄，耐湿，有早期落叶现象。

## 3. 栽培技术要点

（1）授粉品种为圆黄、华梨 2 号、鄂梨 2 号，配置比例为（3 ～ 4）∶1。

（2）果实进行二次套袋栽培才能获得优质的商品外观，谢花后 15 d 内套小蜡袋，30 d 后直接在小蜡袋上套大袋，带袋采收。直接套袋果面锈斑明显，商品外观不优。

（3）主要树形为细长纺锤形、小冠疏层形、倒伞形等，细长纺锤形树体结构主干高为 60 cm，中心树干高为 3.0 ～ 3.5 m，树冠高度为 3.5 ～ 4.0 m，冠幅为 1.2 ～ 1.5 m。

主干上着生 15 ～ 20 个结果枝组，在主干上的距离为 15 ～ 20 cm，呈螺旋状分布。枝组平均长度为 1.35 m，平均基角为 65°，腰角为 85°。单株平均枝条生长点数量为 200 ～ 250 个，75% 的枝条生长点集中分布在距离主干 1.0 m 的水平区域。叶面积指数为 4.0 ～ 5.0，树冠覆盖率为 75% ～ 85%，株间允许交接 15% ～ 20%；树篱宽度 1.2 ～ 1.5 m，行间留出 1.5 m 以上的机械作业道。

## 西子绿

### 1. 品种来源

原浙江农业大学选育而成，亲本为新世纪 ×（八云 × 杭青），多次被评为“全国优质早熟梨”。

### 2. 品种特征特性

果实扁圆形，果形指数 0.87。平均单果质量 258 g，最大果重 516 g。果梗长 4.08 cm、粗 0.24 cm，梗洼浅，萼片脱落，萼洼中广。果皮黄绿色，果点浅、小而少，果面平滑光洁，具蜡质光泽，外观极美。果肉洁白，肉质细嫩、疏脆，果肉去皮硬度 5.80 $kg/cm^2$，石细胞少，可溶性固形物含量 11.1%，可滴定酸含量 0.17%，汁多，味酸甜，品质中上。果心小，5 心室。耐储运，室温下可储藏 15 ～ 20 d。

树姿半开张。皮光洁，皮孔白色长圆形，少而稀。一年生枝呈深褐色。叶片广卵圆形，叶长 12.8 cm、宽 5.9 cm，叶柄长 4.1 cm。叶片呈翠绿色，叶缘锯齿稀浅、具刺芒，叶端渐尖，叶基圆形；幼叶呈浅绿色，有白色茸毛，微卷。花芽呈圆锥形，腋花芽多，以中短果枝结果为主。每花序 5 ～ 8 朵花，花白色，直径 3.7 cm；花瓣 5 枚，少数 6 ～ 9 枚。雄蕊 28 枚，花药呈淡粉红色，花粉多。雄蕊高于雌蕊。花柱 5 裂。

树势中庸健壮，花芽极易形成，萌芽率高，成枝力中等。长、中、短果枝均能结果，腋花芽结果性好，进入结果期早。

武汉地区花芽的萌芽期在 3 月上中旬，展叶期为 3 月中旬，盛花期为 3 月下旬。果实成熟期为 7 月中下旬，落叶期为 11 月下旬，营养生长期 260 d 左右。该品种高抗黑星病，抗黑斑病，中抗轮纹病。

### 3. 栽培技术要点

（1）授粉品种为早酥、早美酥、鄂梨 1 号，配置比例为（3 ～ 4）∶1。

（2）生产高档果品时，果实进行二次套袋栽培，谢花后 15 d 内套小蜡袋，30 d 后直接在小蜡袋上套大袋，带袋采收。

（3）疏花疏果，短果枝上留 1 个花序，中果枝留 1～2 个花序，长果枝留 3～4 个花序。在疏花基础上在 5 月上旬进行疏果，疏去病果、劣果、畸形果，每果台留 1 个果。

（4）适宜树形为小冠疏层形、倒伞形及开心形。冬季修剪时注意枝组更新、轮换结果，将短截、甩放和回缩结合，使枝组合理搭配，使树冠结构合理、树势均衡，通风透光良好。

## 翠　玉

### 1. 品种来源

浙江省农业科学院园艺研究所选育而成，亲本为西子绿 × 翠冠，多次被评为“全国优质早熟梨”。

### 2. 品种特征特性

果实扁圆形，果形指数 0.89。平均单果质量 262 g，最大单果重 504 g。萼片脱落。果皮呈翠绿色，果面平滑光洁，具有蜡质光泽，果点浅、小而少，果锈极少，外观美。果肉白色，肉质细嫩、松脆，果肉去皮硬度 6.30 kg/cm$^2$，石细胞少，可溶性固形物含量 10.8%，可滴定酸含量 0.11%，汁多、味甜、品质优。果心极小，可食率 85%。较耐储藏。

树姿半开张，树冠呈圆头形，成龄树主干树皮光滑且呈灰褐色，一年生枝条阳面主色为褐色，软易弯曲，节间长 3.5 cm，单位面积皮孔数量中，枝条上无针刺，嫩枝表面无茸毛。萌芽率 81%，成枝力中等。叶芽斜生，顶端尖、芽托小。萌动后展开的幼叶呈淡绿色，成熟叶平均长 12.97 cm，平均宽 8.20 cm，平均叶柄长 2.59 cm。叶色亮绿，叶片呈卵圆形，叶基圆形，叶端渐尖，叶缘具锐锯齿、有芒刺，无裂刻，叶背无茸毛。叶面平展，相对于枝条呈斜向下着生，叶柄基部无托叶。成熟花芽表面稍有茸毛，每花序平均 5～8 朵花，花瓣呈纯白色，5～6 枚，边缘重叠。柱头与花药等高，或柱头略高，花柱基部无茸毛，花药紫红色，花粉量较多，花柱 5～7 个，平均雄蕊 25 枚。

树势中庸稳健。5 年生树干周 35.8 cm。花芽易形成，长、中、短果枝均能结果，以中、短果枝结果为主。坐果率高，丰产、稳产。该品种自花结实率低，栽培上须配置授粉品种，与黄花梨、翠冠梨均可互为授粉品种。

武汉地区叶芽萌动期为 2 月底至 3 月初，落叶期为 11 月下旬。花芽萌动期为 2 月下旬，

初花期为3月中旬，盛花期为3月下旬，终花期为3月底至4月初，果实成熟期为7月上旬，果实发育期100 d。

### 3. 栽培技术要点

（1）授粉品种为翠冠、华梨2号、鄂梨2号，配置比例为（3～4）∶1。

（2）主要树形为细长纺锤形、小冠疏层形、倒伞形等，整形时主枝剪口芽留外芽或外侧芽，各主枝剪口下第2个芽，留同一方向外侧芽，其余枝条轻剪长放，充分扩展树冠，采取拿枝、拉枝等缓势修剪法，缓和树势，促进花芽分化，形成大量短果枝，增加早期产量。结果后及时回缩，培养结果枝组。

（3）肥水管理。幼树生长季节施速效肥，少量多次。盛果期每年秋季施入基肥，每亩施有机肥2000～2500 kg及钙镁磷肥50 kg。萌芽肥在开花前每株施高氮复合肥0.5 kg，壮果肥在5月中旬每株施硫酸钾复合肥1.0～1.5 kg。

## 苏翠1号

### 1. 品种来源

江苏省农业科学院园艺研究所选育而成，亲本为华酥×翠冠，多次被评为“全国优质早熟梨”。

### 2. 品种特征特性

果实卵圆形，果形指数0.97。平均单果质量274 g，最大果重439 g。萼片脱落，萼洼中深、中广；果梗直立，梗洼中深、中狭。果皮绿色，近成熟时呈黄绿色，果面平滑洁净，具有蜡质光泽，果锈极少或无，果点小而稀，外观美。果肉白色，质细脆，果肉去皮硬度5.01 kg/cm$^2$，石细胞少，可溶性固形物含量12.5%，可滴定酸含量0.11%，汁多、味浓甜，品质上。果心小，中位，5心室。

树势强旺，树姿半开张。成枝力中等，萌芽率为88.56%，果枝比例85.1%，其中长果枝16.6%、中果枝13.6%、短果枝70.8%。易形成花芽，腋花芽比例为26.57%。以短果枝结果为主，果台副梢结果能力中等。一年生枝条呈绿褐色，节间长度3.65 cm。叶片长椭圆形，长11.9 cm、宽7.2 cm，叶柄长2.4 cm，叶面平展，叶基圆形，叶尖锐尖，叶缘钝锯齿。每花序5～7朵花，幼蕾呈浅红色，花瓣重叠，圆形；花药浅粉红色，花粉量多。

武汉地区叶芽萌动期为2月底至3月初，落叶期为11月下旬。花芽萌动期为2月下旬，初花期为3月中旬，盛花期为3月下旬，终花期为3月底至4月初，果实成熟期为7月上旬，果实发育期104 d。该品种高抗黑星病、黑斑病、白粉病，中抗轮纹病。

### 3. 栽培技术要点

（1）授粉品种为黄冠、丰水、华梨2号，配置比例为（3～4）∶1。

（2）为了提高早期产量，建园时可实行计划密植，株行距为（1.5～2.0）m×（3.0～4.0）m，盛果期后间伐，株行距为（3.0～4.0）m×（4.0～6.0）m。

（3）花前复剪、疏花、疏果。初果期易成花，养分消耗大，花前复剪除去弱小花，叶果比25∶1，在果实套袋之前进行定果。

（4）主要树形为细长纺锤形、小冠疏层形、倒伞形等，盛果期树冠扩大，结果过多后易造成树势衰弱。冬剪时在枝组基部留橛，整体更新；也可剪除枝组前端，利用枝组后部新枝局部更新。

## 幸　水

### 1. 品种来源

日本品种，亲本为菊水×早生幸藏。

### 2. 品种特征特性

果实扁圆形，果形指数0.81。平均单果质量224 g，最大果重416 g。果柄粗短，约2.8 cm长，抗风能力强，不易落果。果面呈黄褐色，充分成熟时向阳面呈微红色，果面较粗糙，果点大、多而凸起。果肉洁白，抗氧化能力强，肉质细嫩、松脆，果肉去皮硬度6.02 kg/cm$^2$，石细胞少，可溶性固形物含量12.2%，可滴定酸含量0.12%，汁特多、味浓甜，品质等。果心小，可食率95%，中位，5心室。种子呈黄褐色，6～8粒，饱满，呈心形。不耐储运，果皮摩擦受伤后易黑变，室温下可储放15 d。

树姿开张，树冠半圆形，适宜密植。萌芽率高，成枝率中等。叶片长卵圆形，呈浅绿色，较薄，叶面平展，叶缘锯齿状，叶长9.9 cm、宽7.2 cm，叶柄长3～5 cm。花芽极易形成，花量较大。每花序5～11朵花，花瓣呈白色，11～14片，边缘有花纹，雌蕊7枚，雄蕊33枚。花序坐果率69.38%。

树势中庸稳健。幼树生长旺盛，5年生树，干径达7 cm，树高3.5 m，冠幅230～

250 cm。一年生新梢平均长度 52 cm。初结果树以中、长果枝结果为主，中果枝结果占72.3%，长果枝占 24.7%，短果枝及腋花芽占 3%。5 年后则迅速转为以中、短果枝结果为主，连续结果能力强。以顶花芽结果为主，腋花芽亦能结果，形成束丛果，每花序结果多达 8 个。结果部位均在树冠中下部和内膛，上部继续抽梢。

武汉地区叶芽萌动期为 2 月底至 3 月初，落叶期为 11 月下旬。花芽萌动期为 2 月下旬，初花期为 3 月中下旬，盛花期为 3 月底至 4 月初，终花期为 4 月上旬，果实成熟期为 7 月下旬，果实发育期为 114 d。落叶期为 11 月下旬，全年生育期为 230 d。该品种抗黑斑病、黑星病，在武汉早期落叶程度中等，抗旱、抗风力中等。

### 3. 栽培技术要点

（1）授粉品种为圆黄、丰水、黄花，配置比例为（3 ～ 4）∶1。

（2）果实进行套袋可提高外观品质，5 月上中旬直接套大袋，带袋采收，也可不进行套袋栽培，唯注意防控裂果。

（3）该品种进入盛果期，花芽极易形成，花量较大，坐果率高，负载量过大时树势急速衰弱，要疏花、疏果，每亩产量控制在 2000 ～ 2500 kg。

（4）对肥水管理要求高。秋季施入基肥，每亩施有机肥 2000 ～ 2500 kg 及钙镁磷肥 50 kg。萌芽肥在开花前每株施高氮复合肥 0.5 kg，壮果肥在 5 月中旬每株施硫酸钾复合肥 1.0 ～ 1.5 kg。

## 早美酥

### 1. 品种来源

中国农业科学院郑州果树研究所选育而成，亲本为新世纪 × 早酥。

### 2. 品种特征特性

果实近圆形或卵圆形，果形指数 1.03。平均单果质量 247 g，最大果重 482 g。果柄长 3.8 cm、粗 0.3 cm，梗洼浅而狭，萼片残存，萼洼中深、中广。果皮呈翠绿色，近成熟时呈黄绿色，果面光滑洁净，具较厚的蜡质光泽，果点浅、小而密，果锈极少，外形美观。果肉白色，肉质细嫩、酥脆，果肉去皮硬度 6.71 $kg/cm^2$，石细胞少，可溶性固形物含量 10.9%，可滴定酸含量 0.20%，汁液多，味酸甜适口，品质上等。果心小，种子中大，呈卵圆形，棕褐色。货架期约 15 d，最适食用期 10 d。

树姿半开张，树冠细长纺锤形。主干及多年生枝青灰色，表面光滑。1年生枝为黄褐色，皮孔少，茸毛浓密。叶片卵圆形，暗绿色，长 12.2 cm、宽 6.8 cm，微内卷。叶柄平均长 3.5 cm、粗 0.2 cm。叶缘粗锯齿，叶端急尖，叶基圆形。花冠中等大，直径 3.88 cm，花瓣呈白色，倒卵圆形，6 枚。平均每花序 5 ～ 6 朵花，雄蕊 20 枚，雌蕊 5 枚。

株型为普通型，树势强旺。一年生枝条平均长 84 cm、粗 1.2 cm，节间长 6.3 cm，萌芽率为 71%，成枝力低。早果性好，以短果枝结果为主，长、中果枝亦可结果。短果枝占总结果枝的 87%，中果枝占 9%，长果枝占 4%。果台连续结果能力较强，连续 2 年结果果台占 68%。花序坐果率高达 70%，平均每果台坐果 1.5 个，无采前落果和大小年结果现象，极丰产稳产。

武汉地区叶芽萌动期为 3 月上旬，展叶期为 3 月下旬，落叶期为 11 月下旬。花芽萌动期为 3 月上旬，初花期为 3 月中下旬，盛花期为 3 月底，终花期为 4 月上旬，果实成熟期为 7 月中旬。

该品种抗逆性强，抗风、抗旱，耐涝、耐盐碱，对黑星病、腐烂病、褐斑病、轮纹病均有较高的抗性。易遭受梨木虱危害，食心虫危害极少。

### 3. 栽培技术要点

（1）自花不实，授粉品种为鄂梨 1 号、西子绿、幸水，配置比例为（3 ～ 4）∶1。

（2）成花量大，坐果率高，盛果期树要合理负载，定果后每果台留单果，叶果比为（25 ～ 30）∶1，树冠内每 20 cm 间距留 1 个果。

（3）果实进行二次套袋栽培时，谢花后 15 d 内套小蜡袋，30 d 后直接在小蜡袋上套大袋，带袋采收。

（4）适宜树形为细长纺锤形、小冠疏层形及倒伞形。幼树期以轻剪为主，适当长放。冬季修剪主侧枝的延长枝留 50 ～ 60 cm 短截，其余枝条通过甩放、拉枝，缓放促花结果，再行回缩。

## 中梨 1 号

### 1. 品种来源

中国农业科学院郑州果树研究所选育而成，亲本为新世纪 × 早酥。

### 2. 品种特征特性

果实扁圆形或近圆形，果形指数0.96。平均单果质量234 g，最大果重451 g。果梗长3.8 cm、粗0.3 cm，梗洼中深、中广，萼片脱落，萼洼中深、中广。果皮呈翠绿色，近成熟时呈黄绿色，果面光洁，具蜡质光泽，果点浅、中大而中密，果锈极少，外观美。果肉洁白，肉质细嫩松脆，果肉去皮硬度6.24 kg/cm$^2$，石细胞少，可溶性固形物含量12.4%，可滴定酸含量0.12%，汁液多、味甘甜，品质上。果心小，5～6心室，种子6～10粒，种子狭长，呈棕褐色。较耐储藏，采后储藏15 d呈鲜黄色，货架期20 d。

树姿半开张，树冠为圆头形。树干呈浅灰褐色，多年生枝呈棕褐色，树皮光滑，一年生枝呈黄褐色，平均长47 cm、粗3.1 cm，节间长5.4 cm，新梢茸毛为白色。叶片长卵圆形，深绿色，叶长12.5 cm、宽6.7 cm，叶缘锐锯齿，叶背具茸毛。叶芽中等大，呈三角形。花芽心脏形，花冠直径4.3 cm，花瓣数5～12个，雄蕊23枚，雌蕊5枚，每花序6～11朵花。初开放时花瓣粉呈红色，盛花期白色。花粉较多，花药粉黄色。

树势强健，幼树易直立生长，成龄树较开张，分枝少。萌芽率为68%，成枝力中等，平均为2～3个。盛果期大量形成中、短果枝，中、短果枝占总果枝数量的84.0%，腋花芽也能结果。果台副梢1～2个，连续结果能力强。自然授粉状态下，花序坐果率为72%。大小年结果现象和采前落果现象不明显。

武汉地区叶芽萌动期为2月底至3月初，落叶期为11月下旬。花芽萌动期为2月下旬，初花期为3月中旬，盛花期为3月下旬，终花期为3月底至4月初，果实成熟期为7月中下旬。

该品种抗逆性强，耐盐碱性强，喜深厚肥沃的沙壤土，红黄壤及碱性土壤也能正常生长结果，但在潮湿的碱性土壤上果肉有轻微的木栓斑点病。抗病性强，对黑星病、腐烂病、褐斑病、轮纹病均有较高的抗性。在湖北地区，多雨年份易裂果。

### 3. 栽培技术要点

（1）自花不实，授粉品种为金水2号、鄂梨2号、翠冠，配置比例为（3～4）∶1。

（2）疏花疏果，确保果大优质。进入盛果期后，连年丰产，留果标准是每隔20 cm留1个果，每亩留果15000个，每亩产量控制在2500 kg以内。

（3）果实进行二次套袋栽培，谢花后15 d内套小蜡袋，30 d后直接在小蜡袋上套大袋，防止果实裂果。带袋采收。

（4）适宜树形为细长纺锤形、小冠疏层形及倒伞形。苗木定植时70～80 cm定干，幼树修剪以轻为主，生长期对直立枝、强旺枝进行拉枝、坠枝、拿枝软化，使之平斜生长成花，结果后及时回缩更新。进入盛果期后生长势渐缓，应疏除弱的结果枝组，短截部分当年生枝，以保持中庸稳健树势，平衡营养生长和生殖生长的关系。

## 早　酥

### 1. 品种来源

中国农业科学院果树研究所选育而成，亲本为苹果梨 × 身不知。

### 2. 品种特征特性

果实卵圆形，果形指数 0.96，具棱状凸起。平均单果质量 253 g，最大果重 612 g。梗洼浅、窄，有棱沟，萼片宿存，萼洼中深、中广、肋状。果皮翠绿色，近成熟时呈绿黄色，果面平滑光洁，具有蜡质光泽，果点浅、小而稀，外观美。果肉白色，肉质细嫩松脆，果肉去皮硬度 6.20 kg/cm$^2$，汁多，石细胞少，可溶性固形物含量 11.7%，可滴定酸含量 0.13%，味淡甜，品质上等。果心中大，较耐储藏，货架期 20 ～ 30 d。

树姿直立，树冠为圆锥形。枝条角度较开张，新梢粗壮。萌芽率为 85%，成枝力弱，剪口下抽生 1 ～ 2 个长枝。6 年生树高 3.0 m，冠径 2.1×2.8 m，干周 42 cm。易形成花芽，以短果枝结果为主，短果枝占总结果枝的 92%、中长果枝占 5%，腋花芽占 3%。花序坐果率 82.7%，连续结果能力强，丰产、稳产。

武汉地区叶芽萌动期为 3 月中旬，展叶期为 3 月底至 4 月初，落叶期为 11 月下旬；花芽萌动期为 3 月上旬，初花期为 3 月中下旬，盛花期为 3 月底，终花期为 4 月上旬，果实成熟期为 7 月上中旬，可采期为 7 月上旬。

该品种抗逆性强、适应性广，耐高温高湿，抗寒、耐旱、耐盐碱，适于高海拔等。抗病性强，果实、叶片均表现为高抗梨黑星病，系统的抗黑星病试验表明早酥梨果实表现为免疫，叶片为中抗。在内陆沙滩地栽培易出现缺硼、缺钙症状而引起果肉的木栓化斑点病，可以通过土壤改良、花期喷硼、钙等技术措施防治。

### 3. 栽培技术要点

（1）授粉品种为西子绿、鄂梨 1 号、早美酥，配置比例为（3 ～ 4）∶1。

（2）定果后每果台留单果，疏去擦伤果、畸形果、病虫果、小果及上生果。定果后叶果比（25 ～ 30）∶1，树冠内每 20 cm 间距留 1 个果。

（3）适宜树形为细长纺锤形、小冠疏层形及倒伞形，修剪以夏季拉枝、坠枝为主，以冬季剪短截、甩放等为辅。

## 金水酥

### 1. 品种来源

湖北省农业科学院果树茶叶研究所选育而成，亲本为金水1号 × 兴隆麻梨。

### 2. 品种特征特性

果实阔卵圆形，果形指数0.96。平均单果质量232 g，最大果重397 g，果形整齐一致。果皮呈绿色、薄，近成熟时呈黄绿色，果面有锈斑，果点中大、中多，分布浅，外观中等，套袋栽培果实无锈斑，外观美。果肉洁白，肉质极细嫩、松脆，果肉去皮硬度5.71 kg/cm$^2$，汁特多，石细胞极少，可溶性固形物含量12.9%，可滴定酸含量0.14%，味浓甜，品质极佳。果心小，呈纺锤形。

树姿半开张，树形半圆形，树干呈灰褐色。一年生枝条呈褐色，多年生枝条呈灰褐色，皮孔圆形，呈灰白至浅褐色。萌芽率高，成枝力中等，剪口下萌发2～3个长枝。叶片中大，长卵圆形，平展，叶基宽楔形至圆形，叶端长尾状渐尖，叶色浓绿，叶柄长3.9 cm。

树势中庸健壮，一年生枝条长76 cm。3年生树干周21 cm，冠径2.02×2.43 m。花芽容易形成，以中、短果枝结果为主，果台连续结果能力强，丰产、稳产。多雨年份易裂果。

武汉地区叶芽萌动期为2月底至3月初，落叶期为11月下旬，营养生长期约280 d。花芽萌动期为2月下旬，初花期为3月中旬，盛花期为3月下旬，终花期为3月底至4月初，果实成熟期为7月中下旬，果实发育天数为110 d。

### 3. 栽培技术要点

（1）授粉品种为金水2号、鄂梨2号、翠冠，配置比例为（3～4）∶1。

（2）果实进行二次套袋栽培，谢花后15 d内套小蜡袋，30 d后直接在小蜡袋上套大袋，带袋采收。主要改良果实商品外观，其次可防止裂果。

（3）主要树形为小冠疏层形、双层形及倒伞形。幼旺树注意轻简长放拉枝，结果后回缩更新。冬剪对于树冠上部的直立枝、强旺的斜生枝忌用短截，实行“三套枝”制度，保留预备枝，轮换更新，控制结果部位外移。

# 第二节　中熟品种

## 玉　绿

### 1. 品种来源

湖北省农业科学院果树茶叶研究所选育而成，亲本为慈梨 × 太白，获湖北省科技进步奖一等奖。

### 2. 品种特征特性

果实近圆形，果形指数 0.87。平均单果重 272 g，最大果重 472 g。果形整齐一致，梗洼浅、平，萼片脱落，萼洼中深、中广。果柄长 3.95 cm，细，较柔韧。果皮薄，呈绿色，果面光洁，无果锈，有蜡质；果点浅、小而稀。果肉呈白色，肉质细嫩、松脆，果肉去皮硬度 6.00 $kg/cm^2$，汁多，石细胞少，可溶性固形物含量 11.9%，可滴定酸含量 0.18%，味酸甜，品质优。果心中大，5 心室，每果平均种子数 7 粒。种子卵圆形，呈黑褐色，长 1.31 cm、宽 0.61 cm。

树姿半开张，树冠阔圆锥形。主干呈灰褐色，表面光滑。一年生枝呈黄褐色，平均长 72 cm、粗 2.3 cm，节间长 4.2 cm，皮光洁，皮孔呈白色，长圆形，小而稀，梢部无茸毛、无针刺。叶片卵圆形，长 15.20 cm，宽 7.75 cm，叶柄长 2.64 cm，粗 0.22 cm，老叶呈绿色，叶缘锐锯齿、具刺芒，叶端渐尖，叶基心形；幼叶浅绿色。每花序 5 ～ 6 朵花，花冠呈白色，花径 3.40 cm，花瓣 5 ～ 8 枚。

树势中庸，萌芽率为 73.3%，成枝力为 2.8 个。平均每果台坐果 1.9 个，每果台抽生果台副梢 1.02 个，果台连续结果力强。幼旺树腋花芽结果能力较强。

武汉地区叶芽萌动期在 3 月上中旬，展叶期为 4 月初，落叶期为 11 月下旬，营养生长期 200 d。花芽萌动期为 2 月底，盛花期为 3 月下旬，终花期为 4 月上旬。果实成熟期为 8 月上旬，果实发育期 120 d。

该品种在江汉平原地区高抗黑星病、抗黑斑病，中抗轮纹病，主要病虫害是锈病、轮纹病、黑斑病、梨木虱、梨网蝽，没有特殊病虫害发生。

### 3. 栽培技术要点

（1）自花不实，授粉品种为翠冠、早美酥、翠玉，配置比例为（3～4）∶1。

（2）通过花前复剪、疏花疏果等措施调节产量，合理负载，实现优质果品生产。疏果第一次粗疏，于谢花后10 d进行；第二次定果，于5月上中旬进行，疏除小果、畸形果、病虫果、叶磨果、锈果、朝天果。每果台留单果，适宜叶果比为25∶1，树体内每隔20 cm间距留1个果。

（3）适宜树形为小冠疏层形、倒伞形及双层形，对幼树修剪宜轻，少短截，重视拉枝、摘心，促进多分枝，培养牢固骨架，并配备好大、中、小型结果枝组，以利于早成形、早结果。盛果期对结果枝组应注意回缩更新复壮，以维持强旺的生产能力。

（4）重视秋施基肥，以利于树势恢复。采果后落叶前，按1 kg果1～2 kg肥的比例施入农家肥。2月中旬萌芽前20 d施速效氮肥，5月中下旬施入壮果促花肥，每株施硫酸钾复合肥1.0～1.5 kg。

## 黄　冠

### 1. 品种来源

河北省农林科学院石家庄果树研究所选育而成，亲本为雪花梨×新世纪。

### 2. 品种特征特性

果实扁圆形，果形指数0.86。平均单果质量260 g，最大果重412 g。果形整齐一致，果柄长4.6 cm、粗2.8 cm，梗洼深狭、中广，萼洼中深、中广，萼片脱落。果皮呈绿色，近成熟时呈黄绿色，皮薄，具蜡质光泽，果点小、中多、分布浅，无锈斑，外观美。果肉洁白，肉质细嫩、松脆、稍紧，果肉去皮硬度5.63 kg/cm$^2$，汁特多，石细胞极少，可溶性固形物含量11.7%，可滴定酸含量0.16%，味酸甜适口，微香，品质上。果心小，较耐储藏，常温下可放20 d。

树姿较直立，树冠圆锥形。主干及多年生枝呈深褐色，一年生枝呈暗褐色，皮孔圆形，中等密度。叶片椭圆形，成熟叶片呈暗绿色，叶端渐尖，叶基为心脏形，叶缘具刺毛状锯齿。嫩叶呈绛红色，叶长12.5 cm、宽7.4 cm，叶柄长2.0 cm、粗0.26 cm，芽体斜生、较尖。花冠直径4.6 cm，呈白色，花药浅紫色，每花序平均8朵花。

树势强健，幼树生长势旺。8年生树高385 cm，干周39 cm，冠径380～360 cm，萌芽率高，成枝力中等。新梢平均生长量 79 cm，粗度 0.78 cm，节间长 4.3 cm。成年树以短果枝结果为主，中长果枝、腋花芽也可结果。短果枝占总结果枝的 68.9%，中果枝占 10.8%，长果枝占 16.8%，腋花芽占 3.5%。每果台抽生 2 个副梢，连续结果能力强。每果台平均坐果 2.6 个。大小年结果及采前落果现象轻，极丰产稳产。

武汉地区叶芽萌动期为 3 月上旬，落叶期为 11 月下旬。花芽萌动期为 2 月下旬，初花期为 3 月中旬，盛花期为 3 月下旬，终花期为 3 月底至 4 月初，果实成熟期为 8 月上旬，果实发育期 125 d。

该品种高抗黑星病，中抗黑斑病、褐斑病及轮纹病，适应性广，在长江流域及黄河流域的浙江、江苏、江西、湖北、四川、河南、河北等地生长结实正常。

### 3. 栽培技术要点

（1）自花不实，授粉品种为翠冠、早美酥、玉绿，配置比例为（3 ～ 4）∶1。

（2）自然授粉条件下每花序坐果 3.5 个，为了获得优良的品质，必须进行疏花、疏果和果实套袋，留果间距 20 cm，原则上每果台留单果，留双果果台数不宜超过留果果台数的 25%。每亩产量控制在 2500 ～ 3000 kg。

（3）主要树形为细长纺锤形、小冠疏层形及倒伞形，因枝条直立，幼树期应加强拉枝，以开张枝条角度促进花芽形成。宜多留长放，除对中央领导干和骨干枝进行短截外，其余枝条应长放促花，以提高早期产量。进入盛果期后，为了确保连年丰产稳产，应对结果枝组进行适当的更新回缩。

（4）基肥深施，10 月中下旬在树冠滴水线处挖宽、深均为 40 ～ 50 cm 的环状沟或条沟施入，以腐熟的猪粪、鸡粪、羊粪等有机肥为主，每亩施入 3000 kg，同时混入钙镁磷肥 150 kg。也可全园撒施，然后使用机械翻耕。

## 圆　黄

### 1. 品种来源

韩国品种，亲本为早生赤 × 晚三吉。

### 2. 品种特征特性

果实扁圆形，果形指数 0.87。平均单果质量 305 g，最大果重 612 g。果形整齐一致，果皮呈黄褐色，果点中大、中多而凸起。果肉呈淡黄白色，肉质细嫩、松脆，果肉去皮

硬度 6.62 kg/cm$^2$，汁多，石细胞少，可溶性固形物含量 12.9%，可滴定酸含量 0.15%，味甜微香，品质上。果心小，可食率 94%。5 心室，种子呈黄褐色，5 ～ 7 粒，呈心形。较耐储藏，在常温下可保存 20 ～ 30 d。

树姿较开张，树冠圆锥形，主干呈绿褐色，光滑。一年生枝条绿褐色，新梢长 53 cm，粗度 0.62 cm，节间长 2.9 cm。嫩梢及嫩叶茸毛多。叶片呈浅绿色，这是该品种最为显著的特征之一。叶片长 18.2 cm、宽 5.6 cm，叶柄长 3.5 cm，叶面稍卷曲，叶缘锯齿较大。花冠小、呈白色，花瓣 5 片，每花序 5 ～ 7 朵花。花粉较多，花序坐果率 72%。

武汉地区叶芽萌动期为 3 月上旬，落叶期为 11 月下旬。花芽萌动期为 2 月下旬，初花期为 3 月中旬，盛花期为 3 月下旬，终花期为 3 月底至 4 月初，果实成熟期为 8 月中旬，果实发育期 130 d。

树势强旺，幼树生长旺盛。萌芽率高，成枝力中等，枝条粗壮直立，节间短，当年生枝条易形成腋花芽和顶花芽。该品种高抗黑星病，抗黑斑病，保叶能力强，返青返花程度低。在江汉平原地区，如在成熟期遇高温，容易引起果心变黑，失去商品价值。

### 3. 栽培技术要点

（1）授粉品种为翠冠、翠玉、苏翠 1 号，配置比例为（3 ～ 4）∶1。

（2）疏花疏果，每果台留单果，定果后叶果比 30∶1，树冠内每 25 cm 间距留 1 个果。

（3）主要树形为细长纺锤形、小冠疏层形及倒伞形，平棚架栽培产量高、品质优。该品种树冠紧凑，枝条节间短，易成花，结果早。幼树期整形时，以短截为主，多留营养枝，以促进树冠扩大。

（4）基肥于 10 月中下旬每亩施入 3000 kg，以腐熟的猪粪、鸡粪、羊粪等有机肥为主，同时混入钙镁磷肥 150 kg，沿着树冠滴水线挖宽、深约 45 cm 的条沟施入，也可以全园撒施后进行机械翻耕。

## 华梨 1 号

### 1. 品种来源

华中农业大学选育而成，亲本为湘南 × 江岛。

### 2. 品种特征特性

果实广卵圆形，果形指数 0.89。平均单果质量 276 g，最大果重 531 g。果形端正，果柄长 3.7 cm，萼片脱落。果皮黄褐色、中厚，果点大、多而凸起。果肉白色，肉质细腻、松脆，果肉去皮硬度 6.36 kg/cm$^2$，汁多，石细胞少，可溶性固形物含量 12.1%，可滴定酸含量 0.15%，味甘甜，品质上。果心中大，5 心室。较耐储运，室温下可储放 20 d。

树姿较开张，树冠呈圆头形。多年生枝绿褐色，一年生枝深褐色，粗壮，节间较长，皮孔中大，呈黄褐色。叶片呈深绿色，特大，长卵圆形，叶端渐尖，叶缘单锯齿，略向内抱合，叶柄长 4.7 cm。花冠呈粉红色，每花序 7 ～ 9 朵花。

树势强健，幼树生长势旺盛。9 年生树高 3.37 m，冠径 3.12 m，干周 35 cm。新梢平均长 44.2 cm，粗 0.44 cm。萌芽率为 90%，成枝力低。初结果树以中长果枝结果为主，盛果期树则以短果枝结果为主，短果枝达 70% 以上，中果枝占 20% 左右，长果枝占 10% 以下。花序坐果率为 90%，平均每果台坐果为 1.7 个，果台副梢约 1.4 个，连续结果能力强，无大小年。

武汉地区叶芽萌动期为 3 月上旬，落叶期为 11 月下旬。花芽萌动期为 2 月下旬，初花期为 3 月中旬，盛花期为 3 月下旬，终花期为 4 月上旬，果实成熟期为 8 月下旬，果实发育期 145 d。江汉平原地区该品种 7 月下旬果个大，果肉已经脱涩，果农就采摘大果上市销售，采收期一直延续到 8 月下旬，这也是该品种最为显著的特点之一。

该品种高抗黑星病，抗黑斑病、褐斑病，较抗轮纹病，黑斑病的病情指数 6.2%，轮纹病的病情指数 2.9%。

### 3. 栽培技术要点

（1）自花不实，授粉品种为丰水、圆黄、翠冠，配置比例为（3 ～ 4）∶1。

（2）由于花芽容易形成，花序坐果率高，盛果期应疏花、疏果，调节花果量。叶芽与芽比 3∶1，枝果比（3 ～ 4）∶1，叶果比 20∶1，每个果台留单果。

（3）主要树形为小冠疏层形、倒伞形及变则主干形。幼树修剪应抑长控冠，尽量长放，对骨干枝适度短截，培养树形。对过密枝或过弱枝，适量疏枝，重点应多拉枝、多摘心。注意大、中、小型结果枝组的配置，控制树冠无效延伸，盛果期树及时回缩更新。

（4）肥水管理。基肥深施、重施，10 月中下旬在树冠滴水线处挖宽、深均为 40 ～ 50 cm 的环状沟或条沟施入，以腐熟的猪粪、鸡粪、羊粪等有机肥为主，每亩施入 3000 kg，同时混入钙镁磷肥 150 kg。追肥宜勤施、薄施，主要集中在 3 个时期，第一次在萌芽前，第二次在果实膨大期，第三次在果实生长后期，每次每株施约 1.5 kg 硫酸钾复合肥于树冠下开环状沟或放射状沟，沟深 15 ～ 20 cm 施入。

# 黄 金

## 1. 品种来源

韩国品种，亲本为新高 × 二十世纪。

## 2. 品种特征特性

果实扁圆形，果形指数 0.85。平均单果质量 265 g，最大果重 545 g。果形圆整一致，萼片脱落。果皮呈绿色，近成熟时呈黄绿色，果面具有蜡质光泽，平滑洁净，果锈少。果点浅、中大、少，外观美。套袋果实呈黄白色或黄绿色，外观极其漂亮。果肉洁白，肉质细嫩酥脆，果肉去皮硬度 5.46 $kg/cm^2$，汁多，石细胞少，可溶性固形物含量 12.7%，可滴定酸含量 0.16%，味浓甜，微香，品质上。果心极小，可食率达 92%。5 心室，种子 4 ～ 8 粒，呈黄褐色。不耐储运，室温下储放易皱皮变软，货架期 20 d。

树姿半开张，树冠呈半圆形。主干优势明显，多年生枝条呈棕褐色，一年生枝条呈棕绿色，枝条直立，节间长 5.50 cm，皮孔大，较稀疏。嫩叶呈淡黄绿色，叶缘锯齿浅而密，初展开时叶背有白色茸毛，叶片阔卵形，老熟叶片呈深绿色，叶片长 10.85 cm、宽 7.50 cm，叶柄长 4.10 cm，叶基为楔形，叶端渐尖，叶缘锐锯齿，锯齿大而深、密。

树势强健，幼树生长势旺盛，枝条粗壮，节间短。一年生枝长 60 cm。6 年生树高 3.1 m，冠径 2.68 m，干径 7.5 cm。花瓣白色，花冠直径 4.9 cm，花瓣 5 枚，每花序 4 ～ 6 朵花。雌蕊 5 枚，雄蕊 19 ～ 25 枚。花器发育不完全，雌蕊发达，雄蕊退化，花粉量极少，自花不结实，需异花授粉。

武汉地区叶芽萌动期为 3 月上旬，落叶期为 11 月下旬。花芽萌动期为 2 月下旬，初花期为 3 月中旬，盛花期为 3 月下旬，终花期为 4 月初，果实成熟期为 8 月中下旬，果实发育期 135 d。

该品种适应性较强，在丘陵、平原地区均能正常生长结果，对肥水条件要求较高，喜沙壤土、壤土地栽培。高抗黑星病，中抗黑斑病、轮纹病。

## 3. 栽培技术要点

（1）自花不实且花粉量极少，需要配置 2 个以上授粉品种，主要为金水 2 号、鄂梨 2 号、翠玉、翠冠，配置比例为（3 ～ 4）∶1，在花期进行人工授粉。

（2）果实进行二次套袋栽培，可提高商品外观品质。谢花后 15 d 内套小蜡袋，30 d

后直接在小蜡袋上套大袋，带袋采收。

（3）盛果期以短果枝和叶丛枝结果为主，连续结果能力强。成花量大，易坐果，丰产稳产，负载量过大时，树势急速衰弱，特别强调疏花疏果。在开花前疏除过密、过弱花序，每 10 cm 留 1 个花序，以留枝条中部花序为主。疏果在坐果后 15 d 内进行，每个花序留 1 个果，果间距为 20 ～ 30 cm，弱树少留、旺树多留、下垂果多留、背上果少留或不留，腋花芽果全部疏除。

（4）主要树形为细长纺锤形、小冠疏层形、倒伞形及开心形。该品种枝条较弱，易下垂，注意培养健壮的结果枝组，拉枝角度不宜过大。幼树宜适当轻剪，及时拉平背上旺枝、竞争枝、徒长枝，枝条密挤时则疏除。主枝延长枝短截，其余枝轻截或不截。进入盛果期后，要不断短剪和回缩老弱枝组，促发强梢和长果枝，对于结果的长果枝要先放后缩，及时更新。

## 丰　水

### 1. 品种来源

日本品种，亲本为（菊水 × 八云）× 八云。

### 2. 品种特征特性

果实扁圆形，果形指数 0.86。平均单果质量 271 g，最大果重 485 g。果柄较短，萼片脱落。果皮呈黄褐色，果面较粗糙，有棱沟，果点大、多而凸起。果肉淡黄白色，肉质细脆，果肉去皮硬度 6.10 kg/cm$^2$，汁多，石细胞少，可溶性固形物含量 13.1%，可滴定酸含量 0.15%，味浓甜，微香，品质上。果心中大，5 心室，种子呈黄褐色，长卵圆形。较耐储藏，室温下可储放 20 ～ 30 d，唯果皮摩擦后极易变黑，影响外观。

树姿较直立，树冠近圆形。中主干呈灰褐色，萌芽率高，成枝力低。一年生枝呈黄褐色，皮孔多，中大，叶片卵圆形，长 12.8 cm、宽 8.4 cm，叶端渐尖，叶基圆形，叶缘具粗锯齿，刺芒直立。花芽极易形成，花量较大，坐果率高；每花序 4.8 朵花，花瓣呈白色，直径 4.5 cm，边缘有花纹，雌蕊 7 枚，雄蕊 33 枚。花序自然坐果率为 72%，每序坐果 3 ～ 4 个。自花授粉能力强，叶片椭圆形，呈深绿色，较大、肥厚。

树势中庸，幼树生长势较强，5 年生树干径 7 cm，干高 35 cm，树高 3.05 m。幼树以中长果枝结果为主，盛果期以短果枝结果为主，结果质量好且稳定，中长枝及腋花芽也能结出高品质果实，其中短果枝约占总结果枝的 85%，中果枝占 10%，长果枝占 5%。

武汉地区叶芽萌动期为 3 月上旬，落叶期为 11 月下旬。花芽萌动期为 2 月下旬，

初花期为 3 月中旬，盛花期为 3 月下旬，终花期为 4 月初，果实成熟期为 8 月中下旬，果实发育期 140 d。

该品种高抗黑星病，中抗黑斑病和轮纹病。品种抗旱、抗寒、耐涝性差，对肥水条件要求较高，需精细管理才能生产出高档果品。容易早期落叶，导致返青、返花严重。

### 3. 栽培技术要点

（1）自花不实，授粉品种为圆黄、翠冠、华梨 1 号，配置比例为（3 ～ 4）∶1。

（2）果实需采用套袋技术管理，方可产出高档商品果，不套袋时果面粗糙、外观差。5 月上中旬直接进行一次套袋。

（3）基肥采果后立即施入，每亩施有机肥（腐熟的农家肥或者猪鸡羊粪）4000 kg 及钙镁磷肥 150 kg。芽前肥以氮肥为主，壮果肥以氮、磷、钾复合肥为主，采果前 1 个月以磷、钾肥为主，每株施 1.5 ～ 2.0 kg。根外追肥可在全年生长期根据果树长势随时同农药混合喷施，可用尿素、磷酸二氢钾或其他叶面微肥。

（4）主要树形为小冠疏层形、倒伞形及开心形，修剪以使树冠外稀内密，上稀下密，大枝稀小枝密；枝梢分布有序，互不遮阴，通风透光，立体结果。冬剪主要采用短截、疏剪、回缩修剪相结合，剪除密生枝、细弱枝、病虫枝、干枯枝、徒长枝、穿膛枝、骑背枝等。夏季修剪主要抹芽，抹除密生芽、立生芽、徒长枝基部萌蘖等多余的芽；短截部分没有挂果的枝条，并进行扭梢、拿梢等。对壮枝和较直立的大枝采用拉枝、吊枝、撑枝等方法缓和树势，使其成花结果。

（5）以保叶为目标，综合防治黑斑病、褐斑病以及梨木虱、梨瘿蚊、蚜虫、梨网蝽等病虫害。

## 雪 青

### 1. 品种来源

原浙江农业大学选育而成，亲本为雪花 × 新世纪。

### 2. 品种特征特性

果实扁圆形，果形指数 0.86。平均单果质量 268 g，最大果重 436 g。果梗长 4.28 cm、粗 0.29 cm。梗洼中深、中广，萼片脱落，萼洼深、中广。果皮绿色，近成熟时呈黄绿色，果面光洁，无果锈，有蜡质光泽，果点浅、小而稀，不明显。果肉洁白，肉质细嫩、松脆，果肉去皮硬度 5.28 kg/cm$^2$，汁多，石细胞少，可溶性固形物含量 11.3%，可滴定酸含量 0.15%，味甜，品质优。果心小，5 心室。不耐储藏，室温可储藏 15 ～ 20 d。

树姿开张，树冠为圆锥形。多年生枝呈灰褐色、一年生枝呈绿褐色，有茸毛，皮孔椭圆形、较稀。多年生枝呈褐绿色，皮孔条形，稀少。叶芽尖锥形，花芽圆锥形。叶长 13.1 cm、宽 8.1 cm，叶片大，广卵圆形，幼叶呈淡绿色，有白色茸毛。叶片浓绿，平展内卷，叶缘锯齿稀浅、具刺芒，叶端渐尖，叶基圆形。每花序 6 ～ 9 朵花。花白色，冠径 3.5 cm，花瓣 5 枚，少数 6 ～ 9 枚。雄蕊 25 个，花药呈淡紫红色，花粉多。雄蕊高于雌蕊，花柱 5 裂。雌蕊呈淡黄色，有 5 ～ 6 枚。

树势中庸偏强，萌芽率高，成枝率中等。四年生冠幅 2.00 m×1.65 m，一年生枝长 70.8 cm、粗 0.96 cm，节间长 4.06 cm。以中短果枝结果为主，果台枝连续结果性好，并有腋花芽结果。

武汉地区叶芽萌动期为 3 月上旬，落叶期为 11 月下旬。花芽萌动期为 2 月下旬，初花期为 3 月中旬，盛花期为 3 月下旬，终花期为 3 月底至 4 月初，果实成熟期为 8 月上旬，果实发育期 125 d。

该品种高抗黑星病，中抗黑斑病、褐斑病及轮纹病。适应性广，在浙江、江苏、江西、湖北、四川、河南、河北等地生长结实、健康。

### 3. 栽培技术要点

（1）自花不实，授粉品种为翠冠、华梨 2 号、金水 2 号，配置比例为（3 ～ 4）∶1。

（2）盛花期时疏花，每花序留 1 ～ 2 朵花，谢花以后 10 ～ 15 d 疏果，枝条上每隔 15 ～ 20 cm 留 1 个果。定果后进行二次套袋栽培，谢花后 15 d 内套小蜡袋，30 d 后直接在小蜡袋上套大袋，带袋采收。

（3）主要树形为细长纺锤形、小冠疏层形及倒伞形。该品种树势强健，枝梢较硬，自然生长树的枝梢较直立，幼树以拉枝为主，主枝延长枝短截，促发主枝，扩冠成形。盛果期中心干高度超过 3.5 m 时及时落头开心，结果枝组过长则逐年轻回缩。

## 金　香

### 1. 品种来源

湖北省农业科学院果树茶叶研究所选育而成，亲本为金水 1 号 ×（长十郎 × 江岛）。

## 2. 品种特征特性

果实呈扁圆形或近圆形，果形指数0.87，果形整齐。平均单果重280 g，最大果重489 g。果梗长3.06 cm、粗0.18 cm。梗洼浅、平，萼片脱落，萼洼深、狭。果皮薄，呈绿色，果面光洁，无果锈，有蜡质光泽；果点中大、小而稀。果肉呈白色，肉质细嫩、松脆，果肉去皮硬度5.40 kg/cm$^2$，汁多，石细胞少，可溶性固形物含量11.8%，可滴定酸含量0.11%，味甜，有香气，品质佳。果心小。

树姿直立，树冠圆头形。干性强，主干呈灰褐色，表面光滑。一年生枝呈黄褐色，皮光洁，皮孔呈白色，长圆形，小而稀，梢部无茸毛，无针刺。春梢平均长78.86 cm、粗1.06 cm，节间长3.58 cm，夏秋梢平均长42.60 cm，粗0.78 cm，节间长3.12 cm。叶片为卵圆形，长13.62 cm、宽9.71 cm，叶柄长5.34 cm、粗0.24 cm，老叶呈绿色，叶缘锐锯齿，叶端急尖，叶基圆形；幼叶呈淡绿色。每花序6.5朵花。花冠呈白色，花径3.07 cm；花瓣5～8枚。

树势强旺，幼树生长旺盛。萌芽率为60.8%，成枝力平均为3.0个，平均每果台坐果1.12个，果台连续结果力中等。盛果期以短果枝结果为主。

在武汉地区叶芽萌动期在3月上中旬，展叶期为4月初，落叶期为11月下旬，营养生长期200 d。花芽萌动期为2月底，盛花期为3月下旬，终花期为4月上旬。果实成熟期8月中下旬，果实发育期135 d。

该品种高抗黑星病、抗黑斑病、中抗轮纹病，无特异病虫害。对土壤适应性广，在砂土、坡缓岗地、黄棕壤上均能种植。

## 3. 栽培技术要点

（1）自花不实，授粉品种为鄂梨2号、金水2号、华梨2号、翠玉，配置比例为（3～4）∶1。

（2）具有自疏性能，无须人工疏果，连续丰产稳产。果实外观漂亮，果皮呈翠绿色，薄，果面光洁，不需要套袋栽培，可以节约成本。

（3）主要树形为小冠疏层形、倒伞形及双层形。小冠疏层形树体结构，干高0.5～0.6 m，具有明显的主干。第一层3～4个主枝，第二层1～2个主枝，每个主枝配置2～3个侧枝，呈顺向排列，侧枝开张角度70°左右。幼树生长势旺，修剪宜轻，少短截，重视拉枝、摘心，促进多分枝，培养牢固骨架，以利于早成形、早结果。

# 第三节　晚熟品种

## 秋　月

### 1. 品种来源

日本品种，亲本为（新高 × 丰水）× 幸水。

### 2. 品种特征特性

果实扁圆形，果形指数 0.82。平均单果质量 277 g，最大果重 603 g。果形整齐一致，梗洼中深、中广，萼洼中深、中狭，萼片宿存。果皮呈褐色、薄，套袋果实呈淡黄色，非常漂亮。果点大、浅而稍密。果肉呈白色，肉质极细腻、酥脆，果肉去皮硬度 6.42 $kg/cm^2$，汁多，石细胞少，可溶性固形物含量 13.8%，可滴定酸含量 0.13%，味浓甜，品质上。果心小，可食率 95%。5 心室，每心室 1 ～ 2 粒种子。种子为卵形，中大、呈深褐色。较耐储运，室温下可储放 15 ～ 20 d。

树姿较直立，树冠圆锥形。一年生枝阳面红褐色，枝条粗壮，新梢呈浅绿色，有茸毛，皮孔呈白色、稍密，近圆形，中大。叶片卵圆形，嫩叶呈浅红色，老叶呈深绿色，平均长 13.5 cm、宽 8.1 cm，叶柄长 3.4 cm。叶基近圆形，叶端渐尖，叶缘钝锯齿。每花序平均 8.7 朵花，花蕾呈粉红色，花瓣呈白色，花粉量大。

树势中庸稳健，幼树生长势强、萌芽率低、成枝力强，平均为 2.8 个。果台副梢抽生力中强，多为 1 ～ 2 个果台中长枝。易形成短果枝，一年生枝条甩放后可形成腋花芽，果台副梢连续结果能力中等。花序坐果率 52.13%，平均每个花序坐果 1.3 个。

武汉地区叶芽萌动期为 3 月上旬，落叶期为 11 月下旬。花芽萌动期为 2 月下旬，初花期为 3 月中旬，盛花期为 3 月下旬，终花期为 3 月底至 4 月初，果实成熟期为 9 月上旬，果实发育期 150 d。

该品种抗逆性强，适应性广。抗寒，抗旱，抗梨黑星病、梨黑斑病，中抗轮纹病，对白粉病的抗性弱。

### 3. 栽培技术要点

（1）自花不实，授粉品种为翠冠、华梨 2 号、黄冠，配置比例为（3 ～ 4）∶1。

（2）花前复剪时对中、长果枝进行适当短截，或疏除花芽多且过密的枝条。疏花在花蕾伸出后至授粉前进行，在同一个花序上疏除中心花，保留生长健壮的边花，每个花序留 2 ～ 3 朵花，注意保留果台副梢和叶片，以利于当年形成花芽。若花较多可疏花序，每隔 1 ～ 2 个花序疏去 1 个花序，疏花序的枝条当年可抽生副梢形成花芽，翌年结果。

（3）主要树形为细长纺锤形、小冠疏层形及倒伞形，其枝条直立且硬度较大，幼树尽早拉枝开角，轻剪、少疏枝。盛果期树冬剪与夏剪相结合，通过疏枝、回缩、短截等措施，调节平衡树势，保持枝条健壮，花芽饱满。过长的单轴结果枝组在分枝处回缩，生长后期骨干枝下部易光秃，该部位的直立徒长枝要保留并拉枝开角，以便更新，大枝组疏除时要留橛以促发新枝。

（4）对肥水要求较高，需保证充足的肥水供应。基肥于秋季果实采收后施入，初果期树每生产 1 kg 梨果施用 1.5 ～ 2.0 kg 有机肥，盛果期每亩施入腐熟有机肥 3000 kg。追肥在萌芽前后、花芽分化期、果实膨大期进行，分别以氮肥、磷钾肥和钾肥为主。

## 金水 1 号

### 1. 品种来源

湖北省农业科学院果树茶叶研究所选育而成，亲本为长十郎 × 江岛，获湖北省及全国科学大会奖。

### 2. 品种特征特性

果实近圆形，果形指数 0.95。平均单果质量 281 g，最大果重 569 g。果形整齐一致。果皮呈绿色，近成熟时呈黄绿色，有蜡质光泽，部分有果锈，果点大、分布浅而稀，外观较美。果肉洁白，肉质较细嫩、松脆，果肉去皮硬度 7.24 kg/cm$^2$，汁多，石细胞少，可溶性固形物含量 12.3%，可滴定酸含量 0.16%，味甜，品质较优。果心小，5 心室。较耐储藏，室温下储放约 20 d。

树姿较直立，树冠圆头形，主干呈灰褐色，光滑。幼树生长势强，枝条直立。萌芽率高，成枝力弱。平均延长枝剪口下抽生长枝 2.65 个，新梢停止生长期为 5 月下旬至 6 月上旬。定植第三年开始结果。短果枝占总结果枝的 76.93%，中果枝占 23.07%。果台抽生 1 ～ 2 个果台副梢，果台连续结果能力中等。花序坐果率为 28.97%，花朵坐果率为 6.83%，平均每果台坐果 1.25 个。

武汉地区叶芽萌动期为2月底至3月初，落叶期为11月下旬，营养生长期约270 d。花芽萌动期为2月下旬，初花期为3月中旬，盛花期为3月下旬，终花期为3月底至4月初，果实成熟期为9月上旬，果实发育天数为145 d。

该品种高抗黑星病、黑斑病、褐斑病，中抗轮纹病，保叶能力强，不易返青返花。适应性广，在瘦瘠的低山、坡岗地均能生长结实，喜深厚肥沃的壤土或沙壤土。对需冷量要求中等。

### 3. 栽培技术要点

（1）自花不实，授粉品种为鄂梨2号、华梨2号、翠冠，配置比例为（3～4）∶1。

（2）具有自疏性能，无须人工疏果，自然授粉条件下一般每果台1个果，连续丰产稳产。不需要套袋栽培，可以节约成本。

（3）主要树形为细长纺锤形、小冠疏层形及倒伞形，幼树修剪应轻剪缓放，尽量长放，对骨干枝需要延长则适度短截，培养树形，重点应多拉枝、多摘心。

（4）基肥深施，10月中下旬在树冠滴水线处挖宽、深40～50 cm的环状沟或条沟施入，以腐熟的猪粪、鸡粪、羊粪等有机肥为主，每亩施入3000 kg有机肥及钙镁磷肥150 kg。也可全园撒施，然后机械翻耕。

## 新　高

### 1. 品种来源

日本品种，亲本为天之川 × 今村秋。

### 2. 品种特征特性

果实近圆形或扁圆形，果形指数0.93。平均单果质量381 g，最大果重625 g。果形整齐一致。果皮呈黄褐色，果点大、中多而凸起。果实套袋后果面光滑，果皮呈淡黄色，果点不明显，外观美。果肉呈淡黄白色，肉质较细、松脆，果肉去皮硬度6.40 kg/cm$^2$，汁多，石细胞少，无残渣，可溶性固形物含量12.2%，可滴定酸含量0.16%，味甘甜，品质上。果心小，种子小，黑褐色，6～8粒。耐储藏性中等，常温下可储约20 d，储放后果肉发绵。

树姿半开张，树冠半圆形。枝条粗壮，较直立，多年生枝呈灰褐色。一年生枝呈红褐色，嫩枝茸毛浓密。萌芽率高，成枝力弱，剪口下抽生1～2个长枝。叶片呈长卵圆形，深绿色，长 9.5 cm、宽 7.2 cm。每花序 5 ～ 7 朵花，花冠呈粉白色，冠径 3.24 cm，花瓣 5 片，雌蕊 5 枚，雄蕊 27 ～ 33 枚。种子呈黄褐色，长卵圆形。

树势强健，树冠大。幼树生长旺盛，一年生新梢长 47 cm，六年生树高 3.2 m，冠幅 3.10 m×2.95 m，树干直径 7.8 cm。花芽极易形成，长枝在 5 月底至 6 月初通过拉枝当年即可形成花芽，连续结果能力强。花量大，花序坐果率为 80%，花朵坐果率 40% 以上，以短果枝结果为主，中长果枝也结果良好。

武汉地区叶芽萌动期为 3 月上旬，落叶期为 11 月下旬。花芽萌动期为 2 月下旬，初花期为 3 月中旬，盛花期为 3 月下旬，终花期为 4 月上旬，果实成熟期为 9 月上旬，果实发育期 145 d。

该品种适应性很广，在山东、江苏、湖北等地生长结果良好，丰产、稳产。抗病性中等，黑星病、锈病、黑斑病和轮纹病的病情指数分别为 8.8、5.5、23.3 和 6.8。

### 3. 栽培技术要点

（1）自花不实，授粉品种为丰水、圆黄、华梨 1 号，配置比例为（3 ～ 4）∶1。

（2）每个果台留单果，定果后叶果比 25∶1。严格的疏花疏果和果实套袋栽培是提高其果实内外品质和商品价值的主要措施。

（3）主要树形为细长纺锤形、小冠疏层形及倒伞形。幼树修剪以轻为主，生长期对直立枝、强旺枝进行拉枝、坠枝、拿枝软化，使之平斜生长成花，结果后及时回缩更新。

## 爱　宕

### 1. 品种来源

日本品种，亲本为二十世纪 × 今村秋。

### 2. 品种特征特性

果实扁圆形，果形指数 0.92。平均单果质量 337 g，最大果重 624 g。果梗中粗，梗洼深、狭，萼片脱落，萼洼狭、深。果皮呈黄褐色，果面较粗糙，有不规则块状凸起，果点大、中多而凸起。套袋果实呈淡黄褐色，外观较美。果肉呈白色，肉质细嫩、松脆，果肉去皮硬度 6.64 $kg/cm^2$，汁多，石细胞较少，可溶性固形物含量 12.1%，可滴定酸含量 0.14%，味甘甜，品质上。果心小，可食率达 90%。果肉抗氧化能力强，不易褐变。

耐储藏，常温下可储藏 1 个月。

树姿直立，树冠圆锥形。萌芽率高，成枝力中等，一年生枝呈红褐色，平均长 53 cm，皮孔小而狭长，有灰白色凸起，枝条表面无茸毛。多年生枝和主干为灰褐色。叶片肥大，叶缘为锐锯齿形。花芽中等大小，以中、短果枝结果为主。自花结实率为 81.2%。每花序 5～7 朵花，花瓣白色，顶部有“V”形裂痕，雌蕊 5 枚，雄蕊 23～25 枚，花粉为绯红色。

树势强健，幼树生长旺盛，枝条粗壮，结果早，栽植当年即可形成花芽。四年生树高 2.5 m，中短枝比例随树龄增长而增加，长枝数量逐渐减少。以短枝和腋花芽结果为主。花序坐果率为 82.1%，平均每花序坐果 1.6 个。

武汉地区叶芽萌动期为 2 月底至 3 月初，落叶期为 11 月下旬，营养生长期约 280 d。花芽萌动期为 2 月下旬，初花期为 3 月中旬，盛花期为 3 月下旬，终花期为 3 月底至 4 月初。果实成熟期为 10 月上中旬，果实发育期 175 d。果实可延迟至 11 月上中旬采收。

该品种高抗黑星病、干腐病，中抗轮纹病、炭疽病、黑斑病。生理落果少，采前落果轻。适应性强、易管理，耐涝，对土壤要求不严。

### 3. 栽培技术要点

（1）自花结实能力强，但仍需配置授粉树。授粉品种为华梨 1 号、圆黄、翠冠，配置比例为（3～4）∶1。

（2）盛花后 15～20 d 内疏果，每果台留单果，疏除畸形果、病虫果，枝条同侧每隔 20～25 cm 留 1 个果。主干和主枝多留果，外围枝和枝头少留果。5 月中旬果实套袋。

（3）主要树形为细长纺锤形、小冠疏层形及倒伞形，幼树注意扶强主头枝，加大侧枝开张角度，促发中短枝。结果后应控制背上直立旺枝，粗度应控制在主枝粗度的 1/3 以下，主枝上直接培养小型结果枝组，及时疏除内膛过密枝并注意主枝更新，结果枝及时回缩，防止早衰。盛果期注意各主、侧枝的合理分布，控制树高在 2.0～2.5 m。夏剪注重直立旺长枝的控制，拉枝开角，开张角度为 60°～75°。

# 第三章　引种、选种和育种

# 第一节 引　种

## 1. 梨种质资源及分类

中国梨种质资源丰富，起源于我国的梨属植物共13种，分别为杜梨（Pyrus *betulaefolia* Bge.）、秋子梨（P. *ussuriensis* Maxim.）、白梨（P. *bretschneideri* Rehd.）、豆梨（P. *calleryana* Decne.）、川梨（P. *pashia* Buch.Ham. ex D.Don）、褐梨（P. *phaeocarpa* Rehd.）、砂梨 [P. *pyrifolia*（Burm.f.）Nakai]、麻梨（P. *serrulata* Rehd.）、新疆梨（P. *sinkiangensis* Yü）、木梨（P. *xerophila* Yü）、滇梨（P. *pseudopashia* Yü）、河北梨（P. *hopeiensis* Yü）、杏叶梨（P. *armeniacaefolia* Yü）。1956—1957年，我国开展了第一次全国农作物种质资源普查；1979—1983年，开展了第二次全国农作物种质资源普查；1981年，开始建设国家梨种质资源圃，先后建立了“国家果树种质梨、苹果圃（兴城）”“国家果树种质砂梨圃（武汉）”，以及保存有梨资源的云南昆明、新疆轮台和吉林公主岭的特色果树资源圃；2015年，开展了第三次全国农作物资源普查，各相关单位也开展了梨资源的考察收集工作。

我国梨栽培品种主要有秋子梨、白梨、砂梨3个种群系列，即东北和西北耐寒冷地区的秋子梨系统、华北地区的白梨系统以及长江流域的砂梨系统，全国梨品种共计3000多个，在果树中名列第一。砂梨（P. *pyrifolia* Nakai）和秋子梨（P. *ussuriensis* Maxim.）仍有大量的野生资源。梨的主要产区在我国北方，尤以河北、山东、河南和山西栽培得最多。砂梨大多数品种的果实近圆形，果皮呈褐色或淡黄色，适于生长在温暖多雨的区域，主要产于我国长江流域的华中、华东和西南各省。

白梨（P. *bretschneideri* Rehd.），果实卵形或倒卵形，果皮呈黄色，主要在黄河流域各省栽培，果实质脆多汁，石细胞较少，微有香味，比砂梨耐寒，较耐储藏。白梨著名的品种有定县鸭梨、赵县雪花梨、砀山酥梨、莱阳梨、金川鸡腿梨、金花梨、汉源白梨。

## 2. 砂梨的分布及栽培

（1）砂梨栽培历史

砂梨是原产于我国南方和日本的梨栽培种之一，以果肉中含有砂砾状的石细胞而得

名。原有品种大部分肉质较为粗糙，果面颜色多为褐色，欠美观。从晋代开始，长江流域产的优质梨也开始见诸史籍。《荆州土地记》记载“江陵有名梨”[①]，《明一统志》记载广安州“出紫梨”，“入口即化”[②]，质量上乘。

此外，《古今图书集成》收集的地方志资料，记载了当时南方地区栽培有鹅梨、雪梨、白梨和蜜梨等北方梨品种，同时也栽培了砂梨和水梨等具有南方特色的品种，宁国府有雪梨、酥梨、蜜汁梨，吴县有蜜梨、白梨、消梨、鹅梨，武进县有砂梨，龙泉有鹅梨、雪梨，福州府有鹅梨、水梨，福清县有雪梨，建阳府有雪梨，增城县有蜜梨、砂梨、雪梨等，如今著名的砂梨品种包括浙江义乌早三花、严州雪梨、福建正和大雪梨、广西灌阳雪梨、四川苍溪梨、云南呈贡宝珠梨、贵州咸宁大雪梨。

（2）砂梨品种改良

中国砂梨原产于我国温暖多湿的南方，主要分布在长江流域以南及淮河流域一带，华北、东北、西北也有栽培。日本砂梨主要分布在日本的福岛、千叶、长野等中部地区，我国长江中下游地区引种发展较多。我国砂梨栽培品种很多，著名的有四川苍溪梨、威宁大黄梨、灌阳雪梨、云南宝珠梨、严州雪梨。日本砂梨品种有新水、幸水、丰水、菊水、新世纪、晚三吉、二十世纪、长十郎等，韩国砂梨品种有黄金、圆黄、秋黄等。砂梨在自然状态下，分枝较稀疏，枝条粗壮直立，多呈褐色或暗绿褐色，果实多为圆形或卵圆形，果皮多呈褐色，也有绿色，萼片多脱落，心室 4 ～ 5 个，肉质硬脆多汁，石细胞较多，果实无须后熟即可食用，一般储藏性较差。砂梨对水分要求较高，耐热，但抗寒力差。

日本经过人工选育的栽培砂梨品种具有果肉细嫩多汁、无石细胞、口感好等特点，与原有砂梨品种相比，果实硕大，果皮颜色和成熟期多样，内在和外观品质都有了显著的提高，同时继承了砂梨结果早、丰产性强的特性。但是，多数不耐储藏且为褐色，大部分不抗黑斑病。20 世纪 70 年代，日本梨生产达到了高峰，但随着国民经济的振兴，特别是超市的出现使消费者对果品质量的要求越来越高，商品竞争愈演愈烈，迫使生产者由过去的以追求数量为主，转移到以追求质量为主，主要栽培品种由二十世纪、长十郎、晚三吉等逐渐调整为幸水、丰水、新水、新高等优良品种。

---

① 缪启愉，缪桂龙撰：《齐民要术译注》，上海：上海古籍出版社，2006.12，第 280 页。

② 赵逵夫主编：《历代赋评注 7 明清卷》，成都：巴蜀书社，2010.02，第 402 页。

韩国是梨主要生产国之一，在亚洲仅次于中国和日本，除最南端的济州道以外均有栽培，主栽品种均属砂梨。20 世纪 80 年代之前主要栽培新高、长十郎、晚三吉和早生赤等日本品种，现在主要为黄金、甘川、秋黄等本国品种。韩国梨树育种始于 20 世纪 20 年代末期，大规模常规育种自 20 世纪 70 年代开始。育种目标包括高品质、大果型、长货架期，有香气、极早熟、抗病虫，自花授粉、自然稀果、无须套袋，短枝型和矮化型，食用方便，如无须去皮等。韩国选育出的黄金、甘川、秋黄、华山和圆黄等新品种在生产中发挥了重要作用。

### 3. 梨需冷量评价

落叶果树满足低温需冷量顺利完成自然休眠，是进行下一个生长发育循环，尤其是正常开花结果所必须经历的重要阶段。如果需冷量不足，植株不能正常完成自然休眠全过程，必然会导致生长发育障碍，影响果实的品质和产量。我国南方的一些地区，“暖冬”问题日益突出，落叶果树的正常生长发育常因需冷量不足而受到影响。中国是梨属植物最重要的起源中心之一，遗传多样性丰富，主要栽培品种隶属于砂梨、白梨、秋子梨、新疆梨和西洋梨系统以及相关杂种。长期以来，由于地理起源的差异，不同的品种类群形成了各自的局部性传统栽培区域，其中品种的需冷量要求成为不同生态区梨品种引进的主要依据，这也是长江流域地区梨设施栽培、短低温梨品种培育以及“北梨南种”的重要指标。梨品种需冷量评价在年际间、不同地区之间存在差异，主要是由于不同地区的气候和环境不同，从而影响相关基因的表达程度和进程、树体内部的生理代谢，进而影响植物体本身的生物学特性。

（1）不同模型温度起点的比较

从图 3-1 可以看出，2009—2011 年，犹他模型有效低温的起点均早于≤ 7.2℃模型和 0 ～ 7.2℃模型的起点（后两者具有相同的起点），平均早 32 d，差别最大的为 2010 年相差 49 d，最小的为 2009 年相差 12 d。对于同一模型，不同年份的起点也存在差异：≤ 7.2℃模型和 0 ～ 7.2℃模型的起点最早为 2009 年 11 月 12 日，最晚的为 2010 年 12 月 14 日，相差 32 d；犹他模型最早为 2010 年 10 月 26 日，最晚为 2009 年 11 月 1 日，相差 6 d。

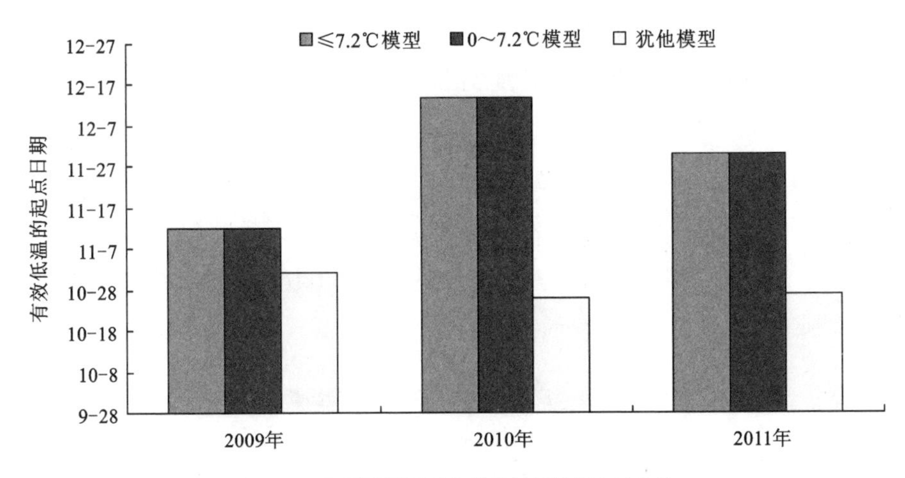


**图 3–1 不同模型不同年份有效低温起点的比较**

（2）不同模型评价品种需冷量的年际间差异

由表 3-1 分析可知，参试的 6 个品种经过 2009—2011 年连续 3 年的测定，≤ 7.2℃模型评价的品种需冷量的变异系数均在 15% 以下，鄂梨 1 号最低，为 5.62%；0 ～ 7.2℃模型测定中除鄂梨 1 号的变异系数为 9.90% 外，其余品种均超过 15%；犹他模型变异系数最大，各个品种均在 15% 以上。由此推断，≤ 7.2℃模型测定梨品种需冷量相对稳定、准确。

**表 3–1 年际间不同评价模型的品种叶芽需冷量**

| 品种 | ≤ 7.2℃模型 /h | | 0 ～ 7.2℃模型 /h | | 犹他模型 /c.u | |
|---|---|---|---|---|---|---|
| | 平均值 | 变异系数 | 平均值 | 变异系数 | 平均值 | 变异系数 |
| 金水 1 号 | 398.00 | 14.37% | 331.00 | 26.11% | 360.50 | 37.07% |
| 安农 1 号 | 521.00 | 10.98% | 439.00 | 19.70% | 483.00 | 27.66% |
| 金水 2 号 | 391.00 | 14.65% | 331.00 | 26.11% | 367.00 | 36.42% |
| 早酥 | 554.00 | 10.33% | 469.00 | 18.44% | 513.00 | 26.06% |
| 鄂梨 1 号 | 1019.00 | 5.62% | 873.00 | 9.90% | 835.00 | 16.01% |
| 鄂梨 2 号 | 391.00 | 14.65% | 331.00 | 26.11% | 367.00 | 36.42% |

注：变异系数 = 标准差 / 平均值 ×100%。

（3）不同模型评价品种需冷量的显著性比较

2009—2012年，选择不同需冷量范围的品种进行三种模型的显著性测验，结果见表3-2。所测试的6个品种中，金水1号、安农1号、金水2号、早酥、鄂梨2号5个中短需冷量的品种，应用≤7.2℃模型、0～7.2℃模型和犹他模型测定的需冷量不同模型评价之间不存在显著性差异，但仍然存在差异，应用≤7.2℃模型评价的需冷量高出0～7.2℃模型和犹他模型15.73%和7.29%；鄂梨1号为长需冷量品种，≤7.2℃模型与犹他模型测定的需冷量存在显著差异。

**表3-2　应用三种模型测定需冷量显著性比较**

| 评价模型 | 金水1号 | 安农1号 | 金水2号 | 早酥 | 鄂梨1号 | 鄂梨2号 |
| --- | --- | --- | --- | --- | --- | --- |
| ≤7.2℃模型/h | 398.33a | 521.33a | 390.67a | 554.00a | 1019.00a | 390.67a |
| 0～7.2℃模型/h | 331.00a | 438.67a | 331.00a | 468.67a | 871.00ab | 331.00a |
| 犹他模型/c.u | 360.50a | 483.17a | 367.00a | 512.83a | 789.00b | 367.00a |

注：不同小写字母代表差异的显著水平（$P=0.05$）。

（4）三种模型低温累积过程的比较

了解低温累积计过程有助于理解三种评估模型产生差异的原因。从2010—2011年间三种模型的低温累积过程比较可以看出（图3-2），自2011年1月5日开始，≤7.2℃模型的低温累积值明显高于0～7.2℃模型和犹他模型，存在极显著差异；犹他模型在低温累积初期高于≤7.2℃模型和0～7.2℃模型，而0～7.2℃模型的低温累积值则始终低于其他两种模型。从2011—2012年间三种模型的低温累积值过程比较可以看出，自2010年12月21日开始，≤7.2℃模型的低温累积值高于其他两种模型；犹他模型的低温累积值最低。由此分析，不同年份三种模型的低温累积过程是不同的，总体趋势是≤7.2℃模型的低温累积值高于其他两种模型。

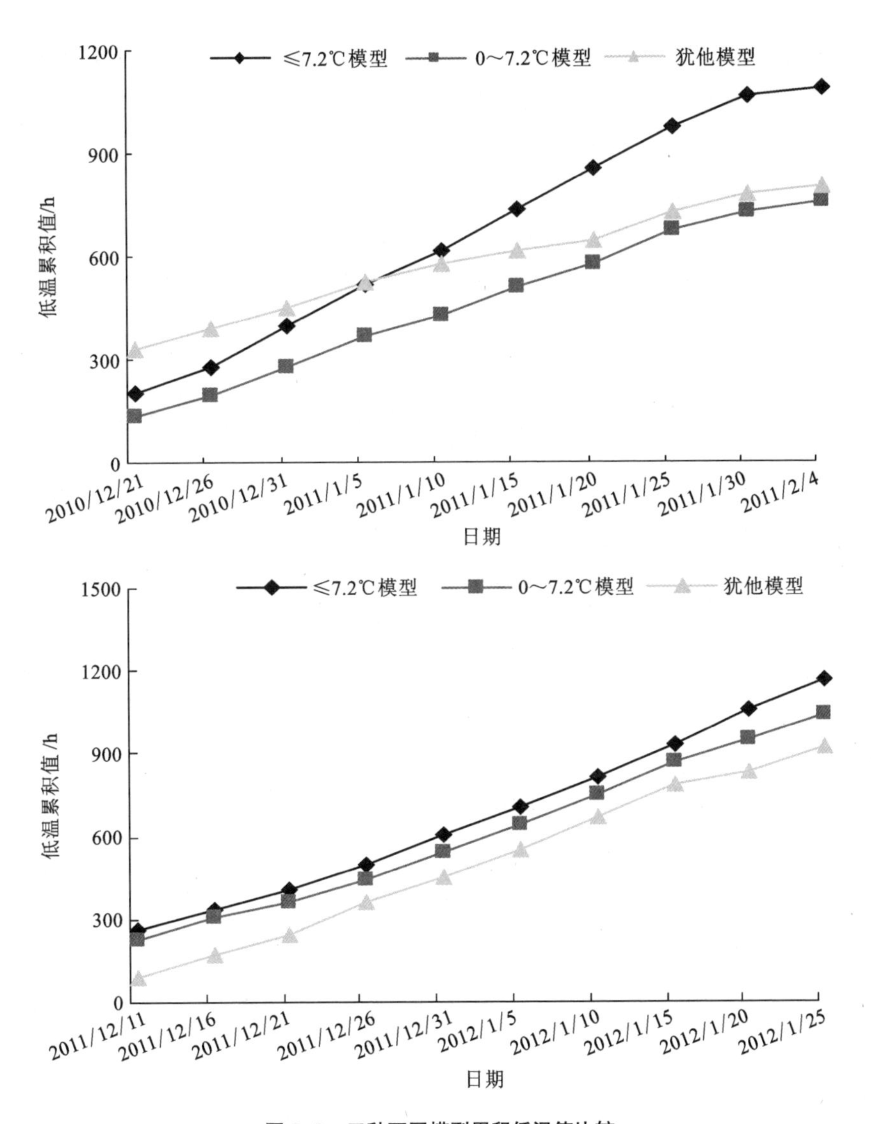


**图 3-2 三种不同模型累积低温值比较**

（5）应用三种模型测定的不同品种叶芽需冷量

2009—2012 年，应用三种模型测定了 28 份梨资源的叶芽需冷量，结果见表 3-3。其中金水 1 号、安农 1 号、金水 2 号、早酥、鄂梨 1 号、鄂梨 2 号为 2010—2012 年连续 3 年测定数据的平均值。阿巴特、黄冠、丰水、红星、圆黄、翠冠、玉香、西子绿、玉绿、湘南、莱阳茌梨、中香 12 个品种为 2010—2011 年度测定，早美酥、七月酥、脆绿、金花 4 号、德胜香、桐冠、24 号、桂冠、雪英、金水秋 10 份资源为 2011—2012 年度测定。由表 3-3 分析，以≤ 7.2℃模型评价不同品种的需冷量，其中鄂梨 1 号、阿巴特、红星 3 个品种需冷量高于 1000 h，为长需冷量品种；圆黄、玉香、莱阳茌梨、七月酥、金花 4 号、24 号、桂冠、金水秋 8 个品种需冷量在 800 ～ 900 h 之间，为中长需冷量的品种；金水 1 号、金水 2 号、鄂梨 2 号、翠冠、桐冠 5 个品种需冷量在 400 h 左右，为低需冷量的品种；其余品种需冷量在 400 ～ 800 h 之间，为中低需冷量品种。

**表 3-3　应用三种模型测定不同品种叶芽的需冷量**

| 品种 | ≤ 7.2℃模型 /h | 0 ～ 7.2℃模型 /h | 犹他模型 /c.u |
|---|---|---|---|
| 金水 1 号 | 398.33 | 331.00 | 360.50 |
| 安农 1 号 | 521.33 | 438.67 | 483.17 |
| 金水 2 号 | 390.67 | 331.00 | 367.00 |
| 早酥 | 554.00 | 468.67 | 512.83 |
| 鄂梨 1 号 | 1019.00 | 871.00 | 789.00 |
| 鄂梨 2 号 | 390.67 | 331.00 | 367.00 |
| 阿巴特 | 1090.00 | 754.00 | 804.00 |
| 黄冠 | 521.00 | 366.00 | 521.50 |
| 丰水 | 617.00 | 426.00 | 578.50 |
| 红星 | 1192.00 | 855.00 | 884.50 |
| 圆黄 | 857.00 | 574.00 | 647.50 |
| 翠冠 | 401.00 | 276.00 | 453.50 |
| 玉香 | 857.00 | 574.00 | 647.50 |
| 西子绿 | 521.00 | 366.00 | 521.50 |
| 玉绿 | 737.00 | 509.00 | 612.50 |
| 湘南 | 617.00 | 426.00 | 578.50 |
| 莱阳茌梨 | 857.00 | 574.00 | 647.50 |
| 中香 | 737.00 | 509.00 | 612.50 |
| 早美酥 | 604.00 | 545.00 | 453.00 |
| 七月酥 | 813.00 | 751.00 | 669.00 |
| 脆绿 | 496.00 | 447.00 | 361.00 |
| 金花 4 号 | 813.00 | 751.00 | 669.00 |
| 德胜香 | 708.00 | 644.00 | 553.00 |
| 桐冠 | 401.00 | 276.00 | 453.50 |
| 24 号 | 933.00 | 871.00 | 789.00 |
| 桂冠 | 813.00 | 751.00 | 669.00 |
| 雪英 | 496.00 | 447.00 | 361.00 |
| 金水秋 | 933.00 | 871.00 | 789.00 |

（6）三种模型测定叶芽和花芽的需冷量差异

落叶果树需冷量具有遗传性，由多基因控制，但只有一个主基因触发休眠，因而不同果树树种、品种的需冷量存在差异；同一树种、不同品种类型之间的需冷量的差异可能与植物本身的生态适应性有关，不同环境因子影响相关基因的表达程度和进程及树体内部的生理代谢，进而影响树体本身的生物学特性。

由表 3-4 可知，同一种模型测定的不同品种叶芽的需冷量不相同。在≤ 7.2℃统计模型中，金水 1 号、安农 1 号的需冷量较低，二者之间不存在显著差异；鄂梨 1 号的需冷量最高，与其他 5 个品种均存在极显著差异；金水 1 号、安农 1 号的需冷量分别仅占鄂梨 1 号的 37.04%、42.55%；金水 2 号、早酥、鄂梨 2 号的需冷量居中，但均与鄂梨 1 号、安农 1 号、金水 1 号存在极显著差异。其他两种需冷量统计模型亦呈现出类似的变化趋势。由表 3-4 还可以看出，应用三种模型测定相同梨品种的叶芽需冷量结果各不相同，其中≤ 7.2℃模型和犹他模型统计的金水 1 号、金水 2 号、鄂梨 2 号、早酥 4 个品种的需冷量结果较为接近，而安农 1 号、鄂梨 1 号的统计结果差异较大。安农 1 号使用犹他模型统计的需冷量较使用≤ 7.2℃模型统计的需冷量高出 7.76%；鄂梨 1 号使用犹他模型统计的需冷量较使用≤ 7.2℃模型统计的需冷量低 13.38%。应用 0 ～ 7.2℃模型统计的金水 1 号、安农 1 号、金水 2 号、早酥、鄂梨 2 号的需冷量均比犹他模型和≤ 7.2℃模型测定的数据低，且差别较大；而应用 0 ～ 7.2℃模型统计的鄂梨 1 号需冷量与≤ 7.2℃模型较为接近，但与犹他模型差别较大，高出 8.88%。

**表 3–4 应用三种模型测定不同品种的需冷量**

| 品种 | ≤ 7.2℃模型 /h | | 0 ～ 7.2℃模型 /h | | 犹他模型 /c.u | |
|---|---|---|---|---|---|---|
| | 叶芽 | 花芽 | 叶芽 | 花芽 | 叶芽 | 花芽 |
| 金水 1 号 | 383 dD | 383 dD | 355 eE | 355 eE | 381 eE | 381 eE |
| 安农 1 号 | 440 dD | 440 dD | 412 eE | 412 dD | 477 dD | 477 dD |
| 金水 2 号 | 543 cC | 440 dD | 503 dD | 412 dD | 567 cC | 477 dD |
| 早酥 | 645 bB | 645 cC | 593 cC | 593 cC | 656 bB | 656 cC |
| 鄂梨 2 号 | 733 bB | 733 bB | 661 bB | 661 bB | 730 bB | 730 bB |
| 鄂梨 1 号 | 1034 aA | 1034 aA | 993 aA | 993 aA | 912 aA | 912 aA |

注：不同大写字母代表差异达极显著水平（$P = 0.01$），不同小写字母代表差异的显著水平（$p = 0.05$）。

### 4. 引进的主要品种

我国于1871年开始引种西洋梨，20世纪30年代浙江大学的吴耕民教授从日本引进了一些日本砂梨品种到杭州，如二十世纪、长十郎、八云、菊水、晚三吉等。中华人民共和国成立之后，我国先后从日本、意大利、英国、美国、德国、新西兰、比利时、韩国等国引进大量的梨种质资源。据不完全统计，迄今为止，我国从国外引进梨种质资源达130多份，主要为西洋梨系的红巴梨、红哈迪、红安久、红考密斯、丰产、鲍斯考普以及三倍体品种居里、布瑞德尔等，砂梨系的日本梨新水、幸水、丰水、南水、爱宕、新高、金廿世纪、秋月等，韩国梨圆黄、黄金、秋黄等，其中一些品种现已用于生产，并产生了较大的经济效益，如红巴梨、红茄梨、幸水、新世纪、秋月、圆黄、黄金等。

从20世纪50年代起，湖北先后引进了二宫白、菊水、江岛、长十郎、晚三吉、幸水、丰水、二十世纪、新世纪、秋月、黄金、圆黄、新高、秋黄等日韩品种，同时还从国内其他地区引种了黄花、湘南、翠冠、黄冠、雪青、清香、翠玉、苏翠1号、初夏绿、早美酥、中梨1号、西子绿、柠檬黄、苍溪雪梨、金花梨等砂梨、白梨及人工选育的品种，其中翠冠梨已经成为湖北地区早熟梨“当家”品种，黄花、湘南、长十郎等品种仍然在江汉平原及武陵山区有规模化栽培。

湖北梨产区属于四川盆地及江淮平原早熟梨栽培区。该早熟梨产区包括四川中东部，湖北大部分地区，湖南中北部，浙江、江西北部，江苏、安徽、河南南部和上海等地。此区位于北纬28.5°～32°，海拔较低，多在50～400 m的范围，地形平缓，高温多湿。年平均气温15.8～22.6℃，7月平均气温27.3～29.0℃，1月平均气温-2.3～10.2℃，绝对最低气温-10.4～8.7℃，年降水量910～1600 mm，无霜期226～300 d。本区为我国优质早熟梨的主要栽培区。但由于此区春夏高温多湿、昼夜温差较小，易发生病害，故应选择抗性强的品种。

### 5. 引种的原则和方法

（1）引种的原则

将主要生态因子作为引种的重要依据，生态因子即环境因子对果树所起的作用，其中包括气候因子、土壤因子、生物因子、地形因子等，这些因子综合构成果树生存的生态环境。对果树产生直接影响的如光照、温度、空气、水分、土壤等是果树生存不可缺少的主要条件，其他如地形、风、人类社会等是间接影响果树的生态因子。

对比引种地与原产地的农业气候指标以明确其适应性，梨品种或品种类型的遗传性适应范围与其原产地气候、土壤环境有着密切关系。除掌握本地区农业气象指标外，了解原产地农业气象资料是必要的，与引种适应性有关的气象数据非常复杂，较重要也常用的包括纬度、年平均温度、10℃以上平均积温、10℃以上最高积温、1月份平均气温、低温记录、4—9月降水量、年降水量等。明确梨品种原产地与引种方向的关系生态因子中最重要的是温度因子，而温度在一定范围内会随着纬度和海拔高度变化而发生规律性的变化。了解一个梨品种适应性，就能找到它的最适宜产区，从适宜产区向北引种的可能性总小于向南引种，但应排除引种地的地区性小气候。

了解梨品种类型的亲本，品种类型亲本组合与它们的适应能力有着密切的关系，对引种有直接的帮助。参考以前的引种实践经验，长期以来，我国各地广泛开展了民间引种活动，在生产栽培中不适应的品种逐渐被淘汰，表现好的则被繁殖并生产利用。因此，在引入梨品种时仔细了解过去本地或相近地区曾经引入的品种、引种的方法和引入后的表现，总结经验教训可以为以后引种作参考。

（2）引种的方法

引种的主要方法有简单引种与驯化引种，简单引种主要引入的材料是不改变其遗传性就能适应引种地的品种或类型，而驯化引种指的是从种子实生苗开始，必须有较大的个体数量，以便通过有性繁殖过程发生基因的分离、重组，产生基因型多样化的后代，给选择适应性更强的类型提供可能性。所以，两者的引种方法有差异。

① 简单引种

少量试行、多点观察。少量引种指每个品种可引3～5株或品种的接穗，栽入当地梨园内或进行高接，高接可促进其提前结果。每个品种可以选择几个具有代表性的地区试栽，观察其植物学、生物学特性，了解其对当地环境的适应性，做出初步的结论。在引入的梨品种进入结果期后，可以选择其中适应性及经济性表现较好、有希望的品种类型进行有控制数量的中间繁殖，并在这一过程中对其适应性做进一步的观察。经过3年的结果期，做出对引种地的适应性的初步结论。栽培技术试验就是经过中间繁殖的苗木结果后，当年引入定植的品种已经进入盛果期，大体上已经历了周期性的各种环境的考验，其栽培技术特点也已被掌握。生态试验就是进行必要的区域化栽培试验，选出供试梨品种最适宜的生态条件和最适宜的栽培地区，注意严格进行病虫害检疫，对引进品种进行严格的编号和登记，保证品种准确性，防止劣质品种混杂引入。

② 驯化引种

驯化引种的过程包括适应性变异和个体选择等环节，所以要求不像简单引种那样严格。引种观察应增加引种数量，为强度较大的选择提供必要的条件。进入结果期后，进行连续 3 年的观察。多点试验即对入选的梨类型进行栽培试验和生态试验，应进行 3 个生长周期，在确定其是优良品种后，进行可控数量的推广试栽。注意种源地的选择和母株的选择，以保证选择最优的引种材料。注意不同地区实生引种在生长发育特点方面的一些规律性倾向，如温带果树引种时，同一树种的南方种源通常比北方种源生长得快，春季发叶较晚，受晚霜危害较轻，秋季落叶及结束生长较晚，对冬季低温抗性较差。由湿润地区引入的类型比干旱地区引入的类型生长快，种子小、枝叶更绿、根系较浅。

## 第二节 选 种

### 1. 实生选种

（1）古代梨的实生驯化

梨是人类最早栽培的果树之一，梨栽培在我国有悠久的历史，我国传统的地方品种大多是古人从自然群体中选择出来的。《诗经 · 召南》记载“蔽芾甘棠，勿剪勿伐，召伯所茇”[①]，近代在陕西岐山县发现了保存完好的“召伯甘棠”石碑。在以采集、渔猎经济为主的原始社会，某些树木的果实已是人类赖以生存的食物来源之一，中国的一些新石器时代遗址中就有果实、果核出土。梨的栽培在原始农业诞生之初，经历了对野生梨进行驯化、培育和选择的过程，人们将野生梨果直接食用后，把吃剩下的种子丢在住处周围，当这些种子能够长出植株时，驯化的历史过程就开始了。

在古代，最早繁殖梨树的方式主要是实生苗播种。西汉时期，人们已经在栽培技术方面积累了丰富的经验，梨、柿等果树适宜于秋冬栽培在寒凉气候地区，《急就篇》记载“梨、柿、柰、桃待露霜”[②]，《齐民要术》载有“插梨篇”，记载“种者，梨熟时，

① 朱熹集传，《典藏国学 诗经》，上海：上海古籍出版社，2013.08，第 21 页。

② [清]顾炎武撰；华东师范大学古籍研究所整理；黄珅，严佐之，刘永翔主编：《顾炎武全集 2 音学五书》，上海：上海古籍出版社，2011.12，第 502 页。

全埋之。经年，至春，地释，分栽之；多著熟粪及水。至冬，叶落，附地刈杀之，以炭烧头，二年即结子”[①]。另外，其中还记载，在总共十余个种子长出的苗中，只有两株结梨，其余的皆为杜梨。这可能是有性繁殖导致遗传分离的最早记录，至今在科学研究上仍有重要意义。

从考古发掘的资料看，长江流域也是较早栽培梨的区域。迄今为止，有关梨的考古遗物不多，湖北荆门出土过战国时期的梨核，长沙马王堆汉墓也出土过梨，两处古代遗址都在长江中游地区，就今天的类群分布而言，两地栽培的主要是砂梨。《山海经·中山经》记述，在我国古代，陕西、河南、四川等地都分布有杜梨或豆梨。在砂梨的栽培种被育并向北发展的过程中，人们通过用杜梨嫁接等技术手段，培育出质量更好的白梨，杜梨因此成为黄河流域梨树嫁接用的主要砧木。黄河流域栽培的白梨的出现可能晚于长江流域首先被驯化的砂梨，我国的梨按品种来源和地理分布分为秋子梨、白梨、砂梨 3 个种群系列，秋子梨和砂梨都有野生种，唯独白梨未发现野生种，白梨可能是砂梨和杜梨的杂交种或砂梨和秋子梨的杂交种。砂梨、白梨和日本梨品种的共同特点是果实大、肉质脆、不需要后熟。中国砂梨品种的起源在学术界基本上达成共识，即起源于长江流域及其以南地区野生的砂梨。然而，关于白梨和日本梨的起源存在争议。长久以来，中国学者习惯将北方栽培的大果型脆肉品种归为白梨系统，并将其归在 P. *bretschneideri* 学名下。1946 年，日本园艺学家菊池秋雄就指出华北地区的大果型品种（如鸭梨等）并不是由 P. *bretschneideri* 演化而来，可能是秋子梨和中国南方砂梨杂交而来，P. *bretschneideri* 并非原生种，而是秋白梨、红梨和蜜梨等当地的主栽品种与杜梨的杂种。也就是说，白梨品种参与了 P. *bretschneideri* 的形成，而不是后者演化出了白梨品种。

（2）现代实生选种

我国人民自古以来就有实生选种的习惯，现今许多地方栽培的优良品种都是经过自然实生选种而来的，具有地区性的栽培价值，也是新品种选育不可缺少的种质。尤其是中华人民共和国成立以后，人们开始有目的地开展实生选种工作，并取得了可喜的成绩。浙江大学从茌梨的实生后代选出高产、优质的杭青梨；中国果树研究所从车头梨的自然实生后代中选出了树体矮小、丰产稳产、适合制汁的矮香梨；上海市农科院园艺所从新水实生后代中选育了成熟早、品质优的品种早生新水；河北衡水林业局从鸭梨实生后代

---

① 缪启愉，缪桂龙撰：《齐民要术译注》，上海：上海古籍出版社，2006.12，第 282 页。

中选出对黑星病免疫的品种金玉；湖北省农科院果树茶叶研究所从丰水梨实生后代中选育出早熟、抗病的砂梨新品种金晶等。据不完全统计，我国通过实生选种途径共选出新品种 20 余个，其中有 4 个品种是从野生群体或地方品种中选出的，如燕安 1 号和燕安 2 号是从燕山安梨群体中选出的，金珠果梨选自野生砂梨品种，云红梨 1 号选自云南地方梨品种。实生选种具有变异普遍性，通常在果树实生后代中很难找到个体遗传型完全相同的两个个体，亦具有变异性状多、变异幅度大等特点，得到的变异品种容易在当地栽植推广。

## 2. 芽变选种

（1）芽变选种的特点

芽变是一种体细胞突变，是植物的芽分生组织细胞在自然状态下发生的遗传物质的突变。芽变一般表现在叶、枝、花、果以及物候期等特性和特征上。狭义的芽变主要指单株变异，广义的还包括体细胞无性系变异，前者是由突变的芽发育长成的枝条经过无性繁殖而成的，体细胞无性系变异则是植物细胞和组织在培养过程中遗传物质的变异。芽变可以为园艺植物的杂交育种提供新的种质资源，也可以通过芽变选种直接进行新品种的培育，因此，可以说芽变是园艺植物产生新变异的源泉，是新品种选育的一个重要途径。

芽变具有多样性、重演性、稳定性、局限性和多效性等特点。芽变的多样性表现在既有植物形态特征上的变异，包括叶、枝、果等不同部位器官和植株形态的变异，又有生物学特性的变异，包括物候期、生长结果习性、果实品质和抗性、育性等的变异。芽变的重演性指的是同一品种相似的芽变类型可以在不同地点、不同时间、不同单株上重复发生。芽变的稳定性是指植株的遗传物质发生突变后，有的芽变表现得很稳定，可以通过不同的繁殖方式进行稳定的遗传，但有的芽变受嵌合体结构的影响以及突变的可逆性会有不稳定现象，突变性状会消失。芽变的局限性在于同有性后代相比，只是少数性状上的变异，不像有性繁殖那样会发生大范围的基因重组。但芽变同时具有多效性，有时伴随某一芽变性状的出现，植株其他的许多性状亦会改变。

在大田中寻找芽变的过程中，会遇到各种不同的变异类型，为了排除环境条件等因素引起的饰变的干扰，必须对芽变性状进行鉴定，最根本有效的方法是直接鉴定，检查芽变植株的遗传物质，但需要特定的仪器设备和试验方法，难度较大，在实际生产应用上有局限性，所以人们大多会根据芽变的特点及芽变发生的遗传特性进行综合分析，剔

除大部分较易发现的饰变后，再利用嫁接、移植等无性繁殖方法将找到的变异与对照一起定植在同一环境下进行比较。在大面积范围内寻找芽变，较有效的时期是果实采收期或者是自然灾害期，以一定的目标进行调查访问，根据调查结果定点观察，再通过综合性的分析以确定芽变的类型。

（2）梨的芽变

我国近 50 年来，从 32 个不同梨品种中选育梨芽变品种 / 系 94 份，变异性状主要涉及树性（干性、抗病性）、果实（大小、皮色、内在品质、成熟期及贮性）、花（花序、自交亲和性）等。其中鸭梨芽变品种 / 系 19 份，砀山酥梨芽变 11 份，库尔勒香梨、黄花梨芽变各 7 份，巴梨芽变 5 份，南果梨、新高梨芽变各 4 份，满天红、苹果梨、金川梨、早酥梨芽变各 3 份，翠冠梨、冬果梨、尖把梨、金花梨芽变各 2 份，其余的来自崇化大梨、丰水梨、花盖梨、火把梨、莱阳茌梨、兰州长把梨、延边小香水梨、延边大香水梨等。

① 树性变异

梨是多年生落叶乔木，树体高大，培育出短枝型、矮型的品种是主要育种目标之一。利用芽变选育的巴梨芽变品种矮巴梨，经测量平均树高 2.33 m，比巴梨树高降低 2.23 m，实现树型由普通高大型向矮化型的转变，有利于修剪、病虫害防治和果实的采收等。垂枝鸭梨树冠呈披散形，枝条下垂生长，树干呈绿褐色，一年生枝梢呈黄绿色，向下弯曲，可以用于果树盆栽，增加其绿色观赏价值。

梨黑星病、黑斑病是我国梨树主要病害之一，发生范围广，造成的经济损失大，甚至绝收。金川梨芽变新品种金雪梨对梨黑星病、叶斑病、轮纹病有较强抗性，金雪梨平均黑星病发病率为 8.75%，而对照品种金川梨平均黑星病发病率达 85% 以上。金花梨芽变新品种川花梨对黑星病、叶斑病、轮纹病有较强抗性，苹果梨芽变品系东宁 5 号大梨较抗黑星病、干腐病、腐烂病，鸭梨芽变品种鸭梨 HC 抗梨黑星病。

② 果实变异

果实大小、单果质量为重要的育种指标。绝大多数梨芽变类属大果型芽变。果树果实体积大小的增加取决于果实细胞数目、细胞大小和细胞间隙的增大，其中细胞数目和细胞大小占主导因素。染色体倍性的增加容易导致细胞的增大，从而使倍性植物在叶、花、果实等性状方面都有增大的变异。大多数梨品种属于二倍体（$2n$=34），由于变异存在三倍体、四倍体，与二倍体梨相比较，梨多倍体具有果实大、抗逆性、适应性强等优点，四倍体是培育多倍体的优良种质，主要的四倍体（$4n$=68）种质有晋县大鸭梨、平度大巴梨、赵县大鸭梨、怀来大鸭梨、沙01、龙花梨、花盖王梨等。

果实皮色也是重要的育种指标之一。随着梨消费理念的不断提高，对着色、外观美丽的梨果需求越来越大。红皮梨的选育已成为未来梨新品种选育的主要目标，芽变选种是达到这一育种目标较为理想的方法。在梨皮色芽变中发现三种芽变类型：红色芽变、褐色芽变、绿皮（黄绿相间）芽变。红色芽变主要由花青苷的积累影响红色果皮的形成，而梨果皮褐色则是质层和表皮细胞破损后果皮木栓层积累的结果，绿皮主要是果皮细胞叶绿素含量高所致。在梨芽变品种中，也有一些熟期特异的品种，如龙泉1号芽变品种果实6月20日成熟，为当地最早熟的品种。从新高梨芽变中选育的晚熟梨新品种在安徽省六安市9月中旬成熟，比母本新高晚熟近1个月。

③ 花变异

花的数量和质量是决定梨树产量与质量的重要因素，为了提高果实品质及合理负载，梨园要进行疏花疏果，耗时耗工，创制具有自疏能力的种质一直是育种工作者追求的目标。如在延边大香水梨中就发现了单花芽变类型，“单花梨”中每个花序只形成1朵花，可通过无性繁殖稳定遗传给后代。绝大多数梨品种表现为自交不亲和性，且为配子体自交不亲和，需要授粉才能完成受精和结实。植物的自交不亲和性（SI）是指植物雌蕊柱头或花柱可以辨别自体和异体花粉，并抑制自体花粉萌发或生长的一种特性，自交不亲和分为配子体自交不亲和（GSI）、孢子体自交不亲和（SSI）两种类型，已经发现的梨芽变自交结实品种 / 系有闫庄自花结实品系、光鸭梨、金坠梨、大果黄花梨、红香梨等。

# 第三节　杂交育种

自中华人民共和国成立70年以来，我国科研院所和大专院校中约有41个单位、100多位专业研究人员从事梨杂交育种工作，现已选育出228个各具特色的新品种，其中一些品种已大面积栽培，给生产者带来可观的收益，为我国梨产业做出了极大贡献，其产业贡献率在50%以上。据不完全统计，中华人民共和国成立以来，共育成梨品种351个，其中通过审（认、鉴）定、登记、获得品种权、备案的有237个。育成品种中包括杂交育成的228个，芽变育成的71个，实生选育成的42个，诱变育成的9个，其中产业贡献率最高的品种有黄花梨、早酥、黄冠、翠冠、红香酥、玉露香、金水2号等。

## 1. 亲本选择

（1）育种目标

亲本的选择首先在于育种目标的选择。以往我国梨育种的目标侧重在产量与果实品质方面，以此为目标育成的梨品种在生产上也曾发挥过一定的作用，比如黄花梨、黄冠梨等，在长江流域砂梨产区以及华北白梨产区曾有过相当大的作用。但是在其他方面的育种目标，比如抗病性、加工、耐储藏品种育种等，开展工作较少，没有大的突破。随着人们生活水平的不断提高以及水果市场的多样性不断丰富，对梨产品有了与过去不同的要求，育出既抗病同时又具有超过当前生产上主栽品种的其他特性的抗病新品种，是21世纪梨育种的一个重要目标。同时，在丰产、优质的基础上，选育出适用于加工、耐储藏或矮化的新品种，也应给以更多关注。

①“好吃”+“好看”

品质好、外观美、果个大，是我国梨新品种选育的最基本目标。商品质量一直是在梨果市场上具有竞争力的一大重要因素，我国传统的库尔勒香梨、莱阳慈梨、河北鸭梨风味浓郁、口感好，但是由于其外观不美，所以在国际市场上竞争力不强，而日本和韩国培育出的优良砂梨品种，风味虽不如我国的传统梨品种好，但由于其外观美，在国际市场上的竞争力反而较强，且售价高。我国引入的日本和韩国梨品种，有的表现得比在原产地更好。我国梨育种工作者也根据本国的特点，利用日本和韩国梨作为亲本之一进行杂交育种，并获得了大量的品质更优、外观更美、适应性更强的优良品种，如西子绿、翠冠、黄冠等。果形大小是果实商品综合质量的一个非常重要的指标，也是梨育种的一个重要指标。我国原产的脆肉、大果型品种具有明显的优势和特色，可进一步挖掘这方面的潜力。大果型代表品种有大鸭梨、砀山酥梨、雪花梨、莱阳慈梨等，可作为大果型品种选育的亲本。

此外，在梨属植物资源中以红皮梨最为鲜艳夺目，市场竞争力强，无可替代。因此，选育优良红皮梨品种也已成为梨商业育种的目标之一，在我国云南、四川、重庆等地有着丰富的红皮梨资源，是优良的育种材料。如应用野生红皮川梨、野生红皮砂梨等原始材料培育抗性强、适应性广、丰产的红皮梨新品种和新材料；巍山红雪梨、秋火把梨等可作为培育温凉或冷凉地区红皮梨的亲本；用弥度香酥梨、火把梨和秋火把梨等作为亲本，可培育早熟红皮梨新品种。我国梨育种应将高品质和美丽的外观结合起来，充分发挥我国梨种质资源丰富的优势，选育出品质优、果形圆整、红色或金黄色的优良品种，既可以促进我国梨品种结构调整，也可增强其在国内、国际果品市场上的竞争力。

②“抗逆”+“好管”

抗逆性强，如抗病虫、抗涝、抗旱且适应性广是我国梨品种选育的首选目标，此外还有耐粗放管理、丰产、稳产等。中国梨总体来说抗逆性较强、适应性很广，但就具体品种来说，其抗逆性和适应性则是有限的，因此，提高梨的抗逆性和适应性具有重要意义。选育抗逆性强、适应性广的优良梨品种首先可以实现化学农药和肥料的减施增效，增强果品的安全性，降低生产成本；其次可扩大生产区域，减少运销成本和损耗。抗病性主要是针对梨的黑星病、黑斑病和轮纹病，西洋梨是首选的抗黑星病育种材料，而白梨则是较好的抗轮纹病的育种材料；抗虫性育种亦可用西洋梨作为亲本之一。

③“省力”+“好种”

近年来，受石油、煤炭、天然气等原材料涨价的影响，化肥、农药、农膜等农业生产资料价格呈上涨态势。加之农业劳动力就业机会增多，农业人工费用不断增加，导致农业生产成本逐年提高。从今后趋势看，农资价格上行压力加大、生产用工成本上升、全社会工资水平上涨的趋势难以改变，水果生产正逐步进入一个高成本时代，而水果商品价格提高又受诸多因素制约，水果种植的比较效益较低。在“适地适栽”，保证优质栽培的前提下简化、减少梨园管理成本，成为梨栽培技术发展的重要趋势。梨栽培过程中低成本管理已是大势所趋。同时，在工业化和城镇化快速发展的情况下，农村青壮年劳动力大多外出务工，留乡务农的以中老年人为主，劳动力低下，现有留乡务农劳动力将逐步进入老龄化阶段。在这种社会背景下，梨产业技术发展的方向势必向简化、省力和机械化转变，包括果园的病虫害防治技术、果园的土壤管理制度、果园的施肥等诸多环节。

因此，省力化、低成本化已经成为评价梨品种最为重要的指标之一，诸如自花授粉、自然稀果（金水1号）、无须套袋（金水2号、西子绿、翠玉）、短枝型品种等。

④“早熟”+“低需冷量”

今后我国梨总产量还将继续提高，一段时期内梨果市场将总体呈现出供过于求的态势。我国梨品种资源中，中、晚熟资源较为丰富，多集中在长江以北地区，存在着地区性和季节性过剩，而早熟梨品种资源相对匮乏，极早熟品种资源更显得稀有珍贵，因此，选育早熟梨品种是长江流域地区最重要的育种目标。长江流域地区，特别是江南地区由于冬季气温较高，不能满足大多数梨品种的需冷量的要求，因而直接引种和推广受到限制。若要在这些地区发展优质早熟梨的生产，就要选用低需冷量的品种。因此，选

育具有低需冷量的早熟优良品种成为我国南方梨区品种选育的主攻方向。

（2）骨干亲本

正确地选择、选配亲本是杂交育种成败的关键。我国选育的优良梨品种、地方品种和国外引进梨品种是杂交亲本的主要来源，具有较好的综合性状，而且在生产中栽培广泛，是育种亲本选择的主要群体。杂交亲本的选配原则主要包括亲本间优缺点互补、主要经济性状的遗传规律、生态地理起源、双亲在性状遗传上的差异和亲和性等，地理起源对杂交育种的影响较大，地理起源相距较远或亲缘关系较远的两个亲本，其后代出现优良品种的概率就会越大。

骨干亲本是指那些在杂交育种中起着骨干作用、衍生的推广品种数目较多、对生产贡献较大的育种材料，在杂交育种中发挥了极其重要的作用，诸如早酥、苹果梨、幸水、新世纪、雪花和砀山酥梨等品种在生产中广泛栽培，具有果实性状优、高产、高抗性、适应性强等优点，以这些品种作为亲本选育出一大批优良新品种，受到果农和消费者的青睐，具有较好的市场前景，是梨育种中的骨干亲本。

① 早酥及其后代

早酥是中国农业科学院果树研究所以苹果梨 × 身不知育成的早熟、早果、优质、适应性极强的梨品种，作为早熟梨在多个地方推广栽培，创造了很好的经济效益。以早酥作为亲本之一育成的梨品种有 13 个，分别为华酥、华金、金酥、早金酥、甘梨早 6、甘梨早 8、新梨 3 号、新梨 7 号、早美酥、中梨 1 号、北丰、七月酥和八月红。

② 苹果梨及其后代

苹果梨是一个较为古老的梨品种，由朝鲜引入我国延吉地区，具有抗寒、果大、丰产、耐贮、果皮红晕、栽培地域广、适应性广泛等优点。以苹果梨作为亲本之一育成的梨品种有 13 个，分别为早酥、红金秋、寒玉、蔗梨、苹博香、硕丰、延香梨、新梨 6 号、红月梨、金香水、东宁五号、红秀 1 号和红秀 2 号。

③ 幸水及其育成后代

幸水亲本为菊水 × 早生幸藏，是日本最重要的梨栽培品种之一，具有果形端正、果肉细腻、汁液多、风味佳等优良特性，该品种自 20 世纪 70 年代引入我国以来，在主要梨产区均有一定栽培面积。以幸水作为亲本之一育成的梨品种有 8 个，分别为满天红、美人酥、红酥脆、七月酥、翠冠、早蜜、红脆和早白蜜。

④ 新世纪及其后代

新世纪亲本为二十世纪 × 长十郎，也是日本梨主栽品种之一。该品种树势强健，树冠紧凑，丰产性好，果实外形美观，肉质细脆。以新世纪作为亲本之一育成的品种主要有清香、脆绿、雪青、早美酥、中梨 1 号、西子绿和黄冠等 7 个品种。

⑤ 雪花梨及其后代

雪花梨原产于河北赵县，具有优质高产、晚熟耐储运和适应性较强等优点。以该品种作为亲本之一育成的梨品种主要有华幸、冀玉、雪青、冀蜜、早魁、玉露香和黄冠等 7 个品种。

⑥ 砀山酥梨及其后代

砀山酥梨原产于安徽省砀山，栽培历史悠久，有白皮酥、青皮酥、金盖酥和伏酥等品系，其中以白皮酥品质最为优良。该品种早在20世纪70—80年代就被引种到山东、江苏、河南、河北、新疆、山西、湖北、宁夏等地，并且取得了较好的经济效益。以该品种作为亲本之一，育成的梨品种主要有早伏酥、玉酥梨、秋水晶、硕丰、晋早酥、晋蜜和新梨 1 号等 7 个品种。

⑦ 库尔勒香梨及其后代

库尔勒香梨原产于新疆南部，库尔勒为集中产地，南疆普遍栽培，北方各省有少量栽培。以该品种作亲本之一育成的品种主要有红香酥、红香蜜、玉露香、新梨 1 号、新梨 6 号和新梨 7 号。

⑧ 火把梨及其后代

火把梨原产于云南，是云南本地的砂梨品种，具有稳定遗传的红色果皮表型，是云南分布最广的红皮梨。火把梨对土壤适应性强，抗晚霜，耐低温，抗黑星病、腐烂病，对梨木虱也有较强的抗性。火把梨皮色红润、抗逆性强，是优良的育种材料。以火把梨作为亲本之一育成的梨品种主要有满天红、美人酥、红酥脆、红脆和早白蜜。

## 2. 梨性状遗传

梨为多年生木本植物，寿命长，经过长期的自然和人工选择，许多经济性状为多基因控制的数量性状。果实品质为综合性状，由多种因素决定，包括糖、酸、汁液、石细胞、风味等内在品质以及果实形状、果皮色泽等外观性状，其中果实大小、果肉可溶性固形物含量、果心大小及果实的综合品质等是育种工作者普遍关注的重要性状，也是消费者着重关注的经济性状。果实大小为数量性状遗传，杂种后代果实大小趋于变小，但有超亲植株；梨果实可溶性固形物含量属数量性状遗传，果心总体呈增大趋势。梨杂种后代的童期长短由种和品种遗传基础所决定，由微效多基因控制，同时也受环境因素及栽培技术措施的影响。

（1）梨果形指数的遗传

果形指数是表示果实形状的数量指标，梨果实形状被认为是多基因控制的数量遗传。梨果形指数的遗传为数量性状，杂种后代表现出微效多基因的累加效应，加性效应所占的比例较大，非加性效应所占的比例较小，16 个组合的遗传传递力平均为 94.88%，变异系数平均为 9.49%，杂种后代的平均果形指数略低于亲中值，可能与杂交组合亲本选择以及杂种后代的立地条件及栽培管理等因素有关。

由表 3-5 分析看出，10 个不同亲本组合 288 株结果杂种后代中，果实果形指数的组合遗传传递力平均值为 94.88%，传递力分布范围在 90.29% ～ 103.12% 之间，所有组合的遗传传递力均超过 90.00%，其中安农 1 号 × 鄂梨 2 号果形指数的组合遗传传递力最高，为 103.12%，显性度为 0.16；不同组合杂种后代果实果形指数的变异系数平均为 9.49%，分布范围在 6.59% ～ 11.46% 之间，变异系数较小，表明梨果形指数的遗传为数量性状，杂种后代表现为微效多基因的累加效应，加性效应所占的比例较大，非加性效应所占的比例较小。

**表 3–5 梨杂种后代果实果形指数的遗传变异倾向**

| 组合 | 子代株数 / 株 | ♀ × ♂ | 亲中值 | 平均数 ± 标准差 | 分离极值 | 变异系数 /% | 显性度 | 超高亲值 /% | 超低亲值 /% | 组合传递力 / % |
|---|---|---|---|---|---|---|---|---|---|---|
| 金水 1 号 × 无籽梨 | 20 | 0.91×1.11 | 1.01 | 0.98±0.09 | 0.83 ～ 1.29 | 9.18 | −0.15 | −11.71 | −7.69 | 97.03 |
| 金花 × 无籽梨 | 29 | 1.14×1.11 | 1.13 | 1.04±0.11 | 0.85 ～ 1.27 | 10.57 | −3.00 | −8.77 | 6.31 | 92.03 |
| 湘南 × 金花 | 39 | 0.94×1.14 | 1.04 | 0.97±0.10 | 0.80 ～ 1.35 | 10.31 | −0.35 | −14.91 | −3.19 | 93.26 |
| 早酥 × 翠冠 | 13 | 1.12×0.90 | 1.01 | 0.99±0.10 | 0.87 ～ 1.20 | 10.10 | −0.09 | −11.61 | −10.00 | 98.01 |
| 华梨 1 号 × 金花 | 28 | 0.92×1.14 | 1.03 | 0.93±0.08 | 0.85 ～ 1.19 | 8.60 | −0.45 | −18.42 | −1.09 | 90.29 |
| 黄金 × 金花 | 15 | 0.89×1.14 | 1.02 | 0.96±0.11 | 0.79 ～ 1.18 | 11.45 | −0.24 | −15.79 | −7.86 | 94.11 |
| 安农 1 号 × 鄂梨 2 号 | 41 | 0.86×1.05 | 0.96 | 0.99±0.09 | 0.79 ～ 1.18 | 9.09 | 0.16 | −5.71 | −15.12 | 103.12 |
| 丰水 × 金花 | 33 | 0.88×1.14 | 1.01 | 0.93±0.07 | 0.78 ～ 1.09 | 7.52 | −0.31 | −18.42 | −5.68 | 92.07 |
| 玉香 × 湘南 | 42 | 1.01×0.94 | 0.98 | 0.91±0.06 | 0.80 ～ 1.02 | 6.59 | −1.00 | −9.90 | 3.19 | 92.85 |
| 安农 1 号 × 金花 | 28 | 0.86×1.14 | 1.00 | 0.96±0.11 | 0.61 ～ 1.17 | 11.46 | −0.14 | −15.79 | −11.63 | 96.00 |

10 个参试组合亲本果实果形指数的亲中值平均值为 1.02，288 株杂种后代果实果形指数的平均数为 0.97，除安农 1 号 × 鄂梨 2 号以外，其余 9 个参试组合的杂种后代的平均果形指数都略低于亲中值，杂交后代果形有变圆的趋势；从果实果形指数的分离

极值看，10 个组合的平均分离极值为 0.80 ～ 1.19，所有组合都出现了超高亲的植株，也都出现了超低亲的亲本；综合各组合杂种后代考种结果进行分析，288 株杂种后代的果实形状呈现出广泛的性状分离，有圆形、扁圆形、椭圆形、卵圆形、长圆形、倒卵形、葫芦形、阔圆锥形、阔卵形等多型性变化，没有一种果形在同类型的杂交时能真实遗传而不分离。

（2）梨果实萼片的遗传倾向

梨果实萼片的脱落与宿存为果实重要特征之一，也是消费者较为关注的商品性状。10 个不同亲本组合共计 288 株杂种后代果实萼片宿存的比例平均为 43.34%，萼片脱落的比例平均为 56.66%（表 3-6）。6 个亲本组合湘南 × 金花、华梨 1 号 × 金花、黄金 × 金花、安农 1 号 × 鄂梨 2 号、丰水 × 金花、安农 1 号 × 金花，果实萼片全部为脱落，杂种后代都出现了萼片宿存的植株，所占的比例平均为 36.97%；4 个参试组合中亲本之一为宿存的杂种后代中，萼片宿存的植株所占的比例平均为 52.91%，较果实萼片全部为脱落的组合高出 15.94%。金水 1 号 × 无籽梨组合中，无籽梨为萼片宿存的亲本，其杂种后代萼片脱落比例高达 80.00%，在所有参试组合中最高。

**表 3–6　梨杂种后代果实萼片的遗传倾向**

| 组合 | 子代株数 / 株 | ♀ × ♂ | 子代果实萼片分布 | |
|---|---|---|---|---|
| | | | 宿存 /% | 脱落 /% |
| 金水 1 号 × 无籽梨 | 20 | 脱落 × 宿存 | 20.00 | 80.00 |
| 金花 × 无籽梨 | 29 | 脱落 × 宿存 | 72.41 | 27.59 |
| 湘南 × 金花 | 39 | 脱落 × 脱落 | 38.46 | 61.54 |
| 早酥 × 翠冠 | 13 | 宿存 × 脱落 | 69.23 | 30.77 |
| 华梨 1 号 × 金花 | 28 | 脱落 × 脱落 | 39.29 | 60.71 |
| 黄金 × 金花 | 15 | 脱落 × 脱落 | 80.00 | 20.00 |
| 安农 1 号 × 鄂梨 2 号 | 41 | 脱落 × 脱落 | 21.95 | 78.05 |
| 丰水 × 金花 | 33 | 脱落 × 脱落 | 24.24 | 75.76 |
| 玉香 × 湘南 | 42 | 宿存 × 脱落 | 50.00 | 50.00 |
| 安农 1 号 × 金花 | 28 | 脱落 × 脱落 | 17.86 | 82.14 |

不同组合的杂种后代中，单株果实均出现萼片脱落与宿存共同存在的现象，田间条

件下部分组合的亲本亦是如此。本试验中判定果实萼片脱落与宿存的标准，以所占比例大者为准。在生产实际中，梨果实萼片的脱落与宿存除了与栽培品种的特性相关外，还受到诸如砧木类型、植物生长调节剂、授粉品种特性、树体营养水平等外部环境因素及栽培技术措施的影响。

（3）梨果实果皮色泽的遗传

果品颜色定性为杂色是指果皮颜色为变色性褐色或者中间色，包括翠冠、玉香等新品种。在 10 个不同组合类型 288 株杂种后代植株中，果皮颜色为绿色的杂种后代比例平均为 45.98%，褐色的比例平均为 41.47%，杂色的比例平均为 12.55%（表 3-7）。金水 1 号 × 无籽梨、金花 × 无籽梨、黄金 × 金花 3 个组合中，亲本果皮颜色均为绿色，杂种后代中都出现了褐色或者杂色的植株，其中褐色所占的比例平均为 18.45%，杂色的比例平均为 12.42%；早酥 × 翠冠、玉香 × 湘南 2 个组合中，都有果皮颜色为杂色的亲本，杂种后代中均出现了果皮为绿色的植株，比例分别为 76.92%、42.86%，同时后代中也出现了果皮颜色为褐色和杂色的植株；亲本果皮颜色为褐色或者杂色的七个参试组合中，杂种后代中均出现了果皮颜色为绿色的植株，比例平均为 36.05%；杂种后代中果皮颜色为褐色或者杂色的比例平均为 63.95%，较所有亲本果皮颜色均为绿色的组合（比例平均为 30.86%）高出 33.09%。

**表 3–7 梨杂种后代果皮色泽的遗传**

| 组合 | 子代株数 / 株 | ♀ × ♂ | 子代果实果皮颜色分布 | | |
|---|---|---|---|---|---|
| | | | 绿色 /% | 褐色 /% | 杂色 /% |
| 金水 1 号 × 无籽梨 | 20 | 绿色 × 绿色 | 75.00 | 25.00 | 0.00 |
| 金花 × 无籽梨 | 29 | 绿色 × 绿色 | 72.41 | 10.34 | 17.25 |
| 湘南 × 金花 | 39 | 褐色 × 绿色 | 30.77 | 53.85 | 15.38 |
| 早酥 × 翠冠 | 13 | 绿色 × 杂色 | 76.92 | 7.69 | 15.39 |
| 华梨 1 号 × 金花 | 28 | 褐色 × 绿色 | 35.71 | 50.00 | 14.29 |
| 黄金 × 金花 | 15 | 绿色 × 绿色 | 60.00 | 20.00 | 20.00 |
| 安农 1 号 × 鄂梨 2 号 | 41 | 褐色 × 绿色 | 48.78 | 41.46 | 9.76 |
| 丰水 × 金花 | 33 | 褐色 × 绿色 | 3.03 | 90.91 | 6.06 |
| 玉香 × 湘南 | 42 | 杂色 × 褐色 | 42.86 | 47.62 | 9.52 |
| 安农 1 号 × 金花 | 28 | 褐色 × 绿色 | 14.29 | 67.86 | 17.85 |

（4）梨杂种后代的童程

梨杂种后代童程指的是杂种实生苗始花点至根颈部之间的枝干长度，也就是实生苗的生长点分生组织，从生长开始起到完成童期阶段发育，达到生理上成熟的成年阶段所需的空间变化历程。梨杂种后代的童程平均高度为 2.01 m，分布范围为 1.68 ～ 2.67 m，不同组合杂种后代童程的总体分布范围为 0.83 ～ 3.80 m，但是，梨实生苗从幼年阶段过渡到成年阶段的转折点发生在树冠上一定的空间高度，成年实生苗在童程范围内仍然保持着童性，童程除与亲本的基因型、生长势等有关外，还与立地条件、树体营养水平和栽培管理技术措施等外部因素有关。

以杂种后代第一次开花时花芽距离地面根颈部的枝干高度作为该单株的童程，调查了 16 个组合 684 株杂种后代的平均童程，即平均始花高度为 2.01 m（表 3-8）。从 16 个组合杂种后代的开花童程分析，其分布范围为 1.68 ～ 2.67 m。其中安农 1 号 × 金花组合后代童程最高，为 2.67 m，湘南 × 金水 1 号、玉香 × 湘南两个组合后代童程最低，为 1.68 m。16 个组合后代的童程中位数平均值为 2.07 m，分布范围为 1.61 ～ 2.62 m，表明梨杂种后代的始花点有一定高度要求，16 个参试组合后代童程的分离极值分布范围广泛，最低平均高度为 1.15 m，最高平均高度为 3.02 m，总体分布范围为 0.83 ～ 4.50 m。

表 3–8　梨杂种后代的童程

| 组合 | 子代株数 / 株 | 平均数 ± 标准差 /m | 中位数平均值 /m | 标准误差 /m | 童程分离极值 | |
|---|---|---|---|---|---|---|
| | | | | | 最低 /m | 最高 /m |
| 安农 1 号 × 鄂梨 2 号 | 112 | 2.14±0.46 | 2.45 | 0.0434 | 1.23 | 3.67 |
| 金水 1 号 × 无籽梨 | 43 | 1.98±0.43 | 1.93 | 0.0661 | 1.27 | 2.82 |
| 安农 1 号 × 金花 | 74 | 2.67±0.65 | 2.62 | 0.0753 | 1.38 | 4.50 |
| 早美酥 × 无籽梨 | 6 | 1.73±0.55 | 2.50 | 0.2253 | 1.11 | 1.73 |
| 丰水 × 金花 | 41 | 2.48±0.46 | 2.47 | 0.0712 | 1.62 | 3.47 |
| 早酥 × 无籽梨 | 10 | 2.32±0.47 | 2.32 | 0.1494 | 1.38 | 3.01 |
| 玉香 × 湘南 | 112 | 1.68±0.49 | 1.62 | 0.046 | 0.83 | 3.20 |
| 玉香 × 无籽梨 | 32 | 2.16±0.47 | 2.18 | 0.0821 | 1.38 | 2.92 |
| 早酥 × 翠冠 | 22 | 2.04±0.54 | 2.06 | 0.1157 | 1.13 | 2.91 |
| 金花 × 无籽梨 | 94 | 2.31±0.49 | 2.26 | 0.0515 | 0.97 | 3.45 |
| 华梨 1 号 × 金水 1 号 | 5 | 1.72±0.25 | 1.70 | 0.1098 | 1.33 | 1.94 |

续表 3–8

| 组合 | 子代株数 / 株 | 平均数 ± 标准差 /m | 中位数平均值 /m | 标准误差 /m | 童程分离极值 | |
|---|---|---|---|---|---|---|
| | | | | | 最低 /m | 最高 /m |
| 湘南 × 金花 | 29 | 1.75±0.33 | 1.72 | 0.0608 | 1.15 | 2.32 |
| 湘南 × 早酥 | 12 | 1.77±0.74 | 1.61 | 0.2136 | 0.86 | 3.80 |
| 华梨 1 号 × 金花 | 39 | 1.79±0.49 | 1.92 | 0.0781 | 0.91 | 3.30 |
| 黄金 × 金花 | 24 | 1.96±0.43 | 1.97 | 0.0872 | 0.99 | 2.75 |
| 湘南 × 金水 1 号 | 29 | 1.68±0.49 | 1.74 | 0.0917 | 0.87 | 2.61 |

不同组合后代单株的始花点（花序）着生的枝条，分枝级次为三次，即在种子萌发形成的植株上，经过三次萌蘖延长生长的枝条上的芽才具有进行花芽分化的生理条件。由上述调查结果分析，在育种实践中通过各种农业技术措施的应用，增加杂种实生苗在垂直空间方向上的生长量，对提早杂种实生苗的开花时期、缩短育种周期具有重要作用。

（5）梨杂种后代的童期

16 个不同亲本类型的杂交组合，共计 2086 株杂种后代的童期，表明不同亲本组合杂种后代的始花年限存在差异（表 3-9）。杂种实生苗移植于选种圃后第三年，16 个杂交组合后代的平均开花株率为 5.34%，所有的组合后代均出现了开花单株，玉香 × 湘南、华梨 1 号 × 金水 1 号、早美酥 × 无籽梨 3 个组合后代的开花株率在 10.00% 以上，其中玉香 × 湘南的开花株率最高，为 15.75%；第四年各组合后代的平均开花株率为 42.97%，湘南 × 金水 1 号、华梨 1 号 × 金水 1 号 2 个组合亲本均为砂梨，杂种后代的开花株率较高，分别为 76.31%、71.42%；湘南 × 金水 1 号、华梨 1 号 × 金水 1 号、华梨 1 号 × 金花、玉香 × 湘南、湘南 × 金花、黄金 × 金花、湘南 × 早酥 7 个组合杂种后代的开花株率在 50.00% 以上；早酥 × 无籽梨杂种后代开花株率最低，仅为 6.28%。

表 3–9　梨杂种后代的童期

| 组合 | 亲本类型 | 总株数 / 株 | 开花株率 /% | | | | |
|---|---|---|---|---|---|---|---|
| | | | 2011 年 | 2012 年 | 2013 年 | 2014 年 | 2015 年 |
| 安农 1 号 × 鄂梨 2 号 | 砂梨 ×（白梨 × 砂梨） | 504 | 1.78 | 22.22 | 48.61 | 78.97 | 80.77 |
| 金水 1 号 × 无籽梨 | 砂梨 × 西洋梨 | 129 | 4.65 | 33.33 | 43.41 | 84.49 | 86.36 |
| 安农 1 号 × 金花 | 砂梨 × 白梨 | 323 | 2.16 | 22.91 | 25.08 | 34.67 | 50.52 |
| 早美酥 × 无籽梨 | （砂梨 × 白梨）× 西洋梨 | 40 | 12.50 | 15.00 | 27.50 | 57.50 | 64.87 |

续表 3-9

| 组合 | 亲本类型 | 总株数/株 | 开花株率/% | | | | |
|---|---|---|---|---|---|---|---|
| | | | 2011 年 | 2012 年 | 2013 年 | 2014 年 | 2015 年 |
| 丰水 × 金花 | 砂梨 × 白梨 | 113 | 2.65 | 36.28 | 61.06 | 89.38 | 93.89 |
| 早酥 × 无籽梨 | （白梨 × 西洋梨）× 西洋梨 | 159 | 3.14 | 6.28 | 13.21 | 27.04 | 44.56 |
| 玉香 × 湘南 | （西洋梨 × 砂梨）× 砂梨 | 165 | 15.75 | 67.87 | 73.33 | 93.33 | 94.58 |
| 玉香 × 无籽梨 | （西洋梨 × 砂梨）× 西洋梨 | 166 | 1.81 | 19.27 | 28.31 | 49.39 | 57.23 |
| 早酥 × 翠冠 | （白梨 × 西洋梨）× 砂梨 | 81 | 6.17 | 27.16 | 50.62 | 79.01 | 86.32 |
| 金花 × 无籽梨 | 白梨 ×（西洋梨 × 砂梨） | 192 | 9.37 | 48.95 | 74.48 | 96.88 | 100.00 |
| 华梨 1 号 × 金水 1 号 | 砂梨 × 砂梨 | 7 | 14.28 | 71.42 | 100.00 | 100.00 | 100.00 |
| 湘南 × 金花 | 砂梨 × 白梨 | 47 | 2.13 | 61.70 | 82.98 | 93.62 | 100.00 |
| 湘南 × 早酥 | 砂梨 ×（白梨 × 西洋梨） | 22 | 0.00 | 54.54 | 72.73 | 95.45 | 100.00 |
| 华梨 1 号 × 金花 | 砂梨 × 白梨 | 57 | 1.75 | 68.42 | 84.21 | 91.23 | 96.34 |
| 黄金 × 金花 | 砂梨 × 白梨 | 43 | 4.65 | 55.81 | 86.05 | 95.35 | 95.35 |
| 湘南 × 金水 1 号 | 砂梨 × 砂梨 | 38 | 2.63 | 76.31 | 94.74 | 97.37 | 100.00 |

杂种实生苗移植于选种圃后第五年，16 个杂交组合后代的平均开花株率为 60.40%，华梨 1 号 × 金水 1 号、湘南 × 金水 1 号、黄金 × 金花、华梨 1 号 × 金花、湘南 × 金花、金花 × 无籽梨、玉香 × 湘南、湘南 × 早酥、丰水 × 金花、早酥 × 翠冠 10 个组合杂种后代的开花株率在 50.00% 以上，占整个杂交组合数的比例为 62.50%，其中华梨 1 号 × 金水 1 号组合后代全部开花；早酥 × 无籽梨组合后代的开花株率最低，为 13.21%；2014 年 16 个组合后代的平均开花株率为 78.98%，13 个组合后代的开花株率超过 50.00%，占整个杂交组合数的比例为 81.25%；早酥 × 无籽梨组合后代的开花株率最低，为 27.04%；2015 年 16 个组合后代的平均开花株率为 84.42%，其中金花 × 无籽梨、华梨 1 号 × 金水 1 号、湘南 × 金花、湘南 × 早酥、湘南 × 金水 1 号 5 个组合的杂种后代全部开花。

（6）果实大小的遗传

12 个组合（表 3-10）共计 299 个单株的果实质量分布柱形图及其累积百分率曲线如图 3-3 所示，通过偏度和峰度检验，所配的曲线偏度为 0.5978，为正偏斜（偏小）；峰度值为 -0.0099，峰度高耸，集中分布于 80 ～ 160 g 范围内，表明梨杂种后代的果实

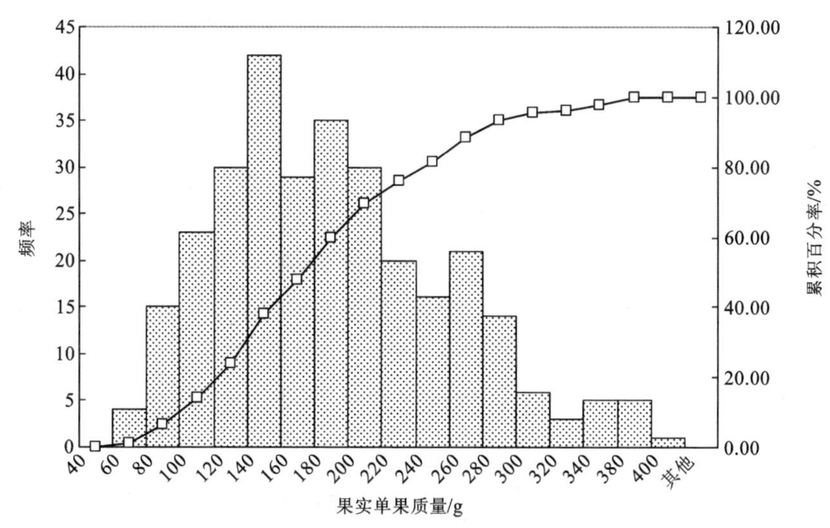


**图 3-3 梨杂种后代果实质量分布柱形图及累积百分率曲线**

质量是广泛的连续性的偏小分布，表现为连续的分离趋势，果实变小较为明显。由此可知，梨的果实大小是由多基因控制的数量遗传，在其遗传值中，非加性效应较大，杂种后代大小表现出较为明显的衰退趋势。

12 个组合的梨果实大小组合传递力分布在 48.84% ～ 112.10% 之间，平均组合传递力为 69.21%（表 3-10），除湘南 × 早酥组合以外，其余 11 个组合杂种后代的平均单果质量都小于亲中值（几何平均值），杂种后代果实普遍变小。组合传递力最低的组合为早酥 × 翠冠，其杂种后代的平均单果重仅为 112.82 g。

梨果实大小性状的非加性效应较大，在有性杂交后代中该性状的非加性效应解体会出现复杂的分离，并向小果形回归。12 个组合的平均变异系数为 33.82%，变异系数最低为 26.87%，最高为 40.15%。从杂种后代果实大小的分离极值看，所有的组合都有远远低于低亲的植株；早酥 × 翠冠、安农 1 号 × 金花、华梨 1 号 × 金水 1 号 3 个中果型与大果型品种杂交组合没有出现超高亲植株，其余 9 个组合均出现超高亲植株，说明梨杂种果实大小一方面由于非加性效应解体而普遍降低，一方面也能在有性组合过程中产生杂种优势，出现果实大小超过高亲的植株。从显性度看，除湘南 × 早酥外，其余各组合后代的果重与亲本相比，衰退趋势明显，各组合显性度均为负值；除湘南 × 早酥外，其余 11 个组合的超高亲值均为负值，且其绝对值平均值为 42.73%，金花 × 无籽梨组合的绝对值高达 59.82%，表明后代果重与高亲值相比衰退严重，杂种后代单果质量变小趋势较为明显；超低亲值只有湘南 × 早酥为负值，其余各组合的超低亲值均为正值。

（7）果肉可溶性固形物含量的遗传

梨杂种后代果肉可溶性固形物含量属于明显的多基因控制的数量性状遗传（表 3-11）。12 个组合的平均变异系数为 11.40%，变异系数最低仅为 7.71%，最高也只有 15.57%。各组合杂种后代可溶性固形物的平均组合传递力为 93.06%，分布区间为 82.80% ～ 110.65%，金水 1 号 × 无籽梨、金花 × 无籽梨 2 个组合的遗传传递力超过 100%，表明可溶性固形物的遗传传递力较强，主要由基因间的加性效应控制，非加性效应控制较弱，具有连续变异的特点，分布广泛，多数表现在亲本类型之间。从杂种后代果肉可溶性固形物含量的分离极值来看，所有组合都出现了超低亲的植株；金水 1 号 × 无籽梨、金花 × 无籽梨、湘南 × 金花、早酥 × 翠冠、华梨 1 号 × 金花、湘南 × 早酥、安农 1 号 × 鄂梨 2 号、玉香 × 湘南 8 个组合均出现超高亲植株。

（8）梨果心大小的遗传

梨果实果心大小关系到梨可食部分的多少，也是消费者注重的商品性状之一。本试验的梨果心大小以果心横径与果实横径之比来表示。结果表明，梨果心大小表现为多基因控制的数量性状，杂种后代的果心大小与亲本果心大小密切相关，变异较大（表 3-12）。12 个组合的果心大小平均组合传递力为 101.65%，分布区间为 85.65% ～ 128.59%，趋于亲中值，总体呈偏大的趋势，表明果心大小的遗传基因间除了加性效应外还可能存在一定的非加性效应，具有连续变异的特点。从杂种后代果心大小的变异系数看，12 个组合的平均变异系数为 15.62%，分布区间为 5.94% ～ 21.36%，变异系数较小，表明亲本的果心大小对杂种后代果心大小的影响较大。从果心大小的分离极值看，所有组合都出现了超高亲的植株以及超低亲的植株，说明杂种后代果心大小为连续性变异，且分布广泛。

梨果实果心大小遗传为多基因控制的数量性状。12 个组合的平均组合传递力为 101.65%，平均变异系数为 15.62%，表明果实果心大小的遗传里非加性效应值占的相对比重很大，群体遗传水平呈退化负向优势，表现出广泛的连续性偏小分布，具有连续变异的特点。 对 12 个组合的亲本以及杂种后代植株的果实果心大小进行了分级统计分析，299 个杂种后代植株中果心小的占 27.42%、果心中的为 69.90%、果心大的为 2.68%，见表 3-13。金花 × 无籽梨组合中，亲本均为小果心，杂种后代中小果心比例

**表 3-10　梨杂种后代果实质量的遗传变异倾向**

| 组合 | 子代株数 / 株 | ♀ × ♂ /g | 亲中值 /g | 果实质量平均值 ± 标准差 /g | 分离极值 /g | 变异系数 /% | 显性度 | 超高亲值 / % | 超低亲值 / % | 组合传递力 / % |
|---|---|---|---|---|---|---|---|---|---|---|
| 金水 1 号 × 无籽梨 | 20 | 294.00×176.00 | 235.00 | 172.76±68.42 | 57.10 ～ 322.10 | 39.60 | −1.05 | −41.24 | 1.84 | 73.51 |
| 金花 × 无籽梨 | 29 | 304.00×176.00 | 240.00 | 122.15±49.04 | 50.60 ～ 242.90 | 40.15 | −1.84 | −59.82 | 30.60 | 50.90 |
| 湘南 × 金花 | 39 | 256.00×304.00 | 280.00 | 236.34±69.80 | 83.10 ～ 391.40 | 29.53 | −1.82 | −22.26 | 7.68 | 84.41 |
| 早酥 × 翠冠 | 13 | 220.00×241.00 | 230.50 | 112.82±32.76 | 46.40 ～ 162.60 | 29.04 | −11.21 | −53.19 | 48.72 | 48.84 |
| 华梨 1 号 × 金花 | 28 | 271.00×304.00 | 287.50 | 168.14±65.66 | 49.40 ～ 299.40 | 39.05 | −7.23 | −44.69 | 37.96 | 58.38 |
| 湘南 × 早酥 | 6 | 256.00×220.00 | 238.00 | 266.80±71.69 | 183.60 ～ 371.30 | 26.87 | 1.60 | 4.22 | -21.27 | 112.10 |
| 黄金 × 金花 | 15 | 216.00×304.00 | 260.00 | 198.17±63.82 | 106.70 ～ 345.30 | 32.20 | −1.41 | −34.81 | 8.25 | 76.22 |
| 安农 1 号 × 鄂梨 2 号 | 41 | 278.00×165.00 | 221.50 | 151.49±58.32 | 66.70 ～ 368.50 | 38.49 | −1.24 | −45.51 | 8.19 | 68.24 |
| 丰水 × 金花 | 33 | 234.00×304.00 | 269.00 | 188.28±56.42 | 86.70 ～ 333.00 | 29.97 | −2.31 | −38.07 | 19.54 | 69.99 |
| 玉香 × 湘南 | 42 | 151.00×256.00 | 203.50 | 136.21±48.89 | 41.40 ～ 265.80 | 35.89 | −1.28 | −46.79 | 9.79 | 66.77 |
| 安农 1 号 × 金花 | 28 | 278.00×304.00 | 291.00 | 150.40±54.27 | 60.90 ～ 258.10 | 36.08 | −10.82 | −50.53 | 45.90 | 51.68 |
| 华梨 1 号 × 金水 1 号 | 5 | 271.00×294.00 | 282.50 | 196.58±57.00 | 117.80 ～ 266.60 | 28.99 | −7.47 | −33.14 | 27.46 | 69.46 |

**表 3-11　梨杂种后代果实果肉可溶性固形物的遗传变异倾向**

| 组合 | 子代株数 / 株 | ♀ × ♂ /% | 亲中值 /% | 可溶性固形物含量平均值 ± 标准差 /% | 分离极值 /% | 变异系数 / % | 显性度 | 超高亲值 / % | 超低亲值 / % | 组合传递力 / % |
|---|---|---|---|---|---|---|---|---|---|---|
| 金水 1 号 × 无籽梨 | 20 | 11.00×11.60 | 11.30 | 11.95±1.19 | 10.00 ～ 14.00 | 9.96 | 2.17 | 3.02 | −8.64 | 110.65 |
| 金花 × 无籽梨 | 29 | 12.40×11.60 | 11.50 | 11.51±1.54 | 8.00 ～ 14.20 | 13.38 | 0.01 | −7.18 | 0.78 | 100.09 |
| 湘南 × 金花 | 39 | 10.80×12.40 | 11.60 | 10.60±1.65 | 7.00 ～ 16.00 | 15.57 | −1.25 | −14.52 | 1.85 | 91.38 |
| 早酥 × 翠冠 | 13 | 10.30×12.80 | 11.60 | 11.25±1.24 | 9.50 ～ 14.00 | 11.02 | −0.29 | −12.11 | −9.22 | 96.98 |
| 华梨 1 号 × 金花 | 28 | 11.20×12.40 | 11.80 | 10.16±1.11 | 8.00 ～ 13.00 | 10.93 | −2.73 | −18.06 | 9.29 | 86.10 |
| 湘南 × 早酥 | 6 | 10.80×10.30 | 10.60 | 10.37±0.80 | 9.00 ～ 11.00 | 7.71 | −1.15 | −3.98 | -0.68 | 97.83 |
| 黄金 × 金花 | 15 | 12.90×12.40 | 12.70 | 10.88±1.08 | 9.00 ～ 12.00 | 9.93 | −9.10 | −15.66 | 12.26 | 85.67 |
| 安农 1 号 × 鄂梨 2 号 | 41 | 11.50×12.70 | 12.10 | 11.33±1.55 | 8.50 ～ 16.00 | 13.68 | −1.28 | −10.79 | 1.48 | 93.64 |
| 丰水 × 金花 | 33 | 12.60×12.40 | 12.50 | 10.35±0.88 | 8.00 ～ 12.00 | 8.50 | −21.50 | −17.86 | 16.53 | 82.80 |
| 玉香 × 湘南 | 42 | 12.90×10.80 | 11.90 | 10.60±1.58 | 7.00 ～ 14.50 | 14.91 | −1.30 | −17.83 | 1.85 | 89.08 |
| 安农 1 号 × 金花 | 28 | 11.50×12.40 | 12.00 | 10.65±1.15 | 7.50 ～ 12.20 | 10.79 | −3.38 | −14.11 | 7.39 | 88.75 |
| 华梨 1 号 × 金水 1 号 | 5 | 11.20×11.00 | 11.10 | 10.40±1.08 | 8.50 ～ 11.00 | 10.38 | −7.00 | −7.14 | 5.45 | 93.69 |

表 3-12　梨杂种后代果实果心大小的遗传变异倾向

| 组合 | 子代株数 / 株 | ♀ × ♂ | 亲中值 | 果心大小平均值 ± 标准差 | 分离极值 | 变异系数 /% | 显性度 | 超高亲值 / % | 超低亲值 / % | 组合传递力 / % |
|---|---|---|---|---|---|---|---|---|---|---|
| 金水 1 号 × 无籽梨 | 20 | 0.39×0.21 | 0.30 | 0.3435±0.0702 | 0.21 ～ 0.50 | 20.44 | 0.48 | -11.92 | -63.57 | 114.50 |
| 金花 × 无籽梨 | 29 | 0.32×0.21 | 0.27 | 0.3472±0.0583 | 0.22 ～ 0.44 | 16.79 | 1.54 | 8.50 | -65.33 | 128.59 |
| 湘南 × 金花 | 39 | 0.41×0.32 | 0.37 | 0.3502±0.0748 | 0.25 ～ 0.63 | 21.36 | -0.49 | -14.59 | -9.44 | 94.64 |
| 早酥 × 翠冠 | 13 | 0.43×0.40 | 0.42 | 0.4020±0.0853 | 0.28 ～ 0.52 | 21.22 | -1.80 | -6.51 | -0.50 | 95.71 |
| 华梨 1 号 × 金花 | 28 | 0.38×0.32 | 0.40 | 0.3426±0.0488 | 0.25 ～ 0.44 | 14.24 | 2.87 | -9.84 | -7.06 | 85.65 |
| 湘南 × 早酥 | 6 | 0.41×0.43 | 0.42 | 0.3638±0.0216 | 0.32 ～ 0.39 | 5.94 | -5.62 | -15.39 | 11.27 | 86.61 |
| 黄金 × 金花 | 15 | 0.39×0.32 | 0.36 | 0.3744±0.0467 | 0.31 ～ 0.45 | 12.47 | 0.48 | -4.00 | -17.00 | 104.00 |
| 安农 1 号 × 鄂梨 2 号 | 41 | 0.34×0.31 | 0.33 | 0.3455±0.0571 | 0.18 ～ 0.45 | 16.53 | 1.55 | 1.62 | -11.45 | 104.69 |
| 丰水 × 金花 | 33 | 0.47×0.32 | 0.40 | 0.3804±0.0543 | 0.27 ～ 0.49 | 14.27 | -0.28 | -19.06 | -18.87 | 95.10 |
| 玉香 × 湘南 | 42 | 0.42×0.41 | 0.42 | 0.4029±0.0651 | 0.20 ～ 0.53 | 16.16 | ∞ | -4.07 | 1.73 | 95.92 |
| 安农 1 号 × 金花 | 28 | 0.34×0.32 | 0.33 | 0.3699±0.0589 | 0.27 ～ 0.52 | 15.92 | 3.99 | 8.79 | -15.59 | 112.09 |
| 华梨 1 号 × 金水 1 号 | 5 | 0.38×0.39 | 0.39 | 0.3989±0.0483 | 0.33 ～ 0.46 | 12.11 | ∞ | 2.28 | -4.97 | 102.28 |

为 37.93%，中果心为 62.07%，没有出现大果心的后代。所有亲本中没有大果心的亲本，杂种后代大果心出现的比例低，表明在育种实践中，如果育种目标为小果心的品种，选择小果心的亲本尤为重要。

**表 3–13 梨果实果心大小的遗传变异倾向**

| 组合 | 子代株数 / 株 | ♀ × ♂ | 子代果实果心大小的分布 | | |
|---|---|---|---|---|---|
| | | | 小 /% | 中 /% | 大 /% |
| 金水 1 号 × 无籽梨 | 20 | 中 × 小 | 35.00 | 60.00 | 5.00 |
| 金花 × 无籽梨 | 29 | 小 × 小 | 37.93 | 62.07 | 0.00 |
| 湘南 × 金花 | 39 | 中 × 小 | 43.59 | 53.85 | 2.56 |
| 早酥 × 翠冠 | 13 | 中 × 中 | 23.08 | 61.54 | 15.38 |
| 华梨 1 号 × 金花 | 28 | 中 × 小 | 35.71 | 64.29 | 0.00 |
| 湘南 × 早酥 | 6 | 中 × 中 | 16.67 | 83.33 | 0.00 |
| 黄金 × 金花 | 15 | 中 × 小 | 20.00 | 80.00 | 0.00 |
| 安农 1 号 × 鄂梨 2 号 | 41 | 中 × 小 | 34.15 | 65.85 | 0.00 |
| 丰水 × 金花 | 33 | 中 × 小 | 18.18 | 78.79 | 3.03 |
| 玉香 × 湘南 | 42 | 中 × 中 | 4.76 | 90.48 | 4.76 |
| 安农 1 号 × 金花 | 28 | 中 × 小 | 28.57 | 67.86 | 3.57 |
| 华梨 1 号 × 金水 1 号 | 5 | 中 × 中 | 0.00 | 100.00 | 0.00 |

（9）杂种后代果实综合品质评价

果实的综合品质是评价新品种优劣的重要指标之一，主要包括肉质松脆度、汁液多少、石细胞含量、风味以及香味等。对 12 个组合共计 299 个杂种后代果实进行了综合评价，其中品质上的为 9.36%，品质中上的为 27.42%，品质中等的为 27.76%，品质中下的为 18.06%，品质下的为 17.39%，表明杂种后代果实综合品质的分离范围广泛，如表 3-14 所示。黄金 × 金花、安农 1 号 × 鄂梨 2 号、丰水 × 金花、安农 1 号 × 金花 4 个组合中，亲本综合品质均为上，杂种后代均出现了综合品质为下的植株；金水 1 号 × 无籽梨和华梨 1 号 × 金水 1 号 2 个组合中，亲本综合品质均为中上，杂种后代中亦出现了综合品质为上的植株，表明梨果实综合品质的遗传具有较高的突变率和多样性，加之其复杂的遗传背景导致后代性状的异常分离。

表 3–14　梨杂种后代果实品质综合评价的遗传倾向

| 组合 | 子代株数 / 株 | ♀ × ♂ | 子代果实品质综合评价分离值 | | | | |
|---|---|---|---|---|---|---|---|
| | | | 上 /% | 中上 /% | 中 /% | 中下 /% | 下 /% |
| 金水 1 号 × 无籽梨 | 20 | 中上 × 中上 | 20.00 | 30.00 | 15.00 | 15.00 | 20.00 |
| 金花 × 无籽梨 | 29 | 上 × 中上 | 0.00 | 17.24 | 44.83 | 17.24 | 20.69 |
| 湘南 × 金花 | 39 | 中上 × 上 | 5.13 | 23.07 | 20.51 | 23.08 | 28.21 |
| 早酥 × 翠冠 | 13 | 中上 × 上 | 15.38 | 38.46 | 46.15 | 0.00 | 0.00 |
| 华梨 1 号 × 金花 | 28 | 中上 × 上 | 0.00 | 21.43 | 39.29 | 21.43 | 17.85 |
| 湘南 × 早酥 | 6 | 中上 × 中上 | 0.00 | 33.33 | 16.67 | 16.67 | 33.33 |
| 黄金 × 金花 | 15 | 上 × 上 | 6.67 | 53.33 | 13.33 | 20.00 | 6.67 |
| 安农 1 号 × 鄂梨 2 号 | 41 | 上 × 上 | 19.51 | 43.90 | 17.07 | 14.63 | 4.89 |
| 丰水 × 金花 | 33 | 上 × 上 | 9.09 | 24.24 | 36.36 | 15.15 | 15.16 |
| 玉香 × 湘南 | 42 | 上 × 中上 | 11.90 | 14.29 | 28.57 | 23.81 | 21.43 |
| 安农 1 号 × 金花 | 28 | 上 × 上 | 7.14 | 25.00 | 28.57 | 14.26 | 25.00 |
| 华梨 1 号 × 金水 1 号 | 5 | 中上 × 中上 | 20.00 | 40.00 | 0.00 | 40.00 | 0.00 |

（10）梨性状遗传对育种实践的指导作用

事实上，梨种间或品种间进行有性杂交时，亲本的非加性效应解体，后代呈现广泛分离，劣变率往往很高，但也会出现超高亲的植株，这点为育种工作者所关注，也为育种过程中选择理想的果形提供了有利条件。在育种实践中，目标品种的果实品质为诸多因素决定，包括果实大小、可溶性固形物含量、肉质、可食部分多少等，各个因素之间又相互作用，使得果实品质经济性状的遗传倾向表现得更加复杂。杂交双亲品质级次越高，其后代综合品质平均级次越高，因此，育种实践中选择综合性状优良的亲本尤为重要。

## 3. 常规杂交育种方法

（1）杂交授粉工具

果树的有性杂交育种是根据品种选育目标选配亲本，通过人工杂交的手段，把分散在不同亲本上的优良性状组合到杂种之中，对其后代进行培育选择、比较鉴定，获得遗传性相对稳定、有栽培和利用价值的定型新品种的一种重要育种途径。在果树杂交育种的过程中，人工授粉及其授粉工具的选择是提高育种效率的重要环节。现有的杂交育种

人工授粉工具多为铅笔头、毛笔等，操作不方便，授粉过程中易造成授粉工具与花粉瓶分离，尤其是在不同亲本杂交授粉时，授粉工具容易混杂，影响杂交效率和进程。

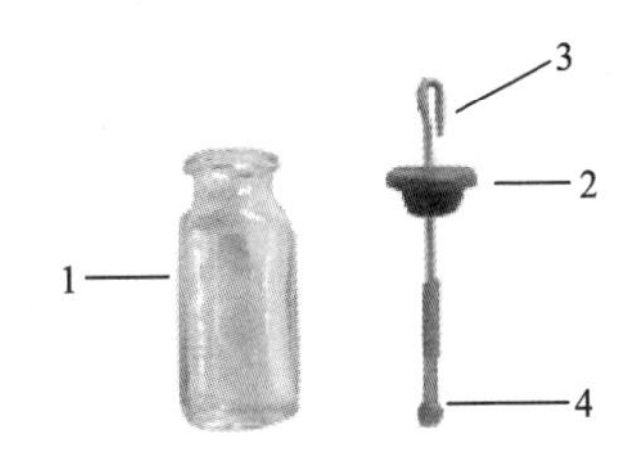

图 3-4 杂交授粉工具

1—药瓶；2—瓶盖；3—铁丝；4—橡胶头

用青霉素瓶制作杂交授粉工具（图 3-4），具有取材容易、成本低廉、便于携带、结构简单、操作方便、不易污染的特点。用青霉素小瓶作为盛药瓶，小瓶的橡皮盖还可以防止花粉长期暴露在湿润的空气中，导致花粉过早萌发，从而降低发芽率。在操作过程中，将制好的花粉盛放在青霉素小瓶中，瓶壁上可用记号笔标记花粉的品种，储藏在干燥器中。使用时打开橡胶瓶盖，用手握住铁丝手柄，轻轻搅动，这样铁丝前面的橡胶头上就蘸满花粉，将橡胶头轻轻蘸下需要授粉的花朵柱头即可。使用完毕后可以随时盖上橡胶盖，并及时置于干燥器中保存，方便轻巧。

（2）操作方法

在梨花蕾期，从品种纯正、生长健壮、开花结实正常的父本植株上采集花蕾，取出花药，摊晾在硫酸纸上，环境温度控制在 22 ～ 25 ℃，经过 24 ～ 36 h 散发出花粉，收集花粉，置于常温、干燥条件下备用。当年使用的花粉可以置于玻璃器皿内，于 2 ～ 4℃的冰箱内冷藏备用，隔年使用的须置于冰箱中冷冻储藏。用授粉器蘸上少许花粉，拨开花瓣在柱头上轻轻涂抹，套上羊皮纸袋或硫酸纸袋隔离，防止自然杂交，挂牌标记。对有自交能力的梨品种，在梨花盛蕾期花药成熟开裂之前，用医用镊子将花冠和雄蕊去除后，进行人工点粉，随即套上羊皮纸袋或硫酸纸袋隔离，防止自然杂交。杂交授粉 15 d 后，去除隔离袋，对杂交果挂牌标记。

将杂交果实采收并洗出种子出苗后，移栽至选种圃。杂种苗结果前进行早期选择，田间枝干粗壮、节间短，叶片大而厚、叶色深，芽大而饱满，均为丰产的表型性状。梨杂交育种的选育周期平均为 22 年，育种周期较长，部分是受童期影响的，梨树童期 3 ～ 8 年不等。为加快育种进程，要重视杂交实生苗的培养，缩短童期，促进梨杂种实生后代提早成花，提早结果和提早评价鉴定。

杂种结果后可直接根据果实的品质、产量、风味等进行鉴评和选择，在杂种开始结果的第 1 年、第 2 年主要进行品质方面的选择。把那些果实大小、形状、色泽、成熟期都不太稳定的次劣个体剔除，而对那些与育种目标差距不是很大的杂种继续观察 1 ～ 2 年。

对杂种结果初果期的产量鉴定要着重分析其产量构成因子，如花芽形成的能力、开花数量、花序着果率、果台连续结果能力等，经过几年的鉴定分析全面地判断出杂种的丰产、稳定性能。

（3）提高杂交种子出苗率的措施

南方地区，特别是长江中下游以南及西南地区，由于杂交果实成熟期早，杂交果实里面的种子尚未完成生理成熟过程，需要后熟才能发芽。传统的做法是将杂交果实采收后，在常温下放置至腐烂，然后洗种，阴干后进行沙藏，至翌年 1 月中旬播种。种子的出苗率不高，一般不到 20%，早熟杂交果实种子的出苗率更低，而且种子出苗后长势弱，经历夏季高温后死亡率较高，最终保存的杂交苗往往不到 10%。因此，为了获得一定的杂交苗群体，往往需要做大量的杂交组合，极大地浪费了人力、物力，且影响了杂交育种进程。需要对杂交果实的采收、储藏、播种及出苗后的管理等方面进行一系列的创新，以提高杂交种子的出苗率。

① 杂交果实采收

杂交果实九成熟时即可采收。此时果实的大小基本成型，果皮颜色开始变黄，褐皮品种的颜色开始变为黄褐色或者红褐色，果实风味变浓，切开果实，里面种子的颜色变为黄褐色或者浅褐色。如果果实留树时间过长，往往由于过熟及轮纹病的危害，造成落果及果实腐烂。

② 果实储藏

采收后的杂交果，应剔除病果、烂果、小果及畸形果，然后用 50% 的多菌灵可湿性粉剂 500 倍液浸泡 2 h，晾干后立即入库进行冷藏。冷藏的条件是温度为 2 ～ 5℃，湿度为 85% ～ 95%，将其置于小型的机械冷库中即可。通过近几年的统计，在一般的小型机械冷库中，杂交果储藏 5 ～ 6 个月后，果实腐烂率不超过 5%。

杂交果出库时间不可太早，最早于 12 月下旬出库，否则果实后熟不充分，影响种子出苗率；出库时间太晚，种子在果实里面萌发，洗种及播种时易造成机械损伤，一般不能晚于翌年 1 月上旬。南方地区，早熟杂交果实一般在 7 月采收，入库储藏至翌年 1 月上旬出库，然后立即洗种。

③ 洗种及播种

果实出库后立即进行洗种，种子在自来水中充分漂洗，洗去表面的杂质和黏液，然后置于筛中，在室温下摊晾 1 ～ 2 d，室内空气湿度过低时，在放置种子的筛口处搭盖一

层湿报纸，摊晾时间不能过长，否则种子易失水干枯。摊晾后的种子不需要通过沙藏，直接播种。由于冷藏的种子在室温下进行沙藏发根很快，播种时易造成机械损伤，从而降低出苗率。

苗床地要求能排能灌，土壤疏松、肥沃。整地时施入的基肥，包括猪粪、鸡粪等有机肥应充分腐熟，以免造成幼苗根部腐烂及蝼蛄等虫害发生。播种前应对苗床土壤进行杀灭处理。用5%辛硫磷颗粒剂拌入20倍的细土，混合均匀，撒于苗床并进行翻耕，或用敌杀死1000倍液进行淋施。这是防治苗床蝼蛄为害杂种幼苗的有效措施，但往往在播种前容易被忽视。

播种时应开深2～3 cm的条沟。种子进行点播，然后用50%多菌灵可湿性粉剂500倍液淋施，一方面防止苗床缺水，另一方面防治苗期病害，如立枯病等危害，最后覆土。切忌先覆土，后淋施浇水，这样容易导致种子裸露。覆土厚度约为0.5 cm，覆土过薄，一些种子带壳出土，即种皮卡在幼苗子叶上，使幼苗不能正常生长；覆土过厚，幼苗出土缓慢，出苗后发黄、苗弱，有时还会造成烂种，导致出苗不齐。

④ 播种后的管理

播种后为了保温，苗床畦垄应盖一层地膜，然后再搭盖一层塑料薄膜小拱棚。一般15 d以后，幼苗开始陆续出土。当气温高于15℃时，为了防止高温灼伤及发生立枯病，应揭除里面的地膜及小拱棚上面的塑料。为了防止晚上的低温冷害，下午5点后应重新盖上小拱棚的塑料薄膜，但不盖里面的地膜。

出苗后，为了防止苗木发生立枯病，苗床土壤要淋施1～2遍50%多菌灵可湿性粉剂500倍液。由于小拱棚内环境潮湿，气温和土温较高，播种前没有进行杀灭处理的苗床，易生蝼蛄。若发现幼苗受害，应立即根施50%辛硫磷乳剂1000倍液、90%敌百虫晶体1000倍液或2.5%敌杀死乳油2000倍液。

苗床还应及时进行除草、松土及施肥。幼苗子叶期不进行施肥，当长出2～3片真叶后，可追施2～3次尿素。南方地区7—8月易发生高温干旱，应注意及时灌水。

此外，为了缩短杂种实生苗的童期，减少移栽对结果的影响，当年播种出土的幼苗应直接移栽至选种圃，提高成活率。在2月下旬至3月上旬，幼苗子叶期或者1～2片真叶期，直接移栽至选种圃。移栽时间不宜过早，如出现倒春寒，则需搭盖塑料拱棚；移栽过晚，幼苗长大，成活率不高。

# 第四节　优　　株（优系）

## 1. 明晶梨

（1）来源

湖北省农业科学院果树茶叶研究所选育而成，原代号 09-2-6，亲本为华梨 2 号 × 桂花梨。

（2）果实经济性状

果实扁圆形，果形指数为 0.92。平均单果质量为 382.9 g，最大果重为 483 g。果形圆整一致，梗洼中深、中广。萼片脱落，萼洼深、广。果柄长 3.02 cm、粗 0.41 cm。果皮极薄，呈黄绿色，果面极平滑光洁，无果锈，有蜡质光泽；果点浅、小而稀，浅棕色，果面外观非常漂亮。果肉洁白，肉质极细嫩松脆，果肉去皮硬度为 5.46 $kg/cm^2$，汁液特多，石细胞非常少，可溶性固形物含量为 11.1%，味酸甜，品质中上至上。果心极小，5 心室，每果平均种子数为 7.5 粒。种子卵圆形，呈黑褐色，长 0.98 cm、宽 0.53 cm。

（3）生物学特性及适应性

武汉地区叶芽萌动期在 3 月上中旬，展叶期为 4 月初，落叶期为 11 月下旬，营养生长期为 200 d。花芽萌动期为 2 月底，盛花期为 3 月下旬，终花期为 4 月初。果实成熟期为 7 月初，特早熟，果实发育期为 90 d。

该品种在武汉地区高抗黑星病，抗黑斑病、轮纹病，主要病虫害是锈病、轮纹病、黑斑病、梨木虱、梨网蝽，没有特殊病虫害发生。极丰产、稳产，少许年份有采前落果，6 月底至 7 月初即可采收上市。

## 2. 明翠梨

（1）来源

湖北省农业科学院果树茶叶研究所选育而成，原代号 09-3-99，亲本为早美酥 × 翠冠。

（2）果实经济性状

果实扁圆形，果形指数为 0.88。平均单果质量为 341.8 g，最大果重为 455 g。果形整齐一致，梗洼中深、中广。萼片脱落，萼洼中深、广。果柄长 4.01 cm、粗 0.34 cm。果皮薄，呈绿色，果面极平滑光洁，无锈斑，蜡质极厚；果点浅棕色，极浅、极小而极少，果面外形非常美观。果肉白，肉质细嫩松脆，果肉去皮硬度为 5.03 kg/cm$^2$，汁液多，石细胞极少，可溶性固形物含量为 12.6%，味浓甜，品质上。果心极小，5 心室，每果平均种子数为 5.2 粒。种子卵圆形，呈黄褐色，少而小，长 0.96 cm、宽 0.55 cm。

（3）生物学特性及适应性

武汉地区叶芽萌动期在 3 月上中旬，展叶期为 4 月初，落叶期为 11 月下旬，营养生长期为 200 d。花芽萌动期为 2 月底，盛花期为 3 月中旬，终花期为 3 月底。果实成熟期为 7 月上旬，早熟，果实发育期为 95 d。

该品种在武汉地区高抗黑星病、中抗黑斑病，没有特殊病虫害发生。早果、丰产，定植后第三年始果。

### 3. 明雪梨

（1）来源

湖北省农业科学院果树茶叶研究所选育而成，原代号 09-24-1，亲本为金水 2 号 × 翠冠。

（2）果实经济性状

果实扁圆形，果形指数为 0.91。平均单果质量为 403.8 g，最大果重为 512 g。果形较整齐，梗洼深、狭。萼片脱落，萼洼深、广。果柄长 5.23 cm、粗 0.32 cm，柔韧。果皮薄，呈绿色，果面平滑洁净，无锈斑，具有蜡质；果点浅灰色，浅、小、中多，外观美。果肉洁白，肉质极细嫩松脆，果肉去皮硬度为 5.03 kg/cm$^2$，汁液多，石细胞极少，可溶性固形物含量为 12.7%，味酸甜适度，品质上。果心小，5 心室，每果平均种子数为 8.7 粒。种子长卵圆形，呈黄褐色，长 1.06 cm、宽 0.57 cm。

（3）生物学特性及适应性

武汉地区叶芽萌动期在 3 月上中旬，展叶期为 4 月初，落叶期为 11 月下旬，营养生长期为 200 d。花芽萌动期为 2 月底，盛花期为 3 月中旬，终花期为 3 月底。果实成熟期为 7 月中下旬，早熟，果实发育期为 105 d。

该品种在武汉地区适应性广，抗性同母本金水 2 号，没有特殊病虫害发生。早果、丰产、稳产，无采前落果。

### 4. 明蜜梨

（1）来源

湖北省农业科学院果树茶叶研究所选育而成，原代号 09-2-15，亲本为安农 1 号 × 翠冠。

（2）果实经济性状

果实近圆形，果形指数为 0.94。平均单果质量为 407.1 g，最大果重为 572 g。果形整齐一致，梗洼中深、中广。萼片脱落，萼洼中深、广平。果柄长 3.45 cm、粗 0.29 cm。果皮薄，呈浅绿褐色，果面较平；果点浅棕色，较浅、中大、中多，果面色泽均匀。果肉洁白，肉质极细嫩松脆，果肉去皮硬度为 5.89 $kg/cm^2$，汁液特多，石细胞极少，可溶性固形物含量为 13.1%，味甜，品质极上。果心较小，5 心室，每果平均种子数为 9.2 粒。种子卵圆形，呈暗褐色，少而小，长 1.11 cm、宽 0.59 cm。

（3）生物学特性及适应性

武汉地区叶芽萌动期在 3 月上中旬，展叶期为 4 月初，落叶期为 11 月下旬，营养生长期为 200 d。花芽萌动期为 2 月底，盛花期为 3 月中旬，终花期为 3 月底。果实成熟期为 8 月上旬，早熟，果实发育期为 120 d。

该品种在武汉地区高抗黑星病，黑斑病和轮纹病的抗性同父本翠冠，没有特殊病虫害发生。丰产、稳产。

### 5. 明酥梨

（1）来源

湖北省农业科学院果树茶叶研究所选育而成，原代号 09-8-24，圆黄实生。

（2）果实经济性状

果实扁圆形，果形指数为 0.85。平均单果质量为 349.8 g，最大果重为 544 g。果形整齐一致，梗洼深、狭。萼片脱落，萼洼中深、广平。果柄长 3.23 cm、粗 0.29 cm。果皮薄，呈绿褐色，果面较平；果点浅棕色，浅、中大、中多，外观较美。果肉洁白，肉质极细嫩松脆，果肉去皮硬度为 6.07 $kg/cm^2$，汁液特多，石细胞极少，可溶性固形物含量为 11.2%，味甜，品质中上至上。果心小，4 心室，每果平均种子数为 5.4 粒。种子卵圆形，呈黄褐色，少而小，长 0.97 cm、宽 0.56 cm。

（3）生物学特性及适应性

武汉地区叶芽萌动期在3月上中旬，展叶期为4月初，落叶期为11月下旬，营养生长期为200 d。花芽萌动期为2月底，盛花期为3月中旬，终花期为3月底。果实成熟期为8月中旬，早熟，果实发育期为130 d。

该品种在武汉地区高抗黑星病、抗黑斑病，其他的病虫害同圆黄，果心不褐变。丰产、稳产。

## 6. 明脆梨

（1）来源

湖北省农业科学院果树茶叶研究所选育而成，原代号07-4-27，亲本为安农1号×鄂梨2号。

（2）果实经济性状

果实扁圆形，果形指数为0.88。平均单果质量为439.5 g，最大果重为544 g。果形整齐一致，梗洼中深、中广。萼片脱落，萼洼深、广。果柄细、较柔韧。果皮薄，呈绿褐色，果面平滑，外观较美；果点浅褐色，浅、中大而少。果肉白，肉质极细嫩松脆，果肉去皮硬度为5.37 $kg/cm^2$，汁液特多，石细胞极少，可溶性固形物含量为12.1%，味甜，品质上。果心小，5心室，每果平均种子数为7.6粒。种子卵圆形，呈黑褐色，少而小，长0.98 cm、宽0.65 cm。

（3）生物学特性及适应性

武汉地区叶芽萌动期在3月上中旬，展叶期为4月初，落叶期为11月下旬，营养生长期为200 d。花芽萌动期为2月底，盛花期为3月中旬，终花期为4月初。果实成熟期为8月下旬，早熟，果实发育期为140 d。

该品种在武汉地区高抗黑星病、中抗黑斑病，没有特殊病虫害发生。丰产、稳产。

## 7. 明香梨

（1）来源

湖北省农业科学院果树茶叶研究所选育而成，原代号09-8-50，圆黄实生。

（2）果实经济性状

果实扁圆形，果形指数为0.92。平均单果质量为357.2 g，最大果重为478 g。果形圆整一致，梗洼中深、中广。萼片脱落，萼洼深、狭。果柄长 4.18 cm、粗 0.28 cm，柔韧。果皮薄，呈淡绿褐色，果面平滑，外观较美；果点浅黄色，浅、小而少。果肉洁白，肉质细嫩松脆，果肉去皮硬度为 6.21 kg/cm$^2$，汁液多，石细胞较少，可溶性固形物含量为 12.4%，味甜，微香，品质上。果心极小，5 心室，每果平均种子数为 7.2 粒。种子阔卵圆形，呈黄褐色，长 0.97 cm、宽 0.71 cm。

（3）生物学特性及适应性

武汉地区叶芽萌动期在 3 月上中旬，展叶期为 4 月初，落叶期为 11 月下旬，营养生长期为 200 d。花芽萌动期为 2 月底，盛花期为 3 月上中旬，终花期为 3 月底。果实成熟期为 8 月上旬，早熟，果实发育期为 120 d。

该品种在武汉地区高抗黑星病、抗黑斑病，轮纹病抗性中等。没有特殊病虫害发生。早果性好，果台连续坐果能力强，丰产。

# 第四章 梨栽培新模式及建园

# 第一节　栽培新模式

## 1. 我国梨栽培制度的演变

长期以来，由于受到社会生产力发展水平的限制以及生产目标的制约，我国梨生产经历了乔砧稀植大冠栽培→乔砧密植矮冠栽培→乔砧密植高冠栽培的演变，这一演变进程大大提高了我国梨产业生产技术水平。

（1）乔砧稀植大冠栽培

20 世纪 80 年代后期以前，随着果树“上山下滩”、果粮间作、以果代粮、木本粮油政策的实施，我国梨产业处于大发展时期，特别是华北地区、黄河流域地区及东北地区的梨生产规模迅猛扩张，华北、东北、西北地区涌现出了一批梨树山、梨树坡、梨树滩，不仅解决了果树与粮棉争地的矛盾，也为梨产业的持续发展开辟了新的途径。这一时期的梨生产模式为乔砧稀植大冠栽培模式，主要技术特点为：①栽植密度低，株行距为（4 ～ 6）m×（5 ～ 8）m，亩植 15 ～ 33 株；②树体高大，冠层高、大、圆，主要树形为疏散分层形、自然半圆形及变则主干形；③栽培管理水平较低，果园土壤管理、花果管理以及病虫害防治处于粗放管理状态；④骨干枝少、层次分明，叶幕层厚度适中、均匀分布，树冠内部光照条件良好，结果体积大；⑤生产目标追求高产量，数量即为效益。

该模式的缺陷是明显的，一是乔砧稀植培养树冠年限长，需要 6 ～ 8 年，树形分枝级次多，整形修剪技术复杂，要求高、周期长；二是开始结果晚，栽后 5 ～ 7 年进入初果期，且早期产量低、增产慢；三是树冠大，树势旺，果园密闭，光照不良，人工投入多，果园打药、采收等日常管理困难；四是树冠叶幕层厚，内膛光照极差，结果多在树冠外围，形成球面结果，单位面积产量不高，不能充分利用土地与空间，果实品质较差。

（2）乔砧密植矮冠栽培

20 世纪 80 年代后期至 21 世纪初，随着我国社会生产力水平的不断提高，以及受到劳动力成本快速增加和果园生产资料上涨等成本因素的制约，集约化梨园逐渐采用乔砧矮、密、早、丰的密植栽培模式，诸如河北的黄冠梨、辽宁的南果梨、江浙的黄花梨和翠冠梨、江西鹰潭和福建西北地区的金水 2 号梨、湖北江汉平原地区的黄花梨及湘南梨均采用该模式。主要技术特点为：①栽植密度高，部分采取计划密植的方式，亩植 67 ～ 110 株，株行距为（2 ～ 3）m×（4 ～ 5）m；②树体较为矮小，冠层矮、小、扁，主要

树形为小冠疏层形、倒伞形、开心形以及“Y”形、“V”形等；③栽培管理水平较高，通过诸如整形修剪、肥水调控等人工矮化技术控制冠高及冠幅，栽后4～5年即可进入初果期，见效快，单位面积产量高；④该模式具有植株矮、分支少、行距宽及株距密的物理性质，树形的骨干枝级次少，修剪量减少，客观上起到替代劳动力投入的作用，便于标准化作业；⑤生产目标追求高产量以及高品质，数量和质量并重。

该模式的缺点也较突出，由于栽植密度大，部分梨园往往出现早期郁闭，不便于田间机械操作，梨园群体结构密挤，风、光通透性差，品质变差；同时，由于缺乏与该模式配套的矮化品种及矮化砧木，梨树生长势强旺，枝量大、控冠困难、用工多。盛果期树亟须进行控冠改形或者间伐，减少单位面积上的梨树枝叶分布，打开行间通道，实际生产中果农往往惜产而不进行间伐。

（3）乔砧密植高冠栽培

现代梨栽培模式的总体原则：树形更加简化、修剪简单、技术简洁、管理方便、果品优质，特别重要的是便于实现果园机械化操作，管控人工劳动力成本，节约生产资料。在现阶段没有解决梨树矮化品种以及矮化砧木的前提下，更多地应用人工控冠技术，辅之以综合配套技术措施，提高生产效率。主要技术特点为：①栽植密度高，亩植83～160株，株行距为（1.2～2）m×（3.5～4）m；②树体较为瘦长、小，冠层高、窄、密，主要树形为细长纺锤形、圆柱形及树篱形；③栽培水平高，通过长轴结果、原位更新及超宽回缩等冠层调控技术控制冠幅，栽后3年即可进入结果期，见效快，单位面积产量高；④该模式可实现果园机械化耕作，通过增加垂直方向而减少水平方向的枝叶分布，留出梨园机械作业道，同时维系较高的田间生物学产量。

该模式也有些缺点，最主要的是整形修剪及树冠调控，灵魂是更新，核心是开角，全株除中心干为永久枝需要长期存在以外，其余所有的枝干均为临时结果枝组，一段时期衰老后再行更新。实际生产过程中果农往往理解为短截和回缩，导致除中心干以外，临时性的长轴结果枝组演变为骨干枝而成为永久枝，使得梨园的群体和个体结构复杂，冠层密挤。

## 2. 适应果园机械操作的栽培新模式

（1）主要特点

自中华人民共和国成立70年以来，我国梨栽培模式由乔砧稀植大冠栽培模式演变为乔砧密植高冠栽培模式，生产目标及管理理念发生了深刻变革。随着栽培模式变革的深入，梨树的冠层形状和整形修剪方式也发生了重大变化，树体结构由多级大骨架转变为少级次小骨架，树形由单一型向复合型转变。与之相配套的是地上管理与地下管理有机结合的措施，具有省土、省肥、省水、省人工、高品质、高产出、早挂果、早收回投资的特点。新模式的总体特征为“宽行窄株、高垄低畦”+“行间生草、行带覆盖”+“群体调节 + 单果管理”+“肥水一体、绿色防控”。

“宽行窄株、高垄低畦”的建园株行距为（1.2 ～ 2）m×（3.5 ～ 4）m，宽行既能保证果园的通风透光，为树体生长结果提供良好的生长环境，又方便田间管理，为田间机械操作提供良好的作业环境（图 4-1）。窄株为长方形定植，一般为南北行向，通过设施辅助栽培，加立杆固定扶干，保证中心干的直立生长。沿梨树行向设置由方形水泥杆和连接丝组成的简易立架，水泥杆规格为 80 mm×100 mm×370 cm，每隔 8 m 设立 1 根，水泥杆地下埋设 50 cm；连接丝为 8 号热镀锌钢丝，距离地面高度为 1.0 m、2.0 m、3.0 m 处分别拉 3 道，将幼苗主干固定在连接丝上，保持主干直立生长。

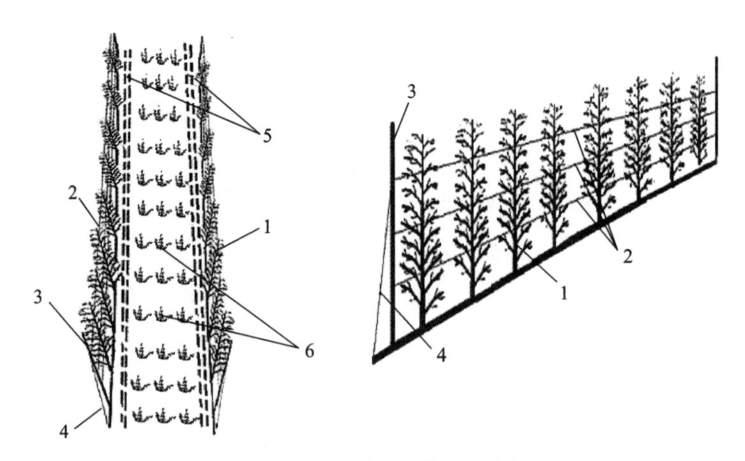


**图 4–1　梨树篱形及栽培新模式**

1—梨树；2—连接线；3—水泥杆；4—拉线；5—机械作业道；6—行带生草或间作

（2）综合调控技术

① 果园机械：“农业的根本出路在于机械化”。乔砧密植高冠栽培模式为劳动力节约型技术，是以专业机械技术的使用来替代传统劳动力投入的一种现代梨栽培技术，果园管理环节中的喷药、施肥、采收、运输等作业过程都需要投入大量劳动要素。在劳动力资源日渐稀缺、要素价格快速上涨、土地非农化趋势加快的工业化背景下，该模式要求具有专业性、适用性、针对性的替代劳动力投入的果园机械与技术装备应用。

② 改进土壤管理制度：不推荐果园土壤管理的清耕制、休闲制，倡导有机物覆盖制和生草制，实行梨园自然生草或人工种草，实现果园自我良性循环，改善梨园生态环境。

③ 施肥技术：推行简易肥水一体化技术，基肥深施有机肥，控制氮肥用量，追肥除树上喷以外，还要实现肥水一体化管理，改善树体营养状况。

④ 水分调控技术：改革大水漫灌和沟灌，在梨园推行滴灌和渗灌，达到科学供水、节省水资源的效果，同时应用诸如覆地布、覆草等行带覆盖技术，保障旱地梨园的正常生长结果。

⑤ 整形修剪技术及合理负载：采用高光效树形和通风透光的修剪技术，瘦身高冠整形，通过诸如提干、开心、疏大枝等控冠改形技术，减少大枝数量，增加小枝数量，保持每亩梨园枝条量为 4 万～ 6 万条，改善群体和个体光照条件；通过花果调节技术，合理负载，使梨园叶果比为（20 ～ 25）∶ 1，果实间距为 20 ～ 25 cm，从而提高品质。

### 3. 棚架式栽培模式

梨树棚架式栽培模式最先广泛应用于日本和韩国。梨树枝条呈水平生长状态下，抑制了枝条顶端优势和新梢旺长，有利于梨树的花芽分化，幼树的早果性和丰产性均获得显著提高，同时由于梨树枝条呈水平分布，枝条内养分分配比较均匀，果形和果重的整齐度得到显著改善。此外，棚架式栽培模式可大大减轻台风的威胁，具有较强的抗风能力。

随着我国工业化水平及水果产业投入能力的提高，在沿海经济发达及农业产业化水平较高的地区，棚架式栽培模式得到较为广泛的应用。如我国经济较为发达的江浙沪地区，棚架式栽培已经成为梨生产上的主要模式，特别是新建果园，平棚架式栽培的比例较高，江、浙、沪等经济发达地区的新建梨园采用架式栽培模式较多。在我国农业产业化水平较高的胶东半岛，如莱阳、莱西、龙口等地，传统的疏散分层形梨园全部被改造为平棚架式栽培，尽管大部分为架下结果，但是果园产量、果品质量及经济效益均较改造前大为提高；在胶东半岛，由于受韩国的影响较大，新建梨园除了平棚架式以外，梨的“Y”形架、“V”形架应用得也比较广泛。此外，在我国内陆一些梨产区，如河北辛集、山东泰安、安徽砀山、重庆永川等地也进行了疏散分层形的架式改造，效果较好。

架式栽培主要有水平棚架、倾斜棚架、漏斗形棚架和“Y”形架、“V”形架式等，与我国传统的立木式梨栽培方式相比，架式栽培由于枝条空间分布有序，树体养分分配较均匀，梨果形的整齐度及单果质量得到显著改善；架式栽培枝条分布架面距离地面高度为 1.70 ～ 1.80 m，这对年轻人日渐稀少，以老人或妇女为主体的梨园管理人员来说，能极大地方便人工授粉、疏花疏果、果实套袋、病虫防治等果园操作管理工作，提高工效。

随着我国农业投入水平的不断提高，加之架式栽培技术研发不断推进，我国梨的架式栽培将呈现出迅猛发展的态势。

### 4. 宜机化梨园的建设及改造

随着工业化、城镇化进程的加快，越来越多的农业劳动力转移到非农业领域就业，农村聘请劳动力变得越来越困难，且成本迅速上涨。据统计，在梨园的生产中，人工成本占到总成本的60%以上，加之梨栽培模式的变革，助推了机械化果园发展。长江流域丘陵山地梨园，特别是老梨园，最大的缺点就是大中型机械不方便进出作业，必须进行宜机化整治，提高果园的机械化应用效率。新建果园必须最大程度地适宜机械化操作。机械化梨园的建设，使农业机械进出自如、方便管护以及土地最大化利用，对于山坡则缓坡化和梯台化，利于土地旱灌涝排，并设计梯台循环式农机作业通道。

对于地块相对集中连片、日照较充足、土层较深厚、坡度为5°～25°的坡地或弃耕地，可采用挖掘机、推土机等工程技术手段因地制宜整治为缓坡或梯台地块，以满足梨园标准化定植要求。其中缓坡化地块按照5 m、8 m、13 m、18 m设置行间与行向，地台台面设置为4.5～5 m；园区内合理布置转运及机耕道路，梨种植区禁止设置便道；排水系统的设置以疏通背沟及边沟为主，种植区内不设置厢沟或主排水沟，根据雨量和排水需要设置管径为250 mm或300 mm的暗沟，以满足大中型机械行进作业。

用挖掘机、推土机、运输机，对建设范围内的小杂树、杂草等进行清理（清表）。杂树、杂草可以就近集堆后挖坑深埋，也可运输后集中统一处理。清理过程中，对挖除树根、石头造成的坑穴应及时回填压实，对于机械不能清理的部位应进行人工清除。以大地块为基准、自然台位为基础，将不规则的小土块归并为大土块，因地就势，小并大、短变长、乱变顺。坡度在6°～10°的作缓坡化整治，坡度大于10°的作梯台式整治。缓坡化整治以垂直于等高线的方向放线，满足未来梨树行间机械化作业要求，行间距为3.5～5.5 m，长度大于100 m，能长则长，尽量延长机械行驶作业线路，减小转弯调头频率，提高机械作业效率。

梯台式整治对于坡度的影响不大，梯台沿等高线分布，选好基线位置，确定放线基点，逐梯进行放线，自上而下围绕山头一层一层地设置，梯台呈环状。遇局部地形复杂处，应根据大弯就势、小弯取直原则，规划建成宽度基本一致的梯台。缓坡或梯台要求修整为一个平整斜面，里高外低，坡度小于6°，每个梯台横向坡度为3°，便于自然沥水。土地整治成形后配套修建转运道路或机耕道路，实现相邻地块之间、地块与外部道路之间

衔接顺畅、互连互通，满足大中型农机转场行进或作业需要。宜机化梨园地块坡度变缓、无作业死角、机械行进路线延长，果园机械化管理从人力管理为主跨越到高效能大中型农机具应用为主，大大减轻劳动强度，综合经济效益可提高数倍以上。

# 第二节 园地的设计和规划

## 1. 梨树对生态条件的要求

（1）光照

梨树的光合作用是联系生长、发育、结果等生理过程的纽带，它是梨树生长发育好坏的决定性因素。梨树 80% 以上的干物质是通过叶片光合作用获得的，光是光合作用的能量来源，是形成叶绿素的必要条件，调节着碳同化过程中酶的活性和叶片气孔开度。

梨是喜光果树，良好的光照对改善梨树体营养、提高果实内在品质和外观品质具有显著的作用。自然散生的梨树树体高大，冠层开张，有利于叶片吸收光能；生产上主要通过高光效树形来提高和改善密植梨园的光照条件，达到通风透光的目的。梨树一个生长季节需要的光照时数为 1600 ～ 1700 h。光照强，叶色浓绿，叶片厚，总叶面积大，光合效率高，光合产物多，果实着色早且艳丽，含糖量高，风味浓。梨树的开花、结果部位主要集中分布于相对光照强度范围为全日照的 30% ～ 70% 的冠层。如果枝叶分布层的相对光照强度低于自然光照的 30%，则花芽分化少且质量差，生理落果重、坐果少，果实品质下降，同时枝条细弱，叶片薄而色淡。

影响梨树光合作用的因素很多，分为内部因素和外部因素。内部因素包括树种、品种、叶龄、叶位、叶质、叶绿素含量、叶片矿质元素含量、库源关系、导水力、渗透调节和果实结果状况等；外部因素包括光、温度、水分、二氧化碳（$CO_2$）等。

①不同类型梨品种光合作用的日变化

a. 环境因子日变化

由图 4-2 分析看出，光量子通量密度（PFD）从上午 7：00 至中午 11：00 迅速增加，至下午 13：00 达到峰值，13：00—15：00 迅速下降。田间大气 $CO_2$ 浓度（Ca）从上午

7：00 至下午 13：00 逐渐下降，13：00 以后则缓慢上升。大气水汽压差（VPD）从上午 7：00 至 11：00 迅速上升，至 11：00 后降低。叶室温度（Ta）从上午 7：00 至 11：00 快速上升，然后维持至 15：00，接着缓慢下降。

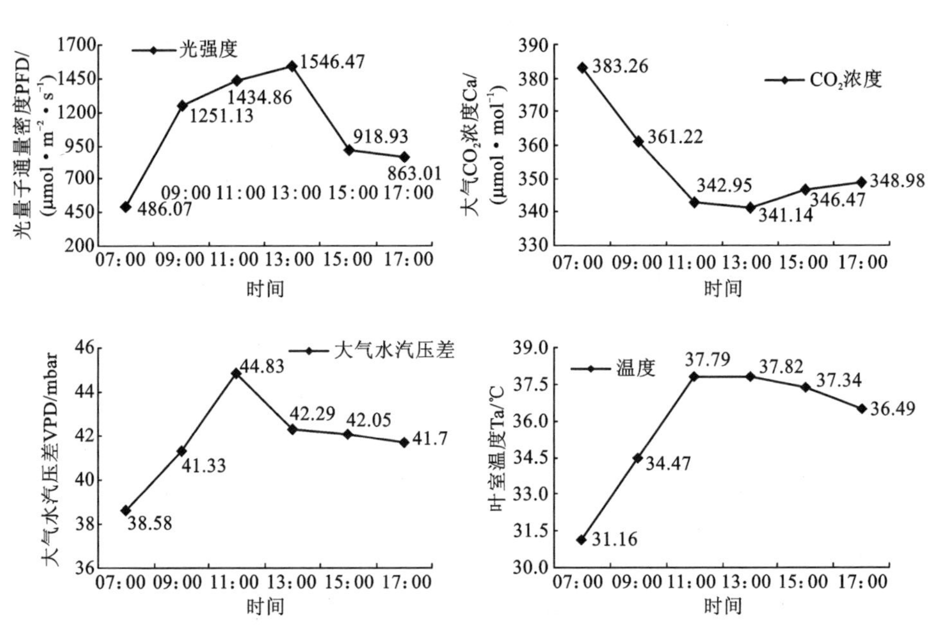


图 4-2　环境因子日变化

b. 叶片净光合速率的日变化

由图 4-3 看出，不同类型梨品种净光合速率（Pn）的日变化主要有单峰型和不对称双峰型。白梨品种莱阳茌梨和西洋梨品种阿巴特为单峰型，莱阳茌梨净光合速率峰值出现在上午 11：00，阿巴特梨峰值出现在上午 11：00。金水 1 号、黄冠及鄂梨 1 号均为不对称的双峰型，第一个峰值出现在上午 11：00，第二个峰值出现在下午 15：00。第一个峰值均大于第二个峰值。不同类型的梨品种蒸腾速率（Tr）的日变化曲线均呈单峰型，上午 7：00 开始蒸腾速率逐渐增加，均至下午 13：00 达到最高值，然后逐渐下降。不同类型梨品种细胞间隙 $CO_2$ 浓度（Ci）的日变化曲线出现单谷型和双谷型两种类型。阿巴特、金水 1 号和莱阳茌梨均为单谷型，从上午 7：00 至 11：00 $CO_2$ 浓度急速下降，至 11：00 达最低，然后缓慢上升。黄冠和鄂梨 1 号的 Ci 曲线呈双谷型，从上午 7：00 至 11：00 $CO_2$ 浓度急速下降，在上午 11：00 达到最低，以后逐渐升高，至 13：00 开始逐渐降低，

至 15 ： 00 达到最低。不同类型梨品种气孔导度（GS）的日变化曲线差异较大，莱阳茌梨为三峰型，阿巴特和黄冠为单峰型，鄂梨 1 号和金水 1 号为双峰型。

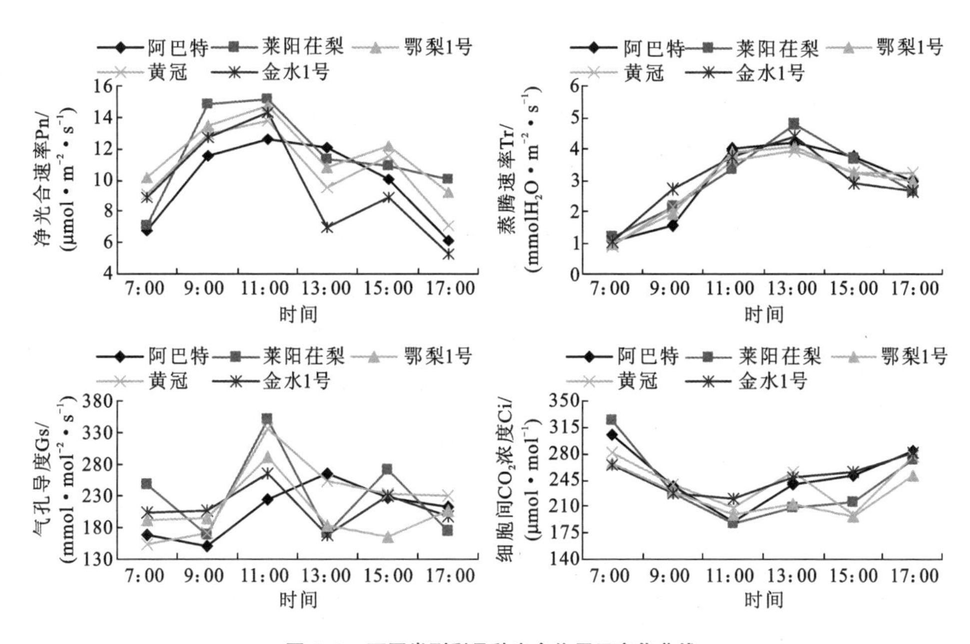


图 4–3 不同类型梨品种光合作用日变化曲线

Pn 日变化曲线为双峰型的品种为金水 1 号、黄冠及鄂梨 1 号，上午梨叶片的 Pn 值上升，而 Ci 值下降，说明此时的光合作用抑制主要是因为气孔性限制。在中午 13：00 出现“午休”，这时气孔导度在较高的水平，细胞间隙 $CO_2$ 浓度（Ci）均出现一个小高峰，说明这些品种“午休”是非气孔所致。Pn 曲线呈单峰型的品种有莱阳茌梨和阿巴特。阿巴特较为典型，上午 Pn 值逐渐上升，但 Ci 值逐渐下降，中午 Pn 值最高，但 Ci 值最低，表现为气孔性限制；下午 Pn 值逐渐下降，但 Ci 值逐渐上升，所以，下午光合作用的下降为非气孔所致。植物“光合午休”是大气水汽压亏缺、叶片和大气间的水汽压差、碳水化合、光合中间产物积累的反馈抑制、长时间的高光强以及光合器官的梭化效率和光合能力下降等原因所致。金水 1 号、黄冠及鄂梨 1 号的“午休”为非气孔所致，这几个品种中午的蒸腾速率（Tr）均较高，“午休”可能与蒸腾引起叶片局部水分亏缺有关。

② 不同类型梨品种光合作用的差异

由表 4-1 分析，各品种的蒸腾速率（Tr）存在显著差异，金水 1 号的 Tr 值最高，与阿巴特梨存在显著差异，莱阳茌梨和黄冠的 Tr 值几乎相同。各品种的气孔导度（Gs）亦存在显著差异，阿巴特 Gs 值最低，与金水 1 号存在显著差异，鄂梨 1 号居中，莱阳茌梨和黄冠的 Gs 值差异不大。不同类型梨品种的细胞间隙 $CO_2$ 浓度（Ci）各不相同，但不存在显著差异，金水 1 号 Ci 值最高，较最低的莱阳茌梨高出 21.24%。各品种之间的水分利用效率（WUE）存在显著差异，阿巴特的水分利用效率最高，和最低的金水 1 号存在显著差异。

**表 4–1　不同类型梨品种的光合作用差异**

| 品种 | 净光合速率 Pn/（$\mu molCO_2 \cdot m^{-2} \cdot s^{-1}$） | 蒸腾速率 Tr/（$mmolH_2O \cdot m^{-2} \cdot s^{-1}$） | 气孔导度 Gs/（$mmol \cdot m^{-2} \cdot s^{-1}$） | 气孔阻止值 SLR | 细胞间隙 $CO_2$ 浓度 Ci /（$\mu mol \cdot mol^{-1}$） | 水分利用效率 WUE |
|---|---|---|---|---|---|---|
| 阿巴特 | 13.19a | 1.84b A | 145.89b A | −0.91 | 191.78a | 7.17a |
| 莱阳茌梨 | 15.20a | 2.14ab A | 167.67ab A | −0.94 | 188.33a | 7.10a |
| 鄂梨 1 号 | 13.50a | 1.95ab A | 195.67a A | −0.79 | 199.00a | 6.92ab |
| 黄冠 | 12.93a | 2.16ab A | 171.67ab A | −0.71 | 209.00a | 5.99ab |
| 金水 1 号 | 12.73a | 2.73a A | 207.00a A | −0.56 | 228.33a | 4.66b |

注：大写字母表示差异性达极显著水平（A = 0.01），小写字母表示差异性达显著水平（a = 0.05）。

不同类型梨品种的净光合速率（Pn）均不相同，白梨品种莱阳茌梨的 Pn 值最高，为 15.20 $\mu mol\ CO_2 \cdot m^{-2} \cdot s^{-1}$，较 Pn 值最低的金水 1 号高出 19.40%，其蒸腾速率亦较高，为 2.14 $mmol\ H_2O \cdot m^{-2} \cdot s^{-1}$，西洋梨和砂梨的杂交品种鄂梨 1 号的 Pn 值亦较高，各品种之间的 Pn 值差异不显著，表明各品种均在长江中游武汉地区具有良好的适应性，亦凸显出武汉地区在果树区划中的地域特性，其位于亚热带常绿果树和温带落叶果树带的交汇地区，各类果树均可种植。

③ 不同类型梨品种的光饱和点和光补偿点

由图 4-4 得出，不同类型梨品种的光饱和点（LSP）和光补偿点（LCP）各不相同。黄冠的光饱和点（LSP）最高，为 1500 $\mu mol \cdot m^{-2} \cdot s^{-1}$，金水 1 号的光饱和点最低（LSP），为 800 $\mu mol \cdot m^{-2} \cdot s^{-1}$。黄冠的光补偿点最低，为 29 $\mu mol \cdot m^{-2} \cdot s^{-1}$，莱阳茌梨的光补偿点最高，为 76 $\mu mol \cdot m^{-2} \cdot s^{-1}$，其他品种之间差异不大。

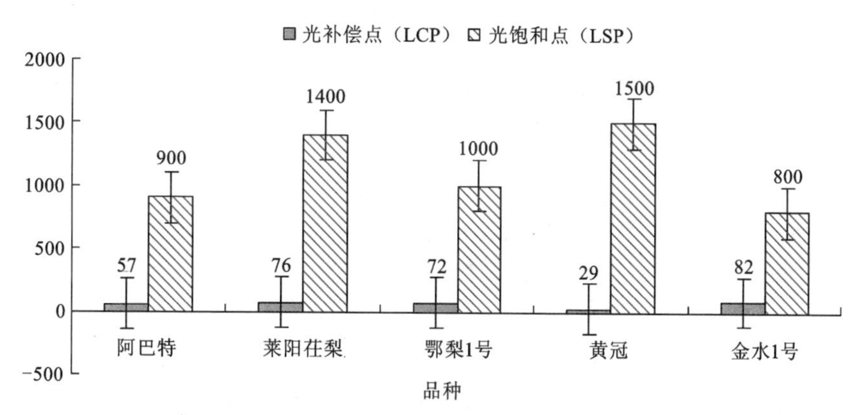


图 4-4　不同类型梨品种光补偿点和光饱和点

④ 不同类型梨品种的 $CO_2$ 饱和点和 $CO_2$ 补偿点

由图 4-5 可见，不同类型梨品种的 $CO_2$ 饱和点（CSP）和补偿点（CCP）各不相同。阿巴特、金水 1 号的 $CO_2$ 饱和点（CSP）最高，均为 1500 μmol·mol$^{-1}$，黄冠的饱和点最低（CSP），为 1000 μmol·mol$^{-1}$。莱阳茌梨的补偿点（CCP）最低，为 73 μmol·mol$^{-1}$，鄂梨 1 号补偿点（CCP）最高，为 92 μmol·mol$^{-1}$，其他品种之间差异不大。

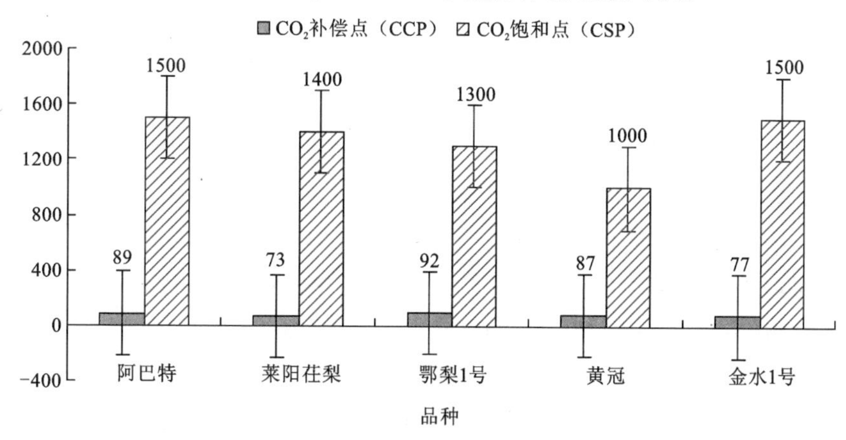


图 4-5　不同类型梨品种 $CO_2$ 补偿点和 $CO_2$ 饱和点

（2）温度

温度是梨树生存的重要条件之一，它直接影响梨树的分布和生长，制约着果实的生长发育过程和进程，梨树的一切生理、生化活动都必须在一定的温度条件下才能进行。梨是喜温树种，生育期需较高温度，休眠期则需一定的低温冷量。

不同栽培种群对温度的要求及适应性不同。秋子梨最耐寒，砂梨及西洋梨耐寒能力差，白梨居中。原产于中国东北部的秋子梨极耐寒，野生种可耐 -52℃的低温，栽培种可耐 -35 ～ -30℃的低温。白梨类可耐 -25 ～ -23℃的低温，砂梨及西洋梨可耐 -20℃的低温。在年生长周期中，梨发芽要求日平均气温在 5 ～ 7℃，梨树开花要求温度在 10℃以上，14℃时开花明显增快。白梨、秋子梨品种开花对温度要求偏低，花期早于砂梨，西洋梨开花最迟。梨树花芽分化与果实发育以 20℃以上时较好，并要求阳光充足，昼夜温差大；果实发育后期需要较大的昼夜温差以提高果实品质。当夏季气温日较差在 10 ～ 13℃之间时，梨果不仅含糖量高，而且果皮光亮，外观和内在品质大大提高。而砂梨则需高温高湿、昼夜温差小的气候条件才能完成花芽分化和果实发育。土壤温度在 0.5℃以上时，梨树根系即开始活动，6 ～ 7℃时生长新根，超过 30℃和低于 0℃时根系活动就受到抑制并逐渐停止生长。杜梨对土壤要求略低，豆梨、砂梨要求略高，长江流域及其以南地区冬季温度较高，根系基本不停止活动。梨品种“北种南移”时，主要考虑需冷量的要求，低温不足，春化阶段完成不好，芽的休眠成熟度不够，造成花芽分化不良，导致不结实或结实少。

长江流域地区，梨树花期易遇到冷害或冻害。0℃的低温时间过长会造成冷害，对砂梨开花坐果造成不良影响。南方地区，0℃以下的低温主要对花器官造成冻害，-2℃以下的低温持续 0.5 h 即可发生。

（3）水分

水是梨树生命物质的重要组成部分，对梨树的营养生长和生殖生长起着决定性的作用。梨树体和果实中水分占 60% ～ 85%，梨树叶片大，蒸腾量大，每平方米叶面积日蒸发水分 40 g。梨树每生产 1 kg 的干物质需要消耗 300 ～ 500 kg 的水分，每亩生产 2000 kg 的果实需要消耗水 240 ～ 400 t，相当于气象学上的 360 ～ 600 mm 的降水量。梨树体内营养物质运输、合成及转化等一系列生理代谢活动都离不开水分，推算梨树全年耗水量相当于 550 ～ 720 mm 的降水量，我国大部分梨产区均能满足梨树对平均年降水量 600 mm 的需求。砂梨需量最大，在年降水 1000 ～ 1800 mm 的地区生长良好，白梨、西洋梨品种对水分要求稍低，主要产在 500 ～ 900 mm 降水量的地区；秋子梨最耐旱，对水分不敏感，大多产区降水量不足 100 mm。

梨树为深根性果树，其根系分布强大而广，根毛长而耐久，吸附力强，故在生产上表现得较为抗旱。当土壤湿度为 16% ～ 40% 时，梨树根系生长，尤以土壤湿度为 24% ～ 30% 时新根发生最多，枝条生长旺盛；土壤含水量低于 16% 时，根系不生长，枝条生长

受到抑制；当叶片蒸腾量大于根系吸收量时，树体内水分平衡被破坏，则枝叶下垂、萎蔫，生长停滞。叶片夺取根部水分时，根系生长和呼吸减慢，树体内水势下降，导致膨压降低，直接影响气孔的开闭和叶片呼吸，部分叶片脱落。

梨树为耐涝树种，在缺氧的死水中可忍受 9 d，在浅流水中 20 d 不凋萎，但是积渍时间过长，会出现新梢停长、叶片枯萎及落果等涝害症状，根系易死亡，在夏季高温期不流动的水中 3 d 就会死亡。另外，雨量过多亦会对梨树生长产生不利影响，果实生长期如遇多雨寡日照天气，则易引起生理落果；成熟期多雨低温，则果实有锈斑，甚至出现果皮开裂，糖度降低，严重影响商品外观和内质。

（4）土壤

土壤是梨树所需矿质营养的主要供给源，保持梨园土壤的营养平衡是梨树正常生长结实的前提。梨树对土壤条件要求不严，沙土、壤土及黏土均可生长，但土层深厚、通气良好的轻黏土、黄壤土或者沙壤土较好，长江流域及以南地区的红壤、黄壤及紫色土均能种植。梨树适宜的土层厚度在 60 cm 以上，地下水位在 1.0 m 以下。土壤黏重，土层浅时梨根系分布浅、抗逆性差，果个变小；土壤疏松、土层厚时，根系分布深，果实品质优。梨树为深根性果树，通常大冠、中冠树体的根系深度为 2 ～ 3 m，其分布广度为冠径的 2 ～ 3 倍，少数可达 4 ～ 5 倍。土层深厚的沙质壤土中，梨树须根集中分布在地表下 0.2 ～ 1.4 m，根深 3.4 m，水平分布达 4.5 m。

梨树对土壤酸碱度的适应范围为 pH 值在 5.4 ～ 8.5 之间，但以 pH 值在 6.0 ～ 7.5 之间最为适宜，砂梨适宜微酸性、酸性土壤，白梨、西洋梨和秋子梨适宜中性或微碱性土壤。土壤容重低，孔隙度大，透气性好，根系生长好。土壤含氧量在 7% 以上时，根系生长良好；含氧量在 5% 以下时，根系受到抑制；含氧量降到 2% 以下时，根系完全停止生长。土壤盐渍化也是限制梨树生长的重要因子，土壤含盐量在 0.3% 以上时，梨树根系受到影响甚至死亡，总盐量控制在 0.14% ～ 0.25% 时，梨树根系和地上部分生长结实正常。

人类活动产生的污染物进入土壤，并积累到一定程度就会引起土壤质地恶化。园土污染主要是农药、化肥、地膜、生活垃圾、动物排泄物以及工业“三废”引起的，根系吸收后在树体器官中富集（含果实），导致果品农残、重金属以及其他有害物质含量超标，从而危害人体健康。

（5）风

风对梨树的生长有良好的作用，可以促进梨园空气流通以及二氧化碳的流动，提高光合效率，增强蒸腾作用，促进根系的吸收和输导。梨果一般果柄有韧性，抗拉力强，

不易落果，故受到的风害较小。和风有利于减轻辐射和霜冻，传播花粉，辅助授粉受精，提高坐果率。但是，强风、暴风及台风多害，结果枝往往折断，同时造成果面的机械损伤。为了提高梨树的抗风能力，建园时要设置防护林，同时根据当地风害情况，建园时选择避风位置，采取棚架等抗风栽培模式。

（6）地形及地势

地形的不同，常常伴随着土壤结构、理化性质及营养水平的差异，也能引起大气环流和微域气候的变化，进而影响梨树的生产性能。梨树不论平地还是坡地均可栽植，以丘陵和 20° 以下缓坡地最为适宜，其地势高而排水良好，空气流通，光照充足，昼夜温差大，病虫害少，果实含糖量高，耐储藏。较陡的坡地（>30°），应选择日照时数较长的南坡、东南坡或者西南坡，其受热量大，果实品质佳良，需注意防止梨园干旱以及果面日灼伤害。

## 2. 梨园规划设计

在梨园规划中，应尽量增加梨园生产面积，压缩非生产面积，对自然条件取利避害，将园、林、路、渠协调配合，使梨树占地面积达 90% 以上，其他设施占地面积 10% 以下，包括林 5%、路 3%、渠道 1%、建筑物 0.5%（图 4-6）。

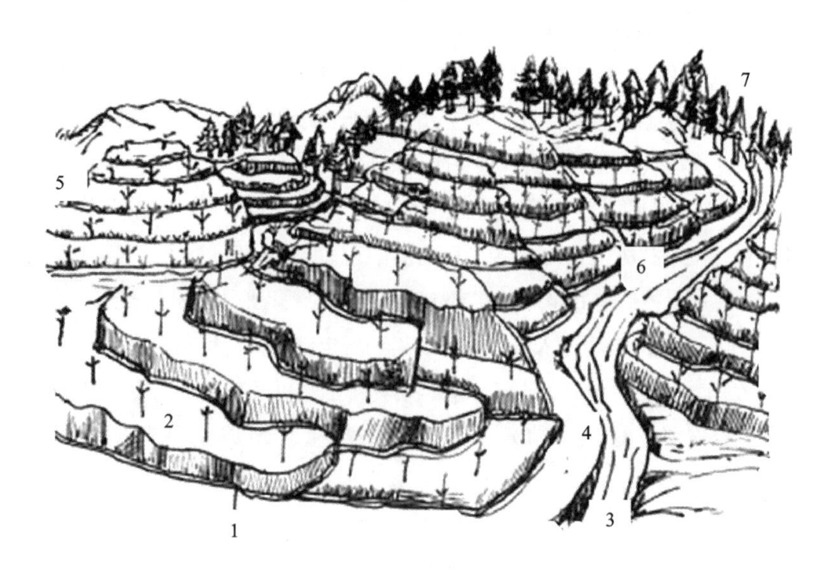


**图 4-6　山地梨园小区的划分及建园布局**

1—排水沟；2—梨定植带；3—排水沟；4—主路；5—作业小区；6—支路；7—防护林

（1）作业区划分

果园面积小，可以不设置作业区。果园面积大时，应根据立地条件、土壤状况及气候特点划分作业区的面积、形状和方位，并与梨园的道路系统、排灌系统以及水土保持工程的规划设计相互配合。小区面积过大，不便于管理；面积过小，不便于机械化作业。

丘陵及低山梨园，依据地形、地势把全园划分成若干小区，小区面积宜为30～50亩，作业区的长边与等高线平行；平原地区梨园，小区面积可以为100～150亩，形状为长方形，其长边与短边的比为（2～5）∶1，便于清耕、除草、打药、运输等机械化作业。

（2）道路与辅助设施

主路：为全园最宽的道路，是全园生产物资及果品运输的主要道路，要求宽6～10 m，可容大型货车通行；山区梨园的主路可以环山而上或者为“之”字形，随弯就势，因形设路，坡度不易过大，应盘旋缓上，不要上下顺坡设路，以便车辆安全通行。路面内斜3°～4°，内侧设排灌渠。

干路：干路与主路及支路相连接，也是作业小区的分界线，路宽3～5 m，可以通行拖拉机、药车及小型汽车。

支路：主要供人作业通过，路宽1～2 m。

辅助设施：主要包括办公室、车辆库、工具室、生产资料仓库、包装场等，现代化的梨园还应配备拖拉机、弥雾机、旋耕机、割草机、开沟机等梨园专用机械的农机具厂房。

（3）防护林的设计与规划

梨园营建保护林可以有效防止风沙侵袭，保持水土，涵养水源，同时改善梨园小气候，调节温度，提高湿度，并减少风害。防护林配置方向应垂直于当地主要风向，乔灌结合。北方乔木树种主要为高大速生的三倍体毛白杨、刺槐、苦楝、臭椿、核桃楸、白桦等，灌木树种主要为紫穗槐、荆条、花椒、酸枣等；南方乔木树种主要为法国梧桐、意杨、水杉、刺槐、冬青等，灌木树种主要为紫穗槐、胡秃子、木槿、油茶、决明子等，避免种植与梨树有相同病虫害和互相寄主的树种。

（4）排灌水系统规划

“水利是农业的命脉”。排灌系统是防止梨园旱涝以及保证梨树生长发育和丰产、稳产的重要工程设施。无论是采用明、暗渠还是采用滴、渗、喷等灌水方式，首先要保证水源，河、湖、井、水库、蓄水池均可；其次输水系统要齐备，干、支、毛渠三者垂直相通，与防护林带和干、支路相结合，尽量缩短渠道的长度，以减少土石方工程量，节约用地。同时，有路必有渠，主路一侧修主渠道，支路修支渠道。山地果园的蓄水池应设在高处，干渠设在果园上方，以便于较大面积的自流灌溉。

山地和丘陵梨园的排水系统为明渠排水，主要包括梯田内侧的竹节沟，作业小区之间的排水沟，以及拦截山洪的环山沟、蓄水池、水塘或水库等。环山截流沟修筑在梯田上方，沿等高线开挖，其截面尺寸根据截面径流量的大小确定，上方设溢洪口，使溢出的洪水流入附近的沟谷中，保证环山沟的安全。

# 第三节　园地准备

## 1. 整地改土

（1）改土施肥起垄

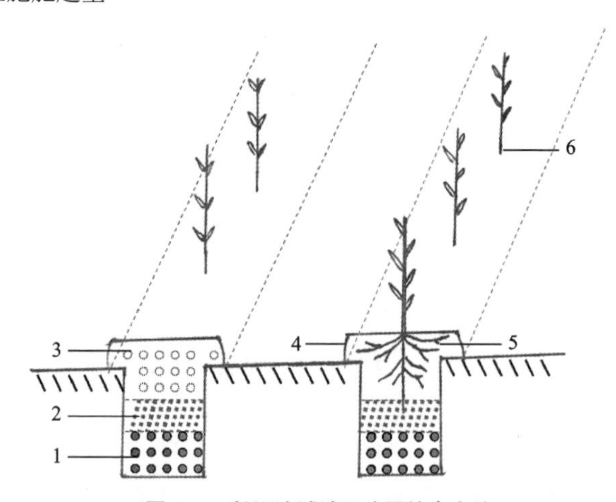


**图 4-7　长江流域地区建园抬高定植**

1—抽槽表土（20 ～ 30 cm）；2—粗有机肥；3—心土（30 ～ 40 cm）；
4—定植垄（宽 1.0 ～ 1.2 m，高出地面 30 cm）；5—幼苗根系抬高；6—梨树行带

近期，国家粮食安全上升为国家战略安全，坚守 18 亿亩耕地红线。新建果园重新“果树上山下滩，不与粮棉油争地”，绝大多数梨园建设在山坡、丘陵、沙荒、河滩上，土质瘠薄、结构不良、肥力低下，土壤有机质含量低或极低，土壤质地过黏或过沙，无结构、土层浅薄、pH 值偏高或偏低，需要对土壤进行施肥改良。

瘦瘠的丘陵岗地以及低山地区，建园时应改土起垄。挖深、宽各 80 ～ 100 cm 的定植槽，

注意抽通槽，即定植槽应与排灌的沟渠连通，以防止槽内发生积渍。取土时将表土和心土分别堆放于定植槽两侧，回填时先将表土填入槽底，然后将心土和有机肥混合填入，每亩施入 4000 ～ 5000 kg 的猪粪、鸡粪等粗有机肥或者 2000 ～ 2500 kg 的饼肥、生物有机肥，缺磷的梨园可以同时混入 500 kg 的过磷酸钙。定植槽填平后，顺着槽向起定植垄，垄宽 120 ～ 150 cm，土壤下沉后，垄面应高于地面 40 ～ 50 cm，见图 4-7。

土层较为肥沃、深厚的平原或者坡度平缓的丘陵无须抽槽，可以通过深耕改良土壤。每亩撒施 4000 ～ 5000 kg 的猪粪、鸡粪等粗有机肥或者 2000 ～ 2500 kg 的饼肥、生物有机肥，使用大型的旋耕机将肥料深耕翻入，翻耕的深度为 40 ～ 50 cm，然后将土壤旋碎，培高定植垄。

（2）山地梨园的建设

坡度为 5° ～ 20° 的中坡地，地形地势较为复杂，土壤保肥保水能力较差，要求“坡改梯”（图 4-8），即沿着坡地的等高线进行，总体要求小弯取直，大弯就势，沿山转。

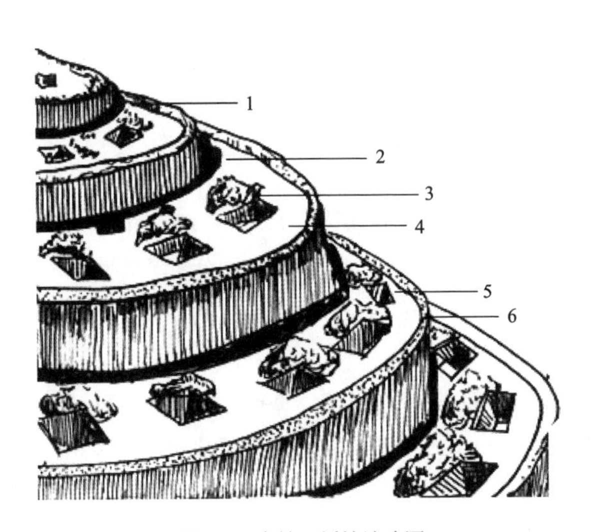


图 4-8 中坡、缓坡地建园

1—排水沟（略低于台面）；2—沉沙坑；3—坑土及有机肥；4—定植台地；5—定植穴；6—拦水埂（南方梨产区可间作黄花、百合等）

等高线水平距离在 4.0 m 以上，垂直高差为 1.5 ～ 2.0 m；梯田外侧筑挡水埂，内侧修排水沟。坡度在 20° 以上的陡坡地，土壤瘠薄，水土流失严重，建园时挖鱼鳞坑，沿着坡地的等高线确定鱼鳞坑的定位点，先挖长 × 宽为 2 m×（1.0 ～ 1.5）m 的长方形定植坑，回填后做成外侧为半圆形的定植盘，外高内低，内侧上方挖长 × 宽 × 深为 1.5 m×0.5 m×0.5 m 的蓄水沟，见图 4-9。

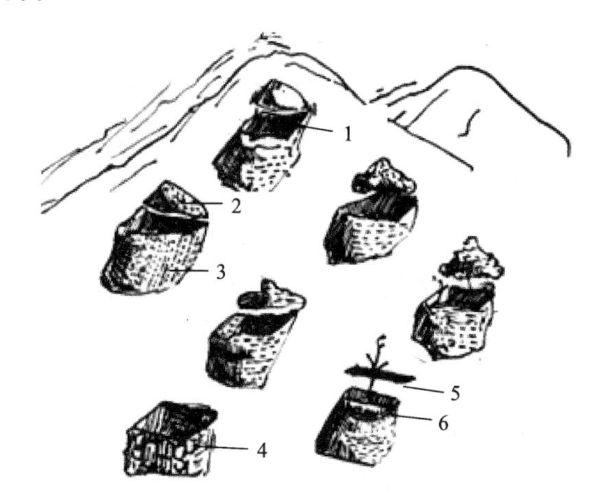


图 4–9 陡坡地鱼鳞坑

1—定植穴；2—穴土表土；3—心土；4—方砌石做埂；5—蓄水坑；6—半方（圆）形平台

## 2. 机械化建园技术

长江流域沙洲及平原地区，土地肥沃、土层深厚，建园时无须抽槽改土，只需起垄定植苗木即可。随着农村地区荒山荒坡的流转，大部分新建梨园集中在山地、丘陵地区，土壤风化度浅，坡面起伏，地形复杂，需进行土壤改良及土地平整。

（1）丘陵山地的地形改造

浅丘地区的顶部与麓部高差一般小于 100 m，深丘为 200 m，土层较厚，坡度大于 15° 时，需要改造成梯田；山地由于不同坡度、坡向和坡形较为复杂，需要变坡地为台地，减少集流面，削弱地表径流的流速和流量，同时便于耕作、施肥、灌溉、修剪、病虫害防治及采收等技术操作。

一般使用履带式推土机进行初步的土方作业，梯田的阶面修建成水平或向内倾斜式，宽度为 2 ～ 4 m，具体根据坡面地形确定，台地走向与等高线平行，并划分作业小区，一般以 60 ～ 90 亩划分为一小区；同时配套完成梨园的道路系统，主干道宽 6 ～ 8 m，确保能通行大型货车，干路为 4 m，能通过小型汽车及机耕农具。梯壁及果园排灌系统的建设使用履带式挖掘机进行，南方地区降水量大，果园排灌系统建议使用明沟排水系统，兼作梨园灌水系统，背沟建在梯田的内沿，比降与梯田一致，为 0.3% ～ 0.5%，行间排

水沟朝向支沟或干沟，直角相交；总排水沟建在集水线上，必须选择丘陵、山地、凹地的侵蚀沟建设总排水沟。梯壁的建设则依据丘陵山顶的地形、地势及等高线进行。

（2）土壤改良

地形改造、道路系统及排灌系统完成后，梨园初具雏形，瘠薄的园地还需进行土壤改良，增加土壤有机质，改善土壤结构，提高土壤持水力。特别是要修整梯田的阶面，土壤的肥力不均匀，削面土壤条件差，垒面土壤条件好，必须在梯田内沿进行土壤改良。

① 抽槽改土

使用小型履带式挖掘机，根据定植时确定的株行距进行抽槽，槽宽和槽深根据梯田的土壤肥力及土层厚度确定，瘠薄的地方及梯田的削面应宽些、深些，一般槽宽为 0.8 ～ 1.0 m，槽深 1.0 m。槽向依照梯田的朝向确定，与梯壁平行。用挖掘机抽槽时务必与梨园的干沟或者支沟相通，以避免内积、内渍。抽槽时表层土壤与心土层土壤分开堆放。回填也可以使用挖掘机进行，先将表层土壤填入槽底，厚度为槽深的 1/2，然后施入粗肥，接着再回填心土，并培植定植带，垄面高出地面 30 ～ 40 cm，垄面宽度为 0.8 ～ 1.0 m。粗肥一般为有机肥，包括猪粪、鸡粪、饼肥、厩肥、作物秸秆及山青等，施用量依据土壤肥力确定，一般每亩施入猪粪 3 ～ 4 t，或者饼肥 1 ～ 1.5 t；同时，混合施入足量的磷肥，每亩施钙镁磷肥 150 ～ 250 kg，与有机肥充分混匀施入。

② 深翻改土

使用中型履带式拖拉机牵引铧式犁进行深耕，深度可达 0.5 ～ 0.6 m，深耕前地表撒施有机肥，包括鸡粪、饼肥等，一般每亩施饼肥 1.0 ～ 1.5 t，或者鸡粪 2 t；同时，混匀钙镁磷肥 150 ～ 250 kg 一起施入，通过深耕将肥料翻入地下，然后依据梯田的等高线培植栽植带，垄面宽 0.8 ～ 1.0 m，垄面高出地面 30 ～ 40 cm。

### 3. 滴管系统建设

小型及中型的山地梨园滴管系统为固定式手动控制滴管系统，主要系统由水源工程、首部控制枢纽、输配水管网、灌水器四部分组成。

（1）水源工程

水质符合滴灌要求的河流、湖泊、水库、塘堰、沟渠、井泉等各种水源均可作为滴灌的水源，需要修建引水、蓄水、提水、沉沙池等设施以及相应的输配电设施。山地梨园蓄水池的有效容量为 1500 $m^3$，选址在果园中心位置，为正方形，以节省铺设材料；蓄水池壁呈斜坡面，坡比为（2 ～ 3）∶1，人工修平；池底夯实后铺设 HDPE 防渗膜，厚度为 1 mm，幅宽 6 m，接茬处高温热合；距池口 1.5 m ，开挖深 × 宽为 50 cm×50 cm 的锚固沟，压实防渗膜，水池周边修建防护栏。

（2）首部控制枢纽

由水泵、动力机、施肥罐、过滤器、控制测量和保护设备等组成，首部枢纽是全系统的控制调度中心，主要作用为抽水、施肥、过滤，以一定的压力将一定数量的水送入水管。潜水泵周边设置长、宽、高各 1 m 的砂石网式组合过滤器，管路上配备压力表、排气阀、止回阀、水表、主控阀等控件；施肥系统采用泵注法，选用柱塞泵和高压水管，配备约 1 $m^3$ 容量的配肥罐；肥料要求质量优、水溶性好、杂质少，如优质复合肥、海藻肥、腐殖酸肥、氨基酸肥、微量元素肥等。

（3）输配水管网

输配水管网包括干管、分干管、支管、毛管，将各级管路连接成为一个整体所需的管件和必要调节设备，如闸阀、减压阀、流量调节器、进排气阀等。干管、分干管选用耐压力为 0.6 MPa 的 U-PVC 管或同压力级别的 PE 管，规格 D160 ，具体要求为 160 mm×4.7 mm/0.6；支管系统选用耐压力为 0.4 MPa 的 PE 管，规格 D63，具体要求为 63 mm×4.7 mm/0.4，沿山地等高线或者梨园干路、支路铺设，采用地埋方式，地埋深度为 0.9 m。毛管根据铺设长短选用 D16 ～ D20 的专用压力补尝式滴灌管，沿梨树行带铺设 1 ～ 2 条。

（4）滴管滴头

使毛管中的压力水流经过细小的流道或孔眼损失能量，减小压力，变成水滴均匀地分配于根区土壤，滴头通常置放于土壤表面。山地梨园滴灌灌水器的流道尺寸为 0.5 ～ 2.0 mm ，流量为 2 L/h 时，滴头间距为 100 cm，依据土壤质地、干旱程度及栽植株距可以适当调整滴头流量及间距。

（5）滴管系统安装及使用注意的问题

① 滴灌系统规划设计：山地果园地形复杂，梁峁相间，应对地形进行实地测量并绘制地形图和等高线图，收集梨园的基础数据、区域内年降水量、平均温度、平均蒸发量等气象参数；系统运行须安全可靠，梨树需水高峰期 6—9 月需要连续稳定运转，切忌选择存在安全隐患的滴灌设备及抗外界干扰能力差的系统布置形式。

② 材料选择及安装：要求各级管道能承受设计工作压力，输配水管网中的管道和连接件具有耐腐蚀能力，管道内壁光滑、平整、清洁，保证过水能力。管道和管连接件的外壁光滑，无凹陷、裂纹和气泡，连接件无飞边和毛刺。试压的水压为管道设计压力的

1.25 倍，稳定保持 10 min，确保管道无破裂，接口无脱落，阀门、排气阀、流量表、压力表等工作正常，发现破裂、漏水处及时修补，试水完毕并检查合格后进行填埋。

### 4. 水利系统及覆盖集雨工程

（1）水利系统

水利系统包括蓄水、排水、灌溉等系统工程，以“干旱有水浇灌，大雨土不出园，中雨水不下山，雨过种植区不积水”为目标。蓄水系统，主要是蓄水池，尽量选在园区最低点或汇水处规划建设，实现与排水沟的互连，避免园区内水流的汇入。在种植区汇水线上设置顺坡的排洪沟或主排水沟，应遵守工程量少、线路较短、位于汇水线或低洼区、便于快速充分排出园区径流、不影响果园机械通行的原则，一般要求深度和宽度均大于 0.8 m，上宽下窄，基础不牢固的区段应采用石块或混凝土预制板三面砌筑。

建设排水系统，先对汇水线上的主排水沟和其他各级排水沟进行测绘放线，开挖排水沟雏形，保证整个排水系统的高程、比降和规格协调合理，能够高效排出果园积水和径流；地面整理后保证地表径流能够全部流向排水系统，再用挖掘机开挖形成各级排水沟，精细修整，必要时砌边砌坎，形成排水系统。

丘陵山地果园大多是利用水库、塘坝拦截地面径流蓄水灌溉，或在有河处截潜流，或利用山地泉水抽水灌溉，或将灌水沟设在梯田埂旁，将排水沟放在梯田内侧。灌溉渠道由干渠、支渠和灌水沟组成。干渠的位置要高，缓坡丘陵山地一般设在分水岭或上坡，平地设在干路的一侧。干渠坡降一般为 1‰，支渠设在支路的一侧，坡降一般不超过 3‰，以使水流速度适宜。灌溉渠道应本着就地取材、节约的原则修筑，并应尽量做到实用、耐久、减少渗漏。应由山上往下逐个梯田面灌溉，从上个梯田面到下一个梯田面之间，要修好跌水口，以免冲刷损坏梯田壁。地下水位高、易积水的平地果园，应重视排水系统的设置，挖排水沟和排水干沟与园外相连，以便及时排涝。排灌系统要与小区的形式、方向以及道路系统相配合，丘陵山地可利用自然切沟设为总排水沟。

（2）覆盖集雨立体入渗技术

果实采收后的秋冬季，在离梨树中心干 80 cm 的树盘处，挖长 × 宽 × 高为 50 cm×50 cm×40 cm 的大穴 3 个；每穴中埋设宽 × 高为 30 cm×30 cm 的有盖入渗桶；入渗桶下部四周打孔，直径为 0.5 cm，孔间距为 5 cm，约 40 个 / 桶，作为集雨微灌设施。树干两侧各延伸 200 cm 和 150 cm，做成外高向内逐渐倾斜的浅盘，利于雨水水流进入渗桶。用宽 120 cm 的黑色地膜全部覆盖树盘，便于降雨集水、保墒以及防止杂草。

# 第四节 定　植

## 1. 苗木

《齐民要术》中《插梨第三十七》记述梨嫁接过程，砧木选择“插者弥疾。插法：用棠、杜。棠，梨大而细理；杜次之；桑梨大恶；枣、石榴上插得者，为上梨，虽治十，收得一二也。杜如臂以上，皆任插。……杜树大者，插五枝；小者，或三或二。”；接穗选择“用根蒂小枝，树形可喜，五年方结子；鸠脚老枝，三年即结子，而树丑”；嫁接时期为“梨叶微动为上时，将欲开莩为下时”，方法是“先作麻纫缠十许匝；以锯截杜，令去地五六寸……斜攕竹为签，刺皮木之际，令深一寸许。折取其美梨枝阳中者，长五六寸，亦斜攕之，令过心，大小长短与签等；以刀微蔚梨枝斜攕之际，剥去黑皮。勿令伤青皮，青皮伤即死。拔去竹签，即插梨，令至微蔚处，木边向木，皮还近皮。插讫，以绵幕杜头，封熟泥于上，以土培覆，令梨枝仅得出头。以土壅四畔。当梨上沃水，水尽以土覆之，勿令坚涸。百不失一”；嫁接后的管理为“梨既生，杜旁有叶出，辄去之”。①

（1）梨砧木

① 杜梨（*Pyrus betulaefolia Bge*）

杜梨又名土梨、灰丁子，广泛分布于我国华北、西北各省，辽宁南部，而湖北、江苏、安徽等地亦有分布，以河南、河北、山东、陕西、山西最为常见。植株根系入土深，富有须根，实生苗生长旺盛，耐旱、耐寒、耐涝能力较强，耐盐碱能力较强，与白梨、砂梨、西洋梨都能嫁接亲和，是我国北方主要的梨砧木。

杜梨是高大乔木，树体枝条开张下垂，有刺。嫩梢密生白色茸毛。叶片长卵圆形，先端渐尖，基部广楔形，长 5 ～ 8 cm、宽 2 ～ 4 cm，边缘有尖锐锯齿。嫩叶表面有白色茸毛，脱落后有光泽；背面茸毛特厚，后期不完全脱落；叶柄长 2 ～ 3 cm，开花晚，花小。果实呈圆球形，直径为 0.5 ～ 1.0 cm，褐色，有淡色斑点，萼片脱落，2 ～ 3 心室。果实可悬于枝上直至翌年春天。

---

① [后魏]贾思勰著 . 缪启愉，缪桂龙撰：《齐民要术》，上海：上海古藉出版社，2006.12，第 282–283 页。

② 豆梨（*Pyrus calleryana Dcne.*）

豆梨又名鹿梨、鼠梨，野生于华东、华南各省，山东、河南、江苏、浙江、安徽、江西、湖南、湖北、福建、广东、广西、贵州等省、自治区均有分布。植株根系入土深，适于生长在温暖潮湿的气候条件，抗寒力较差，与白梨、砂梨、西洋梨嫁接亲和。

豆梨为高大乔木，新梢褐色、无毛。叶片阔卵圆形，先端短，渐尖，基部呈圆形或者阔楔形，长 4 ～ 8 cm、宽 3.5 ～ 5.5 cm。边缘有钝锯齿，叶边弯曲如波。幼叶背面初期具有茸毛，后即脱落。花小，梗细长，花柱有 2 枚。果实球状，呈褐色，直径为 1.0 cm；萼片脱落，2 心室。种子小，有棱角。实生苗初期生长缓慢，枝条细小，分枝少、刺多，叶片 3 ～ 5 裂。

（2）砧木苗繁育

砧木种子层积前先进行消毒，用 0.1% 高锰酸钾溶液浸泡 10 min 或用 0.3% 硫酸铜溶液浸泡 20 min，然后将种子和干净的湿河沙分层堆积，置放于干燥通风处。河沙的含水量不易过高，以手握成团、松开即散为度。层积期间要经常检查，防止河沙干燥以及种子霉变和鼠害，当 3% ～ 5% 的种子萌动或者裂嘴露白时即可播种。

整地前每亩圃地施腐熟的猪粪 4000 kg，或者等量腐熟的羊粪、鸡粪等，或者商品有机肥 1000 kg，然后进行翻耕，深度约为 40 cm，充分耙碎后作宽 1.0 m、高出地面约 15 cm 的畦，畦与畦之间宽 30 cm。种子采用条播，在畦面开 4 条深约 3 cm 的浅沟作为播种行，行与行之间的间距为 20 ～ 25 cm，方便嫁接；种子撒下后覆盖一层厚约 0.5 cm 的细土，以不露种子为限，然后立即覆盖地膜，以增温保墒。杜梨或豆梨每亩用种量为 1.0 ～ 2.5 kg，保障每亩生产优质成苗 8000 ～ 12000 株。种子破土出芽后出现 2 ～ 3 片真叶时，将地膜顺行割破，让幼苗露出地膜，并按株距约 10 cm 进行间苗或补苗，间苗时去除过密的劣质苗，留下端正、粗壮、叶色浓绿的正常苗；补苗后立即灌水，使苗根与土壤结合。

砧木苗期易遭炭疽病危害，幼苗出土后立即叶喷 50% 多菌灵可湿性粉剂 800 倍 1 ～ 2 次，每次间隔约 10 d。当幼苗高约 8 cm 时，结合中耕松土进行追肥，每亩追施尿素或复合肥 15 kg，连施 2 ～ 3 次，每次间隔 20 ～ 30 d。

（3）嫁接

① 嵌芽接

长江流域秋季嫁接多用此法。削取接芽时，先在芽上方 0.8 ～ 1.0 cm 处向下斜削一刀，长约 1.5 cm，然后在芽下方 0.5 ～ 0.8 cm 处以 30° 的倾斜角斜切到第一刀底部，取下芽片。

砧木的切口比芽片稍长，插入芽片后对准一边的形成层，应注意芽片上端必须露出一线砧木皮层，最后用塑料条绑缚严实（图 4-10）。

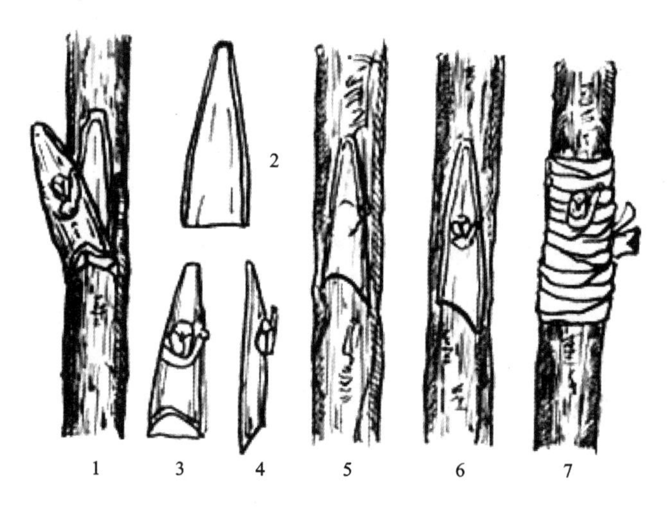


**图 4-10　嵌芽接**

1—接穗取芽；2—芽片正面；3—切芽背面；4—切芽侧面；5—砧木切口；6—贴上芽片；7—绑缚

② 改良枝接

此法主要于春季嫁接使用。砧木在距离地面 10 ～ 15 cm 处用枝剪截断，削平截口，选择光滑平直的一侧，在距离截口约 1.0 cm 处以 45° 的倾斜角斜切一刀，深达砧木的木质部 1/4 ～ 1/3；在断面边沿以 30° 的倾斜角斜切一刀，然后用刀在砧木截口的 1/4 ～ 1/3 处向下纵切约 1.0 cm，与横切的刀口相接，去掉切除的砧木，形成 1 个 45° 的“楔口”。接穗留单芽，在芽的侧面与接芽的叶痕平齐的一侧，削成长约 1.0 cm 的长削面，稍带木质部；在接芽叶痕下部 1.2 cm 处，与长削面相对，以 45° 的倾斜角斜切截断芽体下部接穗，然后在接芽正上方 0.5 cm 处以 45° 的倾斜角斜切截断接芽上部接穗，截面下部和芽体下部平齐。将接芽的长削面紧贴砧木的纵切面，向下插入砧木的“楔口”，对其一侧的形成层，接穗长削面上部和斜断面上部均露出少许皮层，做到里紧贴、侧对齐、外露皮，然后快速用塑料薄膜绑缚严实。选用 0.01 mm 厚的聚乙烯薄膜，剪成宽 1.5 cm、长 30 ～ 40 cm 的带条，以单层膜平展地自下而上将切口及露白处绑严，绑缚时注意封严砧木断面以及接芽顶端的断面，避免造成砧木和接芽失水干枯死亡，同时露出接芽，见图 4-11。

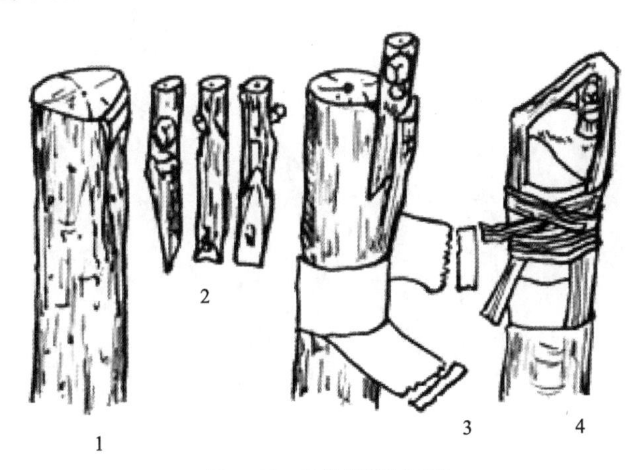


**图 4–11　单枝单芽切腹接**

1—剪砧及切削；2—单芽接穗的削取；3—插入接芽；4—绑缚

枝接的接穗应采集芽体饱满、健壮、无病虫危害的当年生新梢，可以结合冬季修剪进行接穗采集并储藏。接穗储藏前应在 30 $mg·kg^{-1}$ 的NAA溶液快速浇蘸，以延长储藏时间。接穗以 60° 的倾斜角埋入湿润的河沙中，上半部露出沙外，然后填入一层厚 10 ～ 15 cm 的河沙，如此一排接穗一层河沙依次进行。每隔 10 ～ 15 d 检查一次河沙的湿度，河沙的含水量以手握成团、松手即散为度。

③ 劈接

此法秋季和春季嫁接时均可使用。将砧木在光滑部位剪断，在断面直径 1/3 或 1/4 处纵劈一刀，使劈口深 2 ～ 3 cm。于接穗的接芽下方约 2.5 cm 处剪断，用嫁接刀在接芽的背面从芽基处向下削一斜切面直达底端，深达 1/2 木质部，削成 2.5～3.0 cm 长的斜削面，下端渐尖，再在接芽的正面下方 0.5 ～ 1.0 cm 处削成 2.0 ～ 2.5 cm 长的与背斜面相对的削面，深达 1/3 木质部，与第一刀交会，形成一个背面削面大、正面削面小的“楔形”，最后用剪枝剪在接芽上端约 1 cm 处剪下接芽。嫁接时用劈接刀楔部把劈口撬开，将接穗轻轻地插入砧木，注意使砧木与接穗的形成层对准，不要把削面全部插入，在长削面外露出 0.5 cm，然后用塑料条扎紧包严，伤口不能露在外面，接穗上部的伤口也应包裹，以防水分蒸发（图 4-12）。

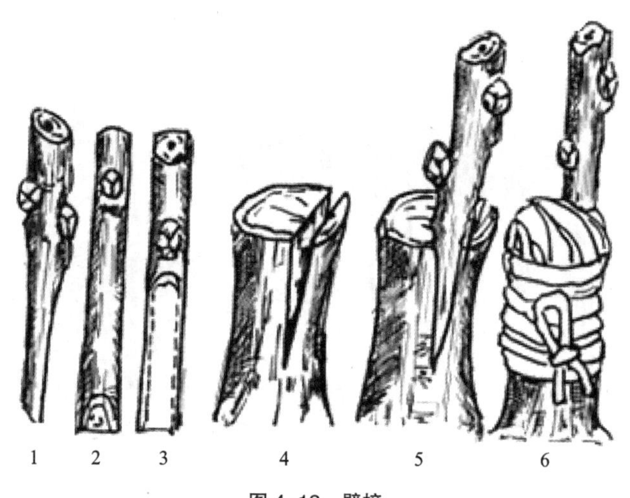


图 4–12　劈接

1—接穗侧面；2—接穗背面；3—接穗正面；4—砧木的切削；5—插入接穗；6—绑缚

（4）嫁接苗的管理

接穗萌发后生长旺盛，为避免掐脖而形成“蜂腰”，应适时去除绑缚的塑料条。新梢生长期易遭受刺蛾、毛虫、金龟子等食叶害虫的危害，应随时检查防治，若 5% 的叶片出现受害时，应及时选用 20% 甲氰菊酯乳油 2000 倍液或者 50% 辛硫磷乳油 1500 倍液，对全株叶片喷雾 1 ～ 2 次。对嫁接口附近及下部砧木的萌蘖芽枝，应及时抹除，每隔 10 ～ 15 d 抹除一次。

施肥时注意少量多次，每亩追施尿素或复合肥 15 kg，连施 2 ～ 3 次，每次间隔 20 ～ 30 d，同时叶面喷施 0.3% 尿素 1 ～ 2 次。苗圃缺水时，应及时灌水。

（5）长江流域地区的“三当育苗”

南方梨产区可以进行“三当育苗”，即当年播种、当年嫁接、当年出圃。苗圃地于头一年 11—12 月进行翻耕，层积的种子于当年立春前播种，在畦面加盖厚 5 ～ 10 cm 的稻草或者覆盖地膜，然后搭建塑料薄膜小拱棚增温。砧木种子出土后应加强肥水管理，每亩追施尿素或复合肥 15 kg，连施 2 ～ 3 次，叶面喷施 0.3% 尿素 1 ～ 2 次。嫁接时间为 6 月中旬，方法为嵌芽接；嫁接部位为砧木苗距地面高 10 ～ 15 cm 处，嫁接口下砧木保留 3 ～ 4 片叶。6 月底进行第一次剪砧，保留接口上部 2 ～ 3 片叶；20 d 后进行第二次完全剪砧并剪除嫁接薄膜，仅保留接芽。第二次剪砧后，抹除接芽附近及下部叶腋间

的砧木萌蘖，接芽生长期应及时抹芽。当年冬季苗木即可出圃。

（6）苗木标准

梨生产过程中，培育适合当地自然条件、品种优良纯正、无检疫对象的健壮果苗，是新建梨园实现优质、丰产、高效目标的前提。梨园建园的苗木使用杜梨或豆梨砧木嫁接苗，梨苗木标准详见表 4-2。

**表 4-2 梨苗木标准**

| 级别 | 标 准 |
|---|---|
| 一级苗 | ①苗高 120 cm 以上，嫁接口以上 10 cm 处直径在 1.2 cm 以上<br>②垂直主根长 20 cm 以上，具 5 条以上长 15 cm、直径 0.3 cm 以上的侧根<br>③直立，无皱皮，芽体饱满（8 个以上），无病虫害，根部无大的伤口<br>④嫁接口平滑光洁，无粗大开裂及瘤状物，砧桩剪除 |
| 二级苗 | ①苗高 100 ～ 120 cm，嫁接口以上 10 cm 处直径在 1.0 cm 以上<br>②垂直主根长 20 cm 以上，具 3 条以上长 15 cm、直径 0.3 cm 以上的侧根<br>③直立，无皱皮，芽体饱满（6 个以上），无病虫害，根部无大的伤口<br>④嫁接口平滑光洁，无粗大开裂及瘤状物，砧桩剪除 |
| 三级苗 | ①苗高 80 ～ 100 cm，嫁接口以上 10 cm 处直径在 0.8 cm 以上<br>②垂直主根长 20 cm 以上，具 1 条以上长 15 cm、直径 0.3 cm 以上的侧根<br>③直立，无皱皮，芽体饱满（6 个以上），无病虫害，根部无大的伤口<br>④嫁接口平滑光洁，无粗大开裂及瘤状物，砧桩剪除 |

## 2. 栽植

（1）栽植时期及方法

① 栽植时期：南方梨区以秋栽为最佳，秋冬气温较高，根系活动早，秋栽比早春栽生长旺、成活率高、缓苗期短，“秋栽先长根，春栽先发芽”。北方梨区以春栽最为适宜，冬季温度低，幼苗易冻死或抽干，多在早春栽植。

② 定植密度：梨树栽植密度主要依据品种特性、立地条件、作业方式以及生产力水平等因素决定。合理密植可以提高梨园的覆盖率及叶面积指数，提高单位土地面积的生物学产量和经济产量，可显著提高梨园早期的经济产量。集约化生产的梨园亩植 67 ～ 110 株，株行距为（2 ～ 3）m×（4 ～ 5）m，生产中后期主要通过整形修剪进行调节，控制梨园个体冠幅，保障群体风光通透，维持梨果品质。

③ 栽植方式：栽植方式主要有长方形栽植、正方形栽植、三角形栽植、等高栽植、带状栽植等，主要是为了适应不同土地条件和管理水平。生产上最广泛采用的方式为长

方形栽植，即宽行密株，便于操作管理及梨园机械进入。平地梨园的栽植行向为南北行，光能利用率高，产量较东西行可提高 10% ～ 20%。山地梨园按等高线安排行向，上行高、下行低，光照条件较好。

④ 栽植方法：栽植前在定植垄上用石灰打点，确定栽植点，以保证横竖成行。梨树的根细胞渗透压低，易失水，且伤根后营养损失大，苗木栽植前务必修根，剪平因起苗造成的旧伤面，剪除机械伤根、断根等，用生根粉或萘乙酸浸蘸根系并蘸稀泥浆，有利于伤口尽快愈合，尽快发根；放置时间较长的苗木，栽植前应将根部浸泡 12 h，吸足水分，并去除嫁接薄膜。栽植时以定植点为中心挖宽和深各 30 ～ 40 cm 的定植穴，苗木置于定植穴中央并培入碎土，覆土填平定植穴后，将苗轻轻往上提一提，再培土踩实，确保根系舒展；梨苗应浅栽，埋土深度要与嫁接口相平或者略低，以防埋干，发生焖根。覆土完成后，应及时浇足定根水，一棵树一桶水，确保根、土、水密切结合，水渗透干燥后在树盘上覆一层碎土，防止土壤板结，增湿保墒，提高成活率。

（2）授粉树配置

要确定主栽品种和授粉品种，主要考虑生态适宜性，综合光、温、水、地形、土壤和植被等各个主要生态因子对其作用的关系、程度和可调控性，原则上为良种优势区域化、综合性状优、市场竞争力强以及不同熟期和不同用途的品种搭配。各种因素对梨的影响，不是单一的，而是综合的、相互关联制约的，在一定地区或地块，某个因素起主导作用，就要抓住主要矛盾和矛盾的主要方面，其他因素处次要地位；反之亦然。

大型梨园可以确定 2 ～ 3 个品种为主栽品种，小型梨园可以确定 1 ～ 2 个主栽品种，便于形成品牌和特色。授粉品种应选择花粉量大、与主栽品种亲和力好、花期相遇或者略提前 1 ～ 2 d。授粉品种综合性状优良且熟期一致，本身经济价值较高，丰产，适应当地生态条件。此外，还需要考虑花粉直感，因为它会影响果实的外观，诸如果实形状、锈斑、果皮光洁度以及是否脱萼等。另外，主栽品种也必须花粉量大、花粉发芽力高、亲和力好，能互相授粉。如果主栽品种花粉少或者无花粉（如黄金梨），则需要选配 2 个以上的授粉品种（1∶4∶1）。

授粉品种配置方式有不等行配置、等行配置以及中心式配置（图 4-13），数量不宜过多，一般 3 ～ 4 行主栽品种配 1 行授粉品种。如两个品种都品质优良、商品价值高且可以相互授粉，则没有主栽品种和授粉品种之分，应进行等行配置。山地梨园面积小、

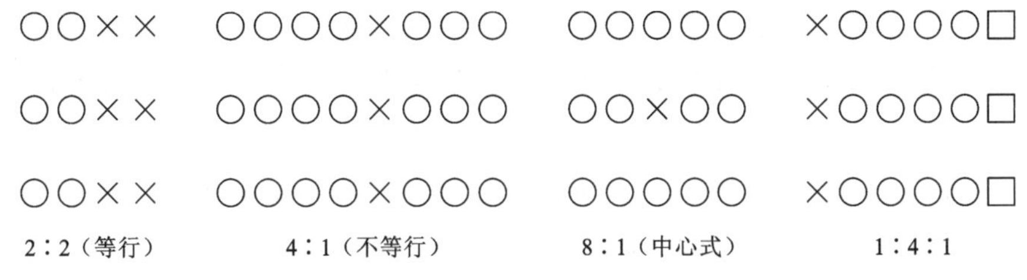


**图 4–13 梨树授粉品种配置方式**

（注：□和 × 表示授粉品种；○表示主栽品种）

地块不规则，可以采用中心式配置，如同棋盘。

（3）提高苗木栽植成活率的措施

提高苗木栽植成活率的总体原则是“选壮苗，填肥土，灌透水，根土密结”。

选壮苗：选根系发达、芽子饱满、高度在 120 cm 以上的健壮苗木，栽前修根，剪去因起苗造成的旧伤面和机械伤根等，用生根粉或萘乙酸浸蘸根系效果更好，有利于伤口尽快愈合，发根快。苗木定植前浸泡一天，以吸足水分。

填肥土：挖大穴栽植，定植坑深、宽均为 35 ～ 40 cm，回填表土在下层，底土在上层，回填坑时一定要用表层肥土与苗木根系直接接触。苗木一定要浅栽，埋土深度要与嫁接口相平，或高出地面的范围在 0.5 ～ 1.0 cm 之间，切忌深栽，因为深栽长不旺且根茎部分易患病害。

灌透水（定根水）：定植时，苗木根部务必蘸稀泥浆，并浇足定根水，以提高成活率；定植回填后即浇透定根水，一棵树一桶水，虚土沉实后再在结壳的湿土上覆盖一层干碎土。

根土密结：栽种时根系要舒展，覆土后，将苗轻轻往上提一提，再踩实，确保根系舒展。

（4）栽后管理

“三分种，七分管”。在幼苗定植后的当年进行精细的梨园管理，是提高成活率以及早扩冠、早成形、早投产的关键。梨苗栽植后立即定干，高度为 60 ～ 80 cm，采用开心形树形的，定干宜低些；梨园里立地条件差、土壤瘠薄、坡度大以及阴坡、风大的地方，定干也应低些。计划密植园中的永久行、永久株，需要按照要求定干；临时行、临时株可不定干，成活后 6 月份拉弯主干并采取刻芽等措施，尽早扩冠成形，以提早结果。

“活不活在于水”。栽后 10 ～ 15 d，如干旱缺水，依土壤墒情复水 2 ～ 3 次。春季萌芽前后，及时补水。芽萌动前后随时检查成活率，失水干枯可剪干平茬，促发新枝。“长不长在于肥”。若幼叶颜色过浅且薄，可叶喷0.2%～0.4%尿素水1～2次，同时结合浇水，于浅土施5.0%～10.0%的人粪尿或1.0%的尿素水。追肥应掌握勤施、薄施、浅施的原则，切忌肥料与根系直接接触，以免烧根死苗。

采用细长纺锤形、圆柱形以及平棚架栽培模式的梨园，如果苗木发芽后生长势弱，当年冬季幼苗距地面10 cm处直径小于1.5 cm、高度低于1.5 m，则幼苗应进行平茬复壮，以便翌年细长纺锤形、圆柱形栽培模式的梨园形成健壮饱满的叶芽，刻伤后萌发强健的长轴结果枝组；平棚架栽培模式梨园形成高大粗壮的中心干，便于翌年上架。平茬在距离点面15～20 cm处截干，使剪口处下面第一、二芽饱满，便于翌年萌发健壮的新梢作为中心干。

### 3. 梨芽苗定植建园技术

梨芽苗又称“半成苗”“砧芽苗”“芽包苗”等，为1年生梨苗，一般2月上旬在苗圃地播种豆梨种子，当年8—9月嫁接。落叶后起苗定植建园，具有成本低、易整形以及管理便捷的特点，定植后2～3年进入初果期，始果年龄与2年生梨成苗相同。但是栽后须精细管理，以提高成活率，快速扩大树冠，从而实现早果、丰产、稳产的目标。

（1）栽植

芽苗应选择砧直径0.8 cm以上、根系发达、具有2～3条较粗侧根的健壮苗。定植分秋栽和春栽。秋栽于落叶后尽早进行，越早越好，以便伤根迅速愈合，缩短缓苗期。春栽务必在接芽萌动前定植完毕（长江流域地区在2月中旬以前）。栽植前先按确定的株行距定点，南北行向，低丘地依地势沿等高线确定行向。瘠薄丘陵岗地的株行距为（1.5～2.0）m×（3.5～4.5）m，肥沃深厚的沙壤土地的株行距为（2～3）m×（4～5）m。栽植时芽苗根部应蘸稀泥浆，接芽面朝南方，以防夏季南风吹折新梢。在定植沟中开小穴浅栽，填土时边踩边用手轻轻抖动上提，使根部充分接触细土，接芽口应高出地面8～10 cm。栽后做环形树窝，浇足定根水，待水分下渗后再覆盖一层细土保墒。每隔5～7 d浇水1次，确保栽植成活率。

（2）适时夏剪

定植后剪砧，分两次进行。第一次于接芽萌动（2月中旬）前完成，于接芽以上10～20 cm处剪截，接芽开绽后进行第二次剪砧，刀口迎向接芽，在距接芽0.3～0.5 cm处下剪，并附带剪断嫁接薄膜，使剪口背向接芽成斜面，以便剪口迅速愈合，同时剪松绑缚薄膜，

避免新枝长粗时发生卡脖现象。4 月上旬以后连续抹芽，抹除基砧上发出的不定芽，每隔 10 d 进行一次，以减少养分消耗。新梢长 70 ～ 80 cm 时摘心，促发分枝。当侧枝长 40 ～ 50 cm 时连续摘心，将先端 1 ～ 2 片未展开的幼叶一并摘除，促使侧枝发育充实。对发枝力低的品种在叶腋处涂赤霉素膏，以促生中长枝，对 40 cm 以上的壮枝进行开角，小冠疏层树形的基角为 45° ～ 55°，双层形的基角为 50° ～ 60°。开角可在枝条半木质化前（6 月中旬以前）用竹牙签撑开，或用 8 号铁丝做成“W”形开角器，卡住新梢基部即可（距幼苗中心干约 10 cm 处），以便尽早形成丰产树形。

（3）土肥水管理

对栽植芽苗的行带（树盘）松土除草，要求勤锄、浅锄，特别是梅雨季节，杂草生长迅速，应及早除草。由于夏秋季长江中下游地区受负高压控制，易发生伏旱，有时伏旱连秋旱，行带可覆盖厚 10 ～ 20 cm 的稻草、秸秆或山青，以保湿降温。长江流域的红黄壤普遍缺氮、磷，幼树尤其应补施氮肥。缓苗期（4 月底以前）应进行地下追肥。若发现幼叶颜色过浅、叶薄，可向叶面喷 2 ～ 3 次 0.2% ～ 0.4% 的尿素。5 月以后，幼苗根系有了一定的吸收能力，可浅施 5% ～ 10% 人粪尿或 1% 尿素水，亦可开挖深 10 cm 的条沟或环状沟，每株施 100 ～ 250 g 尿素或复合肥，施后盖土。积水的低丘或滩地梨园在雨季应注意排水防涝。夏秋季中午（12：00—14：00）梨树叶片萎蔫，黄昏和清晨叶片舒展，即表示梨树缺水，应该灌溉。

（4）间作

梨园间作，以园养园。行间种植间作物，留出行带，行带之间夏季可种矮秆作物，如西瓜、甜瓜、花生、绿豆、黄豆等。冬季可种植甘蓝、大白菜、菜薹、油菜等十字花科作物，距离树盘 0.4 ～ 0.6 m，不种植玉米、高粱、向日葵等高秆作物。间作模式有冬小麦－花生或绿豆、油菜－西瓜或甜瓜、豌豆－甘薯或芝麻等。

瘠薄的低丘梨园不应间作，宜种植绿肥，培育地力。长江流域冬季绿肥为箭舌豌豆、大别山野豌豆和肥田萝卜，大别山野豌豆或箭舌豌豆与肥田萝卜也可按 10∶1 的比例混合播种，5 月上中旬挖深 40 ～ 60 cm 的条沟压青翻入，同时每亩混入 150 kg 过磷酸钙。夏季绿肥可种田菁、猪屎豆等，秋季刈割覆盖或压青。

# 第五节　梨树高接换种

## 1. 高接换种前的准备

（1）嫁接工具和材料

嫁接工具有切接刀、劈接刀、芽接刀、手锯、修枝剪、刮皮刀、撬子（用粗铁条制作）等，材料主要是 8 丝专用嫁接塑料膜，将其大部分剪成宽分别为 1.5 cm 和 3 cm，长 30 ～ 40 cm 的塑料条，其中一部分剪成宽 5 ～ 10 cm、长 12 ～ 15 cm 的长方形塑料片，用于包扎较粗高接枝头的顶部切面。

（2）接穗

先准备部分作为采接穗的母本树，也可从外地引入接穗。选择品种纯正、优质、丰产、无病虫害的母树，剪取树冠外围生长充实、芽子饱满的一年生枝作接穗，每 50 或 100 条捆成 1 捆，做好品种标记。接穗储藏时要立放，并用湿沙培好，让接穗尖端露出湿沙 10 ～ 13 cm，以便通气。沙的湿度以手握成团、松手即散为宜，并使沙一直保持适宜的湿度。高接前将接穗取出，从基部剪去 1 cm，在清水中浸泡一夜，可提高嫁接成活率。

（3）高接树骨架去留与嫁接数量

疏散分层形应改造成双层形或者小冠疏层形。中央主干在第二层以上部位落头开心，选留 5 ～ 6 个主枝作为骨干枝，截留长度为原主枝长的 2/3 左右，每个主枝上留 2 ～ 3 个侧枝。主侧枝间要注意主从关系，主枝头比侧枝头要稍长。为方便锯口愈合，骨干枝头锯口直径一般应在 6 cm 以下，最大不要超过 8 cm。辅养枝在有生长空间的部位可收缩到内膛，为保护锯口可保留枝头 10 cm。成年大树嫁接的数量为 30 ～ 60 个。

双层形应改造为开心形。选留 3 ～ 4 个主枝作为骨干枝，截留长度为原主枝长的 2/3 左右，每个主枝上留 2 ～ 3 个侧枝。中央主干在最上的主枝处落头开心。在去留骨架时，轻重程度要适宜。嫁接数以 10 ～ 30 个为宜。

## 2. 时期及方法

（1）高接换种时期

春季高接时间一般在 2 月中下旬至 3 月，旬平均气温低于 12℃时不宜嫁接。秋季高

接一般在 8 月下旬至 10 月中旬，日最高气温高于 27℃时不宜嫁接。

（2）方法

① 主枝（干）长留枝侧多位单芽插皮接

嫁接槽的开凿：在选留的主枝左右两侧每隔 25 ～ 30 cm 标记一个嫁接部位，主枝两侧的嫁接部位要错开；中心干上的嫁接部位要上下错开，每隔 20 cm 为一个嫁接部位。先用嫁接刀把嫁接处的老翘皮削掉，再用刀在韧皮部上刻出底边长 2 ～ 2.5 cm、高 1.5 ～ 2 cm 的等腰三角形嫁接槽，使三角形的底边在主枝或中心干的下（后）端，然后在三角形的底边中部与底边垂直纵切一刀，长度为 2 ～ 3 cm，深达木质部，以便接穗向里面插入。至此，嫁接槽已做成。

挑选一年生发育充实、芽眼饱满、无病虫害的枝条作接穗。根据韧皮部的厚薄选择一定粗细的枝芽。首先在接芽的下方约 2.5 cm 处剪断，用嫁接刀在接芽的背面从芽基处向下削一斜切面直达底端，削成 2.5 ～ 3 cm 长马耳状的削面，下端渐尖，再用刀在接芽的正面下方 1 cm 处把韧皮部削掉，然后用修枝剪从接芽上端 1 cm 处剪下接芽。用嫁接刀拨开三角形底部垂直纵切口的皮层，随即将接芽插入皮内，使穗芽的上端镶嵌在三角形的接槽内即可。

当把要嫁接的主枝上所有的接位全部嫁接完后，用 15 cm 宽的塑料薄膜以螺旋状自下而上把嫁接的主枝或中心干全部绑缚严紧即可。

② 主枝（干）长留枝侧多位单芽插皮接＋小枝切腹接

接穗的削取：选用充实的一年生枝条作为接穗。取接穗时，左手握紧枝条，右手持嫁接刀，从接穗下部的饱满芽处依次向上取芽，每次取一节段。先在枝条上所取接穗芽的背面向下斜削一刀，深达 1/2 木质部，一直削到枝节的底端，然后再在所取接穗芽的下方基部向下斜切一刀，深达 1/3 木质部，也一直削到枝节的底端与第一刀交会，形成一个背面削面大、正面削面小的“楔形”，然后从接芽的上部 1 cm 处剪断即可。

嫁接时左手握住小枝中间砧的中间，向内用力使枝条稍弯曲，右手用锋利的修枝剪在距大枝 5 ～ 10 cm 处的小枝上以 10°的倾斜角斜剪一剪口，深达木质部 1/3 ～ 1/2，长度与接穗的小削面相当，然后使接穗芽朝外把接穗插入剪口中，使接穗的小削面正好与外剪口对合，再用剪枝剪于接穗顶端平行剪去上部的枝条。用 1.5 cm 宽的塑料条从下至上把接口处环状包扎绑紧，并用石蜡封住枝砧顶部即可。当采用上述两种嫁接方法复合嫁接完主枝或主干后，仍然要用 15 cm 宽的塑料薄膜以螺旋状自下而上把嫁接的主枝或中心干全部缠严。

③ 主枝和侧枝的切接 + 切腹接

切接：将高接树按骨架去留的原则锯好后，对粗糙的锯口用刀削平，在锯口的中心纵劈一刀，可轻轻敲打刀背，使劈口深为 3 ～ 4 cm，接穗的外侧应稍厚于内侧，削面要平、直、光滑。嫁接时，用劈刀楔部把劈口撬开，将接穗轻轻地插入砧木，使接穗厚侧面在外、薄侧面在里，注意使砧木与接穗的形成层对准，插接穗时不要把削面全部插进去，要外露 0.5 cm。1 个接头接 2 个接穗。接好后用专用嫁接塑料条扎紧包严，伤口不能露在外面。

切腹接：削接穗的方法为左手拿接穗，用食指将接穗托住，右手持切接刀削接穗，削面要求长、平、薄，削面的长度根据接穗粗度而定，一般为 3 ～ 6 cm。大斜面背面的先端削成两个 0.5 ～ 0.7 cm 的小斜面，呈箭头形。接穗削好后，用切接刀将锯口削平，把树皮切一竖口，切口长为接穗大斜面长度的 1/2，用刀尖轻轻一拨，把皮微微分开，离皮不好时，用撬子插入，将皮撬开。接穗对准切口，大斜面贴着木质部，小箭头贴着皮，沿竖口慢慢插入，左手按住竖切口，防止插偏或将接穗插到外面，插至大斜面在砧木切口上微微露出 0.5 cm 长为止。一般 1 个枝头嫁接 2 个接穗，左右排开各接一个，较细的枝头插 1 个接穗。切口过大的枝头可插 3 ～ 4 个接穗，左右各接一个，背面接 1 ～ 2 个，其中一个接穗留芽 3 ～ 4 个，作为延长枝培养，其余枝留芽 6 ～ 8 个，作为结果枝组培养，这样有利于伤口愈合。最后用塑料条包扎严实，不露切口。

### 3. 高接换种后的管理

① 补接

内膛可利用萌蘖枝基部进行高芽接，补接内膛未成活枝。对未成活的接头，锯掉一段，利用高接前储藏的接穗补接。

② 除萌解绑

从嫁接口以下及周围萌发的基砧新芽、新梢，要尽早除掉，以集中营养供应嫁接品种生长。高接换优后的树生长旺盛，为避免绑缚物造成的掐脖现象，当新梢长到 30 cm 时，要松绑一次，30 d 后，嫁接部位愈合牢固，再根据情况逐渐去掉塑料带。为防止风害，解带后应及时设立支架，防止枝条风折。接穗新梢长到 35 ～ 40 cm 时应及时摘心，促发分枝。

③ 病虫防治

高接换优后的树，新梢、嫩芽很多，除交替使用杀虫剂和杀菌剂防治梨木虱、梨网蝽和黑斑病、轮纹病外，还要搞好枝干刷白，防止日灼。嫁接部位以下要进行树干涂白（涂白剂配制：生石灰 6 kg，石硫合剂原液 1 kg，食盐 0.1 kg，水 18 kg），并用遮阳网进行人工辅助遮阴或间作遮阴。

④ 肥水管理

高接成活后的新梢抽发前应施一次以氮为主，磷、钾配合的肥料，新梢快长期每隔 10 ～ 15 d 进行一次根外追肥，及时灌溉，保证水分供应。

⑤ 根系改造

在高接换优后 2 ～ 3 年内分期对果园土壤进行改造，进行根系更新。在抽槽换土过程中，可对直径在 5 cm 以下的侧根断根，进行根系更新，挖断的根系必须用修枝剪将断口剪光滑，以防烂根。

### 4. 高接后冠层的管理

高接换种的效果与树龄、生长势及改换品种的特性有直接关系。幼树高接后的修剪要以培养树形为主，盛果期树以平衡树势为主，尽快恢复产量；衰老树要维持长势，适当结果，延长结果年限。生长势强时应结合拉枝，缓和生长势，促进花芽分化；冬季修剪时去直立旺枝，留斜生、水平、下垂枝，多留花芽，通过结果削弱其生长势。生长势较弱的对枝条多短截，少留花芽，增强长势。

高接树经过一年的生长，抽生大量枝条，枝组及树冠已经初步形成，产量也可恢复 30% ～ 50%。第二年冬季修剪时，一是继续对主枝、副主枝、延长枝进行培养，特别是主枝和副主枝生长势强的树，要转主换头，改变生长点的长势；二是继续对枝组带头枝进行培养与扩展，把枝头向有空间的位置引诱，疏除直立或背上直立的大枝条，对已形成花芽或腋花芽的枝条要按枝留花芽剪截，切忌长放留大量花芽，否则树势会急剧下降，且难以恢复；三是对幼树中心干要继续向前延伸，培养二层主枝或辅养枝，盛果期中心干要稳定高度，控制生长势，否则会形成上强下弱的局势，影响树形结构的平衡；四是对于衰老树所抽生枝条要留 2 ～ 3 芽剪截，增强枝条和枝组的长势，恢复树势。

高接树第三年冬季修剪时，一是继续对主枝、副主枝、延长枝进行培养与延伸，生长势弱的树要重剪，以短截为主，少轻剪、长放枝条，生长势强的树要转主换头，适当轻剪，多疏枝，少长放；二是继续对枝组的带头枝进行培养和扩展，把枝头向有空间的位置引诱，疏除背上直立强旺枝条，对已形成花芽或腋花芽的枝条，要按照枝条粗细留花芽剪截，切忌长放，留大量花芽结果，要稳定枝组生长势，调节枝组间的生长平衡。

# 第五章　土肥水管理

# 第一节 施 肥

## 1. 梨树的营养体系及作用

俗话说“庄稼一枝花，全靠肥当家”。果树的地下管理是地上管理的基础，梨树的生长发育质量与营养管理、肥料施用、土壤整理、灌溉等环节密切相关，要想保证梨树的高产、优产、稳产，获得良好的种植效益与环境效益，必须要从营养、施肥、土壤、水分等管理角度入手，积极进行优化和改良。

（1）梨树的营养体系及特点

梨树的营养体系主要由有机营养物和无机营养物两部分构成。有机营养物主要包括蛋白质、纤维素、水分、糖类等，无机营养物主要为钙、钾、铁、磷等。在梨树的生长发育过程中，做好有机营养物和无机营养物的充分供给，才能保证梨树产生最佳的经济效益。

第一，梨树的营养具有储藏性，树体内的营养物质并不是即供即用的，而是以生命活动周期为基础，进行长期或短期储藏。进入冬季休眠期之前，梨树树体持续进行营养物质的积累与储藏，供给翌年树体的成长发育、枝芽分化和开花结果。梨树的营养储藏水平与器官的质量和功能密切相关，树体内储藏的营养物质少，器官的生命活动衰竭，进而影响根系对养分的吸收质量、果实糖分积蓄能力以及叶片光合作用等方面；树体储藏的营养物质多，树体的器官功能、作用水平处于活跃状态，生物学产量高，果实品质优。生产中可通过肥料的有效供给，在满足果树基本消耗的前提下，为果树提供优质、充足的储藏营养支持。

第二，梨树的营养具有转化性的特点。梨树体内的蛋白质、维生素、纤维素等营养物质并不是孤立的，而是相互影响和相互转化的，它们共同构成了树体内动态复杂的营养系统。施肥过程中，切忌直接补充单个营养物质，而应该全面分析研判，进而实施多元化、科学性的营养管理策略。

第三，是变化性的特点。由于梨树营养消耗与其所处的光照、土壤、空气等环境条件密切相关，同时也会受到砧木、品种特性、栽植密度、病虫害、生物活动等诸多因素的影响，树体营养需求并不是标准化、一致性的，而是存在不确定性，因此梨园管理过程中要摒弃呆板的、标准化、理论化的营养管理观念，施肥方案要综合评估，以免与果

树实际的生长情况、营养需求产生偏离。

（2）不同营养元素的作用

氮：氮被称为生命元素，是作物三大营养元素之一，是一切植物光合作用必不可少的大量元素。氮是叶绿素的重要组分，氮的增加有利于叶绿素的合成，从而有利于光合作用的进行。氮能够促进新梢生长，增大叶面积，增加叶片厚度，增多叶片内的叶绿素含量，提高光合效能，有利于树干加粗生长和树冠迅速扩大，促进早期丰产。氮是构成梨树的细胞原生质、核酸、磷脂、激素、维生素、生物碱及酶等的重要组分，因此，充足的氮是细胞分裂的必要条件，氮素供应的充足与否直接关系到器官分化和形成以及树体结构形成的好坏。

适宜的氮素水平对梨树的生长发育、果实产量和品质都有重要的作用，而氮素过多或过少都会影响果树的生长发育。氮素缺乏时，叶片细弱，生长缓慢，植株退绿，植株叶片变黄或出现红色斑点，光合效能低，新梢生长细弱；同时，树体生殖器官的生长发育也明显受到影响，花芽发育不良，易落花落果，植株抗逆能力降低。施用氮素过多时，营养生长过旺，叶片大而深绿，植株徒长，树冠郁蔽，内膛光照条件变劣，花芽分化不良，果品产量低、着色差，品质下降，病虫侵害易发生。合理施用氮肥，可以增加硝酸还原酶活性，增加叶绿素含量，改善叶绿体的超微结构，提高叶绿体对 $CO_2$ 的固定能力和作物产量。

磷：磷是植物生长发育不可缺少的大量营养元素之一，是梨树生长发育、产量和品质形成的物质基础。它不仅是树体核酸、核蛋白、磷脂以及植素的组成成分，也是植物体内许多重要化合物的组成成分，还以多种途径参与植物体内的各种代谢过程，对促进植物的生长发育和新陈代谢起着重要的作用。磷能够加强作物光合作用和碳水化合物的合成与运转，还可以增加作物体内的可溶性糖含量，提高作物抗逆能力。磷可以促进果树体内氮素的代谢，促进植物体内硝态氮的转化与利用，与植物体蛋白质的代谢关系密切。

此外，磷还能促进分生组织的生长，增强根系吸收能力，增强植株根的抗旱、抗盐碱能力，提高果实品质，减轻树体枝干的腐烂病和果实的水心病。磷含量高时，能使果树及时通过枝条生长阶段，促进花芽分化，提高坐果率。当磷含量不足时，酶活性下降，碳水化合物和蛋白质的代谢受阻，分生组织的分生活动受到抑制，植株生长缓慢，叶片变小，叶色暗绿，缺乏光泽。严重缺磷时，叶片出现紫红色斑块，叶缘出现坏死，发生早期落叶，产量下降。反之，磷含量过多则会引起其他元素的失调，妨碍铁、锌元素的吸收，引起植株缺铁和缺锌。合理施用磷肥不仅能够促进果树生长发育和提高果实产量，而且还可以改善果实的内在品质。

钾：钾是植物生长发育过程中必需的营养元素之一，在植物体内的功能与氮、磷等不同，它不是构成植物细胞结构物质的营养元素，而是参与了很多代谢活动的调节，糖和淀粉的合成、运输和转化，为多种酶的活化剂，并对植物的正常生长发育、产量形成、抗逆性及品质等均有重要影响。钾元素在植株内以离子态存在，在各种生理和有机化学反应中起着至关重要的作用，参与碳水化合物的合成、运输和分配以及调节气孔开闭，同时又是许多酶的启动剂，参与碳水化合物的代谢、呼吸作用以及蛋白质代谢过程，促进光合作用。钾元素对氮的吸收和运输也有重要的影响，它能够提高植物组织中淀粉、糖分、可溶性蛋白质以及各种阳离子的含量，促进果实发育，提高产量，增进品质，降低呼吸速率，减少水分损失，保护细胞膜的水化层，从而增强植株的抗逆、抗病能力。钾还能够促进植株细胞的分裂和增大以及枝条的增粗生长，使枝条发育充实，提高植株的抗寒性。在一定范围内增施钾肥，能提高果实硬度和果肉密度，延长货架期，同时提高 $CO_2$ 的同化效率，使更多的碳水化合物从营养器官转入储藏器官，有效提高果实的单果重和单株产量，有效提高果实品质和风味。

钙：钙是梨树必需的矿质营养元素，也是一种生理调节物质，它能维持细胞壁和细胞膜的结构和功能，是细胞内外信息传递的第二信使。缺钾造成果实生理失调是和钙紧密相连的，一方面钙有利于维持细胞质膜的完整性，利于钾元素的吸收，另一方面钙又与钾竞争细胞质膜上的吸收部位，高浓度的钙抑制钾的吸收，低浓度的钙促进钾元素吸收。钙是细胞壁的构成成分和果胶质的重要物质——果胶酸钙的主要组成物质，果实中钙含量的高低，不仅影响果实硬度，还影响果实的耐储性。喷钙能提高果实内在品质和产量，提高果实总糖含量，采收期喷钙可以延长梨果储藏期，并且在一定程度上降低了黑心病的发生率。

镁：镁是植物体叶绿素的组成成分，参与蛋白质的合成及体内的多种代谢，促进磷酸酶和磷酸葡萄糖转化酶的活动，有利于碳水化合物的代谢和呼吸作用的进行。梨树缺镁时，叶片呈现失绿症，老叶呈深棕色，叶脉发生坏死区，叶边缘仍为绿色，枝条细弯，果小，着色差，风味淡。在花后至采前喷 3 ～ 4 次 2% 硫酸镁即可。

铁：在盐碱地区，梨树常常因缺铁发生失绿症。梨树需铁临界浓度为 20 ～ 30 ppm。铁在树体内多以高分子化合物形态存在，不能再利用。铁主要参加叶绿素的形成和细胞内的氧化还原作用。梨树缺铁时，叶片失绿变黄，并出现褐色不规则坏死斑点，又称黄叶病，发病时枝条细弱，发育不良，出现枯梢。可在梨树生长季节喷施（0.5%）或休眠期土施（2% ～ 4%）硫酸亚铁。

硼：硼能促进花粉发芽和花粉管生长，提高坐果率，还能提高维生素和含糖量，增进果实品质和抗病力。梨树缺硼时，一种情况是叶片稀疏、黄化，新梢生长点枯死，顶梢呈簇状，开花不良，坐果差，果实畸形，表面开裂呈疙瘩状，果肉干硬，称为缩果病；另一种情况是，果皮上出现淡黄色凹陷斑点，果肉褐色木栓化，组织坏死，呈海绵状，味苦，称为果实木栓化斑点病，风味差，失去商品价值。缺硼严重时，全树无一好果，树皮出现溃烂。在花期前后喷 3 次 0.3% ～ 0.5% 硼砂液或每株树施 150 ～ 200 g 硼砂，施后立即灌水。

锌：锌有利于树体内生长素的形成，促进光合作用中二氧化碳的固定。梨树缺锌时，枝叶、果实停止生长或萎缩，生长素含量低，叶小，呈簇状，即小叶病。多年连续发病，树体衰弱，花芽分化不良。沙地、盐碱地、瘠薄的山地果园，缺锌现象普遍发生，可在发芽展叶期喷 0.1% ～ 0.2% 的硫酸锌溶液。

锰：锰是果树体内各种代谢作用的催化剂，可以促进花粉管生长和受精过程，适量的锰可提高维生素 C 的含量。梨树缺锰时，叶绿素含量降低，新梢基部老叶发生失绿症，严重时呈褐色，先端干枯。可在花后喷 1 ～ 2 次 0.2% ～ 0.3% 硫酸锰溶液。

矿质营养是构成梨果实的重要成分，也是影响果实产量和质量的重要因素之一。各种矿质营养的绝对含量以及它们之间的相互作用，决定着果实的可溶性固形物、维生素 C、可滴定酸含量以及果个大小、果肉硬度、果形指数、着色程度、果实耐储性等。不同矿质营养对果实产量和质量的影响不同。同一元素在果实不同品质指标中所起的作用也不同，镁、氮、硼对总糖的影响最大，可溶性固形物以钾、锰、磷为主，总酸量为铁、锌、磷，硬度则为钙、钾、锌，锌与果实可溶性固形物呈极显著负相关，钙、钾与果实硬度、密度、耐储级次及风味级次呈极显著正相关；而锰、铜则正好相反。引起树体养分含量变化的因素有很多，分析这些因素的成因，对提高栽培管理水平以及果实产量、品质等有很重要的作用，施肥的方式、施肥的比例、肥料的种类、肥料的形态、施肥量、土壤中该元素的含量、土壤 pH 值、施肥时期等的不同，都会引起树体养分变化。树体内元素间的拮抗与促进，也会引起树体养分变化。当增加钙、钾供应时，梨树对硼的要求也会增加。当土壤中钙含量增加时，缺硼和硼中毒的临界值也相应提高，增加钾的供应则可能加剧硼的缺乏和毒害，钙可以消除硼过多的毒害，而钾则起相反的作用。

## 2. 施肥时期及方法

（1）梨园施肥过程中存在的主要问题

自 20 世纪 80 年代以来，我国梨树种植遵循“上山下滩，不与粮棉争夺良田”的发展方针，大部分梨树建园条件恶劣，土质条件和土壤肥力较差，化肥在增加果园产量方面发挥了重要的作用，果农为追求高产量，存在着重施化肥、轻施有机肥，重施单一性化肥、轻施复合肥和专用肥，重施大量元素肥料，轻施钙、铁、硼、锌等中微量元素肥料，重肥料数量、轻肥料结构，重基肥、轻追肥等现象，引发了一系列土壤肥力问题，如土壤酸化、土壤贫瘠化、土壤盐渍化、土壤结构性差、土壤养分不平衡等，不仅严重影响了梨果的产量和品质，而且还增加了生产成本，降低了梨园的生产效益，造成资源浪费和环境污染，威胁到梨园土壤环境的安全。大部分梨园（接近 75%）的地面管理以清耕为主，约 20% 的梨园进行人工生草或自然生草，仅 5% 的梨园保持传统的土壤深翻和秸秆覆盖。采用清耕管理的梨园不但会增加劳动力投入，而且会造成梨树根系分布表层化和表层土壤水、肥、气、热条件的剧烈变化，导致土壤酸化、板结，严重影响了梨树根系的正常生长发育，降低了根系总长度、总表面积和总体积，根尖数和根系活力明显下降，并限制了叶片制造的光合产物向根系的运输。

大多数梨园化肥施用过量、施用不平衡，肥料利用率低。化肥的过量主要集中在氮、磷、钾大量元素肥料，果农对中微量元素的使用不够重视，长期不平衡施肥造成了植株根际营养元素失衡和土壤质量下降，导致了鸡爪病、黑心病、缩果病、黄叶病、小叶病等生理性病害的普遍发生。氮素肥料利用率为 25% ～ 30%，大部分氮肥通过挥发、淋溶和径流等途径损失。长期过量不合理施肥不仅造成资源浪费，也严重威胁到果园土壤环境的安全，促使土壤酸化，破坏土壤养分平衡和土壤结构，降低土壤有机质，加速土壤中一些营养元素的流失，抑制或毒害土壤微生物的正常活动。不合理施肥促使氮、磷、钾的比例失调，大量盐离子不能被作物有效吸收而残留在土壤中，导致土壤次生盐渍化。此外，过量施肥会引起地下水、饮用水的硝酸盐污染，使树体的营养器官加速生长，加剧与花、果实等树体生殖器官争夺养分的状况，造成不正常的生理落果，影响产量和质量。

（2）梨树的需肥特性与施肥时期

梨树的生命周期主要为幼树期、盛果期以及衰老期，树体生长所需的营养元素主要有碳、氢、氧、氮、磷、钾、钙、镁、硫、铁、锰、锌、铜、硼、钼和氯等，其中碳、氢、氧来自 $CO_2$ 和水，其他主要来自土壤。梨树根系是吸收营养元素的主要器官，不仅将植株固定在土壤中，而且具有吸收、合成、储藏、分泌等重要功能，其根系具有深广而稀疏、生长反应慢、肥效表现慢、再生能力弱、断根后不易形成侧根等特点。根尖是吸收矿质营养和水分的主要部位，根毛区是根尖吸收离子最活跃的区域。根系表面的离子通过与土壤中的矿质元素离子进行交换，将其吸附在根系细胞的表面上，然后根系表面的离子

通过质外体和共质体进入根导管，导管中的矿质元素离子依靠水的集流运送到地上器官。梨树的茎、叶片、幼果等器官也可以吸收矿质元素，其主要通过叶片的气孔、茎表面的皮孔、蜡质层裂隙和角质层上的孔道，到达表皮细胞的细胞壁，通过细胞质膜进入细胞内，参与树体的生理活动。

梨树在年周期中生命活动表现得最明显的有两个阶段，即生长期和休眠期，生长期是指春季萌芽、展叶、开花、结果、枝条生长，芽子分化和形成，果实发育、成熟、采收到休眠等一系列地上部形态的变化；休眠期是指从落叶后到来年春季萌发为止。在休眠期中，梨树仍进行着微弱的呼吸、蒸腾、吸收、合成、花芽分化等生命活动和体内一系列的生理活动。梨树施肥生理期主要有秋施基肥、花芽追肥、果实膨大期追肥、采果肥等，每生产 50 kg 果实需纯氮 0.20 ～ 0.25 kg，氮、磷、钾的比例为 1.0∶0.5∶1.0。

秋施基肥在采收后至落叶前施用，重点是让树体储存大量营养，满足萌芽、开花和坐果等生长发育需求，以完全腐熟的有机肥为主，配合适量化肥、微量元素肥，以实现平衡施肥。基肥量达全年施肥总量的 70% ～ 80%，“斤果斤肥”“斤果斤半肥”，粗有机肥应多施，精有机肥稍少，每株另加尿素和过磷酸钙各 1.5 ～ 2.0 kg。

花芽追肥于 2 月下旬施入，以速效性氮肥为主，适当配以磷肥，占全年施肥量的 20% ～ 30%，主要促进花芽萌发、开花，提高坐果率。果实膨大期需要的氮、钾较多，这段时期氮肥施用量约为全年总量的 20%，在追施氮肥的基础上配施磷钾肥，有利于提高产量和品质，同时促进花芽分化。采果肥以氮肥为主，根据树体长势、产量决定施肥量，可迅速恢复叶片功能，增加储藏营养，恢复树势，确保翌年产量。

（3）土壤施肥基本方法

梨园施肥须坚持用地与养地相结合、有机与无机相结合及改土养根与高产增收相结合的施肥原则，根据土壤成分、果树状态和根系质量等多方面因素，制定科学合理的施肥与追肥策略。梨树施肥主要考虑施肥位置和深度等方面，施肥位置须根据根系的分布情况和肥料本身的特性来确定，梨树水平根系一般集中分布在树冠滴水线或稍远处，垂直根系集中分布在 20 ～ 50 cm 的土层。为促进根系对养分的吸收利用，肥料应施在根系集中分布层内，同时考虑到根系的趋肥性，施肥时应将肥料施在根系分布区稍深稍远处，诱导根系扩大对养分的吸收面积。肥料的种类不同则特性不同，施肥位置也不同。有机肥常与改土结合，施肥一般较深，且逐年向外扩展；氮肥在土壤中移动性强，一般不集中施用，应浅施；磷肥和钾肥移动性较差，在土壤中易被固定，施肥时应相对集中地施在根系分布层内；有机肥与无机肥配施能够提高土壤有效养分含量及酶活性，提高土壤肥力。施肥位置要围绕树冠滴水线不断变换，从而培肥整个梨树的根区土壤。

梨树施肥常用的基本方法有环状沟施、放射状沟施、条状沟施、穴施及撒施，此外还有根际注射施肥、间作施肥、灌溉施肥、根外（叶面）施肥和树干强力施肥等，其中穴施、放射状沟施和条状沟施应用得较为广泛。

环状沟施，即在树冠滴水线外围，沿圆周挖宽 20 ～ 40 cm、深 25 ～ 45 cm 的环状沟，将肥料与少许碎土混匀后均匀撒到环状沟底部，然后回填土壤。施肥的深度与宽度因地制宜，根据梨园的土壤类型以及肥力状况确定。环状沟施操作简单，主要用作秋施基肥，可以使用小型履带式拖拉机进行开沟及回填。

放射状沟施，即以树干为圆心，向外呈放射状挖 6 ～ 8 条施肥沟，沟宽 30 ～ 60 cm、深 15 ～ 40 cm，长度到树冠滴水线外围即可，将肥料施入后覆土，具体深度与宽度依据树龄和树势确定，距离主干的远近依据往年施肥的位置确定。放射状沟施能够增大肥料与土壤的接触面积，比环状沟施切断吸收根系少，但这种方法应隔年或隔次变换放射沟位置，并逐年扩大施肥面积，以此来扩大根系吸收范围。因施肥部位的局限性，挖沟费时费力。靠近非吸收根的肥料利用率不高，一般适用于春、夏季追肥。

条状沟施，即在梨树行间或株间挖几条宽 20 ～ 30 cm、深 15 ～ 25 cm 的条状沟，长度根据树体的冠幅确定，一般稍长于冠幅，施肥后回填，干旱时灌水。条状沟作业方便，但行间条状沟肥料距离吸收根系较远，吸收利用效率稍低。

撒施，即将肥料均匀撒于梨园土壤表层，然后使用拖拉机旋耕、耕翻入土，深度为 20 ～ 30 cm。撒施操作较为简单，施肥面积大，便于机械操作，但由于施肥的深度相对较浅，容易导致梨树根系上浮，降低根系的抗逆性；同时，由于肥料与表层土混合，容易导致肥料挥发和流失。

穴施，即在树冠外围沿滴水线圆周均匀挖多个深 25 cm 以上、上口直径为 25 ～ 30 cm、底部为 5 ～ 10 cm 的锥形穴，施肥后覆土踏实，具体挖穴数量因地制宜。此法操作较为复杂，但施肥相对集中，可减少肥料挥发和流失；且切断吸收根系较少，有利于提高梨树根系对养分的吸收利用效率。

（4）叶面施肥

① 叶面施肥的优点

土壤施肥受到诸多因素的影响，容易导致肥料被固定、流失或挥发，降低肥料利用率，土壤施用无机氮的吸收利用率只有 30%、磷为 20% ～ 25%、钾为 40%，而叶面喷肥不受土壤固定、流失、蒸发等影响，极大提高了肥料利用率，尤其是施用量较少的微量元素肥料，叶喷效果显著高于土壤施用的效果。

叶喷肥液有利于及时补充梨树对养分的需求，肥料被叶片吸收后，吸收、运转的速度明显快于土壤施肥。一般叶部喷肥后 10 min 至数小时即可被叶片吸收，磷素肥液被吸收运转仅需数分钟，而土施磷肥要在 5 d 以后才能被吸收运转到生长点。尿素叶喷后只需 1 ～ 2 d 即可见效，而土施则需要 5 ～ 7 d 才显现效果。同时，叶面施肥的浓度为 0.5% ～ 2.0%，且一般可与中性农药混喷，省肥、省工、省成本。

此外，叶面施肥能够避免各种微量元素肥料施用过多造成中毒危害，梨树对中量元素肥料需求量少，对微量元素肥料需求量极少，土壤施用量不易掌握，用量过少达不到效果，过多又容易引起中毒而产生肥害。例如硼、钙、锌等营养元素，树体对其很敏感，缺少时就出现相应的缺素症病害，多了又会发生中毒，而采用叶喷的方法就易于掌握。

② 叶面施肥的注意事项

叶面施肥要有针对性和及时性，根据梨树生长发育的特殊需要以及发生的缺素症病害，有针对性地补充营养成分，缺什么喷什么，诸如发生小叶病及时补喷锌肥、发生黄叶病及时补喷铁肥、果肉木栓化及时喷钙肥、提高坐果率及时喷硼肥；如要提高果实品质、增强风味，可在果实迅速膨大期喷施磷酸二氢钾等。

叶面施肥重点喷施叶背面，因为肥液主要是通过气孔进入叶肉细胞内，而叶片的气孔在叶背面。为了省工、省时，可以多种肥料混合喷或者与农药、生长调节剂混喷，注意充分混匀。尿素等水溶液呈中性的肥料几乎可以与所有的农药混喷，硫酸铵、过磷酸钙、氯化钾和硫酸钾等水溶液呈酸性的肥料可与除了碱性农药（如波尔多液等）以外的农药混喷，硫酸亚铁等易被钙素固定的肥料也不宜与波尔多液混喷。一般高浓度的肥液比低浓度的效果好，但浓度过高易产生肥害，过低则效果不佳。进行多种肥液或者肥药混喷时，要先行试验，以免发生药害。对梨树来说，氮素（尿素）肥料的浓度为 0.3% ～ 0.5%；磷素肥料（过磷酸钙、磷酸二氢钾、磷酸铵）的浓度为 0.2% ～ 1.5%，钾素肥料（硫酸钾、磷酸钾）的浓度为 0.5% ～ 1.0%，微量元素肥料的使用浓度为 0.02%。每种肥料年喷 2 ～ 3 次，每次间隔 7 ～ 10 d。

叶面施肥的最适喷施时间为上午 10 点以前，下午 4 点以后；中午前后，气温高、日照强，肥液喷施后很快蒸发变干，难以进入叶内，肥效大大降低。阴天则可全天进行，喷后一天之内遇雨应补喷。

为提高肥效，尤其是混喷时的肥料使用效果，宜加入适量中性洗涤剂或洗衣粉等展着剂，降低肥液的表面张力，增大与叶片的接触面积；也可以加入少许皮胶等黏着剂。

展着剂和黏着剂的浓度为 2000 ～ 3000 倍液。

（5）根际注射施肥

施肥枪土壤注射施肥，简单易行、高效，在生产中的应用日臻广泛，追肥效果显著。注射施肥的液体施肥枪借助喷雾器、打药机等压力系统，将由固体或液体肥料配兑成的肥液，通过枪头上的喷水孔直接高压注射到梨树根部土壤中，可以很好地解决干旱土壤中肥料不能溶解的问题。

由于注射施肥能将肥料准确、均匀地施在根系周围，减少化肥的挥发和随水流失，有效避免了挖沟及旋耕对植株根系的损伤，水肥的利用效率得到极大提高，并减少了对环境的污染。使用施肥枪可以等量、等深和等距离进行施肥，使肥料和水分同时集中到达根系分布区域，相较于传统的施肥方法可减轻劳动强度，节水节肥。操作过程中为了避免因肥料发生沉淀而出现堵塞枪头喷水孔、养分释放不均匀的问题，必须使用水溶解性好的化学肥料，水源也要清洁。

（6）简易水肥一体化

水肥一体化又称“灌溉施肥”或“肥水灌溉”，就是将灌溉与施肥有机结合，将肥料溶液通过压力输配水管道系统与安装在末级管道上的灌水器，以较小的流量准确、均匀地直接输送到作物根部附近土壤表面或土层中，可以按照果树的生长需求，定量、定时地直接把水和养分供给根系，水肥利用率显著提高。灌溉施肥的设备主要有电机、水泵、过滤器、施肥器、控制和量测设备及保护装置等，同时还需配备管道系统，包括输配水管道、管道控制阀门、滴头或喷头和滴灌带等设备，投资较高。

梨园简易水肥一体化是使用喷灌、滴灌和微灌等方法将溶解于水中的肥料施入土壤，具有施肥及时、肥料分布均匀、肥料利用率高、不伤害根系和可防止土壤结构板结等优点，适用于树冠相接的成龄梨园和密植梨园。实施滴灌水肥一体化施肥技术，能有效控制根层土壤硝态氮的淋溶，维系树体的根系活力，可节水 25% 以上，节肥 30% 以上，同时节省人工劳力成本，显著提高田间产量和果实品质。

（7）树干强力施肥

树干强力施肥是用高压注射机将梨树所需的肥液直接注入树体内，适于药肥的施用或矫正果树缺素症。

### 3. 肥料的类型及管理

在以数字化、信息化和精准化为特征的现代农业背景下，梨树生产中肥料的使用呈

现出明显的多样化趋势，如有机肥、无机肥、生物菌肥和沼肥等，各类肥料根据原料、用途及营养成分等差异进一步细分，例如有机肥可按原料差异分为土杂肥、粪肥和绿肥等，无机肥可根据功能差异分为无机氮肥、无机磷肥、无机钾肥和无机钙肥等，生物菌肥可按用途差异分为固氮菌肥、抗病菌肥和分解菌肥等。

（1）有机肥

① 有机肥的养分特征

有机肥料在梨园的大量应用是社会经济发展的必然趋势，其作用不可替代。有机肥是利用一切有生命的动、植物残体以及人畜排出的排泄物，诸如畜禽粪便、作物稻秆、绿肥和农产品废料等就地堆制而成的有机肥料的总称，几乎一切含有有机物质，并能提供多种养分的材料，都可以称为有机肥料，各种生物肥料（如固氮菌、磷细菌、钾细菌等）也归在有机肥料之列。由于有机肥料富含高分子有机化合物、微生物活体、腐殖质等有机胶体和各种黏土矿物的无机胶体，具有巨大的表面积和表面能，含有果树生长发育所需的多种营养元素，所以是速效养分与迟效养分、有机养分与无机养分兼容的养分储备库（表 5-1）。

**表 5–1 主要有机肥料种类及养分含量** ①

| 肥料种类 | 有机质含量 /% | N 含量 /% | $P_2O_5$ 含量 /% | $K_2O$ 含量 /% | CaO 含量 /% |
|---|---|---|---|---|---|
| 土杂肥 | — | 0.20 | 0.18 ～ 0.25 | 0.70 ～ 2.00 | — |
| 人粪尿 | 5.0 ～ 10.0 | 0.50 ～ 0.80 | 0.20 ～ 0.40 | 0.20 ～ 0.30 | — |
| 猪粪 | 15.0 | 0.50 ～ 0.60 | 0.45 ～ 0.60 | 0.35 ～ 0.50 | — |
| 牛粪 | 14.6 | 0.30 ～ 0.45 | 0.15 ～ 0.25 | 0.05 ～ 0.15 | — |
| 马粪 | 21.0 | 0.40 ～ 0.55 | 0.20 ～ 0.30 | 0.35 ～ 0.45 | — |
| 羊粪 | 24.0 ～ 27.0 | 0.70 ～ 0.8 | 0.45 ～ 0.60 | 0.85 | — |
| 鸡粪 | 25.5 | 1.63 | 54.00 | 0.85 | 0.90 |
| 鸭粪 | 25.5 | 1.10 | 1.40 | 0.62 | 0.34 |
| 一般厩粪 | 26.2 | 0.55 | 0.26 | 0.90 | 0.15 |
| 棉籽饼 | — | 5.23 | 2.50 | 1.77 | 0.46 |
| 菜籽饼 | 75.0 ～ 80.0 | 4.60 | 2.48 | 1.40 | — |
| 大豆饼 | 75.0 ～ 80.0 | 7.00 | 32.00 | 2.13 | — |
| 芝麻饼 | 75.0 ～ 80.0 | 5.80 | 3.00 | 1.30 | — |
| 花生饼 | 75.0 ～ 80.0 | 6.23 | 1.17 | 1.34 | — |
| 生骨粉 | 75.0 ～ 80.0 | 0.40 ～ 0.50 | 0.18 ～ 0.26 | 0.45 ～ 0.70 | — |

① 魏闻东 . 鲜食梨 [M]. 郑州：河南科学技术出版社，2005：49.

② 有机肥的独特作用

有机肥有维持梨树生长的不可替代的作用。

第一，有机肥料为土壤有机质的重要来源，长期适量施用有机肥料可以增加土壤的有机质含量，改土培肥，各种有机肥经过矿化后，不仅能释放出多种无机营养元素供果树吸收利用，而且生成的有机质和腐殖质能促进土壤团粒结构的形成，具有较强的吸附性，从而减少了无机氮和钾等肥料的流失。

第二，施用有机肥可以提高土壤中包括氮、磷、钾在内的大量元素含量以及镁、硫、锌、硼、铜、铁等中微量元素含量，能满足果实各个时期对养分的需求；同时，在施用有机肥条件下，施用无机肥或无机肥+有机肥混施，能够明显提高无机肥的利用率和肥效。单独将无机磷肥（如过磷酸钙）直接施入土壤中，梨树吸收利用率只有25%，若采取与有机肥混合施用的方法，吸收利用率可提高至50%。

第三，有机肥中含有多种氨基酸、酶和植物激素等活性物质，能够促进作物生长。梨树为寿命长的经济作物，有机肥的有效养分含量虽不如各种无机肥含量高，但其有效养分释放的供肥期长，营养成分完全，可防止或减轻各种生理病害的发生，尤其是对需求量少的中、微量元素的有效补充，可以防治梨树缺素症。

第四，施用有机肥可以改善土壤的理化特性，提高土壤的缓冲能力，增加作物的抗逆性，也即农谚所说的“肥肥土、土肥苗”。施用有机肥所形成的有机型团聚体在提高土壤的吸附性、缓冲性和保水保肥性等方面的作用，比单纯无机型团聚体高出约10倍。有机型团聚体能使松散的沙质土壤形成团粒结构，还能使板结、密实的黏质土变得松散透气，从而从根本上改善土壤中的土粒、水分和空气，也就是土壤固态、液态和气态三者的关系，从根源上改善梨树根系在土壤中的立地环境。

③ 生物有机肥

生物有机肥是近年来兴起的一种新型肥料，其既不是传统的有机肥，也不是单纯的菌肥，而是二者的有机结合体，主要以自然界中的有机物为基质和载体，并添加功能微生物，经过特殊的工艺加工而成，其所含的功能微生物主要包括促生菌、固氮菌、解磷菌和解钾菌等。

生物有机肥不仅具有传统有机肥的优点，而且其所富含的功能菌，具有营养功能强、根际促生效果好和肥效高等优点，其中的微生物还可以不断地将土壤中多种植物难以吸收利用的无效养分转化成易吸收的养分，增加土壤有机质含量。

④有机肥的施用

梨树每年施用1次有机肥，主要用作基肥。最适时期为果实采收后的秋天（9—11月），这段时期气温、土温、水分适宜，所施用的有机肥料部分腐烂分解和矿化，根系吸收后为翌年梨树前期生长提供所需养分，且可以较快恢复施肥过程中的断根。

粗有机肥，诸如土杂肥、各种农作物堆沤后的有机肥（牛粪、厩肥、河塘泥、绿肥）等，每亩施用量为3000 kg以上；优质有机肥，诸如腐熟的猪粪、鸡粪、羊粪等，每亩按照斤果斤肥施入，约为2000 kg以上；各种饼肥，诸如豆饼、花生饼、棉籽饼、菜饼等，每亩施用量为500 kg以上。所有的有机肥都必须进行沤制发酵。

（2）沼肥

随着农村沼气工程建设的推进，人畜粪便、作物秸秆和杂草等废弃物得到了充分利用，既改善了生态环境，又提供了再生能源。沼液是沼气厌氧发酵后的产物，除了含有丰富的氮、磷、钾等大量元素外，还含有对果树生长起重要作用的硼、铜、铁、锰、钙、锌等微量元素，以及大量有机质、多种氨基酸、维生素、酶类和有益微生物等，其养分容易被吸收利用，为优质速效性的有机无机复合肥。“果、草、牧、菌、沼”已经成为重要的立体循环果园生产模式，产生了较为显著的经济效益和生态效益。

梨园合理施用沼液能显著改良土壤，提供树体生长所需的微生物环境，增加土壤保水、保肥和抗旱能力，提高产量和质量。盛果期梨树每年施沼液150 kg、沼渣50 kg以上，条状或环状沟施，也可土壤喷施或者撒施，然后旋耕耕入。为减少沼肥施用量、提高工效，可在沼气发酵过程中加入适量尿素、硫酸钾和钙镁磷肥等，以提高沼肥的速效养分含量。沼液也可以10倍稀释后进行叶面喷施，5月中旬至6月上旬，每隔20 d喷施1次。沼液原液加入少许洗衣液，喷施叶片后可以防治梨树蚜虫危害，添加少量农药后杀虫效果更佳。

## 4. 化学肥料减施增效技术

（1）培肥地力，阻遏损失

土壤养分是梨树生长发育的重要营养来源，环境中的养分能通过大气干湿沉降、灌溉水和生物固氮等途径进入梨树生产系统，也是养分资源的重要组成部分。不少产区梨园陷入化肥用量不断增加与土壤质量不断下降的恶性循环，解决的办法是通过克服土壤障碍因素，提升土壤质量，进而提高养分的生物有效性。梨园有机质含量低，碳氮比（C/N）偏低，表层土壤环境变化剧烈，土壤物理结构差，造成根系发育不良，进而影响了根系对养分的高效吸收。果园生草可改善根际土壤环境，提高根层土壤养分含量和有效性，显著提高氮素利用效率，同时可减少氮的深层淋失和地表径流以及磷的土壤固定。通过添加作物秸秆、生物质炭和腐殖酸等，可维持梨园土壤碳氮比为 20 ～ 25，促进根系对肥料氮的吸收，减少氮肥的气态损失和深层淋失。

（2）科学管理，适期施肥

梨树年周期中不同生长发育阶段对养分的需求量不同，容易造成一定阶段施肥过量和一定阶段施肥量不足，要明确梨树年周期关键节点的养分需求特征，从而确定该节点的肥料用量。确定梨树不同生长阶段的肥料用量必须基于该阶段树体的养分需求特征和该阶段施肥的环境效益特征，协同实现梨高产与肥料高效。

氮素作为梨树生长所需量最大的元素，在产量和品质形成中发挥着重要作用，氮素缺乏会产生不利影响。氮素供应过多会产生一系列环境问题，诸如土壤硝酸盐积累、温室气体排放等，并且还会降低产量和果实品质。对氮素养分的调控应“总量控制，以果定量，有机基肥，追肥后移，少吃多餐”。氮素具有强烈的时空变异特征，来源广、转化复杂、损失途径多、环境影响大，施用总量应进行控制。重视秋季施肥，施用量应占全年总量的 70% ～ 80%，最佳施用时期为 9 月至 10 月下旬。追肥时氮肥后移，应维持果实膨大后期土壤养分的充足供应，采用少吃多餐的策略。

磷和钾在土壤中移动性相对较小，容易在土壤中保持和固定，损失较少，在土壤中可以维持较长时间的有效性，且在适量施用范围内增加或减少一定用量不会对果树生长和产量造成较大的波动，磷钾肥的管理应“恒量监控”，将土壤速效磷和钾含量持续控制在既能够获得高产又不造成环境风险的适宜范围内，若土壤磷钾养分含量处于低水平，则施用磷钾肥使土壤含量逐步提高到较为适宜的水平，磷钾肥施用量不超过梨树目标产量的需求量。

相较于大量元素氮、磷和钾，梨树对中、微量元素的需求量相对较少，正常条件下土壤所含有的中、微量元素一般能满足其生长的需要。有土壤障碍发生或土壤中、微量元素含量低的地区，以及大量元素肥料施用不合理的地区，往往会产生中、微量元素缺乏问题。由于需求量少，是否需要施用中、微量元素主要取决于土壤特性、品种和产量水平。中、微量元素的管理采取“缺啥补啥、矫正施肥”的方式，以土壤、树体监测为主要手段，通过施用适量肥料进行矫正，使其成为非产量和品质限制因子。对于并非因土壤养分缺乏而造成的果树中、微量元素缺素症，则应增施有机肥，调节土壤理化性状。

（3）根层调控，精准施肥

土壤中肥料养分的供应空间、时间和含量与树体需求不匹配是造成肥料养分低效的

根本原因。梨树根系与根层养分供应之间存在互馈机制，适宜的根层养分含量有利于促进根系生长和合理根型建造，而合理的根系构型和有节奏的根系生长反过来又会促进养分中生物有效性的提高。通过根层养分调控把根层土壤有效养分调控在既能满足梨树的养分需求，又不至于造成养分过量累积而向环境中迁移的范围内，尽可能使来自土壤、肥料和环境的养分供应与梨树养分需求在数量上匹配、在时间上同步、在空间上耦合。通过不同施肥深度和位置、水肥一体化和土壤根际注射等根层调控施肥技术，将肥料准确施入根系密度较高的根层，氮素利用率可提高 10 个百分点以上。梨树根系密度低、分布广，根系—土壤—养分—水分间的互作机制复杂，受到多种因素的控制，需要明确梨树根层分布特征、阶段肥水需求特性和根土肥水互作机制。精准施肥是根据土壤养分数据和梨树需肥规律，高密度快速准确地获取土壤和叶片养分信息，通过变量施肥控制技术实现精确施肥和节肥增效环保，与传统施肥相比，精准施肥可减少氮素损失。

以土壤测试和肥料田间试验为基础，根据梨树需肥规律，结合土壤供肥性能和肥料效应，在合理施用有机肥料的基础上，提出氮、磷、钾及中、微量元素等肥料的施用数量、施肥时期和施用方法，核心是调节梨树需肥与土壤供肥之间的矛盾，有针对性地补充梨树所需的营养元素，实现养分平衡供应，满足果树生长的需要。随着劳动力资源的短缺和劳动力成本的不断增加，水肥一体化技术将快速发展，以实现施肥的轻简化，提高肥料利用率，提高梨树田间产量，改善果品品质。

（4）缓控释肥，提升肥效

广义上控释是指所含养分形式在施肥后能延缓被根系吸收与利用这一过程，其所含养分比速效肥具有更长肥效的肥料；狭义上又分为长效肥料和控释肥料，长效肥料指施入土壤后将营养元素缓慢释放给根系的肥料，控释肥料指通过各种调控机制预先设定肥料在作物生长过程中的释放时间和速率，使其与作物养分吸收基本同步，从而提高肥效的一类肥料。缓 / 控释肥料主要有四大类，分别为合成型微溶态缓 / 控释肥料、抑制剂改良的缓 / 控释肥料、包膜型缓 / 控释肥料和包裹型缓 / 控释肥料，可减少肥料浪费，减轻肥料对环境造成的污染。

通过优化肥料自身性能来提高利用率是梨树实现减肥增效的重要途径，缓 / 控释肥料和功能性肥料（腐殖酸、黄腐酸等）、全水溶性肥料、有机无机复合肥料和微生物肥料（菌剂）等新型肥料近年来得到快速发展和应用，既能直接或间接地为作物提供必需的营养成分，又能调节土壤酸碱度，改良土壤结构，改善土壤理化性质和生物学性质，调节或改善根系生长机制。控释肥料的养分释放时间和强度与梨树养分吸收规律相吻合，可协调树体养分需求，保障养分供给。

# 第二节　土壤管理

果树生产是一个开放型生产系统，也是若干个相互联系的微系统，多物种在人工构建的复合生态系统中互利共生，充分利用果园生态系统内的光、温、水、气、养分及生物等自然资源，其栽培措施不仅针对果树本身，还需考虑果园的草本、动物和土壤微生物及其相互作用的共生关系，保护果园生态系统的多样性和稳定性，协调果树生产与环境间的关系，达到提高果园土壤肥力和生产力的目的。果树生产的核心目标就是建立一个投入少、效能高、抑制环境污染和地力退化的、持续发展的果园生产体系，生产出高营养、无污染、安全的果品。

我国历史上很早就利用绿肥改良土壤，《诗经》记述“以薅荼蓼。荼蓼朽止，黍稷茂止”，意思是草类在腐烂后促进庄稼的生长。魏晋南北朝时期，绿肥在农业生产中占据重要地位，《齐民要术》系统地总结了绿肥生产利用经验。

广义上讲，果园的土壤管理包括果园水土保持、土壤改良、土壤耕作管理、土壤施肥和水分管理。狭义的土壤管理仅指土壤管理制度。土壤管理的目的在于为果树的生长发育创造适宜的环境，满足其对温度、空气、水分和养分的需求。梨生产中土壤的管理与改良具有不可取代的重要作用，大多数生产者注重整形、修剪、果实管理和病虫害防治等树体地上部的管理，而忽视对树体地下部的管理，即土壤质量改良和管理，大大降低了根系的养分吸取条件，不利于优质高产。

## 1. 不同时期梨园的土壤管理特点

（1）传统农业时期

这一时期较为漫长，社会生产发展水平较低。20 世纪 70 年代以前，梨栽培制度主要为自然放任栽培及乔冠稀植栽培，产量相对较低，果园营养消耗与向外输出相对较少。梨园地面管理为半清耕、半生草的自然农业生产状态，肥料以农家肥、厩肥和家畜粪肥为主。在果园物质循环链中，每个生长周期因果实采摘引起的营养输出与果园施肥的营

养补充基本匹配，梨园土壤的主要理化性状保持了相对稳定。

（2）化学农业时期

改革开放以后，随着我国化肥工业的快速发展，果树生产进入化学农业时期。这段时期的梨栽培制度为密植高效栽培，高产量成为生产的重要目标。梨园施肥以无机肥料为主，有机肥施用比例显著降低，土壤管理模式为清耕法或者免耕法，单位面积的产量快速提升。由于梨园产量提高，传统的物质循环链被打破，高产量带来的果实定向物质输出随之增加，化学肥料作为物质循环的必要补充而大量应用，导致果园土壤有机质含量下降，土壤的通透性、吸水性和氧化还原能力等理化性状变劣，土壤酸化及板结严重，部分营养物质由于缺少补充而失衡，果实品质变差。

（3）生态农业时期

21 世纪初期，为了降低果园施用无机肥料造成的不利影响，提高果品质量，果树生产开始进入生态农业时期。这段时期梨园肥料以有机肥料为主，无机肥料为辅，土壤管理模式主要为覆盖法及生草法。梨树生存环境得到优化，土壤营养淋洗受到抑制，土壤腐殖质含量增加，土壤团粒结构加速形成，各种养分和水分及时充足供给，梨树根系生长良好，树体生长健壮，产量和果实品质得到提升。

果园生草覆盖能有效提高土壤微生物数量及土壤酶的活性。生草果园土壤微生物数量、微生物活性和菌根孢子数等均高于清耕果园。土壤微生物包括存在于土壤中的细菌、真菌、放线菌、蓝细菌、地衣和原生动物等，是土壤中动植物残体和有机质转化的原动力，也是土壤有机质的组成部分，对土壤有机质和养分的循环起着重要作用。土壤酶也是土壤生态系统的重要组成成分，参与土壤多数重要的生化过程和物质循环，与土壤有机质含量、土壤养分含量及土壤微生物数量等密切相关，是评价土壤肥力的主要指标。果园生草可明显提高行间和冠下表层土壤的酶活性。

## 2. 梨园主要的土壤管理模式

（1）清耕法

梨园内不种植任何作物，定期进行耕作，使土壤保持疏松和无草状态， 被认为是一种既古老又较为落后的方法，至今在我国梨产区仍广泛使用。北方梨产区每年春夏两季进行浅耕，耕深约 10 cm；南方梨产区则根据杂草生长及降水情况进行翻耕，深度为 10 ～ 15 cm，以期达到消灭杂草、保持土壤墒情以及改善土壤通透性的目标，促进土壤有机物氧化分解成速效态成分，增加土壤中铵态氮和硝态氮含量，促进矿质养分的释放。

此法的优点是土壤完全处于休闲状态，自然杂草具有短期覆盖作用；缺点是加剧土壤有机质的消耗而得不到补充，地力消耗大，由于除草翻耕形成裸地，易引起水土流失和风蚀，尤以坡地、山地和沙荒果园更为明显。多年反复中耕的梨园，需要通过深翻改土、增施有机肥及提高土壤有机质含量等综合措施提高地力，土壤贫瘠的梨园不宜采用清耕法。

（2）覆盖法

根据覆盖材料的不同可分为有机材料覆盖和无机材料覆盖，有机材料包括作物秸秆、杂草、枯枝落叶、山青、间作物、稻壳和锯末等植物的干体或鲜体，无机材料包括黏土梨园用的砂粒、炭渣，沙土梨园用的淤泥、河塘泥、陈土以及塑料薄膜、地布等化工产品。依据覆盖的范围不同可以分为全园覆盖以及行带（树盘）覆盖。

覆盖作物秸秆、杂草、山青等有机材料之前，须进行深施基肥以及中耕除草，覆盖厚度为15～20 cm，以防止杂草生长，以后逐年加盖，保证覆盖物的厚度；为了防风、防火，盖草后应铺压一层碎土。3～4年后，结合秋施基肥，将覆盖物埋于施肥沟中，翌年重新覆盖。塑料薄膜多用于行带（树盘）覆盖，种类较多，有无纺布、透明膜、黑色膜、银灰色反光膜、除草膜等，黑色膜覆盖可抑制杂草生长，银灰色反光膜覆盖有利于果实着色。北方梨产区早春覆盖可提高地温并保墒，促进梨树根系生长。

覆盖法的优点是可使地表冬季保暖、炎夏降温，减少土壤水分蒸发，同时抑制杂草丛生，减轻水土流失，增加土壤养分；缺点是连续多年覆盖后易引起梨树根系上翻，鼠害加重，塑料膜覆盖后的残体，若不及时清除，会对土壤造成污染。

（3）生草法

果园生草是以果树生产为中心，遵循“整体、协调、循环、再生”生态农业的基本原理，形成以生态体系稳态平衡为基础，以优质高效生产为目标的现代果树生态栽培体系。

依据草类的来源可分为自然生草法和人工生草法。自然生草法是利用梨园自然长出的各种杂草，人工拔除恶性杂草后，选留适应当地自然条件且便于果园操作管理、肥水需求量少的草种，从而实现果园生草。人工生草法则是播种多年生豆科或禾本科绿肥牧草植物，或采取混播，定期补充肥水和刈割。其中，禾本科草种有黑麦草、高羊茅、鼠茅草、早熟禾、结缕草和野燕麦等；豆科有三叶草、紫云英、紫花苜蓿、毛叶苕子、沙打旺、箭舌豌豆、山绿豆、山扁豆、小冠花、草木樨和田菁等。依据生草的范围可分为全园生草和行间生草。

生草法的优点是可减少土壤冲刷，改善土壤理化性状，提高土壤有机质含量，改善梨树的微域根际环境，提高果实品质。缺点是梨园长期生草，易引起梨树根系上翻，同时生草期杂草易与梨树争夺肥水，需要通过调节割草周期和增施矿质肥料等方法补充。土壤瘠薄、无灌溉条件、年降水量少于 500 mm 的梨园不宜生草。

（4）免耕法

又叫最少耕作法，即仅使用除草剂控制果园杂草，土壤不进行耕作，节省劳动力。免耕法可维持土壤自然结构，使土壤容重增加，非毛细管孔隙减少，形成连续而持久的孔隙网，水分渗透性好，保水力增强；同时，表层土壤硬化坚实，便于果园管理及机械化操作。此法的缺点是不能补充土壤有机质和矿质养分，降低土壤肥力和果园生产能力；同时，梨树对除草剂反应敏感，特别是幼龄果园，使用除草剂后极易导致幼树生长衰弱，南方梨产区新建梨园使用草甘膦、百草枯等除草剂后，苗木生长极其缓慢，甚至出现死树，因此幼龄梨园不建议使用除草剂。

（5）梨园间作

幼龄梨园最实用的土壤管理办法为间作套种，适当间作矮秆或伏地生长的农作物，“以短养长”，既能提高土地的复种指数，增加经济收入，又能以耕代抚，兼顾梨树管理，使用地与养地相结合。梨粮间作的农作物有小麦、大麦、荞麦、马铃薯、甘薯等，间作经济作物的种类有花生、大豆、绿豆、豌豆、蚕豆，以及蔬菜类作物白菜、甘蓝、包菜、芹菜、菠菜、萝卜、毛豆、莴苣等，中药材有菊花、丹参、板蓝根、太子参、三七等；山地梨园的梯田埂还可以种植黄花菜，它既是一种营养价值高、具有多种保健功能的花卉珍品蔬菜，又有良好的药用价值，同时黄花菜为多年生宿根蔬菜，可有效减轻水土流失。

梨园间作以不影响梨树生长发育为前提，选择间作物一是要能提高土壤肥力，生长量小且产量高、耗肥少，与梨树无共生性病虫害；二是植株矮小或匍匐生长、无攀缘性，不影响梨树光照；三是生育期短，需肥、需水高峰期与梨树错开；四是坚持轮作换茬，避免连作造成土壤缺素及形成土壤污染。

梨园还可以间作绿肥，广开肥源，做到以园养园（表 5-2）。豆科绿肥具有根瘤菌，既能固定大气中的氮素，还可将土壤中难溶的磷和缓效钾通过机体的吸收转化为有效养分。绿肥种植方法简单，种子适期撒播或条播后发芽生长，每个生长周期开花结籽，种子成熟就落地寄种，植株自行死亡，自行发芽生长，完成生命周期；需要刈割的绿肥应在开花时割青，开沟结合追肥施入或进行行带覆盖。

表 5-2　不同绿肥作物的矿物质含量

| 种类 | 科属 | N/% | $P_2O_5$/% | $K_2O$/% | Ca/% | Mg/% | Cu/% | Zn/($mg \cdot kg^{-1}$) | Fe/($mg \cdot kg^{-1}$) | Mn/($mg \cdot kg^{-1}$) |
|---|---|---|---|---|---|---|---|---|---|---|
| 毛叶苕子 | 豆科 | 2.30 | 0.51 | 331 | 1.57 | 0.23 | 9 | 49 | 220 | 23 |
| 光叶苕子 | 豆科 | 3.27 | 1.06 | 260 | 1.03 | 0.22 | 24 | 50 | 209 | 35 |
| 苦油菜 | 十字花科 | 2.53 | 1.53 | 257 | 1.31 | 0.34 | 5 | 36 | 149 | 27 |
| 肥田萝卜 | 十字花科 | 2.89 | 0.64 | 366 | 0.93 | 0.65 | 5 | 41 | 214 | 29 |
| 黑麦草 | 禾本科 | 1.82 | 0.37 | 416 | 0.55 | 0.37 | 6 | 23 | 173 | 27 |
| 大青豆 | 豆科 | 2.57 | 0.46 | 125 | 1.32 | 0.51 | 6 | 30 | 242 | 40 |
| 春箭舌豌豆 | 豆科 | 2.73 | 0.47 | 145 | 1.40 | 0.39 | 6 | 39 | 175 | 34 |
| 乌豇豆 | 豆科 | 2.71 | 0.90 | 170 | 2.09 | 0.57 | 11 | 40 | 220 | 64 |
| 大叶猪屎豆 | 豆科 | 2.81 | 0.31 | 82 | 3.10 | 0.28 | 10 | 37 | 283 | 46 |
| 冬豆 | 豆科 | 2.23 | 0.66 | 285 | 2.15 | 0.73 | 12 | 43 | 746 | 111 |
| 大叶绿豆 | 豆科 | 3.23 | 0.82 | 144 | 3.12 | 0.52 | 9 | 31 | 331 | 91 |
| 小白豆 | 豆科 | 2.27 | 0.97 | 160 | 2.77 | 0.44 | 12 | 74 | 603 | 120 |
| 柽蔴 | 豆科 | 2.46 | 0.60 | 229 | 3.59 | 0.51 | 16 | 38 | 376 | 100 |
| 黄花草木樨 | 豆科 | 1.93 | 0.38 | 216 | 1.78 | 0.45 | 7 | 67 | 225 | 39 |
| 沙打旺 | 豆科 | 1.80 | 0.61 | 78 | 3.45 | 0.43 | 6 | 20 | 291 | 55 |
| 多变小冠花 | 豆科 | 2.45 | 0.49 | — | 2.43 | 0.36 | 6 | 30 | 241 | 98 |

## 3. 生草对梨园微域生态环境及果实品质的影响

果园生草后，由于增加了地面活地被物，形成了“土壤—草—大气”下垫面环境新态势，改变了传统免耕果园“土壤—大气”下垫面环境，近地层光、热、水、气等生态因子发生了明显变化，形成了有利于果树生长发育的微域小气候生态环境，从而改善了梨果实的外观和内在品质。生草可以降低夏季树冠的最高温度及昼间日平均温度，提高近地层空气相对湿度；生草区昼间土壤日平均温度、日温差和土壤最高温度均低于免耕区，可以提高土壤含水量；同时，生草还可以提高果实品质。

（1）生草对梨园不同冠层昼间大气温度的影响

由图 5-1 可知，生草区近地处上午 7：00 至下午 5：00 昼间大气平均温度 4 月 20 日、5 月 20 日、6 月 20 日分别为 26.5 ℃、28.3 ℃、28.3 ℃，分别比免耕区低 1.0 ℃、0.9 ℃、0.9 ℃，最高温度分别为 31.3 ℃、34.1 ℃、36.2 ℃，较免耕区分别低 2.0 ℃、1.2℃、0.7℃；距地面 0.5 m 处冠层昼间大气平均温度 4 月 20 日、5 月 20 日、6 月 20 日

分别为26.2℃、28.2℃、28.2℃，分别比免耕区低0.9℃、0.7℃、0.7℃，最高温度分别为29.6℃、33.2℃、35.7℃，较免耕区低1.3℃、0.6℃、0.5℃；距地面1.5 m处冠层昼间大气平均温度4月20日、5月20日、6月20日分别为27.3℃、28.5℃、28.5℃，分别比免耕区低0.4℃、0.8℃、0.8℃，最高温度分别为31.4℃、33.1℃、35.2℃，较免耕区分别低0.1℃、0.8℃、0.8℃。以上表明生草可以降低夏季树冠的最高温度及昼间日平均温度，

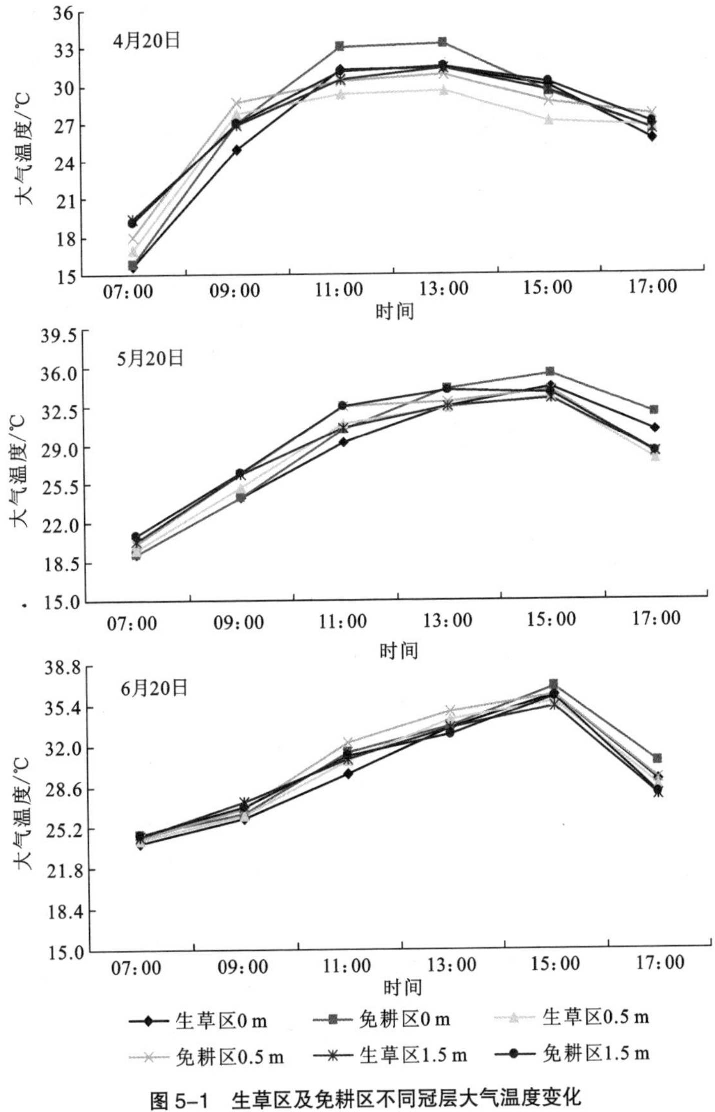


图5-1　生草区及免耕区不同冠层大气温度变化

从而在一定程度上防止夏季高温对果实产生的不利影响。

（2）生草对梨园不同冠层昼间大气湿度的影响

果园大气湿度是果园微生态系统的重要组成部分，生草可以影响梨园大气湿度（图 5-2）。生草区近地处昼间平均大气湿度 4 月 20 日、5 月 20 日、6 月 20 日分别为

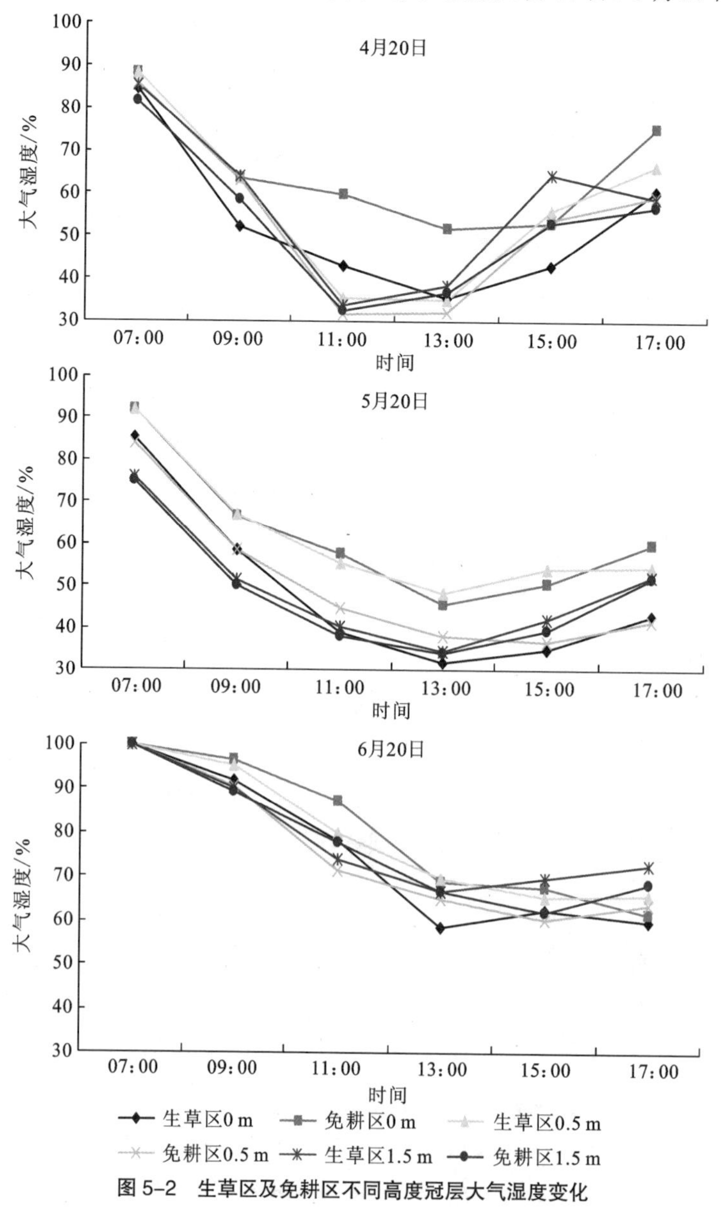


图 5-2　生草区及免耕区不同高度冠层大气湿度变化

53.2%、48.7%、75.2%，比免耕区分别低12.1%、13.4%、5.1%，说明生草区下垫面存在很强的水汽压，可降低梨园地面蒸发。生草区距地面0.5 m处冠层昼间平均大气湿度4月20日、5月20日、6月20日分别为57.5%、61.9%、79.4%，比免耕区分别高3.2%、11.4%、4.2%；距地面1.5m处冠层昼间平均大气湿度比免耕区分别高4.2%、1.4%、1.4%，表明生草可提高近地层空气相对湿度，起到缓冲作用，防止高温低湿对果实产生的不良影响。

（3）生草对梨园土壤温度的影响

由图5-3可知，生草区地表处上午7：00至下午7：00昼间土壤平均温度4月20日、5月20日、6月20日分别为17.1℃、23.8℃、24.9℃，分别比免耕区低3.6℃、5.6℃、6.0℃，昼间土壤温度差分别为5.1℃、5.6℃、5.6℃，较免耕区分别低4.7℃、4.5℃、5.0℃，表明生草区昼间土壤日平均温度、日温差、土壤最高温度均低于免耕区，起到了平稳地温的作用，有利于梨树根系生长发育和对水肥的吸收利用。距地面10 cm、20 cm处土壤温度亦呈现出类似的变化趋势。

（4）生草对梨园土壤含水量的影响（表5-3）

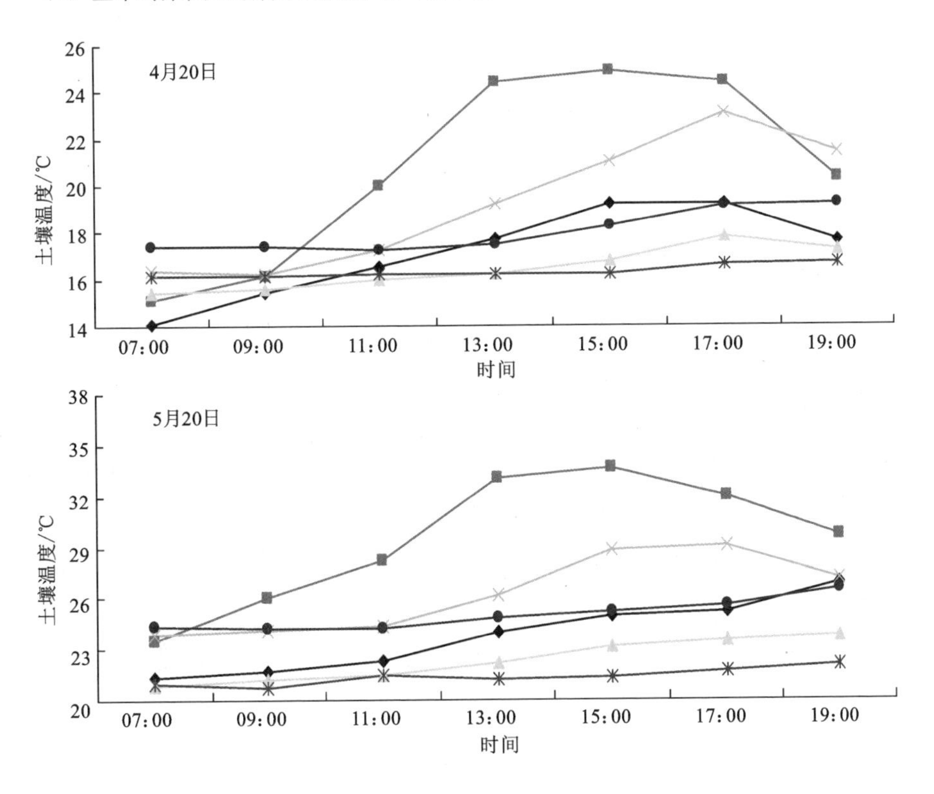

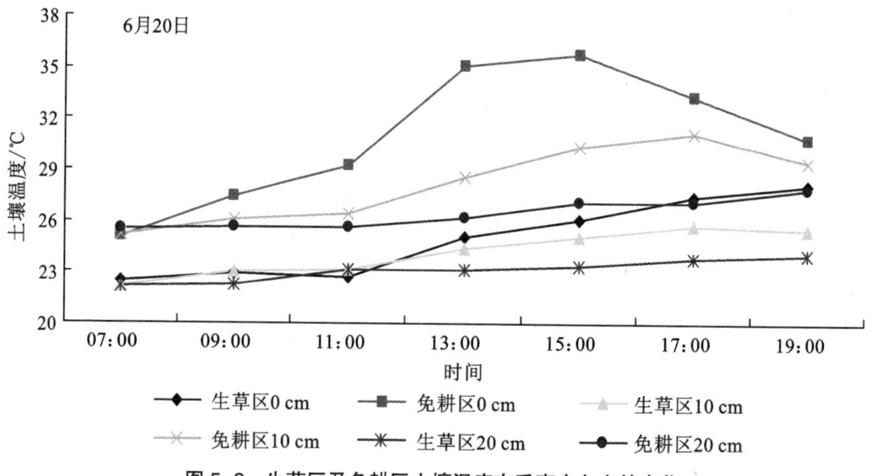


**图 5-3　生草区及免耕区土壤温度在垂直方向上的变化**

生草可以提高土壤含水量。4 月 20 日、5 月 20 日生草区 0 ～ 20 cm 土层含水量比免耕区分别高 0.59%、0.78%，但不存在显著差异；6 月 20 日生草区 0 ～ 20 cm 土层含水量比免耕区高 2.00%，且存在显著差异，表明生草区土壤容水能力高于免耕区。

**表 5-3 生草区及免耕区 0 ～ 20 cm 土壤含水量 /%**

| 处理 | 4 月 20 日 | 5 月 20 日 | 6 月 20 日 |
|---|---|---|---|
| 生草区 | 18.23a A | 19.00a A | 18.93a A |
| 免耕区 | 17.64a A | 18.22a A | 16.93b B |

注：大写字母表示差异性达极显著水平（A ＝ 0.01），小写字母表示差异性达显著水平（a ＝ 0.05）。

（5）生草对梨果实外观品质的影响

砂梨果皮色泽是评价果实外观品质的重要指标，现采用 CR-300 色彩色差计测定生草区及免耕区果实的果皮色泽度（表 5-4）。对果皮亮度指标 L 来说，生草区果实高于免耕区，且存在极显著差异；色度指标 A 为正值时果面偏红，负值时果面偏绿；色度指标 B 值为正值时偏黄色，为负值时偏蓝色，生草区果实的 A、B 值与免耕区均存在极显著差异，表明生草区果实果皮色泽较免耕区亮丽。生草区果实锈斑指数较免耕区低 15.67，且存在显著差异。生草区果实果点直径、密度均低于免耕区，但不存在显著差异，表明生草区由于形成了有利于果实生长发育的微域小气候环境，从而在一定程度上改善了果实商品外观。

**表 5–4 生草区及免耕区果实外观品质**

| 处理 | 锈斑指数 | 果点直径 / cm | 果点密度 /（个·$cm^{-2}$） | 果形指数 | 果皮厚度 / cm | 果面色泽 | | |
|---|---|---|---|---|---|---|---|---|
| | | | | | | L | A | B |
| 生草区 | 47.00a A | 0.060 a A | 12.33a A | 1.02a A | 0.073 a A | 60.62 a A | −22.72 a A | +38.17 a A |
| 免耕区 | 62.67b B | 0.073 a A | 12.83a A | 1.03a A | 0.090a A | 53.28 b B | −19.26 b B | +34.28 b B |

（6）生草对梨果实内在品质的影响

由表 5-5 看出，生草区果实单果质量比免耕区高 6.9 g，增加了 3.08%，不存在显著差异。生草区果实含水量、果实硬度、可溶性固形物含量、固酸比均高于免耕区，果实可滴定酸低于免耕区，但均不存在显著差异，表明生草改善了果实发育的生态环境，从而提高了果实内在品质。

**表 5–5 生草区及免耕区果实内在品质**

| 处理 | 单果质量 /g | 果实含水量 /% | 果实硬度 /（kg·$cm^{-2}$） | 可溶性固形物 /% | 可滴定酸 /% | 固酸比 |
|---|---|---|---|---|---|---|
| 生草区 | 230.6 a A | 88.56 a A | 5.40 a A | 10.9 a A | 0.15 a A | 70.93 a A |
| 免耕区 | 223.7 a A | 88.02 a A | 5.15 a A | 10.5 a A | 0.16 a A | 64.27 a A |

## 4. 果园新草种——大别山野豌豆

野豌豆属植物在我国分布广泛，历史悠久。《诗经·小雅·采薇》提道“采薇采薇，薇亦作止”[①]；《史记·伯夷列传》提道“隐于首阳山，采薇而食之”[②]，“薇”即野豌豆属植物。我国最早详细记载野豌豆属植物的书籍为 1368 年的《救荒本草》，记述了蚕豆和野豌豆，并有较为准确的墨线图。在现代水果生产中，野豌豆属植物在果园中主要用作绿肥，特别是果—草—牧生态模式中，野豌豆既作为果园绿肥，刈割覆盖或翻压，刈割可用于饲喂兔、鸡，鸭、鹅等；又可用作青饲料，其适口性为最喜食级，且营养丰富。在武汉市新洲区大别山地区发现的野豌豆属新种——大别山野豌豆（*Vicia dabieshanica* X.Y.Li et X.M.Li），花期长、花色美丽且产量高、自然结瘤良好，为观光果园良好的绿肥和观赏植物。

（1）大别山野豌豆的生物学特性

大别山野豌豆，当地又名野豌豆、野蚕豆或野菜豆，为豆科蝶形花亚科野豌豆属越

① [清] 方玉润评；朱杰人导读：《诗经》，上海：上海古藉出版社，2009.06，第 179 页。

② [西汉] 司马迁著；王宁总编：《史记》，北京：商务印书馆，2018.01，第 169 页。

年生草本。该种的自然群落分布在北纬 30°57′44″、东经 114°53′41″ 的区域，海拔 52.29 m，辖地在武汉市新洲区潘塘街办，属大别山南麓到江汉平原的过渡地带，位于大别山的山前丘陵岗地区。该地为亚热带季风气候，四季明显，光照充足，热量丰富，雨水充沛，无霜期长。春季气温回升快，年平均气温为 16.6℃，春季平均气温为 16.1℃，冬季平均气温为 5.0℃；年平均降水量为 1294.9 mm，年际间降水变化大，季节性降水变化明显，夏季降水量最多；年平均日照时数为 2025.5 h，无霜期平均为 253.7 d。

该种常生长在路边、田埂以及水沟旁等闲荒地上，散生、点状，在土壤条件肥沃或有攀缘物依附的地方常形成优势群落。不耐践踏，伴生植物为窄叶野豌豆（*Vicia angustifolia* Reich.）、猪殃殃、婆婆纳、酢浆草、荠菜、油菜、刺儿菜、看麦娘、车前草、野燕麦和蒲公英等。当地广泛分布的窄叶野豌豆为单花，腋生，红紫色，荚果成熟后为黑色，种子间不缢缩，每荚种子数 8 ～ 12 粒，平均为 9.5 粒。大别山野豌豆花期较窄叶野豌豆长，自 3 月中旬始花，花期长达 65 d，花朵多（每花序花朵 8 对以上），甚为美丽，特别适宜观光果园的冬春季自然生草栽培。

原生地自然条件下，大别山野豌豆生育期约为 190 d，生长期约为 210 d。土壤为黄壤、红黄壤，土壤 pH 值为 6.0 ～ 6.5；该种较耐瘠薄，但最喜湿润肥沃的土壤。根为须根，长 12 ～ 18 cm，平均长 13.71 cm；根部结瘤良好，具有较多的自然结瘤，白色，长约 3.5 mm，柱形。耐旱性较强，但当根系分布的土层含水率降到 10% 以下时，叶片即停止生长，并从基部向上依次发黄、凋落，同时果实出现瘪粒、瘪荚及硬实。不耐高温，夏季持续高温（≥ 35℃）则枯死。

（2）植物学特征

① 茎

该种茎蔓生或藉卷须攀缘，柔软，茎长 80 ～ 160 cm，平均为 116.13 cm，土壤肥沃湿润或有依附物的条件下茎长可达 2.50 m 以上。茎四棱略扭曲，微被细柔毛；茎粗（直径）1.8 ～ 3.0 mm，平均为 2.16 mm，节间长 4.82 cm。全株绿色，田间株高 20 ～ 70 cm，有攀缘物依附时株高可达 1.2 m 以上。

② 叶

叶为羽状复叶，小叶 7 ～ 9 对，全缘；先端具卷须，卷须发达有分叉。小叶呈长条形，纸质，先端渐尖，基部宽楔形；侧脉较为稀疏，最下面的一对侧脉常向上展至叶中部以上。小叶长 15 ～ 25 mm，平均为 19.33 mm；小叶宽 3 ～ 4 mm，平均为 3.69 mm；叶面光滑无柔毛，叶背具白色柔毛。小叶柄短近无，长 0.85 ～ 1.00 mm，近对生或微互生。托叶 2 片，狭披针形，长 6.0 ～ 8.0 mm、宽 1.6 ～ 1.8 mm；其中一片托叶上有长约 1.5 mm 的齿裂，状若戟形。

③ 花

大别山野豌豆花（图 5-4 ）为总状花序，花着生于叶腋，红紫色，花冠蝶形，花序轴长 100 ～ 110 mm，平均为 105 mm，总状花序的花轴长于叶。每花序花朵数 8 ～ 12 对，每花序平均为 19 朵花。花梗长 30 ～ 40 mm，平均为 35.54 mm；花朵长 13 ～ 15 mm，平均为 14.16 mm。花萼为钟形，长 4.2 ～ 5.2 mm，平均为 4.74 mm；萼齿丝状，5 齿，与萼筒等长，约 2.5 mm。旗瓣长圆形，先端钝圆微凹，中部略缢缩；旗瓣长 12 ～ 15 mm，平均为 13.24 mm，旗瓣宽 5.67 mm。翼瓣与旗瓣近等长，平均为 12.69 mm，平均宽 3.22 mm。龙骨瓣平均长 7.15 mm，包被在旗瓣和翼瓣之中。子房呈纺锤形，长 5.28 mm，子房柄长 3.24 mm。二体雄蕊（9+1），花柱为圆柱形，长 2.32 mm，内弯，柱头头状，顶端四周被髯毛。该种初花期为 3 月中旬，盛花期为 4 月 15 日，谢花期为 5 月下旬，花期长达 65 d，为早期良好的蜜源植物。

图 5-4 大别山野豌豆花

④ 果实及种子

大别山野豌豆果实如图 5-5 所示。荚果未成熟时呈浅绿色，成熟时呈淡黄色。成熟的荚果扁，两端渐尖，呈长纺锤形；荚果长 2.72 cm，宽 7.31 mm；果柄长 3.53 mm，直径 0.44 mm。无种隔膜，种子间微缩；种荚沿腹缝开裂，爆裂性弱。每荚种子数为 1 ～ 6 粒，平均种子数为 3.6 粒，已脱粒。种子球形，直径 3.58 mm；种皮呈黑褐色，较厚，组织致密，密度大，千粒重 31.27 g。种脐为线性，呈深褐色，长 2.34 mm，为种子周长的 1/5。

图 5-5 大别山野豌豆果实

（3）栽培及利用

① 栽培要点

大别山野豌豆为种子繁殖，属冬春季利用作物。在湖北东北部地区播种时间为9—10月，刈割2次以上则播种应在9月上旬。对土壤要求不严，黄壤、红黄壤、黄棕壤及沙壤均可。播种前翻耕耙碎，施入适量底肥。条播和撒播均可，条播行距为30～40 cm，每亩种子量为2.5～3.5 kg。出苗后追施1～2次尿素提苗，冬春季除去生长强旺的刺儿菜、酸模和野燕麦等恶性杂草。

该种生长期病虫害少，冬季清园消毒的果园不需要单独喷药防治叶斑病、蚜虫等病虫害。当荚果约50%成熟时，及时收获。不进行刈割的果园其种子自然留存，形成稳定的生态群落，无须每年播种。

② 翻压及刈割

该种为优良牧草，叶量多，多汁、无异味，适口性好，结果初期的枝叶含有畜禽所必需的粗蛋白质及氨基酸，牛、羊、猪、鹅、鸭、鸡等畜禽都喜食。不耐践踏，不能果园放牧；再生性不强，每年仅可刈割2～3次，作为青饲料，每次留茬10 cm。自然条件下大别山野豌豆根瘤菌发育良好，改良土壤效果明显，且产草量较高，作为绿肥，翻压时间在4月中下旬较为合适，这段时期处于初果期，田间生物学产量高。

③ 观赏利用

大别山野豌豆花色艳丽，花期长，观赏性好。在武汉市郊区的生态采摘果园，该种常作为冬春季的观赏绿肥，也是早期良好的蜜源植物；其花期涵盖清明节至五一以后，既可作为绿肥，又可作为果园花海。自然群落可连续生长多年，无须年年播种，作为观赏植物，管护成本低。

④ 加工利用

种子采收后，通过浸泡（晒干后的种子浸泡在清水中48 h以上，去除种子中的有毒物质氢氰酸）、磨碎、吊浆、沉淀和晒制等工艺，加工成豌豆粉，以豌豆粉为原料可制作成手工粉丝、粉皮和凉皮等多种食品。

## 5. 梨园土壤管理新模式

在维持土壤物质循环平衡以及创造梨树根系良好生长环境的前提下，现代梨园土壤管理的重点是控制人工成本，尽可能地进行机械化操作和管理，同时提高果园的经济效益。因此，果园土壤管理需要综合应用各种模式。

复合生态果园模式已经成为梨园土壤管理以及产业发展的新模式，尤其强调“宽行窄株、高垄低畦”“滴灌（简易肥水一体化）+ 行带（树盘）覆盖 + 行间生草 + 牧（养鹅、羊、兔）+ 鱼（养鱼）”等生态模式的组合，主要技术特征为：

（1）简易肥水一体化

在梨园安装滴灌的基础上，采用简易肥水一体化技术，改变传统的土壤开沟翻耕的施肥方式，节省劳动力成本，滴灌肥料应为完全水溶或绝大部分水溶，主要为尿素、氯化钾、硝酸钾、硝酸钙、硫酸镁以及有机肥沤腐后的上清液，磷肥不在滴灌系统中使用。滴灌系统加装 120 目或 140 目的过滤器，防止滴管堵塞密度；肥料滴完后，继续滴 0.5 ～ 1.0 h 的清水，以防滴头处生长藻类、青苔等微生物，造成滴头堵塞。

（2）行带（树盘）覆盖

梨园主要覆盖材料为塑料薄膜、无纺布和地布等无机材料，生产中可根据当地的生态气候、果园栽植密度以及栽培管理习惯选择覆盖材质。北方梨产区采用“起垄覆盖黑色地膜 + 集雨沟”。黑色地膜覆盖于垄面，具有明显的抑草作用；行带垄高出地面 20 cm，形成 5° ～ 10° 的斜面，降雨时地膜可起到集雨作用，可以将降水的 80% ～ 90% 集中于沟内；集雨沟宽、深均为 20 ～ 30 cm，以便蓄积雨水，提高水分利用率。南方梨产区采用黑色无纺布覆盖，由聚丙烯窄条纺织而成，能有效抑制各种杂草生长，减少水分蒸发，且透气性好，经日晒雨淋自然腐烂，不造成土壤污染。覆盖材料的宽度为 1.0 ～ 1.2 m，不超过树冠投影宽度的 80%。覆盖栽培前，全园进行中耕，以疏松土壤；同时施足肥料，将有机肥、磷肥、钾肥及氮肥的大部分（70% 左右），在覆盖前一次性施入。

（3）草牧鱼生态模式

在梨园实行果园生草制的基础上，草牧鱼生态模式由单一的种草养地转变为生草与养殖业、畜牧业结合的生产模式，通过生草植被残体覆盖、牲畜粪便还田等方式实现果园土壤的物质循环，主要有果草禽和果草畜鱼等复合生态系统，北方梨园可以养羊、养鹅，南方梨园可以养鹅、养鸭以及以草养鱼，注意控制放牧的采食量，严防重牧，每次放牧控制在鲜草总量的 60% 以下；每亩梨园养鹅控制在 20 只以下，以防过多践踏果园土壤，破坏土壤结构，影响土壤肥力性能。放牧梨园的生草应进行混播，如紫云英、白三叶和毛叶苕子等混合播种。

# 第三节 水分管理

## 1. 水分对梨生长发育的影响

（1）水分对树体发育的影响

水分对梨树的整个生命活动起着至关重要的作用，直接影响梨果的产量和品质。梨树为乔木，需水量多，对土壤水分反应敏感。水分过多导致树体旺长，果实品质下降，同时造成水浪费。水分不足则直接影响梨树正常的生长和发育，适宜梨树生长发育的土壤含水量为 12% ～ 16%，相对含水量为 60% ～ 70%，当土壤相对含水量降至 55% 时即为干旱，降到 40% 以下为严重干旱。梨树在盛夏时期每天消耗水分约 7 mm，秋季则降至 3.5 mm。梨树枝条含水量通常为 40% ～ 50%，新梢含水量高些，新梢生长发育初期含水量在 63% 以上，随着枝龄增大，枝条的含水量逐渐降低，其中一年生枝条的生长期含水量为 45% ～ 50%，休眠期则降至 40%，甚至更低。梨树一旦缺水，各种生命代谢活动就不能正常运行，轻则影响生长，黄叶焦梢，叶片要从果实中夺取水分，使果皮皱缩或落果，果小质劣；重则叶片萎蔫，气孔关闭，使光合作用不能进行，梨树枯衰死亡。

水分对梨树根系生长发育影响较大，土壤含水量升高则梨树根系干重、长度和粗度均增加，充足的水分供应可促进梨树根系的生长发育，而土壤含水量过低则会抑制梨树根系活力，限制根系的生长发育和干物累积，从而降低根系导水率。根系活力与梨树的抗旱性密切相关，抗旱性越强的品种在干旱胁迫下根系活力下降的幅度越小。

梨树叶片的含水量大于 70%，水分胁迫会降低梨叶片组织相对含水量和叶片水势，干旱条件下的梨叶片含水量仅为 37.9% ～ 57.6%。土壤含水量对叶片生长影响显著，叶片面积随着土壤含水量的增加而增大，在充分灌水条件下叶片面积最大，叶片导水率也最大。生长早期的水分亏缺会造成梨树叶片面积减小，进而影响叶片光合作用。水分供应状况还会影响梨叶片的组织结构，在干旱条件下，梨叶片厚度极显著减小，表皮、栅栏组织和海绵组织的厚度均显著或极显著减小，叶片气孔密度增大。

（2）水分对叶片生理代谢的影响

水分影响叶片的光合作用和蒸腾作用，对梨叶片气孔开度具有调节作用。气孔是植物与环境进行水气交换的重要门户。空气相对湿度也会影响梨叶片气孔的开度，从而影

响叶片的光合速率。土壤含水量直接影响梨叶片的水势，随着土壤含水量的下降，叶片组织水势降低，叶片气孔开度减小，气孔导度下降，气孔阻力增大，水分散失减少。水分与蒸腾的关系密不可分，土壤含水量和空气湿度均影响叶片的蒸腾速率，但土壤水分对蒸腾的调节作用属于前馈式调节，而空气湿度对蒸腾的影响属于反馈式调节。随着土壤含水量的下降，梨叶片气孔开度减小，气孔阻力增大，叶片水分散失减少，从而促使叶片蒸腾强度减弱。叶片蒸腾强度的减弱，阻碍了水分亏缺的进一步发展，减轻了水分胁迫对光合器官的伤害。干旱复水后，蒸腾速率又回升。但水分胁迫程度不同，对蒸腾速率变化的影响也不一样，调亏灌溉期间的土壤水分亏缺会显著降低。叶面喷水也可降低梨叶片的蒸腾速率，减少叶片水分散失，有效缓解“光午休”现象，提高叶面的净光合速率。

光合作用是产量形成的基础。当土壤含水量为75%时，梨叶片的光合效率最高。土壤水分亏缺会使梨叶片净光合速率降低，调亏处理或自然干旱恢复充分灌水后，梨叶片的净光合速率有较大回升，轻度调亏处理可恢复到与对照处理相同的水平，而重度的水分胁迫处理却始终低于对照处理，这可能与重度水分胁迫下叶片羧化功能受损有关。

水分利用效率是指植物消耗单位水量生产出的同化量，是反映植物生长中能量转化效率的重要指标，水分利用效率是净光合速率与蒸腾速率的比值。相对于叶片的光合作用，蒸腾作用对土壤水分表现得更敏感，适度的水分胁迫可以显著提高梨叶片的水分利用效率。交替滴灌可以在整个根系区域更均匀地供应水分，显著增加总的导水率，提高水分利用效率，减少浇水量25%～33%。

（3）水分对梨果实产量和品质的影响

果实的生长主要依赖于干物质的积累和水分的供应，而干物质的积累和分配也受到水供应的影响，水分是影响果实生长的主要因素。梨果实的生长在大部分时期是基于木质部高通量的水分交换和蒸腾作用，大量水分进入果实主要是在下午，与此时叶水势增加、气孔关闭有关。而水分胁迫可抑制茎水势，降低果实的木质部流，导致果实生长量减少。果实生长早期的水分胁迫条件是梨果肉石细胞形成的几个决定因素之一。

不同的灌溉方式会影响梨果的产量和品质。灌溉对果实发育的影响是通过调节土壤的水、肥、气、热和梨园生态条件，进而对根系的生长和吸收功能发挥作用。采前灌水显著增加果实重量，但使果实含糖量明显下降，风味变淡。微喷灌可以显著提高梨园土壤含水量，增强梨叶片净光合速率，极显著增加梨果产量，同时提高果实品质。果实细胞分裂期和果实缓慢膨大期调亏灌溉抑制了梨树的营养生长，提高了果实产量和灌溉水利用效率。树盘覆盖可提高耕作层 0 ～ 20 cm 土壤的含水量，沟灌增加水分的侧渗，减少水分的渗漏，从而保持梨树根系分布区局部土壤较湿润。

## 2. 灌水时期及方法

（1）灌水时期

梨树不同生长期的需水量不相同。滴灌时土壤水分适宜湿度指标在花前期、开花期和生长后期为 65% ～ 75%，坐果期和果实膨大期为 70% ～ 85%，果实成熟期和枝条成熟期为 60% ～ 70%。梨树需水临界期为果实膨大期，其中萌芽期、花期、果实膨大期适宜的土壤湿度约为 70%，成熟期约为 65%；全物候期内 6 月和 7 月需水量最高，8 月和 9 月次之，10 月需水量最低。梨树的需水规律为：从 3 月开始，需水量逐渐增大，7 月达到需水临界期，这段时期耗水量达到最大，8 月以后需水量逐渐下降，全物候期需水量呈单峰型。最佳灌水期为新梢生长期和幼果膨大期、果实迅速膨大期和果实成熟期，果实迅速膨大期需水较多，充足的水分供应使果实细胞大小、果个发育整齐，久旱猛灌则易造成落果、裂果。

夏季气温高，干热风频繁。如久旱不雨，梨树叶片在中午高温时出现萎蔫、低头，并且经过一个夜晚后不能快速恢复，则应立即灌水。

（2）灌水方法

梨树在生长季的年耗水约为 760 mm。在栽培过程中受“多水高产”的影响，地面灌溉仍是当前果园灌溉的主要方式，98% 以上的灌溉面积采用传统的地面灌水技术。基于梨产区水资源与能源短缺、经济实力不足和技术管理水平较低的现实，在今后相当长的一段时期内地面灌溉仍然是广泛采用的一种灌水方法。但是全地面灌溉不仅耗水量大，同时会造成水肥的向下渗漏和淋溶，并且地面蒸发量大大增加，降低了水肥的利用率。地表蒸发是土壤水分整个运动过程中的一个特殊阶段，受太阳辐射、气温、地温、湿度、风速、降水及土壤含水量、灌溉方式和土壤质地等因素的影响，提高灌溉水的利用效率关键是要减少地表的蒸发、树体的蒸腾和深层渗漏。梨园灌水方法有多种，不同地面灌溉模式会造成地表蒸发特征不同，作业成本也不一样。具体的灌溉方法依地形、地势和栽植方式而定，本着高效、实用、省水的原则，应便于管理和机械化作业。滴（渗）灌水法比明渠灌溉节水 75%，比喷灌省水 50% 以上，能满足梨树需水规律，平衡供水，但

是建设成本高，需要设立供水压力站，埋设干、支输水管道，可以进行简易肥水一体化。

分区交替灌溉即树体一半根区处于较高含水量中而另一半根区处于较低含水量中，有效调节气孔导度，而水分散失对气孔导度的依赖大于光合速率对气孔导度的依赖，从而使蒸腾作用超前于光合作用下降，使蒸腾速率显著下降而不显著降低光合速率，有效降低气孔充分张开时的奢侈性耗水。由于交替湿润局部根区减少了株间土壤湿润面积，因此减少了株间土壤蒸发。同时，由于局部区域干燥和局部区域湿润，存在局部湿润区域向干燥区域的侧向水分运动，加之总灌水量的减小和灌水的间隔时间延长，使灌水入渗深度减小，更多的水分被保持在根区范围内， 减少了深层渗漏，提高了灌水—根系土壤储水—根系吸水之间的转化效率和水的有效性，从而提高了水分利用效率。

（3）灌水量

梨树吸收、制造、运输、光合、呼吸和蒸腾等一切生命活动过程都离不开水，根系吸收的一切无机养分都只有溶于水中，根系才能吸收和运输到地上部各器官。95% 的水分被蒸发掉用于维持树体的正常体温。叶光合作用制造的一切有机养分以水溶液形态运送到树体各个器官和部位，每生产 1 g 干物质需消耗 400 g 水，每平方米叶面积每小时要蒸腾掉 40 g 水。

梨树的年需水量，可以根据树龄大小、栽植密度、生长结果状况和自然气候因素确定，每亩成年梨树年需水量约为 400 t，与年降水量 600 mm 相当。最适于梨树生长发育的土壤水分为最大持水量的 60% ～ 80%，低于这个数值时，就要浇水，差值越大，浇水量越大。

### 3. 砂梨涝渍灾害及预防

砂梨果实生长期降水量过大，尤其是果实膨大期，若高温多雨，形成涝渍灾害，则对其生长发育产生不利影响。一是根系受损，涝渍灾害导致果园地下水位升高，土壤湿度增加，土壤孔隙度下降至零，导致果树根系代谢活性降低，养分供给能力下降；二是枝叶生长受到抑制，砂梨受害轻时新梢生长迟缓，先端生长点不伸长，叶片受害严重时则萎蔫、黄化而提早脱落；三是果实生长受到伤害，幼果快速膨大期多雨，常会发生严重的裂果，表面“龟裂”而造成生理落果，近成熟期的果实则熟期推迟，品质下降，产量降低；四是增加梨黑斑病、褐斑病、梨木虱、梨瘿蚊等病虫害发生的概率。

发生灾害性降雨的梨园应采取积极措施，减轻涝渍灾害，保产保收，提高果实品质。一是及时排除果园明水、渍水，降低土壤湿度，做到雨过园干，特别是在我省汉江流域及长江沿岸的沙洲三滩地梨园，应及时疏浚、拓宽、加深排水沟，做到“三沟相通”，即梨园四周挖深 1.0 ～ 1.2 m 的围沟，与当地的主排水沟河相连，腰沟深 0.8 ～ 1.0 m，与果园围沟相通，厢沟则分别与围沟和腰沟连接；二是提高树体营养水平，增强树势，适当增加追肥次数，勤施、薄施、巧施，于树冠下开环状沟、放射状沟或穴施，沟深 15 ～ 20 cm，一般梨园每亩施入氮磷钾复合肥 100 ～ 150 kg；同时，结合病虫害防治进行叶面施肥，肥料的浓度为尿素 0.3% ～ 0.5%、磷酸二氢钾 0.2% ～ 0.3% 以及适量微肥。

# 第六章　整形修剪

# 第一节　冠层结构特征及宏观层次

## 1. 树体分枝级次

密植梨园树体分枝级次少。传统的乔冠稀植树形的分枝级次为五级结构（图 6-1），即主干→主枝→侧枝→结果枝组→结果母枝，结构级次庞大繁杂，修剪技术水平要求高。现代密植树形的分枝级次逐步简化为三级结构，即主干→主枝→结果母枝，特点是整形过程中成形快，无须花大量的时间培养树形骨架结构，结构简单，容易学习掌握，枝类构成合理，养分运输路线短，效益高，管理省工省力。

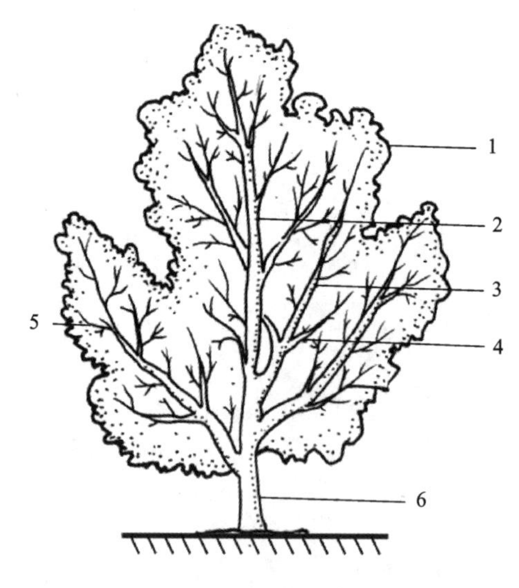


图 6-1　梨树个体结构

1—个体冠层；2—中心干；3—主枝；4—亚主枝；5—枝组；6—主干

## 2. 个体结构

① 梨树个体结构特征

梨树个体结构是群体结构的单元，为田间产量的重要组成部分，不同的栽植密度以及不同的树体结构会产生个体结构上的差异。单株梨树的树高应小于行距，为 3.0 ～ 4.0 m；

树冠透光率为20%～30%，“树下筛子光”；大枝稀疏，小枝及枝组丰满且在冠层内分布均匀。单层开心形的树体高度及主干高度均低于其他两种树形（表6-1），平均主枝数量为3.5个，主枝干径和主干干径的比值为37.26%，主枝与主干的基角为75°，主枝上侧枝的数量为2.5个，侧枝的直径与主枝干径的比例为48.04%，侧枝与主枝的夹角为80°。

**表6–1 不同树形的个体结构特征**

| 树形 | 树冠高/m | 主干高/m | 冠幅/m | 第一层主枝组成 | | |
|---|---|---|---|---|---|---|
| | | | | 平均主枝数/个 | 主枝/主干/% | 每主枝侧枝数/个 |
| 单层开心形 | 2.0±0.05 | 0.20±0.04 | 4.40×3.12 | 3.5±0.3 | 37.26 | 2.5±0.3 |
| 双层开心形 | 2.5±0.1 | 0.25±0.02 | 3.89×2.22 | 3.5±0.2 | 37.97 | 3.0±0.3 |
| 小冠疏层形 | 2.7±0.1 | 0.35±0.04 | 2.55×1.89 | 3.2±0.2 | 46.63 | 2.0±0.2 |

双层开心形的第一层平均主枝数量为3.5个，主枝干径和主干干径的比值为37.97%，主枝与主干的基角为80°，主枝上侧枝的数量平均为3个，侧枝的直径与主枝干径的比例为58.16%，侧枝与主枝的夹角为75°。第二层平均主枝数量为2.5个，主枝干径与主干干径的比例为35.44%，主枝与主干的基角为70°。第一层主枝和第二层主枝在主干上的层间距为1.2 m。

小冠疏层形的第一层平均主枝数量为3.2个，主枝干径和主干干径的比值为46.63%，主枝与主干的基角为70°，主枝上侧枝的数量平均为2个，侧枝的直径与主枝干径的比例为57.86%，侧枝与主枝的夹角为75°。第二层平均主枝数量为3个，主枝干径与主干干径的比例为36.16%，主枝与主干的基角为60°。第一层主枝和第二层主枝在主干上的层间距为0.8 m。第三层平均主枝数量为2.4个，主枝干径与主干干径的比例为24.91%，主枝与主干的基角为75°。第二层主枝和第三层主枝在主干上的层间距为0.5 m。

② 不同树形树冠内不同部位的产量分布

不同树形树冠内不同层次、不同部位的果实分布如图6-2所示。在垂直方向上，单层开心形的最高产量分布在高度为1.0～1.5 m的区域，该部位的产量占树体总产量的70.21%，树冠下部和顶部产量较低；从水平方向上看，产量主要分布在树冠中部，该区域的产量占总产量的60.80%，内膛和外围果实数量较少。

双层开心形在垂直方向上的产量分布主要集中在树冠高度为1.0～2.0 m的部位，最高产量分布在1.0～1.5 m的区域，其产量占总产量的56.25%，冠层内2.0 m以上的

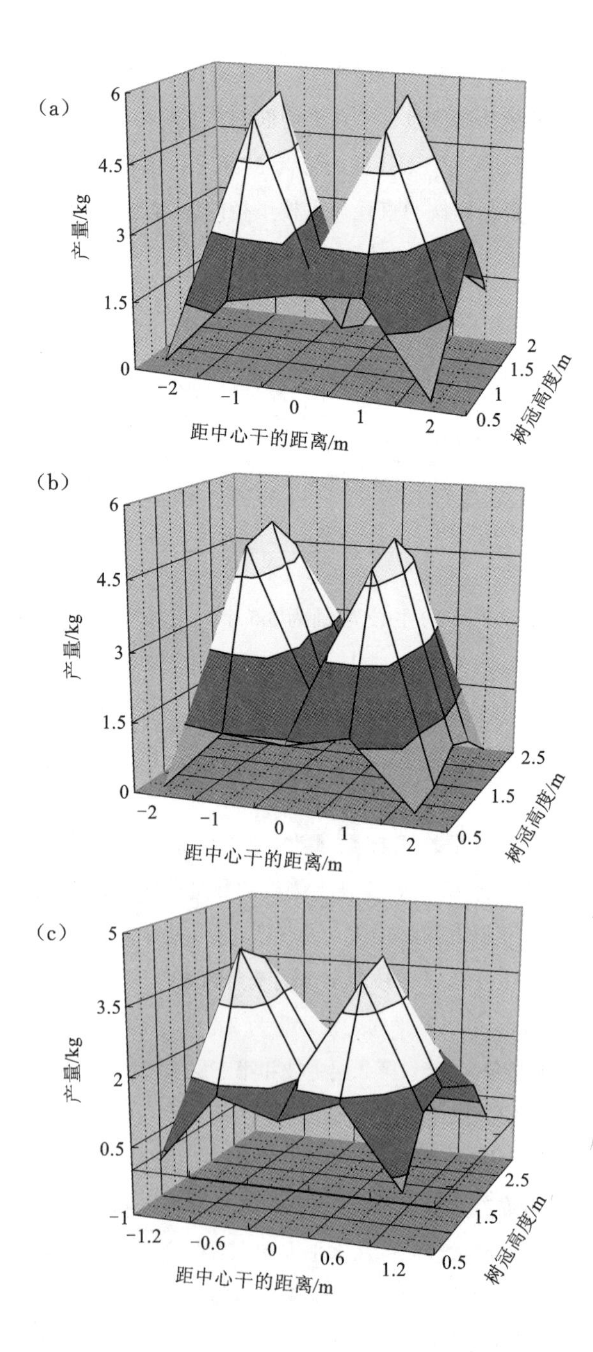


图 6-2　树冠内不同部位产量的三维分布

（a）单层开心形；（b）双层开心形；（c）小冠疏层形

部位产量分布极少。在水平方向上，其产量主要分布在树冠中部，占总产量的71.46%，内膛及主干上分布的产量较外围的多。

小冠疏层形在垂直方向上的产量分布主要集中在树冠高度为1.0～2.5 m的部位，最高产量分布在1.0～2.0 m的区域，其产量占总产量的77%，冠层内2.5 m以上的部位没有产量，为无效生产空间。在水平方向上，其产量主要分布在树冠中部，与其他2种树形的情况相同。

③ 不同树形冠层内不同层次果实品质的差异

同一树形树冠内不同层次的果实品质存在差异，单果质量、可溶性固形物含量、果实硬度、固酸比等从树冠下部到上部呈逐渐增大的趋势，并且差异达到显著水平；相反，果实可滴定酸含量是从树冠下部到上部呈现逐渐减少的趋势（表6-2）。果实的果形指数没有变化，表明不同层次内果实纵径和横径的比值没有出现明显变化。

**表6–2 树体不同冠层果实品质的差异**

| 树形 | 树冠高度 / m | 单果质量 /g | 硬度 / (kg·cm$^{-2}$) | 可溶性固形物含量 /% | 可滴定酸含量 /% | 固酸比 | 果形指数 |
|---|---|---|---|---|---|---|---|
| 单层开心形 | 0.5～1.0 | 272.9bcABCD | 6.92fE | 10.4cdBCD | 0.167abAB | 62.28cdCDE | 0.92a |
| | 1.0～1.5 | 289.4ab AB | 7.70bcdeABCDE | 11.0abcAB | 0.158bcdBC | 69.62Bbc | 0.93a |
| | 1.5～2.0 | 307.1a A | 8.21abcAB | 11.4abA | 0.144Dc | 79.17aA | 0.92a |
| 双层开心形 | 0.5～1.0 | 240.7deDEF | 7.07efDE | 9.8deCD | 0.171abAB | 57.31deDE | 0.91a |
| | 1.0～1.5 | 251.2cdCDE | 7.59cdefBCDE | 10.8abcAB | 0.168abAB | 64.29bcCD | 0.93a |
| | 1.5～2.0 | 269.7bcBCD | 8.01abcdABCD | 10.9abcAB | 0.159bcdABC | 68.55bcC | 0.94a |
| | 2.0～2.5 | 277.4bcABC | 8.33abAB | 11.5Aa | 0.151cdBC | 76.16Aab | 0.92a |
| 小冠疏层形 | 0.5～1.0 | 201.9fg | 7.12efCDE | 9.6Ed | 0.179Aa | 53.63Ee | 0.92a |
| | 1.0～1.5 | 210.3fFg | 7.46defBCDE | 10.7bcABC | 0.166abcAB | 64.46bcCD | 0.93a |
| | 1.5～2.0 | 219.7efEFG | 8.09abcdABC | 10.8abcAB | 0.165abcAB | 65.45bcCD | 0.93a |
| | 2.0～2.5 | 221.1efEFG | 8.57aA | 11.1abcAB | 0.160bcABC | 69.38bBC | 0.92a |

注：大写字母表示差异性达极显著水平（A＝0.01），小写字母表示差异性达显著水平（a＝0.05）。下同。

不同树形的果实品质也存在差异（表6-2）。单层开心形的平均单果质量为289.8 g，分别较双层开心形和小冠疏层形高出11.57%、35.90%；果实的平均可溶性固形物含量中单层开心形为10.93%，均高于其他两种树形。平均固酸比的变化趋势为单层开心形＞双层开心形＞小冠疏层形，表明单层开心形的果品质量明显高于其他两种树形。

④ 不同树形冠层内不同层次叶片光合作用的差异

同一树形冠层的垂直方向上，光量子通量密度、蒸腾速率、气孔导度和净光合速率有较为明显的规律性，从上到下逐渐降低，且不同高度内存在极显著差异；细胞间 $CO_2$ 浓度则逐步增加，亦存在极显著差异；叶面温度不存在显著差异，但有降低的趋势（表 6-3）。叶片净光合速率在垂直方向上由树冠上部到下部呈现出很明显的降低趋势，这与冠层内相对光照强度的分布规律基本一致，表明净光合速率与相对光照强度有密切的相关性。

**表 6-3　树体不同冠层叶片光合作用的差异**

| 树形 | 树冠高度 /m | 光量子通量密度 /（μmol·m$^{-2}$·s$^{-1}$） | 细胞间 $CO_2$ 浓度 /（μmol·mol$^{-1}$） | 蒸腾速率 /（mmol·m$^{-2}$·s$^{-1}$） | 净光合速率 /（μmol·m$^{-2}$·s$^{-1}$） |
|---|---|---|---|---|---|
| 单层开心形 | 0.5 ～ 1.0 | 418eE | 285abAB | 1.91deCD | 6.1eEF |
| | 1.0 ～ 1.5 | 1701cC | 277cdefBCD | 3.55cdeBCD | 15.64cBC |
| | 1.5 ～ 2.0 | 1921aA | 242dF | 4.568.46aA | 18.9aA |
| 双层开心形 | 0.5 ～ 1.0 | 227eE | 311abA | 2.07eD | 4.7eF |
| | 1.0 ～ 1.5 | 1254dCD | 273bcdeABC | 3.26deCD | 9.9dD |
| | 1.5 ～ 2.0 | 1725bB | 244cdefCD | 2.11abABC | 13.8bcBC |
| | 2.0 ～ 2.5 | 1979aA | 231defCD | 4.54abAB | 18.4aAB |
| 小冠疏层形 | 0.5 ～ 1.0 | 183eE | 333aA | 1.97eD | 1.7eF |
| | 1.0 ～ 1.5 | 1393dD | 267abcABC | 3.77cdE | 12.8dDE |
| | 1.5 ～ 2.0 | 1970bB | 256bcdABC | 5.04bcdABCD | 16.8cC |
| | 2.0 ～ 2.5 | 1984aA | 215efCD | 4.61abAB | 19.2abAB |

⑤ 净光合速率与果实品质的相互关系

树冠内不同层次的叶片净光合速率与果实品质的各项指标存在相关回归关系（图 6-3）。以净光合速率为自变量，果实品质指标中的单果质量、果肉硬度为应变量，建立的二次多项式回归方程分别为 $Y$=0.0295$X^2$−0.3123$X$+270.51、$Y$=0.0004$X^2$+0.0198$X^2$+6.6655。净光合速率与果实可溶性固形物含量为线性相关，线性回归方程分别为 $Y$=0.0284$X$+10.15，为正相关。净光合速率与果实可滴定酸含量呈负相关，线性回归方程为 $Y$=−0.0007$X$+0.1755。进一步分析各方程的回归关系和回归系数均为极显著，表明建立的回归方程是稳定可靠的。结合图 6-5 分析结果，可以看出净光合速率和相对光照强度对果实品质影响呈现出明显的一致性。

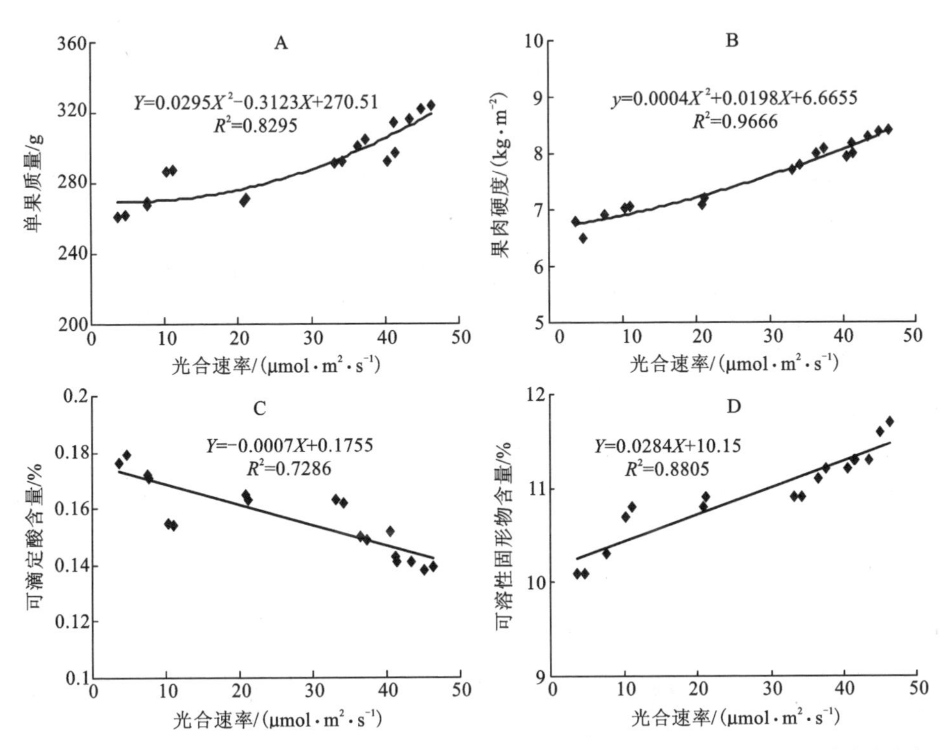


图 6-3 单果质量（A）、果肉硬度（B）、可滴定酸含量（C）、可溶性固形物含量（D）与净光合速率的相关性分析

### 3. 群体结构

梨园群体结构由梨树个体组成，由于立地条件、栽培制度、整形修剪方式以及品种特性的不同而表现出不同的结构类型（图 6-4）。密植栽培条件下的成年梨园，其合理的群体结构是树冠的覆盖率为 70% ～ 85%，叶面积系数为 4.5 ～ 6.0，每亩留枝量为 5 万～ 8 万条，行间留出 1.0 ～ 1.2 m 的作业道，行间射影角小于 49°，株间允许交接 10% ～

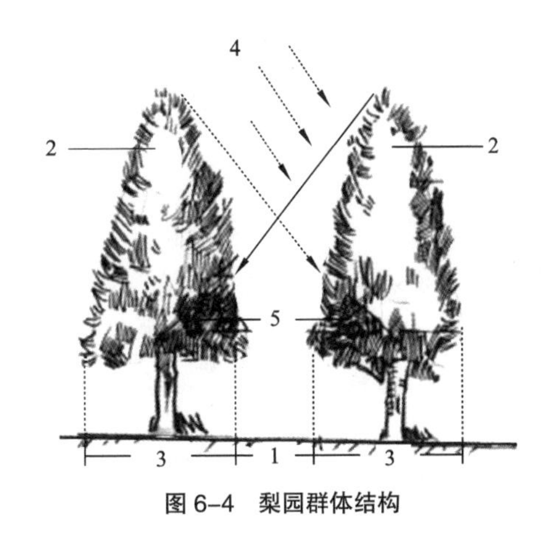


图 6-4 梨园群体结构

1—行间机械作业道；2—冠层上部及外部高光效区；3—冠层垂直覆盖区；4—自然光照；5—冠层内低光效区

15%，树冠交接率小于 10%；并且树龄结构合理，树体健壮，个体结构整齐一致。

不同树形群体的叶面积指数、树冠覆盖率、田间产量均不相同，见表 6-4。单层开心形的叶面积指数最小，较小冠疏层形低 9.87%，但是三种树形之间差异不显著，表明原本干性较强的梨树，去除中心干后，枝叶数量有所降低。三种树形中，单层开心形树体的平均单叶面积最大，且存在极显著差异，有效弥补了数量上的缺陷，为优质、丰产提供了物质保障。单层开心形的树体田间产量最低，但与其他两种树形不存在显著差异，其优质果率和精品果率显著高于其他两种树形。

**表 6–4　不同树形的田间群体组成**

| 树形 | 平均单叶面积 / $mm^2$ | 叶面积指数 | 树冠覆盖 /% | 叶果比 | 株产 /kg | 田间产量 /（$kg·667m^{-2}$） |
|---|---|---|---|---|---|---|
| 单层开心形 | 7640 aA | 5.48a | 107.57aA | 21.36bA | 49.80aA | 3321a |
| 双层开心形 | 6693bB | 5.60a | 82.11aB | 24.73abA | 48.41aA | 3582a |
| 小冠疏层形 | 4890Cc | 6.08a | 100.80abA | 28.10aA | 24.78bB | 4412a |

# 第二节　叶幕的构成及特征

## 1. 叶幕

（1）叶幕的构成

叶幕是梨树叶片群体的总称，分为个体水平上的叶幕和群体水平上的叶幕，是梨树生物量或果实产量形成的最基础的地上部功能单位，包括所有的诸如叶片、嫩梢、果实等一年生器官。梨园叶幕结构反映的是叶幕的空间构型，由一系列栽培管理措施决定，包括栽植密度、栽植方式、株行间距、行向、树形和修剪方式以及梨园肥水管理水平等因素。密植条件下，单株负载量相比稀植减少，可以使叶幕厚度下降；相反，稀植时为了保证一定的田间产量要加高、加厚叶幕，但加高叶幕则会造成诸如修剪、打药及采收等田间操作困难，而且叶幕下部的遮阴会导致冠层下部形成无效生产空间。

在幼树及初结果期，冠内枝条少、光照好，叶片分布较均匀，冠形即叶幕形状；自然生长无中心干的成年树，叶幕与树冠体积并不一致，其枝叶一般集中在树冠表面，叶幕往往仅限于冠表较薄的一层，多呈弯月形叶幕。具有中心干的成年树，树冠扩大、冠内枝条增多，光照逐渐恶化，造成内膛枝组枯死，叶幕逐渐变为内空的半圆形。在精细

化管理的稀植梨园，大冠和中冠在整形修剪过程中逐渐形成层形树冠和层形叶幕，以二层形居多。在密植梨园，多形成株间相连的单行筒形叶幕，呈波浪状。

（2）不同树形树冠内不同部位、不同层次的相对光照分布

为了说明不同树形树冠内相对光照强度的特点，在此计算出不同相对光照强度占树冠体积的空间比例（表 6-5）。单层开心形冠层内小于 30% 的相对光照强度占树冠体积的 31.1%，其中 20.7% 位于树冠下层（离地面 0.5 ～ 1.0 m）；相对光照 30% ～ 59% 的占 32.7%，60% ～ 80% 的占 25.9%，大于 80% 的高光区仅占 10.3%，表明单层开心形树形也易形成相对光照强度小于 30% 的低光区（Wertheim & Wagenmarkers，2001），生产中为了增加产量和提高品质，必须通过冬季修剪和夏季修剪相结合的方法及时调整枝叶的空间布局。

双层开心形冠层内小于 30% 的相对光照强度占树冠体积的 40.0%，其中 23.3% 位于树冠下层，较单层开心形高近 9 个百分点；相对光照 30% ～ 59% 的占 33.4%；60% ～ 80% 的占 16.8%，较单层开心形低近 9 个百分点；大于 80% 的高光区仅占 9.8%。

小冠疏层形冠层内小于 30% 的相对光照强度占树冠体积的 44.7%，其中 24.5% 位于树冠下层，较单层开心形高近 14 个百分点，低光区的空间比例较大；相对光照 30% ～ 59% 的占 35.9%；60% ～ 80% 的占 12.8%，均低于单层形和双层形；大于 80% 的高光区仅占 6.6%。

对于双层开心形和小冠疏层形而言，生产上应通过回缩、疏枝、落头开心及合理间伐等综合配套措施，调整冠层不同空间内的枝叶分布，减少低光区，增加高光区，从而提高产量和果品质量。

**表 6–5 树冠内不同层次的相对光照比例**

| 树形 | 树冠高度 /m | 相对光照比例 /% | | | |
|---|---|---|---|---|---|
| | | ＜ 30% | 30% ～ 59% | 60% ～ 80% | ＞ 80% |
| 单层开心形 | 0.5 ～ 1.0 | 20.7 | 8.2 | 0 | 0 |
| | 1.0 ～ 1.5 | 10.4 | 20.9 | 3.1 | 1.1 |
| | 1.5 ～ 2.0 | 0 | 3.6 | 22.8 | 9.2 |
| 双层开心形 | 0.5 ～ 1.0 | 23.3 | 7.8 | 0 | 0 |
| | 1.0 ～ 1.5 | 12.1 | 16.4 | 1.7 | 0.3 |
| | 1.5 ～ 2.0 | 4.6 | 5.9 | 5.0 | 2.7 |
| | 2.0 ～ 2.5 | 0 | 3.3 | 10.1 | 6.8 |
| 小冠疏层形 | 0.5 ～ 1.0 | 24.5 | 8.4 | 0 | 0 |
| | 1.0 ～ 1.5 | 14.0 | 17.1 | 1.4 | 0.2 |
| | 1.5 ～ 2.0 | 5.1 | 6.3 | 3.6 | 1.3 |
| | 2.0 ～ 2.5 | 1.1 | 4.1 | 7.8 | 5.1 |

（3）相对光照强度与果实品质的相互关系

以相对光照强度为自变量，通过一元二次多项式拟合，建立了果实品质因素与冠层内相对光照强度的回归方程（图 6-5）。蒸腾速率与单果质量、果肉硬度、可滴定酸含量、可溶性固形物含量的二次多项式回归方程分别为 $Y=-0.0043X^2+1.3223X+214.11$（$R^2=0.8232$）、$Y=0.0003X^2-0.0067X+7.0293$（$R^2=0.9084$）、$Y=0.1731-5E-06X^2+9E-05X$（$R^2=0.8102$）、$Y=-0.0004X^2+0.0676X+8.4253$（$R^2=0.8541$）。经检测，回归关系和回归系数存在显著差异。表明果实品质指标中单果质量、果肉硬度、可溶性固形物含量与相对光照强度呈正相关，而可滴定酸含量与相对光照强度呈负相关。

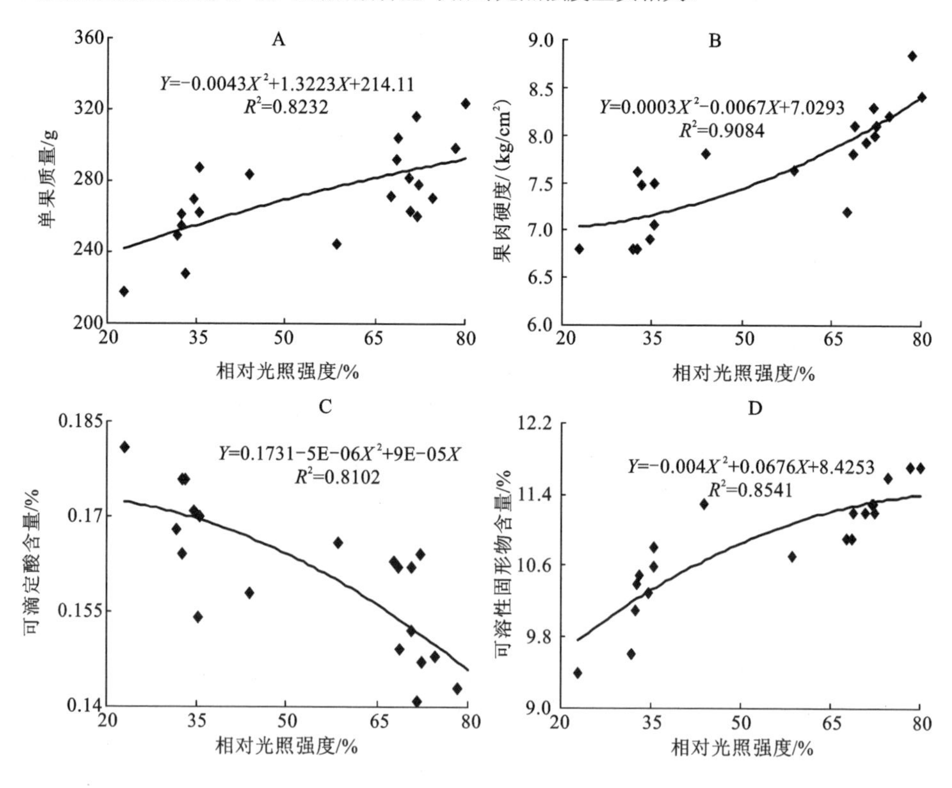


**图 6–5　单果质量（A）、果肉硬度（B）、可滴定酸含量（C）、可溶性固形物含量（D）与相对光照强度的相关性分析**

## 2. 叶面积系数及特征

叶面积系数是单位土地面积上的叶面积，是叶幕结构的一个重要因素。管理水平较高的丰产梨园的叶面积系数为 4.5 ～ 6.0，在这一范围内所有或大部分叶面积都能维持较

高的光合生产效率，成为“有效叶面积”。

叶片是果树的重要营养器官，是光合作用的物质基础。在果树生产和科学研究中，叶面积的大小、系数和性状是密植试验、修剪反应及肥料试验等研究的主要依据之一，且可以作为制定栽培措施和技术标准的参考依据。叶面积测定方法很多，常用的有求积仪法、透明方格法、称重法和数字图像处理法等，回归方程法具有简单易行、快速、不伤叶片等优点，越来越被人们重视。

（1）7 个早熟梨的叶面积回归方程

① 不同品种叶片长与叶面积的回归方程

由表6-6可知，不同品种叶片的叶片长与叶面积之间均为直线相关，经过显著性检测，各品种的相关系数均达到极显著水平。每个品种随机选择 40 片叶，用叶片长与叶面积的回归方程测算叶面积，然后与实测叶面积进行比较（下同）可以看出（表 6-7），早酥和鄂梨 1 号的叶面积差值为正值，表明回归方程计算的叶片间平均值要小于实际测定值，且早酥的差异百分率较小，为 0.74%；鄂梨 2 号、华梨 2 号、西子绿、翠冠和金水 2 号的叶面积为负值，表明回归方程计算的叶片间平均值要大于实际测定值，西子绿的叶面积差异率百分率最小，为 -1.35%。

**表 6–6　不同品种叶片长与叶面积的线性回归方程**

| 品种 | 回归方程 | 相关系数 $R^2$ |
|---|---|---|
| 早酥 | $Y$=42.338$X_1$−603.5 | 0.5002** |
| 鄂梨 1 号 | $Y$=52.548$X_1$−1251.1 | 0.4671** |
| 鄂梨 2 号 | $Y$=49.485$X_1$−904.9 | 0.5741** |
| 华梨 2 号 | $Y$=32.507$X_1$+1576.0 | 0.4187** |
| 西子绿 | $Y$=63.695$X_1$−1484.8 | 0.5434** |
| 翠冠 | $Y$=72.125$X_1$−2729.3 | 0.6904** |
| 金水 2 号 | $Y$=60.816$x_1$−1463.1 | 0.5982** |

注：$Y$ 为叶面积，$X_1$ 为叶片长；** 表示经过显著性测验达到极显著水平，下表同。

**表 6–7　回归方程计算叶面积与实测叶面积值的差异分析（1）**

| 品种 | 实测叶面积 /mm² | 回归方程计算叶面积 /mm² | 差值 /mm² | 差异百分率 /% |
|---|---|---|---|---|
| 早酥 | 3825.40 | 3797.17 | 28.23 | 0.74 |
| 鄂梨 1 号 | 3927.00 | 3760.93 | 166.07 | 4.23 |
| 鄂梨 2 号 | 5259.40 | 5392.56 | −133.16 | −2.53 |
| 华梨 2 号 | 5502.00 | 5625.07 | −123.07 | −2.24 |
| 西子绿 | 5784.80 | 5863.05 | −78.25 | −1.35 |
| 翠冠 | 5448.60 | 5745.39 | −296.79 | −5.44 |
| 金水 2 号 | 4678.20 | 4830.14 | −151.94 | −3.25 |

注：差值 = 实测叶面积 − 回归方程计算的叶面积；差异百分率 =（实测叶面积 − 回归方程计算的叶面积）/ 实测叶面积 ×100，下表同。

② 不同品种叶片宽与叶面积的回归方程

不同品种的叶片宽与叶面积之间也均为直线相关，经过显著性检测，各品种的相关系数均达到极显著水平（表 6-8）。由表 6-9 可以看出，华梨 2 号和翠冠的叶面积差值为负值，表明回归方程计算的叶片间平均值要小于实际测定值，且两个品种用回归方程计算的叶片间平均值与实际测定值差异较小，分别为 -0.90% 和 -1.09%；早酥、鄂梨 1 号、鄂梨 2 号、西子绿和金水 2 号的叶面积差值为正值，表明回归方程计算的叶片间平均值要大于实际测定值，西子绿的叶面积差异率百分率最小，为 0.32%，金水 2 号和鄂梨 1 号次之。

**表 6-8　不同品种叶片宽与叶面积的线性回归方程**

| 品种 | 回归方程 | 相关系数 $R^2$ |
|---|---|---|
| 早酥 | $Y$=94.087$X_2$−1580.3 | 0.7496** |
| 鄂梨 1 号 | $Y$=99.221$X_2$−2457.9 | 0.9023** |
| 鄂梨 2 号 | $Y$=103.040$X_2$−2068.8 | 0.6348** |
| 华梨 2 号 | $Y$=73.492$X_2$+361.3 | 0.3539** |
| 西子绿 | $Y$=129.730$X_2$−3854.5 | 0.8385** |
| 翠冠 | $Y$=118.050$X_2$−2694.4 | 0.6374** |
| 金水 2 号 | $Y$=121.410$X_2$−3703.6 | 0.8443** |

注：$X_2$ 为叶片宽，余表同。

**表 6-9　回归方程计算叶面积与实测叶面积值的差异分析（2）**

| 品种 | 实测叶面积 /mm² | 回归方程计算叶面积 /mm² | 差值 /mm² | 差异百分率 /% |
|---|---|---|---|---|
| 早酥 | 3825.40 | 3735.62 | 89.78 | 2.34 |
| 鄂梨 1 号 | 3927.00 | 3898.20 | 28.80 | 0.73 |
| 鄂梨 2 号 | 5259.40 | 4919.37 | 340.03 | 6.47 |
| 华梨 2 号 | 5502.00 | 5551.30 | −49.30 | −0.90 |
| 西子绿 | 5784.80 | 5766.28 | 18.25 | 0.32 |
| 翠冠 | 5448.60 | 5507.72 | −59.12 | −1.09 |
| 金水 2 号 | 4678.20 | 4654.26 | 23.94 | 0.51 |

③ 不同品种叶片长 × 叶片宽与叶面积的回归方程

由表 6-10 可以看出，不同品种的叶片长 × 叶片宽与叶面积之间也均为直线相关，经过显著性检测，各品种的相关系数均达到极显著水平。由表 6-11 可以看出，早酥、鄂梨 2 号、华梨 2 号、西子绿、翠冠的叶面积差值为负值，表明回归方程计算的叶片间平均值要小于实际测定值，其中西子绿用回归方程计算的叶片间平均值与实际测定值差异最小，其差异百分率为 -0.80%；鄂梨 1 号、金水 2 号的叶面积差值为正值，表明回归方程

计算的叶片间平均值要大于实际测定值，鄂梨1号的叶面积差异百分率最小，为0.31%。

表6-10 不同品种叶片长 × 叶片宽与叶面积的回归方程

| 品种 | 回归方程 | 相关系数 $R^2$ |
|---|---|---|
| 早酥 | $Y$=0.6228$X_1X_2$+88.94 | 0.9591** |
| 鄂梨1号 | $Y$=0.6745$X_1X_2$−223.34 | 0.9238** |
| 鄂梨2号 | $Y$=0.6061$X_1X_2$+36.81 | 0.9262** |
| 华梨2号 | $Y$=0.5786$X_1X_2$+477.32 | 0.8684** |
| 西子绿 | $Y$=0.6666$X_1X_2$+88.40 | 0.9100** |
| 翠冠 | $Y$=0.7351$X_1X_2$−538.34 | 0.9716** |
| 金水2号 | $Y$=0.6387$X_1X_2$+51.44 | 0.9220** |

表6-11 回归方程计算叶面积与实测叶面积值的差异分析（3）

| 品种 | 实测叶面积 /mm² | 回归方程计算叶面积 /mm² | 差值 /mm² | 差异百分率 /% |
|---|---|---|---|---|
| 早酥 | 3825.40 | 4077.00 | −251.60 | -6.58 |
| 鄂梨1号 | 3927.00 | 3914.94 | 12.06 | 0.31 |
| 鄂梨2号 | 5259.40 | 5306.13 | −46.73 | −0.89 |
| 华梨2号 | 5502.00 | 5584.34 | −82.34 | −1.50 |
| 西子绿 | 5784.80 | 5831.23 | −46.43 | −0.80 |
| 翠冠 | 5448.60 | 5532.12 | −83.52 | −1.53 |
| 金水2号 | 4678.20 | 4624.56 | 53.64 | 1.05 |

④ 不同品种叶片长、叶片宽与叶面积的二元回归方程分析

为了进一步说明不同品种叶片长、叶片宽与叶面积的相关关系，对叶片长和叶片宽与叶面积的关系进行了二元回归方程的拟合，建立了不同品种叶片长、叶片宽与叶面积的二元回归方程（表6-12），经过显著性检测，各品种的复相关系数均达到极显著水平。

表6-12 不同品种叶片长、叶片宽与叶面积的二元回归方程拟合

| 品种 | 回归方程 | 复相关系数 $R^2$ |
|---|---|---|
| 早酥 | $Y$=29.589$X_1$+78.187$X_2$−3745.69 | 0.9725** |
| 鄂梨1号 | $Y$=23.364$X_1$+84.293$X_2$−3697.85 | 0.9742** |
| 鄂梨2号 | $Y$=37.360$X_1$+81.148$X_2$−5007.19 | 0.9334** |
| 华梨2号 | $Y$=37.337$X_1$+86.151$X_2$−5187.31 | 0.8957** |
| 西子绿 | $Y$=33.076$X_1$+103.399$X_2$−5691.59 | 0.9505** |
| 翠冠 | $Y$=53.965$X_1$+84.328$X_2$−6700.49 | 0.9719** |
| 金水2号 | $Y$=31.076$X_1$+93.500$X_2$−5053.66 | 0.9558** |

由表 6-13 可以看出，鄂梨 1 号、华梨 2 号、西子绿及翠冠四个品种用叶片长、叶片宽与叶面积的二元回归方程计算出的平均叶面积与实测叶面积的差值为负值，表明回归方程计算的叶片间平均值要小于实际测定值，其中鄂梨 1 号差异百分率最小，仅为 -0.09%，其次为西子绿，为 -0.13%；早酥、金水 2 号、鄂梨 2 号的叶面积差值为正值，表明回归方程计算的叶片间平均值要大于实际测定值。

**表 6–13　回归方程计算叶面积与实测叶面积值的差异分析（4）**

| 品种 | 实测叶面积 /$mm^2$ | 回归方程计算叶面积 /$mm^2$ | 差值 /$mm^2$ | 差异百分率 /% |
|---|---|---|---|---|
| 早酥 | 3825.40 | 3747.36 | 78.04 | 2.04 |
| 鄂梨 1 号 | 3927.00 | 3930.42 | -3.42 | -0.09 |
| 鄂梨 2 号 | 5259.40 | 5250.72 | 8.68 | 0.17 |
| 华梨 2 号 | 5502.00 | 5547.37 | -45.37 | -0.82 |
| 西子绿 | 5784.80 | 5792.13 | -7.33 | -0.13 |
| 翠冠 | 5448.60 | 5499.51 | -50.91 | -0.93 |
| 金水 2 号 | 4678.20 | 4598.63 | 79.57 | 1.70 |

⑤ 不同品种叶片长、叶片长 × 叶片宽与叶面积的二元回归

为了说明不同品种叶片长、叶片长 × 叶片宽与叶面积的相关关系，建立了不同品种叶片长、叶片长 × 叶片宽与叶面积的二元回归方程（表 6-14），经过显著性检测，各品种二元回归方程的复相关系数均达到极显著水平。由表 6-15 可以看出，鄂梨 1 号、鄂梨 2 号、华梨 2 号、西子绿及翠冠四个品种用叶片长、叶片长 × 叶片宽与叶面积的二元回归方程计算出的平均叶面积与实测叶面积的差值为负值，表明回归方程计算的叶片间平均值要小于实际测定值，其中鄂梨 1 号差异百分率最小，仅为 -0.06%，其次为鄂梨 2 号，为 -0.34%；早酥、金水 2 号的叶面积差值为正值，表明回归方程计算的叶片间平均值要大于实际测定值。不同品种叶片长、叶片长 × 叶片宽与叶面积的二元回归方程的叶面积差值结果与不同品种叶片长、叶片宽与叶面积的二元回归方程的叶面积差值结果类似。

**表 6–14　不同品种叶片长、叶片长 × 叶片宽与叶面积的二元回归方程拟合**

| 品种 | 回归方程 | 复相关系数 $R^2$ |
|---|---|---|
| 早酥 | $Y=-13.491X_1+0.738X_1X_2+805.10$ | $0.9771^{**}$ |
| 鄂梨 1 号 | $Y=-34.297X_1+0.939X_1X_2+1439.82$ | $0.9809^{**}$ |
| 鄂梨 2 号 | $Y=-7.840X_1+0.669X_1X_2+458.65$ | $0.9307^{**}$ |
| 华梨 2 号 | $Y=-14.020X_1+0.717X_1X_2+986.94$ | $0.8963^{**}$ |
| 西子绿 | $Y=-34.031X_1+0.907X_1X_2+1932.29$ | $0.9472^{**}$ |
| 翠冠 | $Y=3.002X_1+0.714X_1X_2-709.65$ | $0.9720^{**}$ |
| 金水 2 号 | $Y=-35.532X_1+0.908X_1X_2+1765.94$ | $0.9618^{**}$ |

表 6–15 回归方程计算叶面积与实测叶面积值的差异分析（5）

| 品种 | 实测叶面积 /mm$^2$ | 回归方程计算叶面积 /mm$^2$ | 差值 /mm$^2$ | 差异百分率 /% |
|---|---|---|---|---|
| 早酥 | 3825.40 | 3756.78 | 68.62 | 1.79 |
| 鄂梨 1 号 | 3927.00 | 3929.65 | −2.65 | −0.06 |
| 鄂梨 2 号 | 5259.40 | 5277.08 | −17.68 | −0.34 |
| 华梨 2 号 | 5502.00 | 5569.22 | −67.22 | −1.22 |
| 西子绿 | 5784.80 | 5820.37 | −35.57 | −0.61 |
| 翠冠 | 5448.60 | 5539.30 | −90.70 | −1.66 |
| 金水 2 号 | 4678.20 | 4590.41 | 87.79 | 1.88 |

⑥ 不同品种叶片宽、叶片长 × 叶片宽与叶面积的二元回归

由表 6-16 可以看出，不同品种叶片宽、叶片长 × 叶片宽与叶面积的二元回归方程复相关系数各不相同，经过显著性检测，各品种二元回归方程的复相关系数均达到极显著水平。由表 6-17 可以看出，鄂梨 1 号、鄂梨 2 号、华梨 2 号、西子绿及翠冠四个品种用叶片长、叶片长 × 叶片宽与叶面积的二元回归方程计算出的平均叶面积与实测叶面积的差值为负值，表明回归方程计算的叶片间平均值要小于实际测定值，其中鄂梨 2 号差异百分率最小，仅为 −0.10%；早酥、金水 2 号的叶面积差值为正值，表明回归方程计算的叶片间平均值要大于实际测定值。

表 6–16 不同品种叶片宽、叶片长 × 叶片宽与叶面积的二元回归方程拟合

| 品种 | 回归方程 | 复相关系数 $R^2$ |
|---|---|---|
| 早酥 | $Y=24.241X_2+0.509\ X_1X_2-617.91$ | 0.9768** |
| 鄂梨 1 号 | $Y=49.077\ X_2+0.389X_1X_2-1598.60$ | 0.9787** |
| 鄂梨 2 号 | $Y=15.548\ X_2+0.547\ X_1X_2-545.26$ | 0.9319** |
| 华梨 2 号 | $Y=23.927\ X_2+0.521\ X_1X_2-723.56$ | 0.8974** |
| 西子绿 | $Y=53.695X_2+0.442\ X_1X_2-1984.34$ | 0.9501** |
| 翠冠 | $Y=-3.834X_2+0.751X_1X_2-397.76$ | 0.9718** |
| 金水 2 号 | $Y=48.872X_2+0.430X_1X_2-1844.51$ | 0.9599** |

表 6–17 回归方程计算叶面积与实测叶面积值的差异分析（6）

| 品种 | 实测叶面积 /mm$^2$ | 回归方程计算叶面积 /mm$^2$ | 差值 /mm$^2$ | 差异百分率 /% |
|---|---|---|---|---|
| 早酥 | 3825.40 | 3754.62 | 70.78 | 1.85 |
| 鄂梨 1 号 | 3927.00 | 3931.92 | −4.92 | −0.13 |
| 鄂梨 2 号 | 5259.40 | 5264.71 | −5.31 | −0.10 |
| 华梨 2 号 | 5502.00 | 5564.77 | −62.77 | −1.14 |
| 西子绿 | 5784.80 | 5805.55 | −20.75 | −0.36 |
| 翠冠 | 5448.60 | 5537.62 | −89.02 | −1.63 |
| 金水 2 号 | 4678.20 | 4592.06 | 86.14 | 1.84 |

（2）6 个中晚熟梨品种叶面积回归方程

① 不同品种叶片长与叶面积的回归方程

由图 6-6 可见，不同品种叶片的叶片长与叶面积之间均为直线相关，黄花、金水 1 号、玉绿、华梨 1 号、湘南、黄金的叶片长度与叶面积的回归方程分别为 $Y$=58.201$X_1$−1135、$Y$=69.352$X_1$−2302.5、$Y$=50.373$X_1$−504.8、 $Y$=66.739$X_1$−2533.7、$Y$=80.94$X_1$−2896.1、$Y$=44.701$X_1$+414.66；经过显著性检测，各品种的相关系数均达到极显著水平。每个品种随机选择 60 片叶，用叶片长与叶面积的回归方程测算叶面积，然后与实测叶面积进行比较可以看出（表 6-18），金水 1 号、华梨 1 号、湘南的叶面积差值为正值，表明使用回归方程计算的叶片间平均值要小于实际测定值；金水 1 号的叶面积计算值差异百分率最小，仅为 0.15%；金水 1 号、玉绿、黄金的叶面积差值为负值，表明使用回归方程计算的叶片间平均值要大于实际测定值，叶面积差异百分率分别为 −1.38%、−1.25% 和 −1.10%。

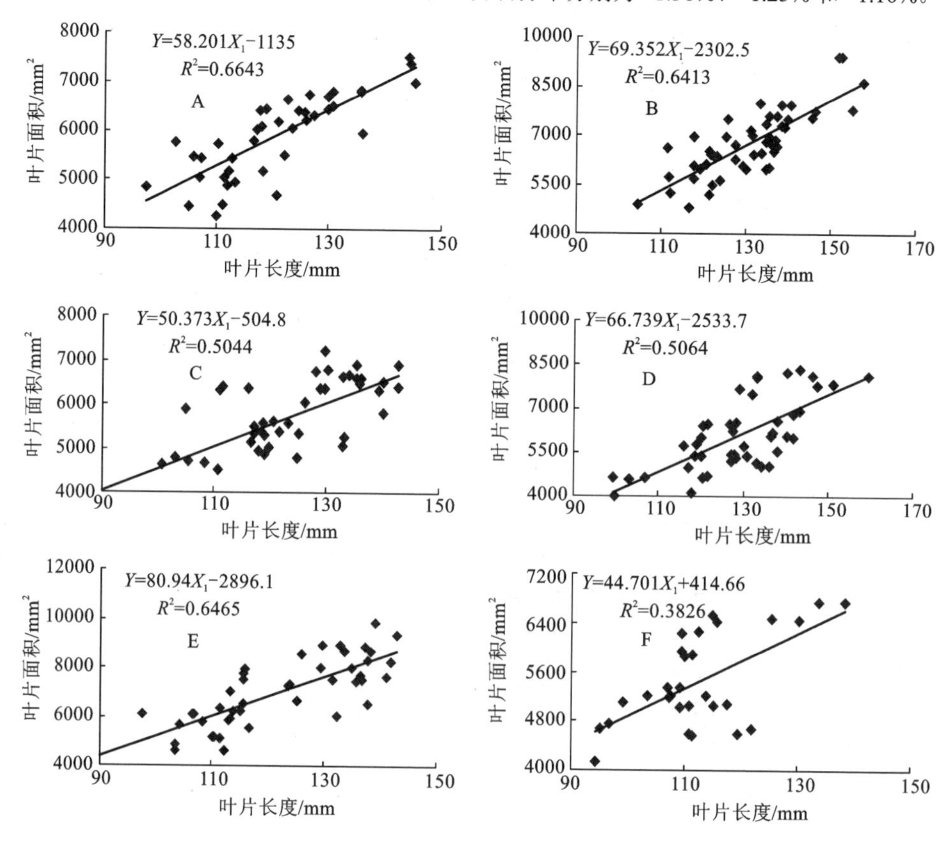


**图 6-6　不同品种叶片长与叶面积的线性回归方程**

A：黄花；B：金水 1 号；C：玉绿；D：华梨 1 号；E：湘南；F：黄金

表 6-18 回归方程计算叶面积与实测叶面积值的差异分析（7）

| 品种 | 实测叶面积 /mm² | 回归方程计算叶面积 /mm² | 差值 /mm² | 差异百分率 /% |
|---|---|---|---|---|
| 黄花 | 5894.23 | 5813.12 | 81.11 | -1.38 |
| 金水 1 号 | 6756.12 | 6766.17 | -10.05 | 0.15 |
| 玉绿 | 5662.76 | 5733.53 | -70.77 | -1.25 |
| 华梨 1 号 | 6085.56 | 5835.50 | 250.06 | 4.12 |
| 湘南 | 6936.51 | 6604.43 | 332.08 | 4.79 |
| 黄金 | 5444.67 | 5504.30 | -59.63 | -1.10 |

注：差值 = 实测叶面积 - 回归方程计算的叶面积；差异百分率 =（实测叶面积 - 回归方程计算的叶面积）/ 实际叶面积 ×100，下同。

②不同品种叶片宽与叶面积的回归方程

不同品种叶片的叶片宽与叶面积之间也均为直线相关，黄花、金水 1 号、玉绿、华梨 1 号、湘南、黄金的叶片宽度与叶面积的回归方程分别为 $Y=122.14X_2-3124.7$、$Y=136.83X_2-4220.8$、$Y=110.26X_2-2178.0$、$Y=107.99X_2-1666.3$、$Y=132.00X_2-4269.1$、$Y=92.302X_2-1415.8$；经过显著性检测，各品种的相关系数均达到极显著水平（图 6-7）。

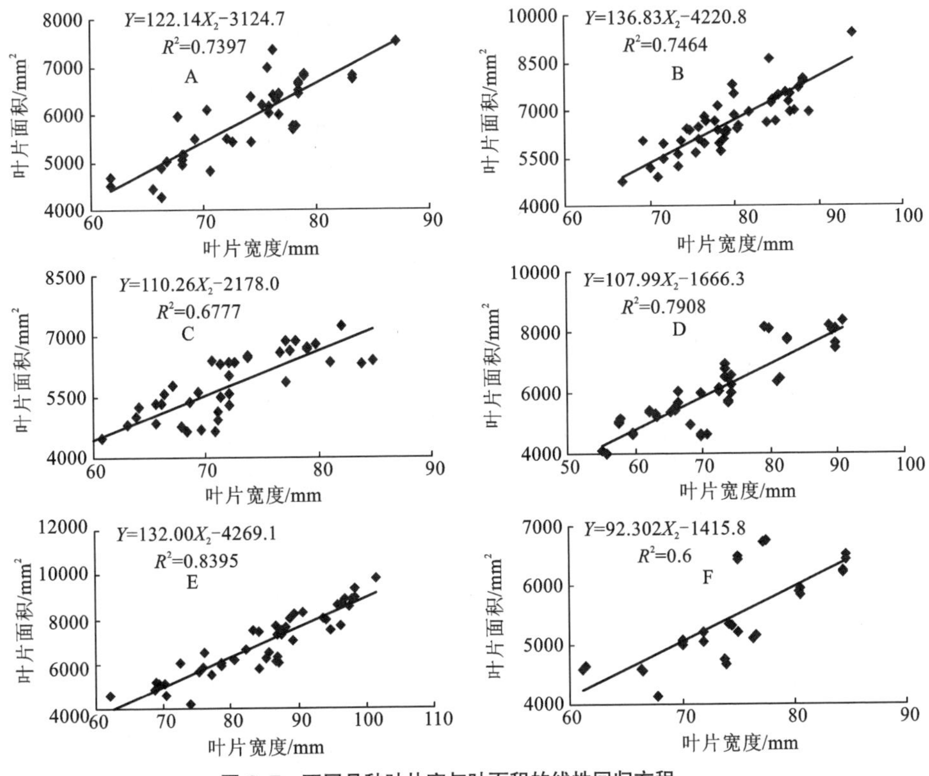


图 6-7 不同品种叶片宽与叶面积的线性回归方程

A：黄花；B：金水 1 号；C：玉绿；D：华梨 1 号；E：湘南；F：黄金

由表 6-19 分析可知，除黄金以外，其余 5 个中晚熟梨品种使用叶片宽度与叶面积直线回归方程计算的叶面积与实际测定的叶片面积差值均为正值，表明使用回归方程计算的叶片间平均值要小于实际测定值，金水 1 号使用回归方程计算的叶片平均值与实测叶面积平均值的差异百分率最小，为 0.04%；湘南的计算值与实测值差异百分率最大，为 6.64%，实际应用过程中会导致过大的误差，应根据要求的使用精度范围谨慎使用。黄金的实测值与计算值的叶面积差值为负值，表明使用叶片宽度与叶面积的直线回归方程的计算值大于实际测定值。

**表 6–19　回归方程计算叶面积与实测叶面积值的差异分析（8）**

| 品种 | 实测叶面积 /mm$^2$ | 回归方程计算叶面积 /mm$^2$ | 差值 /mm$^2$ | 差异百分率 /% |
|---|---|---|---|---|
| 黄花 | 5894.23 | 5569.45 | 324.78 | 5.51 |
| 金水 1 号 | 6756.12 | 6752.97 | 3.15 | 0.04 |
| 玉绿 | 5662.76 | 5585.22 | 77.54 | 1.37 |
| 华梨 1 号 | 6085.56 | 5842.37 | 243.19 | 3.40 |
| 湘南 | 6936.51 | 6476.13 | 460.38 | 6.64 |
| 黄金 | 5444.67 | 5544.94 | −100.27 | −1.84 |

③ 不同品种叶片长 × 叶片宽与叶面积的回归方程分析

由表 6-20 分析可知，玉绿、黄金两个品种使用叶片长 × 叶片宽与叶面积的直线回归方程计算的叶面积平均值与实际测定叶面积的平均值的差值为负值，表明使用回归方程计算的叶片间平均值要大于实际测定值，玉绿的差异百分率较小，仅为 −0.09%。黄花、金水 1 号、湘南的计算值与实际测定值的差值为正值，表明回归方程计算的叶片间平均值要小于实际测定值，华梨 1 号的差异百分率最小，为 0.17%。

**表 6–20　回归方程计算叶面积与实测叶面积的差异分析（9）**

| 品种 | 实测叶面积 /mm$^2$ | 回归方程计算叶面积 /mm$^2$ | 差值 /mm$^2$ | 差异百分率 /% |
|---|---|---|---|---|
| 黄花 | 5894.23 | 5712.47 | 181.76 | 3.08 |
| 金水 1 号 | 6756.12 | 6657.41 | 98.71 | 1.46 |
| 玉绿 | 5662.76 | 5668.13 | −5.37 | −0.09 |
| 华梨 1 号 | 6085.56 | 6096.08 | −10.52 | 0.17 |
| 湘南 | 6936.51 | 6781.98 | 154.53 | 2.22 |
| 黄金 | 5444.67 | 5552.64 | −107.97 | −1.89 |

由图 6-8 分析可知，不同品种叶片的叶片宽与叶面积之间也均为直线相关，黄花、金水 1 号、玉绿、华梨 1 号、湘南、黄金的叶片宽度与叶面积的回归方程分别为

$Y$=0.5709$X_1X_2$+782.81、$Y$=0.6332$X_1X_2$+98.881、$Y$=0.6455$X_1X_2$+27.092、$Y$=0.6400$X_1X_2$+121.79、$Y$=0.6666$X_1X_2$+12.063、$Y$=0.6293$X_1X_2$+139.88；经过显著性检测，各品种的相关系数均达到极显著水平。

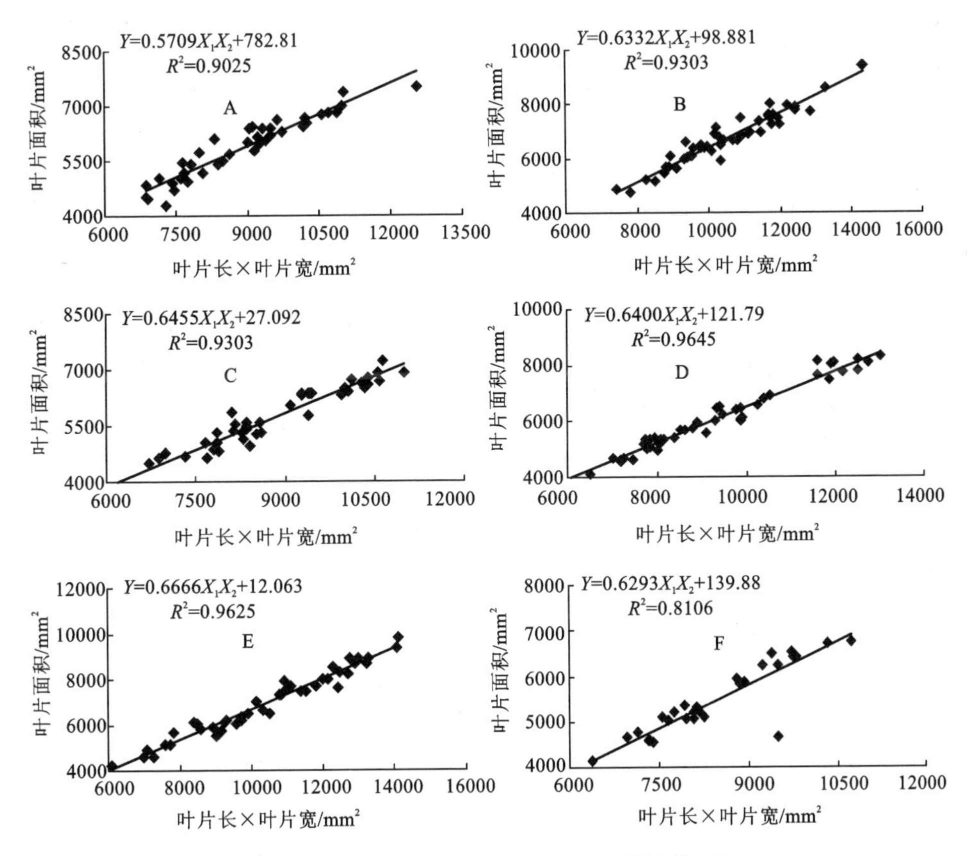


**图 6–8 不同品种叶片长 × 叶片宽与叶面积的线性回归方程**

A：黄花；B：金水 1 号；C：玉绿；D：华梨 1 号；E：湘南；F：黄金

④ 不同品种叶片长、叶片宽与叶面积的二元回归方程分析

为了进一步说明不同品种叶片长、叶片宽与叶面积的相关关系，对叶片长、叶片宽与叶面积的关系进行了二元回归方程的拟合，建立了不同品种叶片长、叶片宽与叶面积的二元回归方程（表 6-21），经过显著性检测，各品种的复相关系数均达到极显著水平。

表 6-21　不同品种叶片长、叶片宽与叶面积的二元回归方程拟合

| 品种 | 回归方程 | 复相关系数 $R^2$ |
| --- | --- | --- |
| 黄花 | $Y=35.843X_1+84.733X_2-4691.62$ | 0.9223** |
| 金水 1 号 | $Y=43.277X_1+98.525X_2-6800.44$ | 0.9376** |
| 玉绿 | $Y=37.936X_1+91.965Xx_2-5521.76$ | 0.9452** |
| 华梨 1 号 | $Y=41.770X_1+88.152X_2-5636.99$ | 0.9625** |
| 湘南 | $Y=43.411X_1+97.919X_2-6649.58$ | 0.9695** |
| 黄金 | $Y=43.969X_1+91.346X_2-6292.53$ | 0.9701** |

注：$Y$ 为叶面积，$X_1$ 为叶片长，$X_2$ 为叶片宽；** 表示经过显著性测验达到极显著水平，余表同。

由表 6-22 可以看出，金水 1 号、黄金两个品种使用叶片长、叶片宽与叶面积的二元回归方程计算出的平均叶面积与实测叶面积的差值为负值，表明回归方程计算的叶片间平均值要大于实际测定值，金水 1 号差异百分率最小，仅为 -0.16%。黄花、玉绿、华梨 1 号、湘南 4 个品种使用叶片长、叶片宽与叶面积的二元回归方程计算出的平均叶面积与实测叶面积的差值为正值，表明回归方程计算的叶片间平均值要小于实际测定值，其中玉绿的计算值与实测值的差异百分率最小，为 0.19%。

表 6-22　回归方程计算叶面积与实测叶面积值的差异分析（10）

| 品种 | 实测叶面积 /mm$^2$ | 回归方程计算叶面积 /mm$^2$ | 差值 /mm$^2$ | 差异百分率 /% |
| --- | --- | --- | --- | --- |
| 黄花 | 5894.23 | 5674.88 | 219.35 | 3.72 |
| 金水 1 号 | 6756.12 | 6766.62 | -10.50 | -0.16 |
| 玉绿 | 5662.76 | 5651.72 | 11.04 | 0.19 |
| 华梨 1 号 | 6085.56 | 5877.24 | 208.32 | 3.42 |
| 湘南 | 6936.51 | 6777.74 | 157.77 | 2.29 |
| 黄金 | 5444.67 | 5601.51 | -156.84 | -2.88 |

⑤ 不同品种叶片长、叶片长 × 叶片宽与叶面积的二元回归方程分析

建立的不同品种叶片长、叶片长 × 叶片宽与叶面积的二元回归方程，如表 6-23 所示，经过显著性检测，各品种二元回归方程的复相关系数均达到极显著水平。由表 6-24 分析可知，除黄金以外，其余 5 个品种用叶片长、叶片长 × 叶片宽与叶面积的二元回归方程计算出的平均叶面积与实测叶面积的差值均为正值，表明回归方程计算的叶片间平均值要小于实际测定值，其中金水 1 号差异百分率最小，仅为 0.08%，其次为华梨 1 号，为 0.27%。黄金的计算值与实测值的差值为负值，表明其计算值大于实测值，但是差异百分率较小，仅为 -0.83%。

表 6-23 不同品种叶片长、叶片长 × 叶片宽与叶面积的二元回归方程拟合

| 品种 | 回归方程 | 复相关系数 $R^2$ |
|---|---|---|
| 黄花 | $Y=-14.426X_1+0.680X_1X_2+1548.15$ | 0.9104** |
| 金水 1 号 | $Y=-16.975X_1+0.746X_1X_2+1129.48$ | 0.9391** |
| 玉绿 | $Y=-16.004X_1+0.769X_1X_2+912.14$ | 0.9474** |
| 华梨 1 号 | $Y=-6.451X_1+0.674X_1X_2+639.69$ | 0.9666** |
| 湘南 | $Y=-25.129X_1+0.816X_1X_2+1517.81$ | 0.9768** |
| 黄金 | $Y=-17.753X_1+0.765X_1X_2+994.68$ | 0.8333** |

表 6-24 回归方程计算叶面积与实测叶面积值的差异分析（11）

| 品种 | 实测叶面积 /mm² | 回归方程计算叶面积 /mm² | 差值 /mm² | 差异百分率 /% |
|---|---|---|---|---|
| 黄花 | 5894.23 | 5675.86 | 218.37 | 3.70 |
| 金水 1 号 | 6756.12 | 6750.67 | 5.45 | 0.08 |
| 玉绿 | 5662.76 | 5377.89 | 284.87 | 5.03 |
| 华梨 1 号 | 6085.56 | 6069.27 | 16.29 | 0.27 |
| 湘南 | 6936.51 | 6786.51 | 150.00 | 2.16 |
| 黄金 | 5444.67 | 5489.64 | −44.97 | −0.83 |

⑥ 不同品种叶片宽、叶片长 × 叶片宽与叶面积的二元回归方程分析

不同品种叶片宽、叶片长 × 叶片宽与叶面积的二元回归方程复相关系数各不相同，经过显著性检测，各品种二元回归方程的复相关系数均达到极显著水平（表 6-25）。由表 6-26 可以看出，除黄金梨以外，其余 5 个品种用叶片长、叶片长 × 叶片宽与叶面积的二元回归方程计算出的平均叶面积与实测叶面积的差值为正值，表明回归方程计算的叶片间平均值要小于实际测定值，其中金水 1 号差异百分率最小，仅为 0.04%，其次为华梨 1 号，为 0.26%。黄金的计算值与实测值的差值为负值，表明其计算值大于实测值，差异百分率为 -2.40%。依据表 6-26 的结果进行综合分析，不同品种叶片长、叶片长 × 叶片宽与叶面积的二元回归方程的叶面积差值结果与不同品种叶片宽、叶片长 × 叶片宽与叶面积的二元回归方程的叶面积差值结果类似。

表 6-25 不同品种叶片宽、叶片长 × 叶片宽与叶面积的二元回归方程拟合

| 品种 | 回归方程 | 复相关系数 $R^2$ |
|---|---|---|
| 黄花 | $Y=29.130X_2+0.467X_1X_2-438.09$ | 0.9147** |
| 金水 1 号 | $Y=28.066X_2+0.535X_1X_2-1122.32$ | 0.9394** |
| 玉绿 | $Y=27.477X_2+0.540X_1X_2-1009.29$ | 0.9477** |
| 华梨 1 号 | $Y=11.374X_2+0.586X_1X_2-191.47$ | 0.9664** |
| 湘南 | $Y=34.122X_2+0.525X_1X_2-1415.08$ | 0.9752** |
| 黄金 | $Y=47.759X_2+0.475X_1X_2-2111.93$ | 0.9227** |

表 6-26　回归方程计算叶面积与实测叶面积值的差异分析（12）

| 品种 | 实测叶面积 /$mm^2$ | 回归方程计算叶面积 /$mm^2$ | 差值 /$mm^2$ | 差异百分率 /% |
|---|---|---|---|---|
| 黄花 | 5894.23 | 5667.94 | 226.29 | 3.84 |
| 金水 1 号 | 6756.12 | 6753.52 | 2.60 | 0.04 |
| 玉绿 | 5662.76 | 5644.38 | 18.38 | 0.32 |
| 华梨 1 号 | 6085.56 | 6069.69 | 15.87 | 0.26 |
| 湘南 | 6936.51 | 6777.55 | 158.96 | 2.29 |
| 黄金 | 5444.67 | 5575.36 | -130.69 | -2.40 |

# 第三节　主要树形及演变

## 1. 梨的主要树形及变化趋势

（1）梨的主要树形

我国气候类型多样，梨生产面积广、品种繁多，各地根据自身的生态气候特点及主栽品种的特性，因地制宜选用了多种梨树形。总体上讲，我国梨树形分为两大类，即有干（中心干）树形和无干树形，其中有干树形包括疏散分层形、小冠疏层形及其改良树形（双层形、二层一心形）；纺锤形及其改良树形（自由纺锤形、细长纺锤形、多主枝螺旋形、圆柱形、主干形等）；一边倒树形（两边倒树形）等。

无干树形包括两主枝开心形（Y 形、V 形、倒人字形、2+1、倒个形）、三主枝开心形（倒伞形、3+1、延迟开心形、一层一心形）、多主枝开心形（3 个主枝以上、N+1）以及架式栽培树形，包括水平棚架（两主枝棚架、三主枝棚架、四主枝棚架等）、Y 形架、V 形架等；无干树形中的 2+1、3+1、N+1 以及延迟开心形树形中，中心干弱化成为主枝的功能。

（2）梨树形的变化趋势

① 传统的“高大圆”树形已逐步改造为矮冠树形

我国梨产区传统的树形为高、大、圆的稀植大冠疏散分层形，近年来现存的老龄梨园逐步改造为 3 ～ 4 个主枝的开心形或者双层形，由多元结构向二元结构转变，即主干上着生主枝，主枝上着生侧枝，侧枝上面不再配置二级侧枝，只是着生大中型结果枝组。

改造后的果园如果配套的管理措施到位，果园梨产量、果品质量以及经济效益均能达到甚至超过改造前的水平，且管理方便，果园用工降低。

从疏散分层形的果实空间分布上看，以河北省鸭梨为例，疏散分层形的第一层 4 个主枝的叶片数量占全树叶片总量的 71.08%，第一层主枝果实数量占全株果实总量的比例为 53.53%，表明第一层主枝的生产能力及果实承载能力能够满足目标产量的要求。河北辛集市于 1976 年定植的鸭梨，栽植密度为 3.0 m×5.0 m，由原来疏散分层形的主枝分为三层的高大树冠，在第二层以上进行落头开心，降低主干高度，减少主枝数量，调查时树冠高度仅为 2.90 m，主枝分两层分布，单株果实数量接近 700 个，单株产量接近未改造的果园，但单果质量及品质高于未改造的果园。

吉林延边和龙市西城镇二道村树龄 50 余年的苹果梨园全部被改造成开心形，只保留原来疏散分层形的第一层 3 ～ 4 个主枝，单株产量仍然可以达到 150 ～ 250 kg，亩平均产量在万斤以上；山东冠县的鸭梨老园、莱阳的莱阳慈梨老梨园和安徽省砀山园艺场的砀山酥梨老梨园均被改造为开心形或者一层一心树形，改造后果实品质及经济效益均高于未改造的梨园；江西省鹰潭市的金水 2 号老梨园、湖北省老河口市的黄花梨园均由疏散分层形改造为双层形，即在第二层以上的主干进行落头开心，效果良好，改造后 3—4 年就能恢复到改造前的产量水平。

② 新建梨园树形的主要特点为“密早丰”

梨园的定植密度是决定树形选择的重要因素之一。新建梨园一般定植密度较高，四川江油市的水平台阶式梨园定植密度为 1.0 m×2.5 m，每亩定植株数 267 株，为超高密度栽植。四川、重庆、江西、湖北等地新建梨园的株距一般为 1.0 ～ 2.5 m，行距为 3.0 ～ 4.0 m，每亩定植株数为 67 ～ 167 株，采用矮冠的开心形，通过拉枝等措施开张主枝角度，主要采用倒人字形、三主枝开心形及四主枝开心形等简化树形。

密植梨园在西北地区较为普遍，近期建园的梨园初期产量尤为突出，树形主要特点为“密早丰”，冠层覆盖率超过 90%，甚至出现行间枝叶交接的情况，造成空膛及果园群体结构郁闭、病虫危害加重的后果，虽然密植园前期产量较高，但是后期随着结果部位外移和上移，产量下降，品质变劣。密植梨园在修剪方法上主要强调生长期的控势修剪，通过生长期的拉枝、剪梢及抹芽等措施控制大枝旺长及枝叶的数量，维持主枝及结果枝组的大小搭配；同时，冬季修剪时进行回缩，剪除强旺枝，陕西富平县多主枝的砀山酥梨园做得较好，结果枝组与着生结果枝组的主枝大小比例较为合适，没有出现强旺枝及树上长树的现象。

③ 架式辅助栽培模式广泛应用

随着我国工业化水平及水果产业投入能力的提高，在沿海经济发达及农业产业化水平较高的地区，梨架式辅助栽培模式得到较为广泛的应用。如在我国经济较为发达的江浙沪地区，梨架式栽培已经成为梨生产上的主要树形，特别是新建梨园，平棚架栽培的比例较高，其中江苏省梨棚架栽培面积约为 6 万亩，2015 年，在浙江省富阳、海宁和萧山等地，新建梨园一般为架式栽培树形。在我国农业产业化水平较高的胶东半岛，如莱阳、莱西、龙口等地，传统的疏散分层形梨园全部被改造为平棚架式栽培，尽管大部分为架下结果，但是果园产量、果品质量及经济效益较改造前均大为提高；在胶东半岛，由于受韩国的影响较大，新建梨园除了采用平棚架式以外，梨的 Y 形架、V 形架应用得也比较广泛。此外，在我国内陆一些梨产区，如河北辛集、山东泰安、安徽砀山和重庆永川等地也进行了疏散分层形的架式改造，效果较好。

与我国传统的立木式梨栽培方式相比，梨架式栽培由于枝条空间分布有序，树体养分分配得较均匀，梨果形的整齐度及单果质量得到显著提高；架式栽培枝条分布架面距离地面 1.70 ～ 1.80 m，这对年轻人日渐减少、以老人或妇女为主的梨园管理人员来说，极大地方便了人工授粉、疏花疏果、果实套袋、病虫防治等果园操作管理工作，提高了工效。

④ 适宜机械化操作的树形将成为主流

今后随着劳动力成本的增加，适宜机械化操作的梨树形将成为主流。这类树形的主要特点是便于果园机械化操作，节省水平方向上的空间。梨树形选配将由以前的减少垂直方向上的枝叶分布、降低树高，向减少水平方向上的枝叶分布、增加树高的方向上发展，较为典型的树形为梨自由纺锤形及其改良树形，如细长纺锤形、圆柱形、主干形等树形将在生产上得到大量应用。将来随着我国梨矮化砧木问题的解决，这类树形还可以进行机械化修剪。

## 2. 长江流域梨树的主要树形及特征

（1）代表性梨园的地理信息

梨树的代表性树形分别选自湖北省、四川省、江西省、江苏省及重庆市、上海市等 6 个省、市，涉及地区从东经 104.48°（四川罗江县）到东经 121.29°（上海市嘉定区），海拔高度从 619.20 m（四川省江油市）递减到 9.80 m（上海市嘉定区），地区跨度较大，树形从传统的疏散分层形到小冠疏层形，到三主枝（四主枝）的开心形，再到两主枝的倒人字形（Y 字形）（表 6-27）。

表 6-27　代表性梨园的地理信息

| 主要树形 | 所在省市 | 北纬 /° | 东经 /° | 海拔 /m |
| --- | --- | --- | --- | --- |
| 倒人字形 | 四川省罗江县 | 31.32244 | 104.48253 | 593.10 |
| 高改 Y 字形 | 重庆市永川区 | 29.25012 | 105.83473 | 586.40 |
| 三主枝开心形 | 湖北省崇阳县 | 29.44543 | 114.03118 | 101.20 |
| 多主枝螺旋形 | 湖北省钟祥市 | 31.03408 | 112.61266 | 47.20 |
| 三主枝开心形 | 重庆市巴南区 | 29.45568 | 106.80415 | 545.20 |
| 疏散分层形 | 四川省罗江县 | 31.34976 | 104.51084 | 582.90 |
| 双层开心形 | 江西省贵溪市 | 28.35630 | 117.01571 | 70.20 |
| 水平台阶式 | 四川省江油市 | 31.80951 | 104.89566 | 619.20 |
| 四主枝开心形 | 江西省高安市 | 28.28270 | 115.25812 | 86.10 |
| 延迟开心形 | 上海市嘉定区 | 31.49225 | 121.28717 | 9.80 |

（2）几种主要树形的基本构架

① 主要树形的演变趋势

我国梨树形选择总体的变化是由传统的稀植大冠树形向现代省力的密植小冠树形转变，传统的树形为高、大、圆，现在的发展趋势为矮、小、扁，由多元结构向二元或一元结构转变。20 世纪 70—90 年代定植的梨园，树高 3.5 m 以上，树形为疏散分层形，主枝数量多，分层分布，强调立体结果，追求高产量。今年这种传统树形逐渐被改造，降低树冠高度，减少主枝层数，以求实现树冠内膛和下部生产优质果的目标（表 6-28）。重庆永川区于 1995 年定植的黄花梨，通过高接换种，更改成黄冠梨，同时将原先的疏散分层形改造成高干的 Y 字形。从长远看，改形的方向是正确的，但当年改造的工作量大，树冠枝量损失大，叶面积指数只有 2.97。21 世纪初我国梨主产区定植的梨园一般选用操作更简便、树冠低矮、主枝层次少的开心形，包括三主枝开心形、四主枝开心形、倒人字形及水平台阶式等树形，优点是可提高早期产量，简化修剪程序并获得高品质的产品。

② 品种特性与树形选择

在同样的生态和栽培条件下，不同梨品种由于遗传特性的不同，树冠发育具有一定的差异，致使冠层光照特性以及结果表现有所不同。从树冠发育程度（枝叶量密度）及单株枝量、萌芽率看，不同类型的品种差别较大。短枝型的品种树势比较缓和，树体能够更充分地利用光能，生产效率较高；长枝型的品种生长强旺，发枝量大，易造成树冠郁闭。如翠冠以短果枝结果为主，树势中庸，新建园都采用矮冠的开心形，同时通过拉枝等措施开张主枝角度，四川、重庆、江西、湖北等地新建园主要采用倒人字形、三主枝开心形、四主枝开心形等简化树形，树高一般在3.5 m以下，栽植密度为每亩67株以上。金花梨生长势强，新梢平均长75.4 cm，节间长3.8 cm；萌芽力强，芽萌发率达87.8%，在四川罗江县采用疏散分层形，通过“开心、平行、亮枝”等措施实现优质丰产，连年亩产超过万斤。

③ 栽植密度与树形选择

梨园的定植密度是决定树形选择的重要因素之一。在我国梨栽培的砧木问题没有得到有效解决的条件下，乔砧密植梨园的树形选择对于梨园的持续丰产、稳产及优质生产来说非常重要。四川省江油市的水平台阶式梨园为了解决超高密植与群体冠层郁闭的矛盾，采用水平台阶式的树形，四主枝分别在主枝两侧呈扇形分布，同侧的第一主枝和第三主枝在主干上的间隔距离为0.88 m，第二主枝和第四主枝在主干上的间隔距离为0.73 m，每个主枝的腰角为80º ～ 85º，通过这种整形方式实现了个体与群体结果的均衡。从整体看，乔砧栽植情况下，合理稀植也能实现优质丰产。

④ 树形与修剪方式

不同修剪方式的采用对不同品种树形的培育、产量的形成及品质的提高尤为重要。从整体上看，修剪方式已由传统的短截修剪制度转变为长枝更新修剪制度，由传统的冬季修剪向生长季节修剪和冬季修剪并重，甚至更注重生长季节修剪的方式转变。在江西省高安市四主枝的翠冠梨园，栽植密度为2.0 m×4.0 m，树高3.51 m，冠幅为2.59 m×3.30 m，整个梨园的群体结构较为合理，行间留有0.6 ～ 0.7 m的间距，通风透光良好。主要修剪特点是进行长枝更新，结果枝组长度达到3.5 m，更新年限为5年以上，实现了修剪的简洁化，且果实品质优，短果枝花芽质量好，产量能控制在每亩约2000 kg，全套袋栽培。问题是许多梨园仍然采用短截修剪制度，忽视生长季节修剪，往往导致树冠过度郁闭。尽管叶面积指数值高，但无效能的部位增加，导致果实品质低劣、产量低。如钟祥市的多主枝螺旋形，主枝数量较多，在主干上呈现出近似螺旋状分布的现象，受到传统疏散分层形的整形影响，仍然呈现出层次，但层间距小，由于修剪采用传统的短截修剪方式，单株和群体的发枝量大，树冠显得郁闭，树冠下层果实品质较差。

**表 6-28 几种主要梨树形的基本构架**

| 主要树形 | 主栽品种 | 定植时间 / 年 | 主干高 /m | 主干周长 / cm | 树高 / m | 中心干高 / m | 栽植密度（株距 × 行距）/m | 冠幅（东西冠径 × 南北冠径）/ m | 主枝 | | | 层间距 /m |
|---|---|---|---|---|---|---|---|---|---|---|---|---|
| | | | | | | | | | 数量 / 个 | 周长 /cm | 腰角 /° | |
| 倒人字形 | 翠冠 | 2002 | 0.67 | 29.8 | 2.90 | — | 1.0×4.0 | 2.01×4.30 | 2 | 19.8 | 70 | — |
| 高改 Y 字形 | 黄冠 | 1995 | 1.00 | 30.6 | 3.14 | — | 1.0×4.0 | 2.13×4.07 | 2 | 22.8 | 55 | — |
| 三主枝开心形 | 丰水 | 2008 | 0.32 | 16.5 | 2.47 | — | 2.5×4.0 | 2.54×3.52 | 3 | 12.1 | 70 | — |
| 多主枝螺旋形 | 华梨 1 号 | 2002 | 0.44 | 38.0 | 3.70 | 1.68 | 2.2×4.2 | 4.15×4.40 | 4/3/2 | 14.63/14.1 /14.3 | 80/60/15 | 0.36/0.48 |
| 三主枝开心形 | 翠冠 | 2004 | 0.22 | 22.0 | 2.84 | — | 2.0×3.0 | 2.65×3.12 | 3 | 13.4 | 75 | — |
| 疏散分层形 | 金花 | 1993 | 0.60 | 39.4 | 4.33 | 2.35 | 2.5×3.0 | 2.87×3.12 | 3/3 | 18.6/11.9 | 60/75 | 1.06 |
| 双层开心形 | 金水 2 号 | 1986 | 0.40 | 56.2 | 3.70 | 2.45 | 3.0×4.0 | 3.55×4.45 | 5/2 | 29.3/29.3 | 75/60 | 1.00 |
| 水平台阶式 | 翠冠 | 2003 | 0.28 | 27.3 | 3.50 | 1.35 | 1.0×2.5 | 2.09×3.68 | 4 | 12.6 | 80 | 0.88/0.73 |
| 四主枝开心形 | 翠冠 | 2004 | 0.40 | 27.6 | 3.51 | — | 2.5×4.0 | 2.59×3.30 | 4 | 16.6 | 70 | — |
| 延迟开心形 | 翠冠 | 2007 | 0.50 | 22.7 | 3.20 | 1.80 | 2.0×4.0 | 2.65×3.20 | 3+1 | 12.6/16.3 | 65 | — |

注：水平台阶式为四主枝在主枝两侧呈扇形分布，层间距的数值为同侧的第二主枝和第四主枝及同侧的第一主枝和第三主枝在主干上的间隔距离。延迟开心形为“3+1”树形，早期有中心干，后期除掉中心干变成三主枝开心形。钟祥市的多主枝螺旋形的主枝数量较多，在主干上呈现出近似螺旋状分布，由于受到传统疏散分层形的整形影响，仍然呈现出层次，但层间距小。

（3）几种主要树形的树相指标

① 不同树形冠层结构与单株产量的关系

不同树形的冠层结构不同，导致树体枝叶的数量、空间分布不同，其单株产量因而不同。总体而言，大冠稀植的疏散分层形、多主枝螺旋形及大冠的双层开心形更多的是通过单株结果数量的增加，从而形成田间产量（表 6-29）。简化小冠的倒人字形、开心形则在形成单株产量的同时，更多地追求果品的质量。因为简化小冠树形的枝叶空间分布合理，光能利用效率高，叶片的光合能力强，理论上为优质果品生产提供了物质基础。如四川省江油市的高密度栽植的水平台阶式树形的翠冠的单株果实数量仅为 44 个，但田间群体的产量仍然保证丰产，栽植密度为每亩 267 株。

**表 6-29　主要树形的树相指标**

| 主要树形 | 主栽品种 | 单株果实数 / 个 | 单株叶片数 / 片 | 单株生长点 / 个 | 叶果比 | 枝果比 | 叶面积指数 |
|---|---|---|---|---|---|---|---|
| 倒人字形 | 翠冠 | 63 | 3070 | 536 | 48∶1 | 8.5∶1 | 4.12 |
| 高改 Y 字形 | 黄冠 | 22 | 1977 | 342 | 90∶1 | 15.6∶1 | 2.97 |
| 三主枝开心形 | 丰水 | 42 | 3276 | 161 | 78∶1 | 3.8∶1 | 2.57 |
| 多主枝螺旋形 | 华梨 1 号 | 258 | 5344 | 648 | 21∶1 | 2.5∶1 | 4.04 |
| 三主枝开心形 | 翠冠 | 69 | 2876 | 560 | 42∶1 | 8.1∶1 | 2.50 |
| 疏散分层形 | 金花 | 228 | 4940 | 894 | 22∶1 | 4.0∶1 | 4.28 |
| 双层开心形 | 金水 2 号 | 297 | 7843 | 2229 | 26∶1 | 7.5∶1 | 3.69 |
| 水平台阶式 | 翠冠 | 44 | 2665 | 363 | 60∶1 | 8.3∶1 | 6.64 |
| 四主枝开心形 | 翠冠 | 71 | 3751 | 456 | 53∶1 | 6.4∶1 | 3.57 |
| 延迟开心形 | 翠冠 | 115 | 3463 | 332 | 30∶1 | 2.9∶1 | 3.52 |

② 不同树形的枝叶构成与产量形成的关系

不同树形由于树体的基本构架不同、品种不同，因而单株叶片数及单株枝叶的生长点数量亦不相同。不同树形的叶果比、枝果比的组成除了树形本身的差异以外，品种的特性及树龄也会造成叶果比及枝果比的不同。从表 6-29 可以看出，以早熟梨品种翠冠为例，除去树龄因素，不同的树形叶果比也不同，最高的是水平台阶式树形，为 60∶1，最低的是上海嘉定区的延迟开心形，为 30∶1，但是整体的叶果比维持在 50∶1 左右，可以看出决定丰产、稳产的主要因素为品种，而树形不是主要因素；另外，从枝果比的变化趋势来看，翠冠品种的枝果比在 8∶1 左右较为合理，上海嘉定区的延迟开心形枝果比为 3∶1，综合分析可以看出，主要是其树龄较短，树体枝叶生长旺盛，更多的是长枝，

而幼年期短果枝、短枝的数量少，因而决定枝果比的因素主要是树龄。江西省高安市四主枝开心形的翠冠枝果比为6.4∶1，主要原因是该翠冠园采用长枝修剪的方法，短截数量少，导致枝条数量减少。

③ 叶面积指数与产量的构成关系

多数果树的叶面积指数（LAI）以4～6较为适宜，叶面积指数太高，叶片过多而相互遮阴，功能叶比例降低，果实品质下降；叶面积指数太低，光合产物合成量减少，产量降低。叶面积指数是衡量果树生产能力的重要指标。由表6-29可以看出，梨叶面积指数的高低主要是由树形的结构决定的，不同树形枝叶数量的多少及空间分布特征决定了梨叶面积指数的高低。重庆市永川区的高改Y字形叶面积指数为2.97，偏低，主要原因是高改的同时进行树形改造，一次性除去的枝条数量过多，导致高改后枝叶数量偏少，叶面积指数低。崇阳县三主枝开心形的丰水梨和重庆市巴南区的三主枝开心形的翠冠梨叶面积指数分别为2.57、2.50，主要原因是三主枝开心形进入盛果期的年限较长，由于主枝数量的减少，整个树体的叶幕结构形成缓慢，加之定植密度过稀，因而叶面积指数低，导致树体的生产能力不足，引起早期产量的降低。

## 3. 西北地区梨的主要树形及特征

（1）代表性梨园的地理信息

西北梨区主要包括山西晋东南地区、陕西黄土高原、甘肃陇东和甘肃中部以及新疆库尔勒地区，该区域海拔高，光热资源丰富，气候干燥，昼夜温差大，病虫害少且土壤深厚、疏松，果品质量优良，生产享誉全球的库尔勒香梨，是我国最具有发展潜力的白梨生产区。代表性梨园分布于陕西省、甘肃省、新疆维吾尔自治区及山西省4个省（自治区），梨园的地理纬度变化从北纬34.54°到北纬41.83°，经度变化从东经85.82°到东经110.86°，海拔高度从1649.70 m递减到406.80 m，地区跨度较大，梨园数量多，梨的主要栽培品种为砀山酥梨、早酥梨、黄冠梨、库尔勒香梨及玉露香等，梨树的主要树形为纺锤形、开心形、疏散分层形及其简化树形等（表6-30）。

表6-30 不同梨树形所在梨园的基本信息

| 主要树形 | 所在地 | 主栽品种 | 地理信息 | | |
|---|---|---|---|---|---|
| | | | 北纬/° | 东经/° | 海拔/m |
| 纺锤形 | 陕西省蒲城县仁可乡 | 砀山酥梨 | 37.78483 | 109.40124 | 406.80 |
| 小冠疏层形 | 陕西省乾县杨洪镇 | 砀山酥梨 | 34.54083 | 108.68922 | 621.20 |
| 开心形 | 陕西省富平县华朱乡 | 砀山酥梨 | 34.77864 | 109.21740 | 421.40 |

续表 6-30

| 主要树形 | 所在地 | 主栽品种 | 地理信息 | | |
|---|---|---|---|---|---|
| | | | 北纬 /° | 东经 /° | 海拔 /m |
| 自由纺锤形 | 甘肃省条山集团 | 黄冠 | 37.20860 | 104.03275 | 1649.70 |
| 细长纺锤形 | 甘肃条山集团亚飞公司 | 早酥 | 37.21478 | 104.03261 | 1649.70 |
| 疏散分层形 | 兵团农二师 29 团 14 连 | 库尔勒香梨 | 41.83293 | 85.81529 | 943.40 |
| 圆柱形 | 库尔勒市新疆拓普公司 | 库尔勒香梨 | 41.61849 | 86.10336 | 908.90 |
| 小冠疏层形 | 山西省临汾市隰县 | 玉露香 | 36.54364 | 110.85604 | 1021.70 |

（2）西北地区主要梨树形的基本构架

① 主要梨树形及其演变

西北地区生产的主要梨树形分为有干形和无干形两大类。其中有干形树形主要为纺锤形及其改良树形，包括自由纺锤形、细长纺锤形及圆柱形；疏散分层形及其简化树形，包括小冠疏层形、双层形等。无干形树形为多主枝开心形、Y 形等，主要分布在陕西省的富平县、蒲城县以及乾县等地，山西、甘肃、新疆等地未发现梨树开心形树形。

梨树形在西北地区生产上总体的变化是由传统的稀植大冠树形向密植小冠树形转变，冠层构造由高、大、圆向矮、小、扁演变，骨干枝级次由多级结构向一、二级结构转变。传统的梨树乔冠稀植树形分枝级次为五级或四级结构，即主干→主枝（亚主枝）→侧枝（亚侧枝）→结果枝组，结构级次过于繁杂，修剪技术水平要求高。密植梨树形的分枝级次逐步简化为二级结构或一级结构，即主干→主枝→结果枝组或者主干→结果枝组，特点是整形过程中成形快，无须花费大量的时间培养树形骨架结构，枝类分布简单，管理省工省力，养分运输路线短，有利于生产优质果品。

② 不同树形冠层空间的垂直分布

不同树形冠层在垂直方向上的空间分布存在显著差异，包括不同树形的主干高度、中心干高度以及树体高度（表 6-31）。纺锤形及其改良树形的中心干高度显著高于其他树形，调查的四种纺锤形及其改良树形中，中心干高度平均为 3.17 m，甘肃条山集团亚飞公司的早酥梨纺锤形中心干高度达到 3.81 m；四种树形的树冠垂直高度平均为 4.41 m，最高为 5.20 m。由于西北地区绝大部分梨园没有实行套袋栽培，也较少进行果园人工授粉，因此树冠过高对梨园日常管理的影响尚不明显，只是果实采收时增加用工量。

疏散分层形及其改良树形小冠疏层形的中心干高度低于纺锤形，平均高度为 2.46 m，最低为 2.04 m；树冠高度平均为 4.00 m，其中兵团农二师 29 团的库尔勒香梨的疏散分层

形树冠高度达到 4.75 m。陕西富平县砀山酥梨多主枝开心形的树冠高度仅为 2.13 m，主干高度仅为 0.30 m，高度过低，造成主枝分枝部位较低，部分枝叶下垂，给果园土壤管理造成不便。

③ 不同树形冠层空间的水平分布

不同树形的冠层空间水平分布（即冠幅大小），与梨园的栽植密度紧密相关（表 6-31）。从冠幅（东西冠径 × 南北冠径）与定植密度（株距 × 行距）的比值来看，调查的 8 种树形 [ 纺锤形、小冠疏层形（砀山酥梨）、开心形、自由纺锤形、细长纺锤形、疏散分层形、圆柱形、小冠疏层形（玉露香）] 的比值分别为 141.05%、162.14%、106.43%、122.71%、326.67%、108.84%、127.58%、156.35%，细长纺锤形的比值最高，达到 326.67%，主要因为栽植密度小；比值最低的为开心形，其冠幅与定植密度的比值仅为 106.43%，树体冠层水平方向上的枝叶分布控制得较好，行间枝叶仅少量交接，株间枝叶交接较多，生产上的实际效果就是“密株不密行”。

**表 6–31　不同梨树形树体基本结构参数**

| 主要树形 | 主栽品种 | 定植时间 / 年 | 主干高 /m | 主干周长 / cm | 树高 / m | 中心干高 /m | 株距 × 行距 / （m×m） | 东西冠径 × 南北冠径 / （m×m） | 主枝 / 枝组 | | | 层间距 / m |
|---|---|---|---|---|---|---|---|---|---|---|---|---|
| | | | | | | | | | 数量 / 个 | 周长 /cm | 基角 /° | |
| 纺锤形 | 砀山酥梨 | 2007 | 0.61 | 27.03 | 3.90 | 2.90 | 2.0×3.0 | 2.73×3.10 | 13 | 8.24 | 75 | — |
| 小冠疏层形 | 砀山酥梨 | 1989 | 0.55 | 46.79 | 3.50 | 2.10 | 3.0×3.5 | 3.75×4.54 | 4/4 | 19.33/19.51 | 60/55 | 0.80 |
| 开心形 | 砀山酥梨 | 1998 | 0.30 | 33.99 | 2.13 | — | 2.0×3.5 | 2.50×2.98 | 3 | 19.8 | 45 | — |
| 自由纺锤形 | 黄冠 | 2004 | 0.50 | 35.50 | 4.42 | 2.94 | 3.0×4.0 | 3.10×4.75 | 12 | 13.44 | 75 | — |
| 细长纺锤形 | 早酥 | 2009 | 0.56 | 20.84 | 5.20 | 3.81 | 1.0×3.0 | 2.45×4.00 | 22 | 4.97 | 75 | — |
| 疏散分层形 | 库尔勒香梨 | 2005 | 0.65 | 40.02 | 4.75 | 3.23 | 3.0×4.0 | 3.17×4.12 | 3/3/3 | 22.1/13.5/8.4 | 50/55/35 | 0.80/0.95 |
| 圆柱形 | 库尔勒香梨 | 2003 | 0.65 | 44.61 | 4.10 | 3.02 | 2.0×3.0 | 2.43×3.15 | 15 | 15.78 | 60 | — |
| 小冠疏层形 | 玉露香 | 2000 | 0.75 | 48.72 | 3.74 | 2.04 | 3.0×4.0 | 3.95×4.75 | 3/3 | 23.3/20.5 | 80/60 | 0.85 |

④ 主枝以及结果枝组的空间分布

由调查过程发现，所有纺锤形及其改良树形的主干上着生的主枝已经不是传统意义上的永久性骨干枝，纺锤形的中心干上的主枝全部为临时性大型结果枝组，每隔 4—6 年进行更新，其修剪的精髓也在于“更新”。调查的四种树形其主枝在主干上的分布呈螺旋状排列，平均距离为 7.41 cm，枝组的平均基角为 71.25°，主枝的数量平均约为 15 个。早酥梨细长纺锤形的中心干上着生的主枝数量最多，为 22 个，主要由于其树龄仅为 4 年，中心主干进行了刻芽处理，枝条（枝组）分布较多，便于整形时选择调整；以后随着树龄的增大，主枝数量将逐步调整至正常范围。纺锤形树形的主枝（大型结果枝组）连续结果4—6年后，枝叶分布的数量多，在冠层内占有的空间大，结果部位衰老，需要及时进行更新，此为纺锤形树形控制冠幅及生产优质梨果的关键。疏散分层形及小冠疏层形的主枝在主干上分层分布，每层主枝的数量为3～4个，层间距为0.8～1.0 m，所有的主枝为永久性主枝。

由表6-31分析可知，不同树形主枝的数量和大小，即适宜的主干/主枝的干周比值是维持树体冠层枝叶均衡分布的关键。分析调查的八种树形［分别为纺锤形、小冠疏层形（砀山酥梨）、开心形、自由纺锤形、细长纺锤形、疏散分层形、圆柱形、小冠疏层形（玉露香）］的主干周长与主枝周长的比值分别为30.48%、41.51%、58.25%、37.86%、23.85%、36.66%、35.37%、44.95%，比值过大，表明主枝在树体冠层的空间分布过大，往往形成树上长树，导致冠层失衡。开心形的主干周长与主枝周长的比值达到58.25%，主要原因为树体个体的主枝仅为一层，分布数量少，垂直空间上枝叶的减少，导致水平方向上主枝生长量的增加，由此可以看出控制主枝的大小及数量对保持整个树体冠层的结构均衡尤为重要。

（3）主要梨树形的树相指标

① 不同树形冠层空间与产量的关系

不同树形的冠层结构不同，导致树体的枝叶数量、空间分布不同，其单株产量因而也不同，但是田间的群体产量仍然维持在合理的水平（表6-32）。新疆兵团农二师29团14连库尔勒香梨疏散分层形定植密度为3.0 m×4.0 m，田间群体数量较少，主要是通过单株结果数量的增加，形成田间产量，其单株果实数量平均高达1116个，为所有树形单株果实数量平均值的2.88倍。砀山酥梨纺锤形及早酥的细长纺锤形，树龄低，树体为盛果初期及初果期，单株结果数量少；黄冠的自由纺锤形及库尔勒香梨的圆柱形的单株果实数量平均为459个，单株产量较高。

砀山酥梨开心形所在梨园的生产目标主要是控产、提质和增效，通过梨果质量的提高，增加梨园的经济效益；单株果实数量平均为103个，个体产量及田间群体产量较砀山酥梨小冠疏层形所在的梨园产量低；开心形树体矮小简化，冠层的枝叶分布合理，光能利用效率高，叶片的光合能力强，理论上为优质果品生产提供了物质基础。总体上看，西北地区梨的生产目标在注重质量的同时，更多关注的是田间果品的产量，整形过程中通过有干树形增加树体的枝叶空间分布，提高田间产量。

② 不同树形枝叶分布与产量的关系

不同树形由于个体冠层空间、品种特性的不同，单株叶片数量及枝条生长点数量亦不

相同，同时形成的不同树形叶果比、枝果比存在显著差异的现象（表 6-32）。库尔勒香梨的叶果比基本维持在 20∶1 的水平；早酥细长纺锤形的叶果比高达 70∶1，原因为早酥梨处于幼龄的初果期，叶片数量多而单株果实数量少。砀山酥梨的叶果比变化范围为（25 ～ 46）∶1。除去树龄因素，不同树形的树体结构也会造成叶果比不同，纺锤形的叶果比最高，为 46∶1；小冠疏层形叶果比最低，为 25∶1。黄冠和玉露香的叶果比均为 40∶1。

表 6-32　不同梨树形的树相指标

| 主要树形 | 主栽品种 | 平均果实数 / 个 | 单株叶片数 / 片 | 单株生长点 / 个 | 叶果比 | 枝果比 | 叶面积指数 |
|---|---|---|---|---|---|---|---|
| 纺锤形 | 砀山酥梨 | 97 | 4492 | 683 | 46∶1 | 7∶1 | 3.39 |
| 小冠疏层形 | 砀山酥梨 | 351 | 8829 | 2089 | 25∶1 | 6∶1 | 3.81 |
| 开心形 | 砀山酥梨 | 103 | 2779 | 703 | 27∶1 | 7∶1 | 1.79 |
| 自由纺锤形 | 黄冠 | 305 | 12126 | 1376 | 40∶1 | 4.5∶1 | 5.89 |
| 细长纺锤形 | 早酥 | 68 | 4777 | 223 | 70∶1 | 3.2∶1 | 6.04 |
| 疏散分层形 | 库尔勒香梨 | 1116 | 22787 | 4466 | 20∶1 | 4∶1 | 8.31 |
| 圆柱形 | 库尔勒香梨 | 613 | 12278 | 2574 | 20∶1 | 4.2∶1 | 8.95 |
| 小冠疏层形 | 玉露香 | 456 | 17982 | 2491 | 40∶1 | 5.5∶1 | 6.79 |

从不同树形的枝果比变化趋势分析，品种是产生枝果比差异的主要原因，同一品种不同树形的树体结构对枝果比的影响不存在显著差异。库尔勒香梨的枝果比在 4∶1 左右，砀山酥梨的枝果比保持在（6 ～ 7）∶1。玉露香小冠疏层形的枝果比为 5.5∶1，实际调查中发现该梨园采用较多的长枝修剪方法，短截数量少，导致枝条数量减少。

③ 叶面积指数与产量

调查结果分析表明，不同树形梨叶面积指数的高低主要是由树体的冠层空间结构决定的，不同树形枝叶数量的多少及空间分布特征决定了该梨园叶面积指数的高低（表 6-32）。

库尔勒香梨的疏散分层形和圆柱形的叶面积指数平均值为 8.63，是所有被调查的 8 个梨园叶面积指数平均值的 1.5 倍，原因为库尔勒香梨生产园的树体枝叶在垂直方向上枝叶分布较多，树冠高，主枝或结果枝组数量多，加之梨园肥水供应较为充足，果园采用滴灌，管理水平较高，树体枝叶生长旺盛。不同梨园砀山酥梨叶面积指数变化范围较大，叶面积指数平均为 3.00，低于库尔勒香梨、玉露香、黄冠和早酥梨，其中开心形梨园的叶面积指数最低，为 1.79，主要是垂直方向上主枝数量以及枝叶分布数量减少，整个树体的叶幕层较薄，叶面积指数偏低，造成树体生产能力不足，导致田间生物学产量降低。

（4）西北地区梨树形存在的问题及建议

① 冠层内枝叶及果实空间分布不均衡，树体偏冠较为普遍

西北地区梨树的不同树形冠层内枝叶及果实空间分布不均衡，树体偏冠较为普遍。由图 6-9 分析可知，甘肃条山集团黄冠梨自由纺锤形中心干上分布主枝 12 个，每个主枝上着生的果实数量平均为 25 个；不同主枝上着生的果实数量存在显著差异，结果最多的主枝上果实数量占全株果实总数量的 18%，最少的仅为 1%。不同主枝上着生的叶片数量呈现出与果实分布类似的变化，不同主枝着生叶片数量亦存在显著差异，叶片最多的主枝叶片数量占全株叶片总数量的 13%，最少的仅为 4%。疏散分层形、小冠疏层形和开心形也存在类似的偏冠现象，表明不同树形的树体冠层结构不平衡，导致叶片的空间分布不合理，部分主枝及结果枝组没有及时回缩更新，枝叶数量过大，造成树上长树，冠层结构紊乱。

此问题主要通过冬季修剪进行调控，对过大的主枝及枝组进行缩、控，多甩放及疏枝，少短截；少疏果，多结果，以果压势，调减压缩冠幅。对小、弱主枝应少甩放、多短截，促发分枝；多疏果，少结果，促进营养生长，增强生长势，通过 3—5 年的持续调整，形成相对均衡的树冠结构。

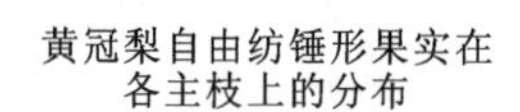


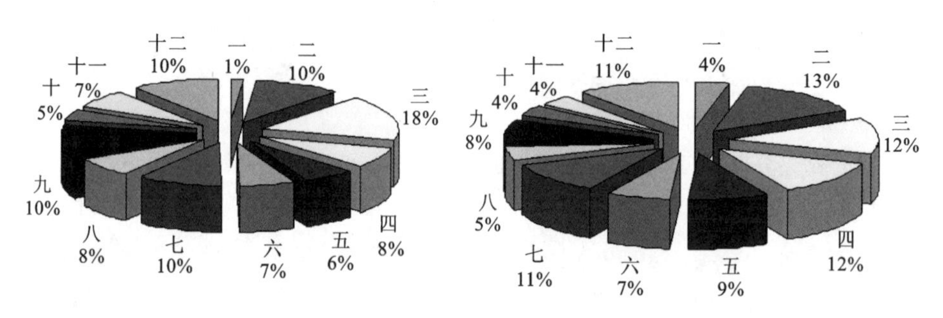


**图 6–9　自由纺锤形果实、叶片在各主枝上的分布**

② 梨园栽植密度过大，树体冠层郁闭严重

西北地区梨的生产过程中，密植、超高密植现象较为普遍，特别是新建梨园为了追求早期经济效益，定植密度过大，部分梨园定植 3—4 年以后，树体冠层覆盖率就超过 90%，株间枝叶交接的同时甚至出现行间枝叶交接，造成单株个体空膛及果园群体结构郁闭，病虫危害加重，叶片质量降低，冠层内无效生产空间加大，果实品质变劣。

密植梨园虽然前期产量较高，但是8—10年以后随着结果部位的外移和上移，产量下降明显，果实品质变劣。解决这一问题要重点强化生长期的控势修剪，通过生长期的拉枝、剪梢及抹芽等措施控制营养生长，调节枝叶的数量，维持主枝及结果枝组的合理搭配；同时，冬季修剪应进行回缩，及时疏除强旺枝。陕西省富平县华朱乡砀山酥梨园的定植密度为2.0 m×3.5 m，梨树为开心形，15年生梨园叶面积系数仅为1.79，结果枝组与着生的主枝大小比例较为合适，没有出现强旺枝及树上长树的现象。

③ 传统的短截修剪制度亟待变革

修剪方式对不同品种不同树形的培育、产量的形成及品质的维持提升尤为重要。部分密植梨园仍然采用传统的短截修剪制度，“冬季一剪定乾坤”，忽视生长季节修剪，导致生长期树体冠层内枝叶生长势失控，果园群体郁闭，通风透光差，结果部位外移和上移，造成梨园产量和果品质量降低。

从总体上看，密植梨园的修剪方式已由传统的短截修剪制度转变到长枝更新修剪制度，由传统的冬季修剪向生长季节修剪和冬季修剪并重，甚至更注重生长季节修剪的方式转变。密植梨园在整形修剪过程中，生长季节的抹芽、拉枝及剪梢工作量较大，此为梨树密植栽培的弊端之一，亦为密植梨园冠层调控的核心。

# 第四节 不同树形的光合作用特征及田间生物学产量

## 1. 代表性梨园的地理信息

在湖北省和江西省梨产区选择5个梨园（表6-33），主要树形为小冠疏层形、双层形以及开心形，主要目的是明晰各种树形的详细结构参数、冠层光照、叶片光合作用特征及与果实品质的相关关系，为各种树形的最佳树体构造及配套的整形修剪技术措施提供理论依据。

表 6–33　主要树体结构参数调研的代表性果园

| 地点 | 纬度 /° | 经度 /° | 海拔 /m | 树形 | 主栽品种 | 树龄 / 年 | 定植株行距 /m |
|---|---|---|---|---|---|---|---|
| 湖北省钟祥市旧口镇郑桥村 | 30.8371 | 112.7174 | 48.20 | 双层形 | 湘南 | 21 | 3.0×2.5 |
| 江西省高安市灰埠镇益农果业合作社 | 28.2827 | 115.2581 | 86.1 | 三主枝开心形 | 翠冠 | 8 | 4.0×2.5 |
| 江西省高安市灰埠镇益农果业合作社 | 28.2827 | 115.2581 | 86.1 | 四主枝开心形 | 翠冠 | 8 | 4.0×2.5 |
| 江西省贵溪市塔桥园艺场 | 28.45534 | 117.0785 | 70.1 | 双层性 | 金水 2 号 | 28 | 4.0×3.0 |
| 湖北省钟祥市柴湖镇新村 | 31.03408 | 112.6127 | 47.2 | 小冠疏层形 | 华梨 1 号 | 9 | 4.0×2.0 |

## 2. 不同树形冠层生长点的空间分布

合理的群体枝叶空间分布、良好的树冠光照体系及高效的光合能力是实现砂梨优质、高产的前提。由于不同树形树体的基本构架不同、品种不同，单株枝叶的生长点数量亦不相同。不同树形枝果比除了受树形本身的差异影响以外，品种的特性及树龄也会造成枝果比的不同。

翠冠三主枝开心形单株树冠总枝条生长点数量为 687 个，3 个主枝生长点数量之间的分布比例为 10∶9∶8，分布较为均衡；树冠短枝（≤ 5 cm）∶中枝（5 ～ 15 cm）∶长枝（≥ 15 cm）的分布比例为 10∶1∶1.5，短枝数量较多，可以认定翠冠是短枝为主的品种。

金水 2 号单株生长点的总量为 809 个，表明其树冠空间分布较大；短枝、中枝、长枝的分布比例为 10∶2∶3，其中长枝所占的比例高于翠冠；第一层 3 个主枝生长点的数量为 529 个，占全株生长点总量的 65.39%，但是主枝之间的分布不均衡，比例为 10∶6∶3。

华梨 1 号小冠疏层形的生长点单株总量为 806 个，树冠短枝（≤ 5 cm）∶中枝（5 ～ 15 cm）∶长枝（≥ 15 cm）的分布比例为 10∶2.4∶1.4，中长枝的比例也高于翠冠。第一层 4 个主枝的生长点数量占全株总量的 39.58%，主枝之间的生长点分布相对较为均衡；第二层 3 个主枝的生长点数量占全株总量的 40.07%；第三层 2 个主枝生长点中树冠短枝（≤ 5 cm）∶中枝（5 ～ 15 cm）∶长枝（≥ 15 cm）的分布比例为 10∶3∶2.4，中长枝的比例高于全株，表明树冠上方由于营养充足，更多的芽萌发形成中长枝。

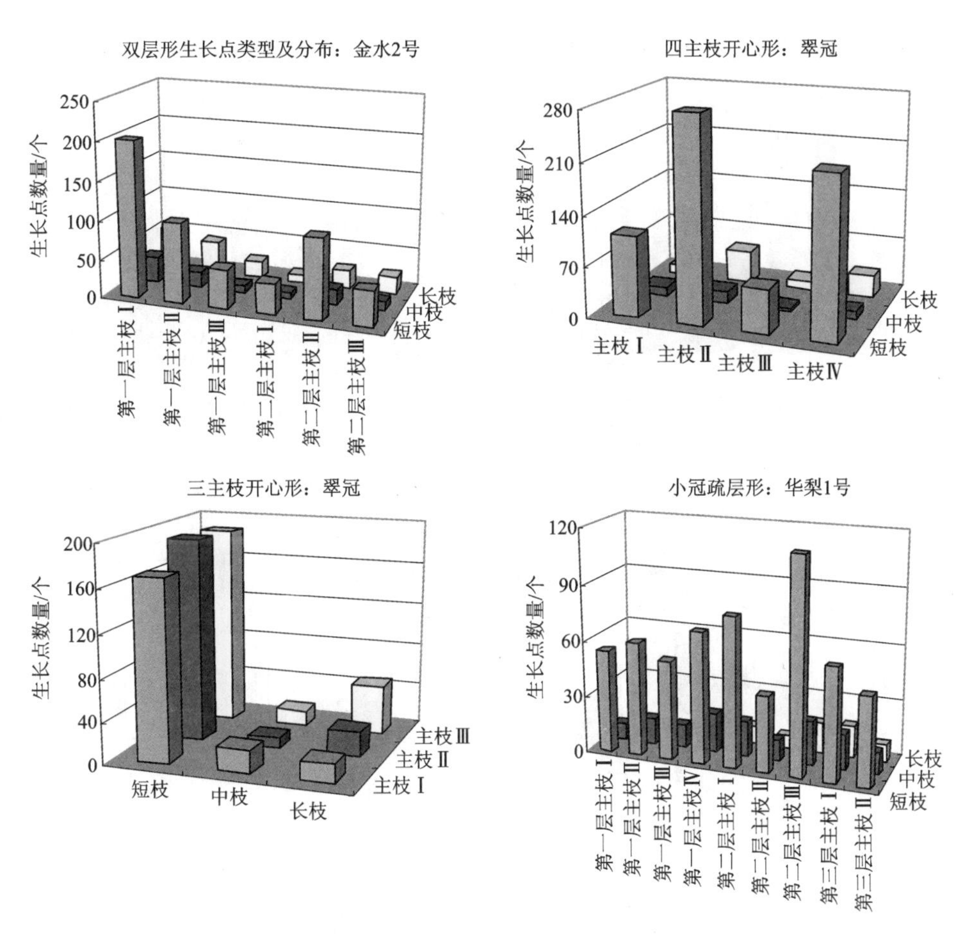


**图 6–10 不同树形的枝条生长点在冠层的分布**

## 3. 不同树形冠层叶片的空间分布

叶片是树体的营养制造工厂，叶片的空间分布及质量对田间产量及果实品质的提高来说至关重要。江西省鹰潭市疏层形金水 2 号树形的单株叶片平均总数为 7721 片，其中在垂直高度为 0.8 ～ 1.5 m 的冠层分布的叶片数量为 5672 片，占全株叶片总量的 73.46%；冠层 0.8 m 以下部位的叶片数量占全株叶片总量的 13.22%。从空间分布看，第一层 3 个主枝的叶片数量为 5139 片，占全株叶片总量的 66.56%；3 个主枝之间的叶片数量分布得并不均匀，分别为 2280、2046、813，说明每个主枝的分布空间不是均等的；第二层主枝叶片主要分布在树冠垂直高度为 2.0 m 以上的空间。

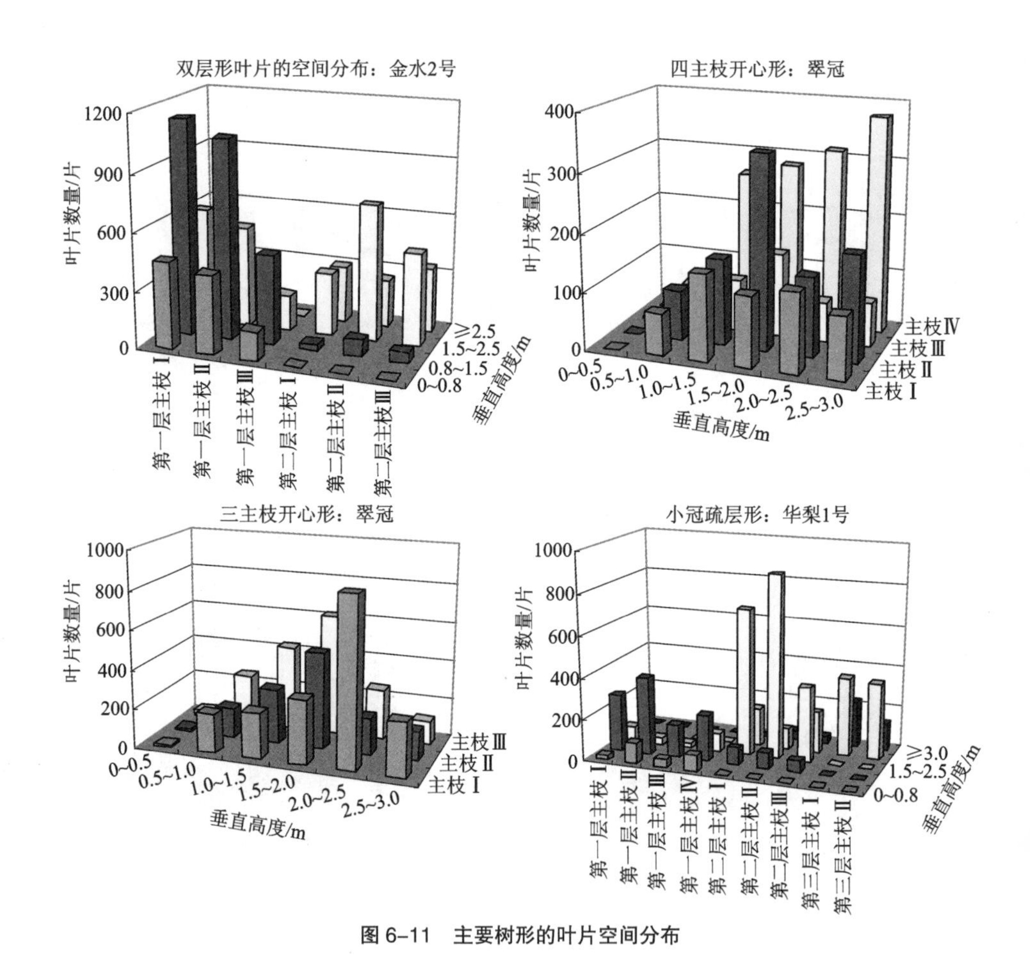


**图 6-11 主要树形的叶片空间分布**

从江西省高安市翠冠的三主枝开心形的叶片空间分布看，冠层叶片主要分布在垂直高度的 1.0 ～ 2.5 m，该部位的叶片数量占全株叶片总量的 75.24%；三主枝之间的叶片数量分布比例为 10∶7∶9，表明主枝的冠层空间相对均衡。

湖北省钟祥市华梨 1 号小冠疏层形的单株平均叶片总数为 5384 片，主要集中在垂直高度为 0.8 ～ 3.0 m 的空间内，占全株叶片总数的 87.35%；第一层 3 个主枝叶片数量主要分布在冠层垂直高度为 0.8 ～ 1.5 m 的空间内，占全株叶片总数的 19.37%；第一层 4 个主枝叶片数量占全株叶片总数量的 28.03%；第二层主枝叶片集中分布在冠层垂直高度的 1.5 ～ 2.5 m 处，3 个主枝叶片总数为 2759 片，占全株叶片总数的 51.24%；第三层 2 个主枝叶片数量主要分布在垂直高度为 2.5 m 以上的空间。小冠疏层形第一层、第二层、第三层主枝叶片分布数量之比为 5.5∶10∶4，可以看出超过半数的冠层叶片分布在树体的第二层主枝上。

## 4. 不同树形的光合作用特征

（1）不同树形冠层相对光照的空间分布特征

树体不同冠层内的光照辐射是果树生长发育的主要能源。冠层内光照强度用 TES-1339 数字式照度计进行测定，同时测定树冠上方无枝叶部位的光照强度，其比值为相对光照强度。树冠内不同层次的相对光照强度有明显的规律性，从上到下逐渐降低，并且各层次间差异显著；同一层次内相对光照强度从内膛到外围逐渐增大，但差异不显著。金水 2 号双层形冠层低于 30% 的低光区主要分布在水平方向 0.5 m、垂直方向 1.0 m 的范围内；翠冠三主枝开心形低于 30% 的低光区主要分布在水平方向 0.5 m、垂直方向 0.5 m 的范围内，分布的空间较小；华梨 1 号小冠疏层形低于 30% 的低光区主要分布在水平方向 1.0 m、垂直方向 1.0 m 的范围内，分布的空间较大，其中在垂直方向 0.5 m 的空间内，无论树冠的外围还是内膛都为相对光照强度低于 30% 的低光区（图 6-12）。

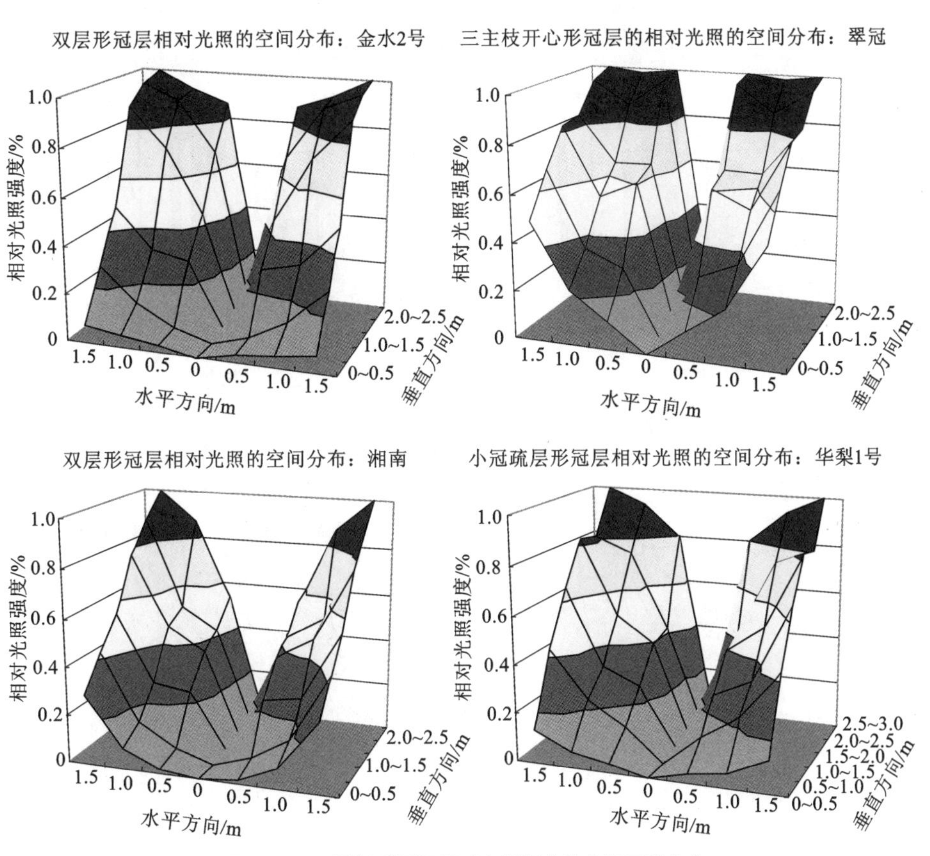


图 6-12　不同树形冠层相对光照强度的空间三维分布

（2）不同树形叶片净光合速率的空间分布

翠冠三主枝开心形冠层叶片净光合速率在水平方向 0 ～ 0.5 m 的空间为 6.83 μmol $CO_2 \cdot m^{-2} \cdot s^{-1}$，在 0.5 ～ 1.0 m 的空间为 11.32 μmol $CO_2 \cdot m^{-2} \cdot s^{-1}$，在 1.0 ～ 1.5 m 的空间为 11.95 μmol $CO_2 \cdot m^{-2} \cdot s^{-1}$；在垂直高度为 0 ～ 0.5 m 的区域为 4.43 μmol $CO_2 \cdot m^{-2} \cdot s^{-1}$，在 0.5 ～ 1.0 m 的区域为 9.03 μmol $CO_2 \cdot m^{-2} \cdot s^{-1}$，在 1.0 ～ 1.5 m 的区域为 12.03 μmol $CO_2 \cdot m^{-2} \cdot s^{-1}$，在 1.5 ～ 2.0 m 的区域为 14.47 μmol$CO_2 \cdot m^{-2} \cdot s^{-1}$。

华梨 1 号小冠疏层形在水平方向 0.5 m、垂直方向 0.5 m 以内的空间里的叶片平均净光合速率为 -1.21 μmol$CO_2 \cdot m^{-2} \cdot s^{-1}$，表明该部位的叶片为无效能的生产空间，不但不能制造养分，还会消耗树体营养。其余的树形冠层空间叶片净光合速率的变化规律与三主枝翠冠树形相似（图 6-13）。

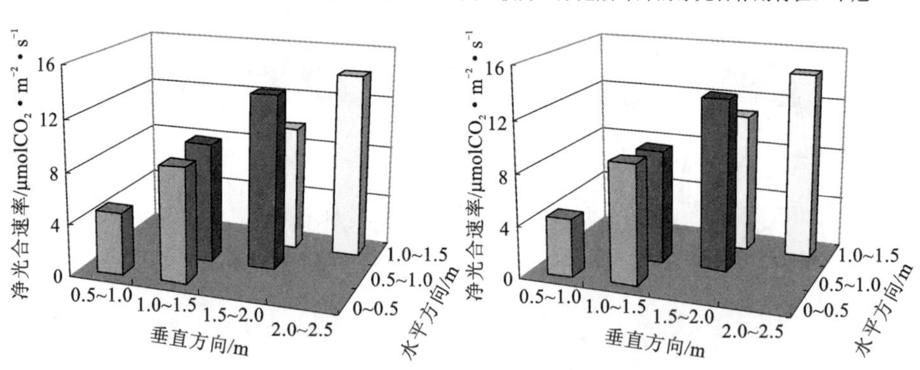


双层形冠层叶片净光合作用特征：金水2号　　小冠疏层形叶片净光合速率空间分布：华梨1号

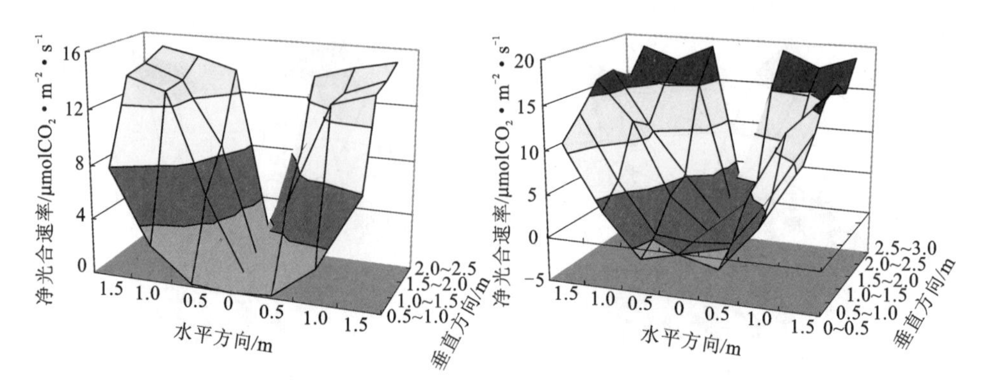


**图 6-13　四种树形冠层叶片净光合速率的空间变化**

## 5. 不同树形果实的冠层空间分布

果实的数量和质量是决定生产的重要因素（图 6-14）。4 种主要树形的果实空间分布主要集中在冠层的中部，以树干为轴心。江西金水 2 号双层形果实在冠层主要分布于垂直高度为 0.8 ～ 2.5 m 的空间范围，该部位果实数量占单株树体果实总量的 86.56%；第一层 3 个主枝分布果实数量占果实总量的 74.51%，但是 3 个主枝之间果实数量分布不均匀，分布比例为 10∶9∶3；第二层主枝的果实主要集中分布在垂直高度为 1.5 ～ 2.5 m 的区域，3 个主枝的分布比例为 10∶6∶5。

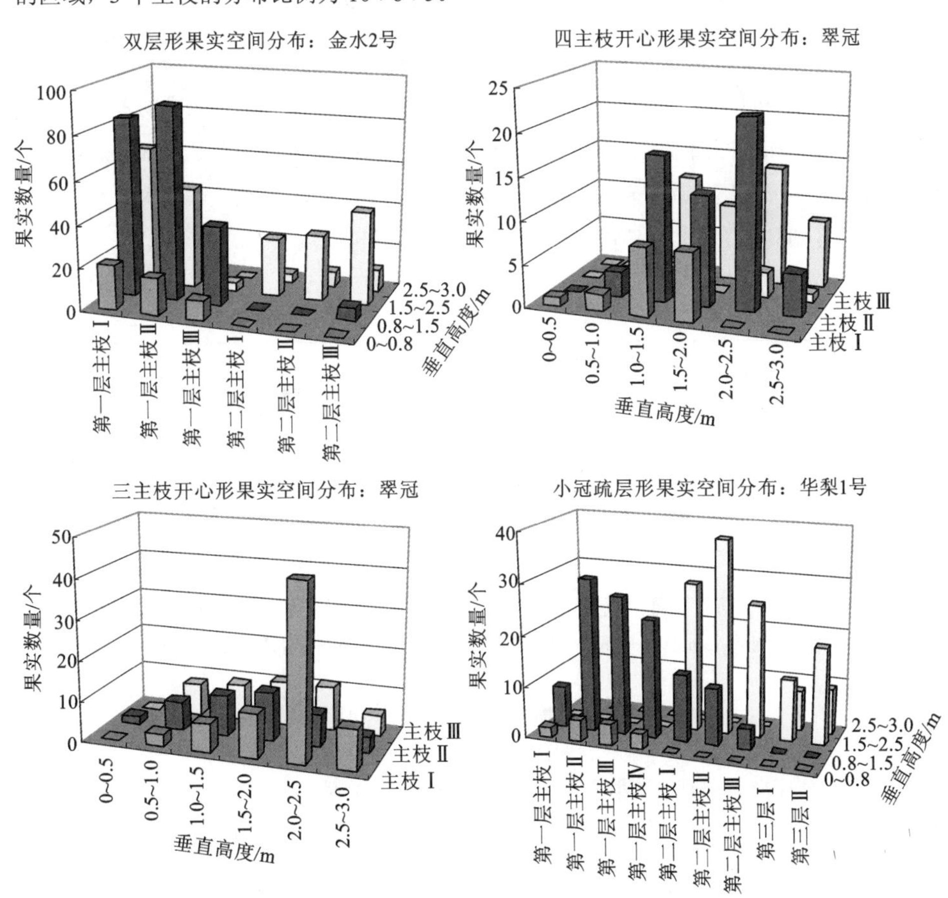


**图 6–14 不同树形果实的冠层空间分布**

翠冠三主枝树形的果实分布趋势在垂直高度为“少—中—多—少”，主要集中分布在树冠垂直高度的 1.5 ～ 2.0 m 处，该部位果实数量占全株果实总量的 59.63%；树冠

0.5 m 以下的空间几乎没有果实分布；3 个主枝的果实分布比例为 10∶6∶6。

华梨 1 号小冠疏层形的果实主要集中分布在 0.8 ～ 2.5 m 的冠层空间，该部位的果实数量占全株果实总量的 88.89%；第一层 4 个主枝的果实分布数量为 101 个，占全株果实总量的 37.41%，主枝之间的果实分布比例为 10∶9∶6∶3；第二层 3 个主枝的果实分布数量占全株果实总量的 44.81%，果实分布比例为 10∶8∶6；第三层 2 个主枝的果实分布数量为 48 个，果实分布比例为 10∶7。

## 6. 不同树形冠层叶片净光合速率与果实品质的关系

（1）不同树形冠层叶片净光合速率与单果重的关系

从图 6-15 可以看出，翠冠开心形冠层叶片净光合速率与该部位果实的平均单果重为直线相关，相关回归方程为 $Y$=5.0784$X$+113.92，经检测，相关系数达到极显著水平；金水 2 号双层形冠层叶片净光合速率与该部位果实的平均单果重为直线相关，相关回归方程为 $Y$=4.1458$X$+120.57，经检测，相关系数也达到极显著水平。

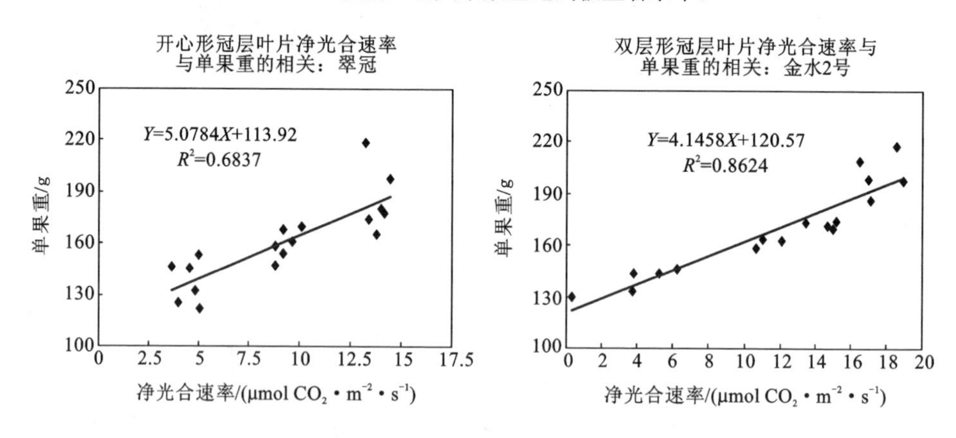


**图 6–15　叶片净光合速率与平均单果重的关系**

（2）叶片净光合速率与果实可溶性固形物含量的关系

开心形和双层形的叶片净光合速率与果实可溶性固形物含量的相关关系如图 6-16 所示，翠冠开心形叶片净光合速率与该部位果实的可溶性固形物含量为线性相关，相关回归方程为 $Y$=0.1283$X$+10.05，经检测，相关系数达到极显著水平；金水 2 号双层形叶片净光合速率与该部位果实的平均单果重为线性相关，相关回归方程为 $Y$=0.107$X$+9.9547，经检测，相关系数也达到极显著水平。

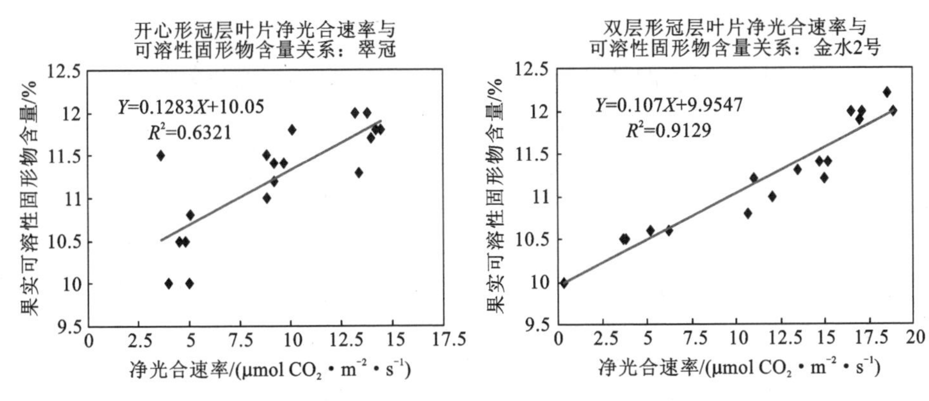


图 6-16　叶片净光合速率与果实可溶性固形物含量的关系

# 第五节　几种树形的整形及修剪

## 1. 几种树形的特征及整形

（1）变则主干形

① 树体基本结构

具有中心主干，主干高 40 ～ 50 cm，中心干高 2.0 ～ 2.5 m，对最上主枝的中心干进行落头开心，树高控制在 3.5 m 以下；主枝 4 ～ 6 个，在中心干上呈螺旋状均匀分布，基角为 45° ～ 60°，下部主枝角度应开张，相邻主枝在中心干上的间距为 30 ～ 40 cm；每个主枝上配置 1 ～ 2 个侧枝，侧枝与主枝的夹角为 60° ～ 75°，全株侧枝数量为 8 ～ 10 个。变则主干形的树形优点是空间利用率高，单株产量高，适宜干性强且树姿较为直立的品种；缺点是盛果期以后果园群体易密闭，造成风、光通透不良（图 6-17）。

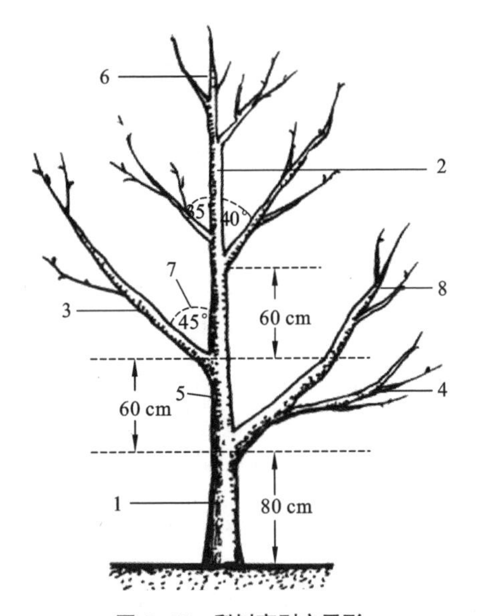


图 6-17　梨树变则主干形

1—主干；2—中心干；3—主枝；4—侧枝；5—主枝间距；6—中心干高；7—主枝基角；8—结果枝组

② 整形技术

一年生苗木定植后，离地面 60 ～ 80 cm 处进行短截定干，剪口芽留饱满芽，去掉剪口以下的第二芽，剪口顶端枝条保持直立生长，主要加强肥水管理，主干上萌发的枝条可以放任生长直至顶端自枯（图 6-18）。

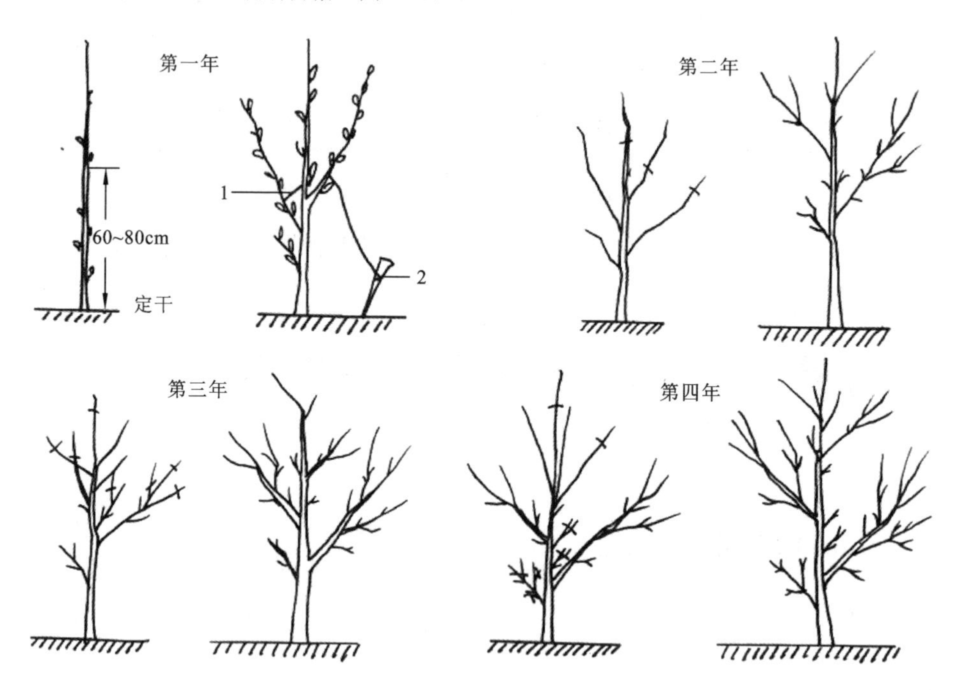


**图 6–18　变则主干形整形过程**

1—牙签开角；2—拉枝

第二年以主干第一芽抽生的直立枝条作为中心干的延长枝进行培养，剪去 1/4 ～ 1/3，留长 40 ～ 50 cm；在中心干上选留 2 ～ 3 个一年生新梢作为主枝培养，其余枝条自基部疏除；如枝条数量不足，可以在主干饱满芽上部进行刻芽处理，以促发强壮新梢；对作为主枝培养的新梢进行短截，对粗壮枝条适度重剪，对细弱枝条适度轻剪，剪口芽用侧芽或外芽，或里芽外蹬。

第三年继续选留直立、健壮的枝条作为中心干的延长枝，剪去顶端的 3 ～ 5 芽；为了保持中心干生长势，延长枝附近的竞争枝应剪除；同时，在主干上选择 1 ～ 2 个方位好的新梢进行短截，培养成主枝，注意主枝在中心干上不要重叠或者平行，应错落有序；中心干上其他枝条应拉平轻剪或甩放培养成结果母枝；对第二年已经选作主枝上的新梢，可以选择 1 ～ 2 个短截培养成侧枝，主枝延长枝剪留长度为 40 ～ 60 cm。

第四年整形要求基本同第三年，主要培养 1 ～ 2 个主枝，3 ～ 5 个侧枝，同时对主枝、侧枝的延长枝的角度和生长势进行调整，以均衡树势及调整冠层结构；中心干上除主枝以外的结果枝组应逐步回缩，依据空间的大小调减直至疏除。树体结构要求，在配齐所有主、侧枝的基础上，对中心干间及主枝上过密、过大的辅养枝进行疏间和回缩，逐渐减少其数量，增加结果枝组数量。

第五年至第六年，整个树体基本架构已成形，对最上主枝的中心干有计划地落头开心，打开天窗控制中心干及冠层高度；冠层内的主、侧枝延长枝及健壮枝均长放，待结果后再回缩培养成短轴紧凑的结果枝组；同时，继续调控主枝和侧枝的生长势，使生长与结果得以平衡，重点防止侧枝增粗过快和旺长，通过疏枝回缩的方法控制侧枝过长、过大；对中心干、主枝和侧枝要理顺从属关系，防止树形紊乱，生产上注意边整形边结果，切忌强做树形而影响结果。

（2）小冠疏层形

① 树体基本结构

具有中心主干，主干高 50 ～ 60 cm，中心干高约 2.0 m，树高控制在 3.0 m 以下；主枝分 2 层，第一层 3 ～ 4 个主枝，基角为 60° ～ 70°，相邻 2 个主枝在中心干上的间距为 10 ～ 15 cm；第二层 2 个主枝，基角为 50° ～ 60°，主枝间距约为 10 cm；每个主枝配置 1 ～ 2 个侧枝，侧枝与主枝的夹角为 70° 左右；第一层主枝与第二层主枝在中心干上的层间距为 1.0 ～ 1.2 m，层间距的中心干上直接着生中、小型结果枝组，对第二层主枝以上的中心干落头开心。小冠疏层形的优点是叶幕结构凹陷，层与层之间有间隔，便于立体结果；缺点是第一层主枝数量较多，轮生于中心干上，容易形成“掐脖”，造成第二层主枝生长势衰弱（图 6-19）。

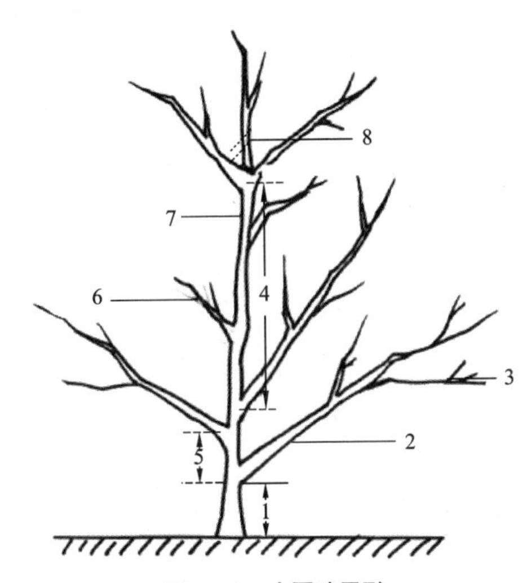

**图 6–19　小冠疏层形**

1—主干；2—主枝；3—侧枝；4—层间距；5—主枝间距；6—小型结果枝组；7—中心干；8—中心干落头开心

② 整形技术

小冠疏层形是由传统的疏散分层形

逐步简化而成的，故又称简化疏散分层形或延迟开心形等。整形过程中先培养成疏散分层形，待到树冠成形后，再在第二层以上除去中心干。

当年苗木定植后，离地面 60 ～ 70 cm 处进行短截定干，剪口处留饱满芽，剪口以下第二芽抹去，第三芽至第六芽于芽的上部进行刻伤，促进芽体萌发长枝，便于培养第一层主枝；生长期对生长势强旺枝条进行拉枝或用竹签开角，使主枝基角在 60° ～ 70° 之间。

第二年对剪口第一芽抽生的枝条继续培养中心干，剪去 1/4 ～ 1/3；选留下部抽生的 3 ～ 4 根枝条培养第一层主枝，剪口芽外向或侧向，或者里芽外蹬，剪截的长短根据枝条的长短、粗细确定；如第一层候选枝条的数量不足，应对中心干重截或对主干进行刻伤，促发长枝。

第三年对中心干延长枝继续短截，注意剪除竞争枝；对主枝延长枝的修剪参考第二年，同时每个主枝培养 1 ～ 2 个侧枝，疏除主枝上的骑马枝或背上直立旺长的枝条；第一层主枝以上的中心干上培养辅养枝和枝组，如层间距达到 1.0 m，则培养第二层主枝，由于第二层主枝顶端优势强，可通过拉枝开角，防止其直立强旺生长。

第四年继续进行第一层、第二层主枝及其侧枝的培养，依据树冠骨架合理调控枝条空间分布；主枝及侧枝应培养结果枝组、辅养枝和结果母枝；中心干层间距着生的结果枝组注意疏枝和回缩，以免长势过旺。

第五年树体结构已基本形成，进入初果期，这段时期的重点是调整骨干枝的生长角度、生长方向及生长势，平衡第一层主柱与第二层主枝、主枝及侧枝、辅养枝和结果母枝以及枝组之间的主从关系，防止局部旺长，“树上长树”；合理运用回缩、短截、长放、疏枝等修剪技术，调节营养生长与结果的关系；第二层以上的中心干保留，长放结果；第七年至第八年，依据品种特性及栽植密度，对第二层以上的中心干落头开心。

（3）倒伞形

① 树体基本结构

具有中心主干，主干高 60 cm，中心干高约 2.0 m；但是第一层主枝以上的中心干弱化为主枝，其上直接着生中小型结果枝组，树高控制在 2.5 m 以下；主枝为一层，3 ～ 4 个，基角为 60° ～ 70°，相邻 2 个主枝在中心干上的间距为 15 ～ 20 cm；最上主枝的中心干上直接着生 8 ～ 10 个中、小型结果枝组，不配置主枝；每个主枝配置 1 ～ 2 个侧枝，侧枝与主枝的夹角在 70° 左右。倒伞形的主要优点是主枝数量少、易操作、成形快、结果早，冠层内外光照条件好，有利于提高果实品质（图 6-20）。

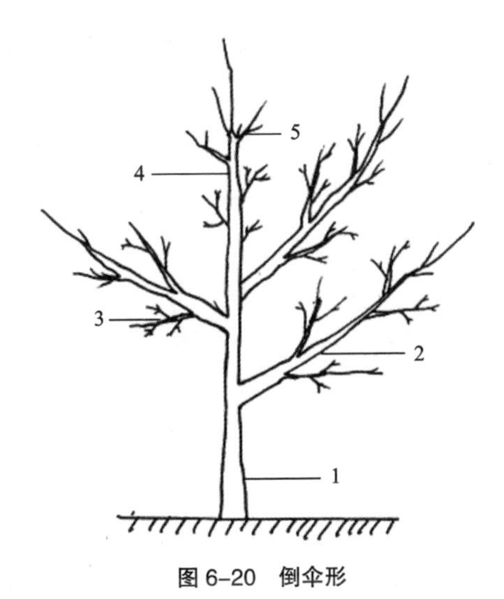


**图 6-20 倒伞形**

1—主干；2—主枝；3—侧枝；4—弱化的中心干；5—结果枝组

② 整形技术

当年苗木定植后，离地面 70 cm 处进行短截定干，剪口处留饱满芽，剪口以下第二芽抹去，第三芽至第六芽于芽的上部进行刻伤，促进芽体萌发长枝，便于培养一层主枝；生长期对生长势强旺的枝条进行拉枝或用竹签开角，使主枝基角在 60° ～ 70° 之间。

第二年对剪口第一芽抽生的枝条继续培养中心干，剪去 1/4 ～ 1/3，留长 40 ～ 50 cm；选留下部抽生的 3 ～ 4 根枝条培养主枝，方法同小冠疏层形；夏季修剪采用压平、曲别和摘心等方法控制直立新梢旺长。

第三年对中心干延长枝继续短截，剪除竞争枝；第一层主枝及侧枝的培养同小冠疏层形。第一层主枝背上易发生直立旺枝，夏季修剪时注意拉平成结果母枝，结果后以果压势，培养成中小型结果枝组；主枝以上的中心干上直接培养结果枝组，不配置主枝；对中心干上强旺的枝组，可通过疏枝和回缩等修剪方法控制，防止旺长成主枝。

第四年树体基本构架已形成，主要是继续进行一层主枝及其侧枝、中心干上结果枝组的培养，调整骨干枝的生长角度及生长势；中心干的延长枝不进行短截，甩放结果。

（4）开心形

① 树体基本结构

没有中心主干，主干高 70 cm，树高控制在 2.0 m 左右。主枝为 2 ～ 3 个，其中图 6-21 所示的主枝的树形又名“Y”形，主枝垂直于行向，与地面呈 60° 的夹角，树形为扁形；图 6-22 所示的主枝的树形又名“三挺身树形”，主枝与地面呈 40° ～ 50° 的夹角，两主枝之间的夹角为 120°。每个主枝上配置 2 ～ 3 个侧枝，侧枝与主枝的夹角为 60° ～ 70°。开心形的主要优点是无中心主干、主枝数量少、成形快、结果早、光照条件好、果实品质优；缺点是幼树期夏季修剪工作量大，拉枝及抹芽次数多，早期不易丰产。

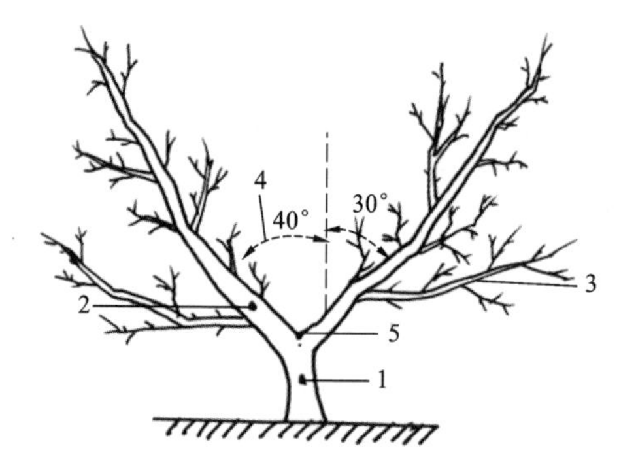


图 6-21　梨树 2 主枝开心形（“Y”形）

1—主干；2—主枝；3—侧枝；4—主枝与垂直线的夹角；5—中心干去除

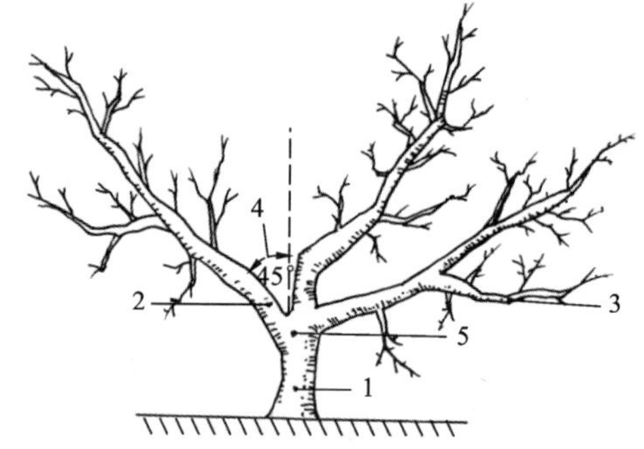


图 6-22　梨树 3 主枝开心形（三挺身树形）

1—主干；2—主枝；3—侧枝；4—主枝与垂直线的夹角；5—中心干去除

② 整形技术

注意选用健壮的苗木，定植后，离地面 80 ～ 90 cm 处进行短截定干，剪口第 1 ～ 2 芽抹除，第 3 ～ 6 芽于上部进行刻芽；新梢长为 50 ～ 60 cm 时，选留 3 个方位好的枝条，用竹签把新梢基角开成 40° ～ 50° 的角，其余的枝条进行圈枝或者拉成 90°，削弱其生长势；“Y”整形时，选留 2 个垂直于行向的枝条，用竹签把新梢基角开成 30° 的角，其余的枝条也进行圈枝或者拉成 90°。

第二年继续培养主枝，枝条顶端剪去 1/4 ～ 1/3，剪口芽外向或侧向，剪截的长短根据枝条的长短、粗细来定，对中心干上的其余枝条全部疏除。直立枝、竞争枝和徒长枝不要轻易疏除，可行摘心、拉枝，培养成侧枝及结果枝组；夏季修剪时对主枝背上萌发的强旺直立枝应拉平成结果母枝，结果后以果压势，培养成中小型结果枝组。

第三年主枝的延长枝继续进行短截，剪除竞争枝；对主枝上选作侧枝的枝条亦进行短截，主枝上的其余枝条甩放成中小型结果枝组。每个主枝培养 2 ～ 3 个侧枝，如主枝上备选的枝条数量不足，应对主枝重截或进行刻伤，促发长枝。夏季修剪疏除主枝上密挤的骑马枝或过多的背上直立旺长枝条，有空间部位的直立枝可拉平成结果母枝。

第四年树体骨架基本成形，对主枝的延长枝继续进行短截，重点培养侧枝及结果枝

组，合理运用回缩、短截、长放、疏枝等修剪技术，调节主枝、侧枝及结果枝组的生长角度及生长势，保持各类枝条在冠层内的合理分布。

（5）纺锤形

① 树体基本结构特征

调查地点在河北省高阳县天丰农产有限公司生产基地，主要栽培品种为雪青。栽植行株距为 3.0 m×0.8 m，树龄为 4 年生，长方形定植，土壤为冲积油砂土。树体的基本结构参数为主干周长 21.3 cm，主干高 0.46 m；树干高 3.0 m；树冠东西冠径 2.67 m，南北冠径 1.33 m。

② 枝组分布

主干上全部着生大型结果枝组，没有永久性主枝，全部为临时结果枝；枝组在主干上的分布平均距离为 9.31 cm，枝组的平均数量为 18.7 个，枝组的平均长度为 1.39 m；枝组的平均基角为 65°，腰角为 85° 。

③ 生长点的空间分布特征

由图 6-23 可知，纺锤形单株平均枝条生长点数量为 312 个，树冠短枝（≤ 5 cm）∶中枝（5 ～ 15 cm）∶长枝（≥ 15 cm）的分布比例为 10∶2.4∶4.7，由此分析，冠层中长枝的比例较高，一可能是品种的特性，二是树体营养充分，造成短枝比例较低，而中长枝的比例较高。从树体垂直方向上分析，生长点主要分布在垂直高度 2.0 m 以下的区域，该部位的生长点数量占全株总量的 78.85%；从树体水平方向上分析，生长点主要分布在距离主干 1.0 m 的范围，该部位的生长点数量占全株总量的 76.92%。

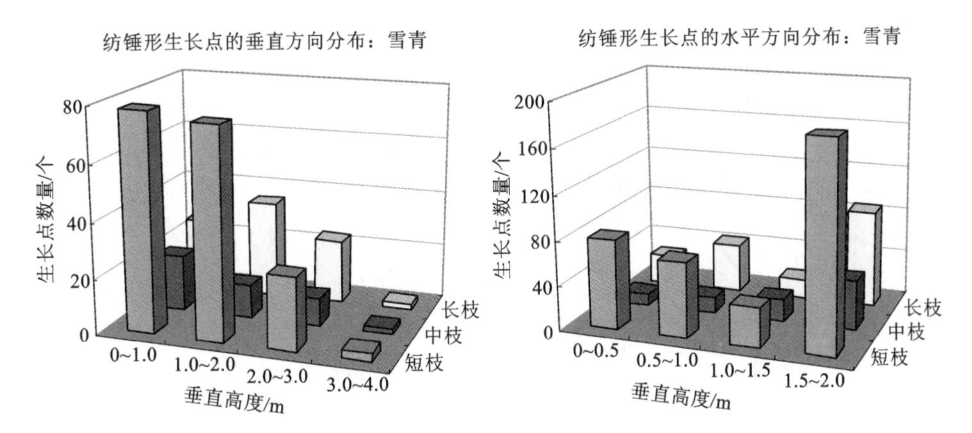


图 6–23　纺锤形的生长点空间分布

## 2. 修剪

（1）修剪制度的改革

随着我国梨的栽培制度由传统的自然放任栽培、乔冠稀植栽培向现代栽培模式转变，简化树形以及高光效树形得到更多应用，梨树的修剪制度也发生相应的改变。

① 改冬季修剪为四季修剪

梨的传统整形修剪只重视冬剪，而忽视四季修剪。生长一年的枝条冬季仍然被剪除，不仅浪费营养，而且枝条角度难开张，花芽难形成，影响整形。密植栽培条件下，改冬季修剪为四季修剪，即冬疏枝、春调芽、夏调梢、秋开角，综合应用拉、刻、剥等技术措施，合理分配冠层空间，有效促进花芽形成，提高果实品质。

冬疏枝：主要疏除冠内弱枝、外围竞争枝、背上徒长枝和过旺过强枝。春调芽：可用刻、涂、抹等方法，刻芽（涂生长素）补空，抹除剪口附近或位置不当的萌芽。夏调梢：在 5 月中旬至 6 月中下旬，及时疏除密挤梢，用牙签撑开直立旺梢或者扭梢，对特旺长梢拿平等。秋开角：在 7 月进行，对角度小的 1—2 年生旺枝，采用拉、撑、吊等方法，开张枝条角度，改善光照、促进果实生长和花芽分化，以培养骨干枝。

② 改重剪为轻剪

梨树传统的高大树形，多主多侧，多级次，多分枝；外围长旺枝条多，内膛由于光照条件差，细弱枝多，结果母枝少且弱，内外矛盾难以调控。修剪方法为短截外围延长枝，培养具有领头枝的结果枝组，更新修剪方法主要是短截、回缩。经过多次短截、回缩的枝组，生长势弱，营养输送线路曲折多阻，造成树体早衰、果实品质差。现代密植梨园的修剪改重剪为轻剪，通过长枝甩放、拉枝等措施培养单轴延伸的结果枝群，修剪时注重维持单轴延伸走势；枝组更新的理念不是短截，而是替换；单轴结果枝连续结果 5—6 年后，可通过预备枝的培养进行大枝原位更替。

（2）生长期修剪方法

① 刻芽

又称“目伤”或“刻伤”，在芽的上方或下方约 0.5 cm 处，用嫁接刀、修枝剪或钢锯条横向划出一道伤痕，将韧皮部切断，深达木质部，以调节被处理的芽萌发枝条的生长势（图 6-24）。

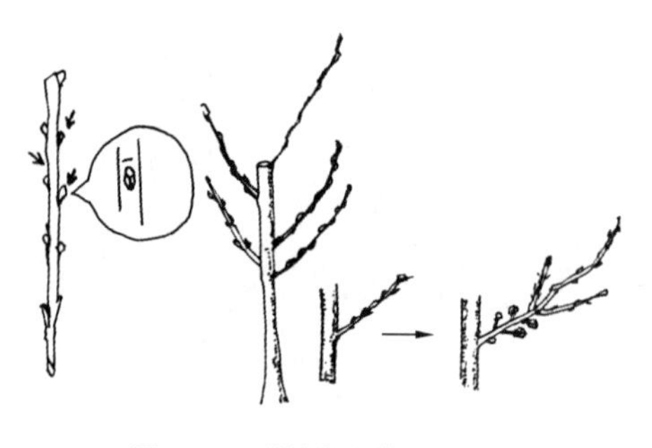

图 6–24　梨枝条刻芽及其反应

② 除萌（抹芽）及疏梢

除萌：萌芽期进行，过晚则消耗储藏营养；去除骨干枝背上已萌动或未萌动的叶芽，冬剪伤口处发生的不定芽，除保留背下或侧生的 2 ～ 3 个不定芽外，其余全部去除；除萌能显著增加发育枝数量，提高发育枝质量，促进花芽分化，调节骨干枝生长（图 6-25）。

图 6–25　除萌

疏梢：在生长季节对过密的直立枝、骑马枝及徒长枝、竞争枝进行疏除。疏枝不是把背上枝一律除去，而是在有空间的缺枝部位，或要求培养预备枝更新的部位，有计划地保留 1 ～ 2 个，培养成结果枝。切忌将营养枝全部抹除，原则上实行“三三”制，即抹除三分之一、长放三分之一、拉枝及短截三分之一。

③ 摘心

在新梢迅速生长期进行，幼树整形时常用此法，增加新梢数量，促使早扩冠、早成形；由于果实的调节作用以及枝条的自枯，成年树应用得较少（图 6-26）。

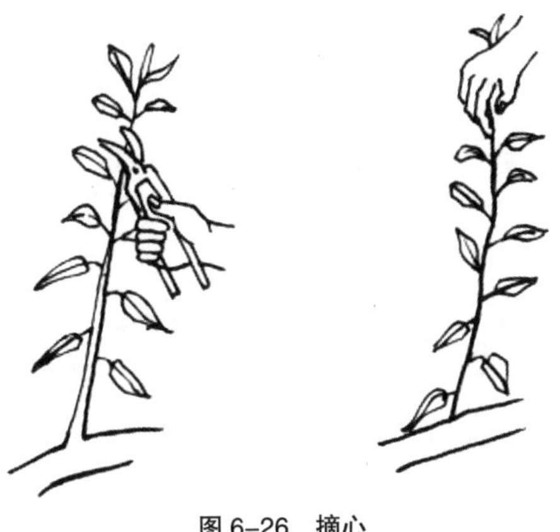

图 6–26　摘心

④ 扭梢

4 月下旬至 5 月中下旬进行，将旺梢、直立梢向下扭曲或将基部旋转，扭伤木质部和皮层，改变新梢生长方向，抑制新梢生长并调节枝条生长方向，促进花芽分化（图 6-27）。

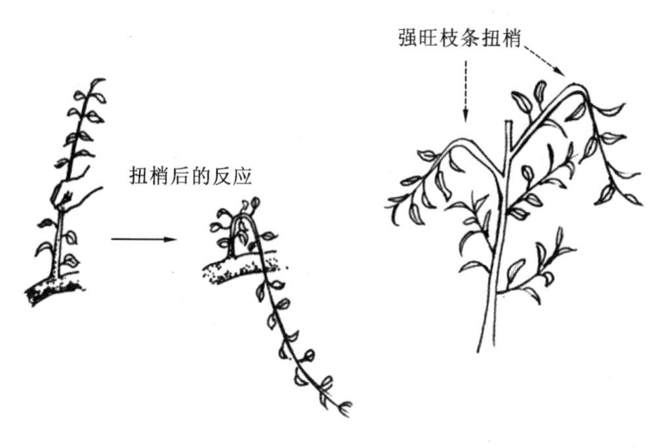


图 6-27　扭梢

⑤ 开角

拉枝：6 月上中旬至 7 月中下旬进行，使用布条、麻绳或鬃绳，将 1—2 年生壮实的枝条按树形和树冠结构的合理方向、角度插空拉开，绑绳使用活扣，不能过紧，拉枝要从基部张开角度，切忌基角不变，在枝条腰部拉成大弯弓，呈水平状。拉枝主要是抑制新梢生长，合理利用空间，促进花芽分化（图 6-28）。拉枝过早，易冒条；过晚，枝条硬化，易折断。同时，应用牙签开角、撑枝等方法在生长期开张枝条角度（图 6-29）。

图 6-28　拉枝和撑枝开角

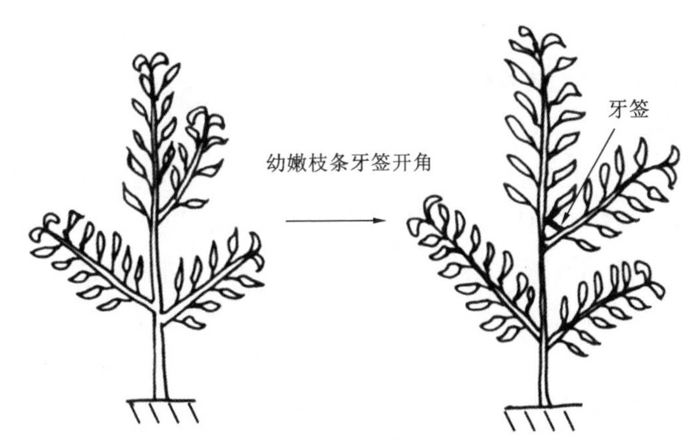


图 6-29　幼嫩枝条牙签开角

⑥ 环剥

于花期在生长势强的幼旺树主干或大枝上进行，在主干嫁接口上方和大枝基部用刀进行环状剥皮，宽度为枝干直径的 1/10，主干上宽度不超过 1.0 cm，切口为螺旋状一圈或双半圆错口，主要是提高坐果率，减少生理落果，并促进花芽分化（图 6-30）。

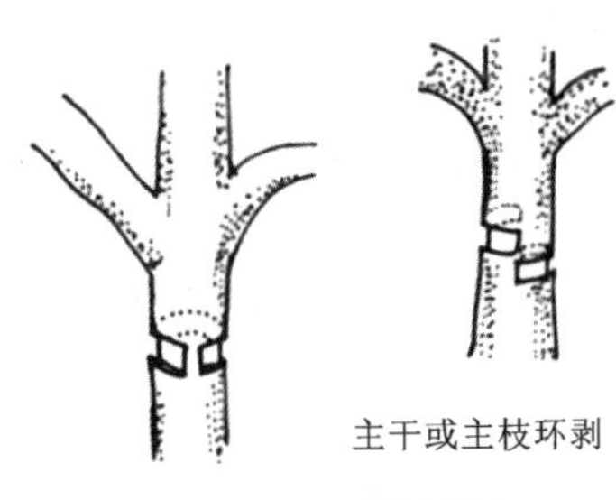


图 6-30　梨树环剥

（3）休眠期修剪方法

① 基本方法

短截：剪截一年生枝，调节新梢生长量，改变枝条生长方向，依据剪截程度的不同，分为轻短截、中短截、重短截和留橛等。

疏枝：将枝条从基部去除，主要是减少分枝，调节树体或枝组生长势，改善冠层风、光通透条件。

回缩：于多年生枝上进行剪截，主要是调控树体冠层空间，更新枝组以及更新复壮。

甩放：对当年生新梢不剪或轻剪，以缓和枝条生长势，促进花芽分化。

开角：利用木棍、石块和装土塑料袋等工具促进枝条开角，分为撑、拉、吊、坠、绑等。

定干：苗木定植后，在主干距离地面 60 ～ 80 cm 处裁截，剪口下留数个饱满芽，以便萌发骨干枝。

落头开心：幼树成年进入结果盛期后，在中心干一定高度处进行裁截，降低树冠高度，改善冠层下部及内膛光照条件，生产上称之为“落头”“开天窗”。

② 结果枝组的培养

先放后截：对一年生营养枝轻剪或甩放，翌年形成短果枝后，对上部营养枝适当短截，维持枝组生长势。

中截后放：对一年生营养枝进行中短截，翌年萌发的数个营养枝，去掉上部的强旺枝条，保留下部2～3个中庸枝条，去强留弱，加大分枝角度，用于中小型结果枝组的培养。

重截后放：对一年生营养枝基部2～3个瘪芽重截，翌年萌发的枝条中疏除部分直立强壮枝，留下部分健壮枝条进行短截，使之再分枝，如此重复3～5年，一个甩放成花后培养成大型结果枝组。

连续回缩：用于处理辅养枝，连续回缩培养成大、中型结果枝组。

短果枝群：对于鸡爪状短果枝群进行回缩和疏除，2去1或3去2，保留健壮的短枝顶花芽结果。

结果枝组更新：结果枝组衰老后，花芽质量差导致果实品质低劣，需进行更新，提前培养健壮预备枝后回缩，逐年逐步进行，恢复稳健的结果能力。

### 3. 不同树龄的梨树修剪

①幼龄树

幼龄期梨园的主要管理工作就是整形，即按照树形要求，培养强壮的主枝，配置主、侧枝，调节各类枝的开张角度和方位角，迅速扩大树冠，培育辅养枝；后期注意培养结果枝组，为适期结果、早期丰产做准备。

整形过程中，一要“随树作形”“随枝修剪”，避免强造树形；二要轻剪，尽量多留枝。至于树体结构不符合要求，可以先乱后治、先多后少；尽早填充冠层空间内的枝类分布；待全树枝叶丰满，初步进入结果期以后，再逐步调控。

梨幼树定植当年缓苗期较长，生长缓慢。应充分运用各种修剪方法增加枝叶量，使树冠内部形成丰满的枝组，除主枝和侧枝的延长枝、枝组领头枝进行短截外，尽量不疏枝，通过长放、拉枝、摘心等修剪措施，将辅养枝培养为数个结果母枝组成的小型结果枝组；结果枝组的数量、大小和年限以不影响主枝、侧枝的生长平衡为原则。对于骨干枝背上的徒长枝、直立枝和骑马枝，应充分利用空间，通过连续摘心或者拉枝、扭梢、环剥等措施培养成背上结果枝组。对主枝和侧枝的延长枝应分清主从关系，特别是竞争枝，不要不加分析地进行等同的剪截；各类骨干枝的延长枝，应有疏有放、有截有控，平衡各类延长枝的生长势。

幼树的顶芽萌发力强，角度小、极性强，冠层内诸多矛盾均是由角度小、生长不均衡引起的。角度小，枝条直立，春梢停长后继续萌发出夏梢、秋梢，不能形成结果母枝；树体上强下弱，冠幅只增高，不向宽扩，截获的光能少，生长季节可用撑、拉、吊等方法开张角度。

② 初果期树

这段时期，树体由以扩展树冠为主的幼树期向以大量结果为主的盛果期转变，枝叶量迅速增加，形成结果母枝及中小型结果枝组。主要修剪任务是继续完成整形，培养牢固、均衡、合理的各类骨干枝，维持树势平衡和长势；修剪原则应以疏剪和缓放修剪为主，以果压冠控制冠形。初果期树若有延伸角度和方位不理想的主侧枝，可继续进行调整；对位置过高或过低的主枝，采取用背后枝或背上枝换头的方式；若中心干过强，应采用小换头的方法进行控制；对幼树期中心干和主枝上保留的辅养枝轻剪缓放，结果后再进行回缩更新复壮，以防结果部位外移。

3 年生始产树按照“先上后下”“由上及下”的挂果原则，结果部位在中心干及其以上部分，而树体下部则以培养骨干枝和“三枝”为中心，冬季修剪时若树冠上部形成花芽的枝条过多，可适度短截一部分做预备枝，树体下部的永久骨干枝可适度短截。4 ～ 5 年初产树冬季修剪时，树体上部重点进行树冠控制和逐年向下回缩；树体下部则以结果枝组更新，特别是短果枝的疏除和中、长结果枝的剪强留弱为重点，对部分在主干上抽生的 1 ～ 2 年生强旺枝（1.0 m 以上），可结合段刻、目伤等辅助修剪技术，培养成结果枝组。

③ 盛果期树

盛果期树体骨架已形成，向外扩展逐渐缓慢，修剪以疏为主，以短截、回缩为辅，疏除大枝、外围直立枝、交叉枝、重叠枝、病虫枝、并生枝及内膛过多的萌蘖枝；冬剪时保留 2/3 的结果母枝，用于保证当年产量，1/3 的结果母枝于基部保留 2 ～ 3 个芽，重短截，作为预备枝，翌年抽生壮枝成为结果母枝。结果后长势弱的结果枝回缩至分枝处，以促发结果母枝（图 6-31）。树体冠层的调控主要是高变矮（“落头”开心，如树体过高，“落头”可分两次完成），多变少（主枝数量），宽变窄（树冠），厚变薄（叶幕）。

这段时期修剪的任务是维持中庸树势及良好的平衡关系和主从关系，调节结果和生长的关系，及时更新复壮，保持适宜枝量和枝果比例，使结果部位年轻、结果能力强，改善膛内光照条件，培养内膛枝组，防止结果部位外移。及时回缩内膛结果枝组，促使后部发生健壮新枝，防止早衰；内膛有空间处的强壮新梢应保留，夏季通过摘心、扭梢、拉枝等方法培养成结果枝组；对于内膛空间部位较大的徒长枝，可采用环剥、环刻方式控制生长势，培养成结果枝组。骨干枝无须疏除，其延长枝剪留全长的1/2，以维持树势，防止树冠扩大得过快；开张角度较大的骨干枝，可进行较重的回缩，从3～5年生部分缩剪，剪口选留向上斜生的健壮分枝换头抬高角度；对于角度较为直立的骨干枝，则由背后分枝换头。

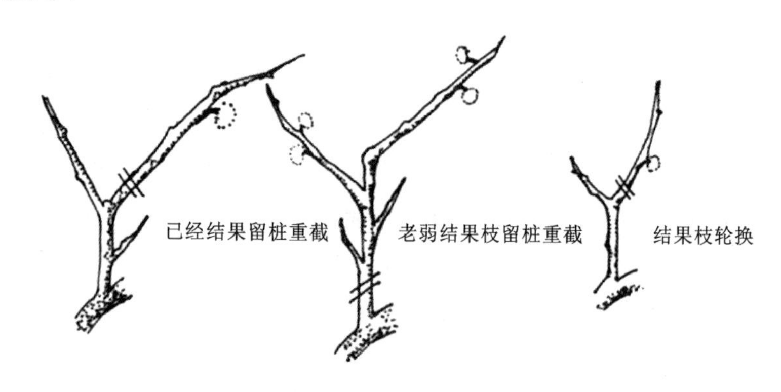


图 6-31 结果枝的冬季修剪

④ 衰老期树

衰老期梨树离心生长弱，向心生长明显。小枝与侧枝不断干枯死亡，内膛光秃；主侧枝后部隐芽发生徒长枝，进行自然更新。新梢发生少，骨干枝光秃，结果母枝不充实，短截无明显的修剪反应，结果不良，产量下降。

这段时期主要进行更新修剪，增强树势，萌发新枝，充实树冠，维持结果能力。已光秃的骨干枝重回缩到生长健壮向上的分枝上，并控制领头枝的产量；大枝更新应由上到下，从上层开始，打开光路，刺激下部发生健壮新枝；下部及内膛如有徒长枝或背上枝，可加以利用，尽快形成新的树冠。对过弱的骨干枝应先减少挂果量，多培养枝叶，延缓1～2年后等生长势增强时再回缩（图 6-32）。

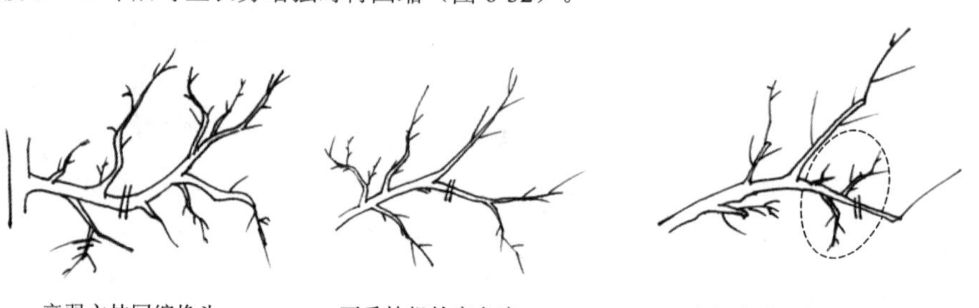


图 6-32 衰老主枝及枝组的处理

## 4. 放任树形改造

放任梨树的树体高大，内膛严重秃裸，结果部位外移，产量低且质量差，大小年结果现象严重，管理难度大，病虫危害严重。

放任树应因树改造、随枝修剪、分期分批进行，改造后的树形为变则主干形或者小冠疏层形。首先调主干，中心干过高，在 3.0 m 处落头开心，打开天窗，增加内膛、下部光照，下部提干，疏除主干距离地面 1.0 m 以下的骨干枝，使树体结构逐步趋向合理。其次是改大枝，分期将过多的交叉枝、重叠枝、并生枝、病虫枝疏除，打通光路；依据“平衡树势，主从分明”的原则，选留主枝、侧枝，错落有序，先端下垂衰弱的主枝利用背上壮枝抬高角度，反之则利用背后枝换头；大枝稀少则缩截结合，对中心干和下部光秃的主枝进行刻伤，促使发生强旺的主枝和侧枝，配齐骨干枝，大枝少而不空。最后是培枝组，缩前促后，截壮疏弱，适当选留预备枝，通过疏缩结合，培养健壮结果枝组，并培养内膛背上结果枝组，防止结果部位外移。

合理运用生长季节修剪方法调整改造后的树体枝叶分布。刻伤于春季发芽前在主干光秃的部位进行，刻伤深度达到形成层，促进刻伤部位下部隐芽萌发培养为主枝；对光秃的主枝，在光秃部位进行刻伤，其萌发的枝条培养成结果枝组。内膛发生的徒长枝应适时摘心，促使分枝形成新的骨干枝，更新树冠或培养为枝组；梨树落头后，在落头处和下部将刺激隐芽大量萌发，对落头处的萌芽全部疏除，主枝和中央主干上萌发的新梢尽可能保留，有空间的地方甩放拉平，没有空间的地方留基部 20 cm 进行摘心，促发二次枝，部分二次枝当年就可成为结果母枝。当部分二次枝仍较壮时，可于 6 月中旬继续进行摘心。

通过 1 ～ 3 年的调整，树高控制在 3.5 m 以下，中心干高控制为 3.0 m；在中心干上错落着生 5 ～ 6 个主枝，不分层或分层都行，上下重叠主枝间距不小于 80 cm；主枝开张角度为 70° ～ 80°，每主枝配置 1 ～ 2 个侧枝；冠层内外及上下结果枝组均匀分布，小枝多而不挤，互相错落着生，冠形丰满紧凑。

## 5. 架式栽培树体改造

（1）架式辅助设施的搭建

① 架式辅助设施的架设

架式辅助设施主要由支撑柱和网面组合而成。支撑柱分为角柱、边柱和支柱，材料采用水泥柱，长度为 2.3 m，垂直埋设于地面，深度为 50 ～ 60 cm。角柱埋设为田块的四角，截面面积在12 cm×12 cm以上。边柱埋设于田块的4条边上，间距为5.0 m，截面面积为10 cm×12 cm。支柱埋设于田块内，截面面积为8 cm×10 cm，埋设时与边柱在南北和东西两个方向垂直，间距为10 m×10 m。网面架设在棚架的支撑柱上，平行于地面，距地面175～185 cm，由主线、支线和子线组成。主线连接4条边上的角柱和边柱，用$\phi$12 mm镀锌钢绞线；支线分别在南北和东西方向上连接边柱和支柱，用$\phi$10 mm镀锌钢绞线；子线连接主线和支线，用8号或者10号镀锌铁丝，组成50 cm×50 cm的正方形网格。

② 树体结构

两主枝棚架树体结构：无中心干，主枝分为行式和垂直行式，主枝间方位角为180°。主枝上直接着生单轴结果枝组，在主枝上单侧间距为40～50 cm，两侧错开，第一枝组距离主枝基部30 cm以上，依据栽植密度确定主枝上单轴结果枝组的数量。

多主枝棚架树体结构：无中心干，主干高60～80 cm。主枝3～4个，方位角呈120°或90°，在架面上呈水平分布。每个主枝配备2～3个侧枝，第1侧枝距主干80～100 cm，第2侧枝在另一侧距离第1侧枝80～100 cm，第3侧枝距离第2侧枝100 cm。主枝、侧枝均在架面水平延伸，在主枝、侧枝的左右两侧配置结果枝组，间隔40～50 cm。

（2）树体改造及上架

放任树及疏散分层形等树形可以通过“提干、开心、培主枝”等措施，改造为多主枝棚架树体结构。提高主干高度至60～80 cm，去除中心干。骨干枝改造最大限度地保留原有骨干枝，缩短多主枝棚架树体结构改造时间，加快树冠恢复。对保留的骨干枝，应调整垂直延伸方向，减小基角，加大其腰角和梢角的角度，防止骨干枝过多偏离架面。对棚面以下且中部枝段距棚面50 cm及以上的骨干枝，应从基部锯除，原位更新留桩，促进抽生分生角度小的强枝，重新培养贴近架面延伸的骨干枝。对留用骨干枝，高出架面的部分拉至贴近架面，过粗、过硬的骨干枝，先端则回缩至架面下方距架面30 cm处，萌发后的枝条替换原骨干枝延长枝，贴近架面延伸。

重点保持主枝的先端生长优势和稳定树势，各类骨干枝及结果枝组单轴延伸，减少因枝条堵截、变向而引起的水分、养分流动受阻。对主枝、侧枝的延长枝进行短截，保持延长头的强势，维持其对水分、养分的抽拉作用。单轴结果枝组5～6年以后，进行基部原位更新，以基部长出的新梢替换衰老枝条，在同一位置来回更替，永远保持结果枝的年轻健壮，枝组直径大于0.8 cm。枝组之间多而不挤，疏密适当，上下左右，枝枝见光；以相互不交叉、不重叠为度，每组侧枝配置4～6个结果枝组，维持树体营养生长与生殖生长的合理平衡。

# 第七章　果实管理

# 第一节 合理负载

在果树产量中，果实的密度越大，就越符合栽培的要求。果树生产的本质，就是把光能转化为化学能，并储存于枝、叶、花、果、根、干等器官内。生产所需要的最终产品是果实，是经济产量，但是经济产量的获得需要其他器官的参与。梨树负载量直接关系到光合产物分配、果树生长及果实发育，进而直接影响到产量和品质，还会影响到新梢生长、光合作用和花芽分化等生长发育过程。负载量过高，会导致果实品质变差，翌年花量减少，树势衰弱；负载量过低，则会导致树体营养生长过旺，果园郁闭，营养生长抑制生殖生长，大幅减产。负载量调控是通过调节“库”的大小，减小果实间营养物质的竞争，从而提升果实品质。适宜的负载量可最大程度地利用叶片的光合能力维持果实负载，从而获得果实产量和质量的平衡，同时对维持梨树生殖生长与营养生长以及地上部与地下部的平衡具有重要意义，这也是保证优产的重要途径。

## 1. 梨树的合理负载

（1）叶果比法

最常用的方法，也最可行。每个果实正常生长发育需要 20 ～ 35 片叶。依据品种特性、土壤肥力和栽培管理技术水平来确定，按照中、大果型品种每 30 ～ 35 片叶留 1 个果，小果型品种每 25 ～ 30 片叶留 1 个果计算。

（2）果间距法

冠层内果实的间距为 20 ～ 30 cm，中、大果型品种果间距稍大，冠层内可以每隔 25 ～ 30 cm 留 1 个果；小果型品种果间距稍小，冠层内可以每隔 20 ～ 25 cm 留 1 个果。

（3）枝果比法

冠层内每 3 ～ 4 个生长点留 1 个果。所谓生长点，包括长、中、短梢以及果台副梢、莲座状叶丛顶端，需依据品种特性和梨园管理状况综合确定，大果型品种每 3 ～ 4 个生长点留 1 个果，小果型品种每 3 个生长点留 1 个果。

（4）干周法

主干的截面面积一定程度上代表着树体的生产能力。在离地表 20 cm 处测量出树干周长，用公式（周长 × 周长 ×0.08）计算出干截面面积。根据品种、树势等决定负载量，按照干截面面积每平方厘米留 2 ～ 4 个果，小果型品种留 3 ～ 4 个果，大果型品种留 2 ～ 3 个果，在留果量标准的基础上乘以保险系数 1.1 ～ 1.2，即为实际留果量。

（5）树冠投影法

梨园按照每平方米树冠投影面积确定田间产量，一般每平方米留果 5 ～ 8 kg，依据树势及目标产量确定留果量。

（6）目标产量法

依据生产者的目标产量，确定单株留果数量。目标产量除以每亩株数，除以单果质量，然后乘以 1.1 ～ 1.2 的保险系数，即为实际每株留果数量。

（7）枝粗法

主要用于冬季修剪时局部冠层负载量的确定。树体冠层的结果枝组基部直径为 1.0 ～ 2.0 cm 时留 5 ～ 8 个饱满花芽，2.0 ～ 3.0 cm 时留 9 ～ 15 个花芽，3.0 ～ 4.5 cm 时留 18 ～ 25 个花芽，一个花芽原则上一个果。

梨树负载量的确定与梨园管理水平和品种、树龄、树势密切相关，需要综合进行评估研判。管理水平高、树龄小、树势强，应当多留；否则少留。特别是老弱树应以提高树体长势为前提，尽量少留果，甚至不留果。

## 2. 保花保果

（1）人工辅助授粉

梨园放蜂：每亩设置 5 个巢箱，巢箱之间距离为 50 ～ 80 m，巢箱分为固定式和移动式两种。固定式用砖石砌成，一次投入多年使用；移动式用木箱、纸箱做成。巢箱的长、宽、高分别为 30 cm、20 cm、25 cm，距地面 40 ～ 50 cm，各面用塑料薄膜包裹，仅留一面开口，以免雨水渗入。巢箱置于避风向阳、空间开阔的树冠下，放蜂口朝南，每箱放 100 ～ 150 个巢管。巢管内径为 0.5 ～ 0.8 cm、管长 20 ～ 25 cm，一端封闭，一端开口，管口处要平滑，用绿、红、黄、白 4 种颜色涂抹，按放蜂量的 2 ～ 3 倍备足巢管，每亩准备巢管 300 ～ 400 支。放茧盒长 20 cm、宽 10 cm、高 3 cm，也可使用药用的小包装盒。放茧盒放在巢箱内的巢管上，露出 2 ～ 3 cm，盒内放蜂 40 ～ 50 头，盒外口扎 2 ～ 3 个黄豆粒大小孔，便于出蜂。花开放 3% ～ 5% 时开始放蜂。蜂茧放在田间后，壁蜂即能陆续咬破壳出巢，7 ～ 10 d 后出齐，盛果期果园每亩放 100 ～ 150 头蜂茧。花期结束时，繁蜂结束，及时回收巢管，把封口或半封口的巢管按 50 支一捆放入纱布袋内，挂在通风、干燥、清洁、避光的空房内存放，也可每 5 ～ 10 亩放置 1 箱蜜蜂。

（2）人工授粉

当花期遇到阴雨、低温、大风、沙尘等不良气候时，直接影响昆虫活动和自然授粉，坐果率大大降低，必须进行人工授粉。从授粉品种上（多品种花粉混合最佳）采集呈灯笼状的花蕾，每花序上采 1 ～ 2 朵边花，立即在室内剥开花瓣，两手各拿 1 朵花，花心对花心互相摩擦，使花药全落下，筛去花瓣等杂物。将未散粉的花药放在光滑的纸内，置于温度为 20 ～ 25℃、相对湿度为 60% ～ 70% 的培养箱中培养 36 ～ 48 h，花粉即可散出，除去杂物，放入小瓶备用。人工授粉时可在花粉中加入 3 倍量左右的淀粉或滑石粉进行稀释，以提高花粉的利用率。人工授粉时间选择在盛花期的 9 时到 15 时，用小毛笔或棉花球蘸取稀释好的花粉，点授在盛开花朵的柱头上，每花序点授 2 ～ 3 朵边花，蘸一次花粉可点授 3 ～ 5 朵花。

也可用喷雾器进行液体喷雾，用水 10 kg+ 尿素 30 g+ 蔗糖 0.5 kg+ 花粉 20 ～ 25 g+ 硼酸 10 g 配成悬浮液，在花开 30% 时，用喷雾器全株喷雾，配好悬浮液 2 h 内喷完。喷雾时间应选在上午 10 时无风时，如果喷粉后 3h 内遇雨则应重喷。

### 3. 疏花疏果

（1）疏花（芽）

迟疏不如早疏，疏果不如疏花，疏花不如疏芽（花芽）。通过冬季修剪、花前复剪等措施疏花（芽），疏枝条背下花芽，留背上花芽，疏密留匀，做到全树均匀分布，疏去主枝、中心干延长头的花芽。花前复剪注意旺树、旺枝少疏多留，弱树、弱枝多疏少留，在花蕾分离期疏去过密、过弱的花枝或花序。每亩留花枝数为 1.5 万～ 2.5 万枝。疏花在花序伸出至初花期进行，疏去中心花、留边花，每花序留 2 ～ 3 朵花。对过密的花序可摘除花朵，注意保留果台芽。

（2）疏果

疏果的原则是疏弱留强，疏小留大，疏密留稀，疏上下留两侧。疏果分两次进行，第一次粗疏，于谢花后 10 d 进行; 第二次定果，于 5 月上中旬进行，结合果实套袋操作进行。

留边花果、疏中心花果，留花柄长的、疏花柄短的，留大果、疏小果，留椭圆形果、疏圆形果和扁形果，留下生果和侧生果、疏背上果，疏除小果、畸形果、病虫果、叶磨果、锈果、朝天果。疏果时先里后外、先上后下，勿碰伤果台，注意保护下部的叶片以及周围的果实。

### 4. 生长调节剂的应用

幼果期为了提高果实品质，可以使用 3% 的赤霉素脂膏，这是广谱性植物生长调节剂，可促进梨果实生长，增大果实，促进果实成熟 7 ～ 10 d，提早采收，使果实均匀一致，

并能降低部分品种裂果概率。

使用时期在盛花期后30～35 d，果实膨大期使用专用毛刷或用拇指和食指轻捏果柄，将药膏均匀涂抹在果柄靠近果台1.0～1.5 cm处，涂抹时不要让药膏接触果实，避免损伤果实和污染果面，用药后7 d才能套袋。

# 第二节 果实套袋

## 1. 不同类型纸袋对梨果实品质的影响

（1）主要的纸袋类型

纸袋材料为小林双层袋（1-KK）、韩国双层袋（中国农科院郑州所）、台果双层袋（青岛台果纸袋有限公司，下同）、台果白色单层袋、台果黄色单层袋、爱农双层袋、绿果林双袋、广西双层袋（广西柑橘所）、浙农双层袋（浙江农科院园艺所）、郑州双层袋（中国农科院郑州所）、单层报纸袋（自制），编号分别为Ⅰ、Ⅱ、Ⅲ、Ⅳ、Ⅴ、Ⅵ、Ⅶ、Ⅷ、Ⅸ、Ⅹ、Ⅺ。台果小蜡袋，编号为T（表7-1）。

表7-1 套袋用的纸袋类型

| 编号 | 名称 | 产地 | 商标名 | 层数 | 规格/(cm×cm) | 纸袋特性 | 生产商（提供者） | 透光率/% |
|---|---|---|---|---|---|---|---|---|
| Ⅰ | 小林双层袋 | 青岛 | 小林 | 双层 | 16×19 | 1-KK外黄内黑蜡纸 | 小林制袋有限公司 | 9.3020 |
| Ⅱ | 韩国双层袋 | 韩国 | 无 | 双层 | 15×18 | 外灰白内黑、浅黄 | 中国农科院郑州所 | 0.1106 |
| Ⅲ | 台果双层袋 | 青岛 | 台果 | 双层 | 15×19.5 | 外黄内黑 抛光木浆纸 | 台果纸业有限公司 | 0.0650 |
| Ⅳ | 台果白单袋 | 青岛 | 台果 | 单层 | 16×20 | 白色 木浆纸 | 台果纸业有限公司 | 24.5040 |
| Ⅴ | 台果黄单袋 | 青岛 | 台果 | 单层 | 16×20 | 黄色 木浆纸 | 台果纸业有限公司 | 14.0003 |
| Ⅵ | 爱农双层袋 | 青岛 | 爱农 | 双层 | 16×19.5 | 外黄内黑 牛皮纸 | 爱农制袋有限公司 | 0.0037 |
| Ⅶ | 绿果林双袋 | 四川 | 绿果林 | 双层 | 15.5×20 | 外灰内黑 木浆纸 | 绿果林制袋公司 | 0.0005 |
| Ⅷ | 广西双层袋 | 广西 | 无 | 双层 | 16.5×20 | 外黄内黑 牛皮纸 | 广西柑橘所 | 0.0012 |
| Ⅸ | 浙农双层袋 | 浙江 | 无 | 双层 | 15×19 | 外白蜡纸 内黄木浆纸 | 浙江农科院园艺所 | 11.9300 |
| Ⅹ | 郑州双层袋 | 郑州 | KM-2 | 双层 | 14.5×18 | 外黄硫酸纸 内红蜡纸 | 中国农科院郑州所 | 0.1400 |
| Ⅺ | 单层报纸袋 | 湖北 | 无 | 单层 | 17×21 | 报纸袋 | 自制 | 13.1010 |
| T | 小蜡袋 | 青岛 | 台果 | 单层 | 7.5×11 | 小蜡袋 白色蜡纸 | 台果纸业有限公司 | |

（2）不同类型纸袋直接套袋处理对果实外观品质的影响

套袋处理可以改善鄂梨2号果实商品外观，延缓和抑制果点的形成，使果面色泽变浅（表7-2），表明套袋后形成的微域环境有利于抑制果点和锈斑的形成。套袋处理果点覆盖值及分布密度有减小的趋势，各处理之间存在显著差异。从果点直径变化看，除自制单层报纸袋处理和对照处理没有显著差异以外，其余各处理的果点直径变小且与对照处理存在极显著差异。郑州双层袋、自制报纸袋处理的果点密度比对照处理增加，但不存在极显著差异，其余套袋处理的果点密度均小于对照处理。从果面锈斑指数的变化趋势看，不同纸袋处理对果面锈斑指数的影响各不相同，郑州双层袋、浙农双层袋、自制报纸袋及爱农双层袋处理的果面锈斑指数高于对照处理，其余各处理的锈斑指数小于对照处理，表明并非所有的套袋处理都能降低果面的锈斑指数，对于绿皮品种而言，纸袋选择不适可能会增加果实表面的锈斑。郑州双层袋处理的果面锈斑指数达到41.76，果实基本已经失去了商品价值。套袋处理有增加果皮厚度的趋势，所有处理的果皮厚度均高于对照处理（0.77 mm）；广西双层袋、台果黄色双层袋、小林双层袋、台果双层袋、绿果林双层袋处理果皮厚度与对照处理存在极显著差异。各处理的果形指数没有显著变化。

**表7-2　不同处理对果实外观品质的影响**

| 处理 | 平均单果重/g | 果形指数 | 果点 | | 果皮厚度/mm | 果实外观色泽 | | | 锈斑指数 |
|---|---|---|---|---|---|---|---|---|---|
| | | | 直径/mm | 果点数/（个·cm$^{-2}$） | | L | A | B | |
| Ⅰ | 164.2abc A | 1.00a A | 0.36ef E | 21.5cde BCD | 0.94bc ABC | 64.64c DE | −27.84ab A | +69.27cd BC | 12.22de C |
| Ⅱ | 159.0abc A | 0.98a A | 0.44def CDE | 20.0de CDE | 0.81d CD | 71.56b BC | −19.12c B | +61.42deCD | 13.24cde C |
| Ⅲ | 154.4bc A | 0.98a A | 0.37ef E | 21.3cde BCD | 0.98ab AB | 78.49a A | −15.09d BC | +44.64f D | 11.61e C |
| Ⅳ | 176.6abc A | 0.98a A | 0.61cd BCD | 18.8ef DE | 0.81d CD | 62.50cd E | −29.76ab A | +88.86ab A | 12.41de C |
| Ⅴ | 173.6abc A | 1.03a A | 0.64bcd BC | 23.7bc ABC | 1.02ab A | 63.41c DE | −30.26a A | +85.97b AB | 12.31de C |
| Ⅵ | 151.7c A | 1.02a A | 0.52de CDE | 22.3bcd BCD | 0.81d CD | 78.63a A | −13.91de C | +45.10f D | 16.39c C |
| Ⅶ | 167.7abc A | 1.04a A | 0.40ef DE | 15.7f E | 0.95bc ABC | 77.78a AB | − 11.36e C | +46.52f D | 14.17cde C |
| Ⅷ | 153.8bc A | 0.97a A | 0.33f E | 18.2ef DE | 1.06a A | 76.85a AB | − 11.15e C | +51.86ef CD | 13.33cde C |
| Ⅸ | 177.7ab A | 1.02a A | 0.71bc BC | 21.2cde BCD | 0.84cd BCD | 61.04cd E | −27.11ab A | +84.87b AB | 28.43b B |
| Ⅹ | 153.9bc A | 1.06a A | 0.63cd BCD | 27.7a A | 0.80d CD | 69.45b CD | −19.01c B | +62.17deCD | 41.76a A |
| Ⅺ | 178.9ab A | 1.04a A | 0.82ab AB | 24.9ab AB | 0.83d CD | 62.79cd E | −28.97ab A | +81.61bc AB | 26.11b B |
| CK | 183.5a A | 1.02a A | 0.98a A | 24.1bc ABC | 0.77d D | 58.34d E | −26.62b A | +99.15a A | 15.56cd C |

注：大写字母表示差异性达极显著水平（A = 0.01），小写字母表示差异性达显著水平（a = 0.05），下同。L为亮度指标，值偏小时亮度偏小。A和B是色度坐标，A为正值偏红，负值偏绿；B为正值偏黄，负值偏蓝。

砂梨果皮色泽是评价果实外观品质的重要指标，套袋处理后，果点和锈斑的颜色相对变浅，呈现出褐色—浅褐色—浅棕色的变化趋势。不同类型纸袋的透光率不同，则果皮亮度指标 L、色度坐标 A、B 的值亦不同（表 7-2），进一步结合表 7-1 分析不同纸袋的透光率与 L、A、B 的关系可以得出，L 值及色度坐标 A、B 均与纸袋透光率呈现出明显直线回归关系，回归方程分别为 $Y_L$=74.45−0.71$X$、$Y_A$=−16.68−0.77$X$、$Y_B$=52.52+1.86$X$，经显著性检测，回归关系和回归系数均存在极显著差异。不同类型纸袋处理后，梨果实有变小的趋势，但各处理与对照不存在极显著差异，爰农双层袋处理的果实平均单果重最低，相比对照处理降低了 17.33％。结合表 7-1 的纸袋透光率，进一步分析不同类型纸袋的透光率与果实大小之间的关系，可以发现纸袋透光率与果实大小之间为线性回归关系，回归方程为 $Y_W$=159.61+0.99$X$，经显著性检测，回归关系和回归系数均为极显著差异。

（3）不同类型纸袋直接套袋处理对果实内在品质的影响

由表 7-3 可知，各处理之间果肉硬度存在显著差异，但是与对照处理相比不存在极显著差异，台果黄色单层袋、自制单层报纸袋及台果白色单层袋 3 种单层袋处理的果肉硬度低于其他各处理（浙农双层袋处理除外）。台果黄色单层袋处理的果肉硬度最低，为 5.9 kg/cm$^2$，较对照处理低 11.94%。由表 7-3 看出，套袋各处理的果实可溶性固形物含量均低于对照处理，但不存在极显著差异；台果黄色单层袋、台果白色单层袋、单层

**表 7–3 不同处理对果实内在品质的影响**

| 处理 | 果肉硬度 /（kg·cm$^{-2}$） | 可溶性固形物 /% | 可溶性糖 /% | 可滴定酸 /% | 维生素 C /（mg·kg$^{-1}$） | 固酸比 SSC/TA | 糖酸比 SS/TA |
|---|---|---|---|---|---|---|---|
| Ⅰ | 7.3abc A | 10.3ab A | 8.56a A | 0.19de DE | 38abc AB | 54.21ab AB | 45.05ab AB |
| Ⅱ | 6.9abc A | 10.2ab A | 7.94bc A | 0.20de CDE | 39abc AB | 51.00abc AB | 39.70abcd ABC |
| Ⅲ | 8.0a A | 10.1ab A | 8.19abc A | 0.21cde BCDE | 38abc AB | 48.10abc AB | 39.00abcde ABC |
| Ⅳ | 6.2bc A | 10.6ab A | 8.41abc A | 0.19de DE | 37bc AB | 53.16ab AB | 44.26ab AB |
| Ⅴ | 5.9c A | 10.7a A | 8.59a A | 0.19de DE | 37bc AB | 56.32ab AB | 45.21ab AB |
| Ⅵ | 6.2bc A | 10.4ab A | 8.27abc A | 0.19de DE | 42a A | 54.74ab AB | 43.53abc AB |
| Ⅶ | 7.5abc A | 10.2ba A | 8.34abc A | 0.23bcd ABCD | 40abc AB | 44.35bc AB | 36.26bcde ABC |
| Ⅷ | 7.7ba A | 10.4ab A | 8.22abc A | 0.17e E | 41ab AB | 61.18a A | 48.35a A |
| Ⅸ | 6.0c A | 10.7a A | 8.48a A | 0.25abc ABC | 39abc AB | 42.80bc AB | 33.92cde BC |
| Ⅹ | 7.0abc A | 9.7b A | 7.90c A | 0.18e DE | 41ab AB | 53.89ab AB | 43.89abc AB |
| Ⅺ | 6.1bc A | 10.5ab A | 8.43ab A | 0.28a A | 40abc AB | 37.50c B | 30.11e C |
| CK | 6.7abc A | 10.9a A | 8.59a A | 0.26ab AB | 36c B | 41.92bc AB | 33.04de BC |

报纸袋3种单层袋处理的果肉可溶性固形物含量与对照处理相比，降低得最少，分别仅为1.87%、2.83%和3.81%；果肉可溶性糖含量也呈现出类似的变化趋势。套袋各处理的果肉可滴定酸含量与对照处理相比，有降低的趋势。自制单层报纸袋处理的果肉可滴定酸含量最高，为0.28%，高于对照处理，但不存在显著差异。套袋各处理的果肉维生素C含量均高于对照处理，爱农双层袋处理和对照处理存在极显著差异，其余各处理与对照处理不存在极显著差异，各处理之间亦不存在极显著差异。从各处理的果肉固酸比变化趋势看，除自制单层报纸袋处理以外，其余各套袋处理的固酸比比对照处理增加，广西双层袋处理的固酸比最高，为61.18，较对照处理高出19.26，但不存在极显著差异，各处理的糖酸比也呈现出类似的变化规律。

### 2. 不同套袋时期对果实品质的影响

梨果实的生长发育遵循了细胞数的增加、纵横径的增长、种子的生长，然后进入细胞体积、果实体积、鲜重增长的顺序。套袋时期越早，果实平均单果重越低，可能由于套袋时期越早对果实细胞分裂影响越大，即套袋减少细胞分裂数，因为细胞体积增长的主要时期在果实生长后期。梨果面的角质和蜡质起到保护果实的作用。鸭梨和雪花梨在谢花后30 d，于角质层外面出现蜡质。鸭梨果点最早出现在谢花后20～30 d，至谢花后80 d不再扩大，且颜色加深。鄂梨2号谢花后30 d，果点没有开始形成，少许幼果的萼洼周围最早出现浅棕色锈斑，数量少，且锈斑面积小。谢花后35 d，幼果表面果点开始形成，果梗部位最先形成果点，颜色为浅棕色，数量少，果点覆盖值小，如针尖大小，果面锈斑由萼洼周围向果实中部扩散。套袋时期越早，果皮越厚、果点覆盖值越小，单位面积果点数越少，果面越光洁，外观越漂亮。原因可能是套袋果实所处微环境（温度、湿度等）相对稳定，延缓了表皮细胞、角质层、细胞壁老化；果皮发育稳定、和缓，时期越早，效果越好。但是，套袋时期越早，果实可溶性固形物、可滴定酸和可溶性糖含量越低，风味越淡。

（1）不同时期套袋处理对果点、锈斑及果面光洁度的影响

谢花后20 d套袋处理，15 d后调查，落果率为6.33%，主要原因是套袋时期太早，此时果实幼嫩，果柄承受力低，易受损伤，尤其是遭遇大雨和大风，落果更为严重，在生产过程中不宜进行，故该处理没有进行系统地测试、分析。套袋时期越早，果点直径越小（表7-4）。谢花后30 d处理，与谢花后50 d、60 d套袋及不套袋处理果点直径存在显著差异，但仅与对照处理存在极显著差异。果点的颜色呈现出浅褐—黄褐—深褐的

变化趋势。套袋时期越晚，则单位面积果点数量越多。谢花后 40 d 套袋处理果点数量最少，较对照处理降低 16.43%，与谢花后 60 d 及不套袋处理之间存在显著差异，但是各处理之间差异不显著。套袋时期越早，果点颜色越浅。

**表 7–4 不同时期套袋对果点、锈斑及果面光洁度的影响**

| 处理时期 | 果点 | | | 锈斑 | | 果面光洁度 |
|---|---|---|---|---|---|---|
| | 直径 /mm | 果点数 / （个·$cm^{-2}$） | 颜色 | 锈斑指数 | 颜色 | |
| 30 d | 0.37c B | 21.3bc A | 浅褐 | 11.61c A | 浅黄褐 | 极平滑、蜡质多 |
| 40 d | 0.41c B | 20.7c A | 浅褐 | 12.40c A | 浅黄褐 | 极平滑、蜡质多 |
| 50 d | 0.67b AB | 21.4bc A | 黄褐 | 15.37b A | 黄褐 | 平滑、蜡质多 |
| 60 d | 0.70b AB | 23.2ab A | 黄褐 | 16.85a B | 黄褐 | 较平滑、蜡质较多 |
| CK | 0.98a A | 24.1a A | 深褐 | 15.65b B | 深褐 | 有糙手感、蜡质中多 |

注：大写字母表示差异性达极显著水平（A = 0.01），小写字母表示差异性达显著水平（a = 0.05）。下同。

果面锈斑指数＝∑（各级代表数值 × 果数）/（总果数 × 最高代表数值）×100。果锈分级标准为：0 级，无果锈；1 级，果锈面积占果面的比例小于 1/16；2 级，果锈面积占果面的比例为 1/16 ～ 1/8；3 级，果锈面积占果面的比例为 1/8 ～ 1/4；4 级，锈斑面积占果面的比例大于 1/4。套袋时期越早，果面锈斑指数越低。谢花后 30 d、40 d 套袋处理锈斑指数较低，与其他处理存在极显著差异。但是，谢花后 60 d 套袋处理果面锈斑指数为 16.85，较对照处理高 7.67%，且存在显著差异。套袋时期越早，果面锈斑颜色越浅，呈现出浅黄褐—黄褐—深褐的变化趋势。从果面光洁度变化趋势看，套袋时期越早，果面越光洁。尤以谢花后 30 d、40 d 这 2 个套袋处理果面光洁度最佳，果面手感平滑，蜡质多。对照不套袋处理果实有糙手感，蜡质中多，色泽不明亮。

（2）不同时期套袋处理对果面色泽的影响

套袋时期越早，果面亮度值越高，L 值越大（表 7-5）。谢花后 30 d、40 d、60 d 这 3 个处理果面亮度值均与谢花后 60 d 和对照处理存在极显著差异。不套袋处理的 L 值与谢花后 60 d 套袋处理存在显著差异。套袋越早，色度坐标 B 值越低，果面黄色度越低。方差分析结果显示，谢花后 30 d、40 d、50 d 套袋处理果面 B 值均与谢花后 60 d 套袋处理和不套袋处理存在极显著差异，表明其果面色泽偏白色。谢花后 60 d 套袋处理 B 值与其他各处理存在极显著差异。对照不套袋处理果面 B 值最高，较谢花后 30 d 处理高 1.2 倍，且均与其他 4 个处理存在极显著差异。

对于色度坐标 A 值来说，谢花后 60 d 套袋处理最低，低于不套袋处理 5.52%，但差异不显著，表明果面颜色偏绿，且与谢花后 30 d、40 d 这 2 个处理存在显著差异。谢花后 30 d、40 d、50 d 套袋处理果面 A 值之间差异不显著。试验各套袋处理的 A 值为负值，表明果面颜色偏绿，而不偏红。套袋时期越晚，A 值越小，即表明果面颜色越偏绿。

**表 7–5　不同处理对果实外观色泽的影响**

| 处理 | 果实外观色泽 | | | 感官颜色 | |
|---|---|---|---|---|---|
| | L | A | B | 底色 | 面色 |
| 30 d | 78.49a A | -15.09b B | ＋ 44.64c C | 黄白 | 黄白 |
| 40 d | 77.95a A | -14.03b B | ＋ 47.74c C | 黄白 | 黄白 |
| 50 d | 75.90a A | -18.34b B | ＋ 51.14c C | 黄白 | 绿白 |
| 60 d | 63.67b B | -28.09a A | ＋ 84.86b B | 浅黄绿 | 浅黄绿 |
| CK | 58.34c B | -26.62a A | ＋ 99.15a A | 绿 | 深绿 |

（3）不同时期套袋处理对果实大小、果肉硬度及口感品质的影响

套袋时期越早，果实平均单果重越低（表 7-6）。方差分析表明，谢花后 30 d 处理的果实平均单果重与 50 d、60 d 及不套袋 3 个处理存在显著差异，但仅与对照处理存在极显著差异。谢花后 40 d 处理的果实平均单果重仅与对照处理存在显著差异。谢花后 50 d、60 d 处理的果实平均单果重与对照处理差异不显著。不同时期处理对果形指数没有明显影响。

**表 7–6　不同时期套袋对果实大小、果肉硬度及口感品质的影响**

| 处理 | 平均单果重 /g | 果形指数 | 果皮厚度 / mm | 果肉硬度 / （$kg \cdot cm^{-2}$） | 口感品质 | | |
|---|---|---|---|---|---|---|---|
| | | | | | 质地 | 石细胞 | 风味 |
| 30 d | 154.4c B | 0.98a A | 0.98a A | 8.0 a A | 细嫩、松脆 | 少 | 酸甜 |
| 40 d | 162.3bc AB | 0.98a A | 0.97a A | 8.1 a A | 细嫩、松脆 | 少 | 酸甜 |
| 50 d | 174.5ab AB | 1.00a A | 0.98a A | 7.4 a A | 细嫩、松脆 | 极少 | 甜 |
| 60 d | 175.5ab AB | 0.98a A | 0.88ab AB | 6.9 a A | 极细、脆嫩 | 极少 | 甜 |
| CK | 183.5a A | 1.01a A | 0.77b B | 6.7 a A | 极细、脆嫩 | 极少 | 浓甜 |

套袋时期越早，果皮厚度越大。谢花后 30 d、40 d、50 d 处理的果皮厚度与对照处理存在极显著差异，与谢花后 60 d 处理仅存在显著差异。不套袋处理果皮厚度最小，较谢花后 30 d、50 d 处理降低了 21.43%。套袋时期越早，果肉硬度越高。谢花后 40 d 套袋处理的果肉硬度最高，较对照处理高出 17.28%，亦高于谢花后 30 d 套袋处理，但差异不显著。方差分析表明，各处理之间果肉硬度差异不显著。从口感品质分析看，套袋越早，果实风味越淡，石细胞越多。

（4）不同时期套袋对果实内在品质的影响

套袋时期越早，果实可溶性固形物、可溶性糖含量越低，但降低幅度不显著（表7-7）。谢花后30 d套袋处理的果实可溶性固形物含量最低，与对照处理及谢花后60 d套袋处理存在显著差异，但是各处理之间差异不显著。对照处理的果实可溶性固形物含量最高，但是与谢花后60 d、50 d、40 d各处理之间差异不显著。果实可溶性糖含量各处理之间差异不显著。从果实可滴定酸变化趋势看，套袋越早，可滴定酸含量越低，谢花后30 d、40 d这2个处理与对照处理存在显著差异。各处理之间的果实维生素C含量不存在显著差异。

**表7–7 不同时期套袋对果实内在品质的影响**

| 处理 | 可溶性固形物/% | 可溶性糖/% | 可滴定酸/% | 维生素C/（$mg\cdot 100g^{-1}$） | 固酸比TSS/TA | 糖酸比SS/TA |
|---|---|---|---|---|---|---|
| 30 d | 10.1b A | 8.19 a A | 0.21b A | 3.8 a A | 48.10ab A | 39.00ab A |
| 40 d | 10.6ab A | 8.20 a A | 0.22ab A | 4.0 a A | 48.18ab A | 37.27ab A |
| 50 d | 10.6ab A | 8.44 a A | 0.20b A | 3.9 a A | 53.00a A | 42.20a A |
| 60 d | 10.8a A | 8.51 a A | 0.24ab A | 3.7 a A | 45.00ab A | 35.46ab A |
| CK | 10.9a A | 8.59 a A | 0.26a A | 3.6 a A | 41.92b A | 33.04b A |

（5）结论

鄂梨2号谢花后30 d锈斑开始形成，谢花后30～35 d果点开始形成，果点和锈斑一旦形成就不可逆转，适期套袋是抑制果点和锈斑发生的关键。套袋过早，发育程度低，同时幼果果柄承受力低，易受损伤，造成落果过多。套袋时期过晚，则果点和果面锈斑大量形成，且无法逆转。诸如鄂梨2号等果皮颜色为绿色的品质，最适宜的套袋时期为谢花后30～40 d，这段时期套袋果实外观品质最佳，且对果实内在品质影响较小。在生产过程中，应抓紧时间，在这段时期及时完成套袋。

## 3. 二次套袋处理对果实品质的影响

（1）二次套袋处理对果实外观品质的影响

二次套袋处理：谢花后15 d套小蜡袋（T），30 d后直接在小蜡袋上套不同类型纸袋（小林双层袋、韩国双层袋、台果双层袋、台果白色单层袋），分别编号为T＋Ⅰ、T＋Ⅱ、T＋Ⅲ、T＋Ⅳ。由表7-8分析，二次套袋处理能明显抑制果面果点生长，果点直径和密度显著减少(表7-8)。二次套袋各处理的果点直径均与对照处理存在极显著差异，套袋处理之间的果点直径不存在显著差异；从果点密度变化看，除T＋Ⅳ处理外（显著差异），二次套袋各处理的果点密度均与对照处理存在极显著差异。二次套袋各处理均能显著降低果面锈斑指数，且存在极显著差异，二次套袋处理之间亦存在极显著差异。二次套袋处理能增加果皮厚度，除T＋Ⅳ处理外，各处理的果皮厚度均与对照处理存在显著差异，除T＋Ⅲ外，各处理与对照处理不存在极显著差异。各处理的果实果形指数没有明显变化，表明不同纸袋类型的二次套袋处理对果实纵径和横径的生长没有明显影响。

表 7–8　二次套袋处理对果实外观品质的影响

| 处理 | 平均单果重 /g | 果形指数 | 果点 | | 果皮厚度 / mm | 果实外观色泽 | | | 锈斑指数 |
|---|---|---|---|---|---|---|---|---|---|
| | | | 直径 / mm | 果点数 / （个·$cm^{-2}$） | | L | A | B | |
| T＋Ⅰ | 164.6b A | 1.00a A | 0.23b B | 13.9b B | 0.92b AB | 64.52b B | −28.56a A | +71.31b B | 4.26b B |
| T＋Ⅱ | 168.4ab A | 1.01a A | 0.20b B | 13.9b B | 0.92b AB | 75.48a A | −18.16b B | +49.51c C | 2.59c C |
| T＋Ⅲ | 166.5ab A | 1.03a A | 0.20b B | 15.3b B | 1.05aA | 75.81a A | −16.90b B | +47.69c C | 4.07b B |
| T＋Ⅳ | 181.3ab A | 1.00a A | 0.29b B | 18.3b AB | 0.82bcB | 63.10bc B | −29.93a A | +81.14a AB | 1.67d C |
| CK | 183.5a A | 1.02a A | 0.98a A | 24.1a A | 0.77cB | 58.34c B | −26.62a A | +99.15a A | 15.56a A |

从果面色泽变化趋势看，二次套袋处理的果实果点变浅，果面变平滑，蜡质增多，果点颜色呈现出褐色—黄棕色—浅棕色—浅灰棕色的变化趋势，果面锈斑颜色呈现出黄褐色—浅黄棕色—浅灰棕色的变化趋势。二次套袋处理后果实有变小的趋势，各处理与对照处理不存在极显著差异，T＋Ⅰ处理的单果重最低，为 164.6 g，较对照处理减少了 10.30%，与对照处理存在显著差异，其余各处理与对照处理不存在显著差异。

（2）二次套袋处理对果实内在品质的影响

二次套袋处理的果肉硬度均与对照处理存在极显著差异，且比对照处理的果肉硬度大，二次套袋各处理之间不存在显著差异，表明二次套袋处理增加了果肉硬度（表7-9）。二次套袋处理的果肉可溶性固形物含量均与对照处理存在极显著差异，T＋Ⅱ处理的含量最低，为 9.2%，较对照处理减少了 15.60%，但二次套袋各处理之间的果肉可溶性固形物含量不存在极显著差异，可溶性糖含量亦呈现出相似的变化趋势。二次套袋处理的果实可滴定酸含量与对照处理相比，有减少的趋势，且均与对照处理存在显著差异；T＋Ⅰ、T＋Ⅲ处理与对照处理存在极显著差异。二次套袋各处理的果实维生素C含量有增加的趋势，T＋Ⅱ最高，为 41 mg/kg，较对照处理高出 13.89%，存在显著差异，其余各处理之间不存在显著差异。

表 7–9　二次套袋处理对果实内在品质的影响

| 处理 | 果肉硬度 /（kg·cm$^{-2}$） | 可溶性固形物 / % | 可溶性糖 /% | 可滴定酸 /% | 维生素 C /（mg·kg$^{-1}$） | 固酸比 SSC/TA | 糖酸比 SS/TA |
|---|---|---|---|---|---|---|---|
| T + Ⅰ | 9.8a A | 9.4bc B | 7.99b AB | 0.16d C | 37b AB | 58.75a A | 49.94a A |
| T + Ⅱ | 10.3a A | 9.2c B | 7.74bc B | 0.21bc ABC | 41a A | 43.81c BC | 36.85bc B |
| T + Ⅲ | 10.0a A | 9.3bc B | 7.51c B | 0.18cd BC | 38ab AB | 51.67b AB | 41.72ab B |
| T + Ⅳ | 10.1a A | 9.9b B | 7.82bc B | 0.22b AB | 37b AB | 45.00c BC | 35.55bc B |
| CK | 6.7b B | 10.9a A | 8.59a A | 0.26a A | 36b B | 41.92c C | 33.04c B |

从二次套袋各处理的果实固酸比变化趋势看，二次套袋各处理的固酸比比对照处理的大，T + Ⅱ、T + Ⅳ处理与对照处理不存在显著差异，T + Ⅰ处理最高，为 58.75，较对照处理高 16.83，且存在极显著差异；各处理之间的糖酸比也呈现出类似的变化趋势。从二次套袋处理对果实口感品质的影响上看，二次套袋处理的果肉质地稍紧密、肉质偏硬，果肉石细胞有增加的趋势，风味略淡，但是二次套袋处理在可溶性固形物、可溶性糖含量降低的同时，可滴定酸含量也会降低，使得果肉的固酸比和糖酸比反而增加，口感品质因而与对照处理差别不大。

### 4. 套袋对梨果实农药残留量和重金属含量的影响

在梨生产过程中，化学农药的长期大量施用和滥用，特别是大量施用低效、高毒、高残留的有机氯农药，导致土壤及生态环境受到严重的污染。液体农药使用时，40% ～ 60% 降落到地面，残留在土壤中，20% 左右附着在植物体上，5% ～ 30% 的药剂飘游于空中，仅有 1% ～ 4% 接触到目标害虫。土壤中重金属的来源是多途径的，施用含有铅、汞、镉、砷等的农药和不合理施用化肥，都会导致土壤中重金属的污染。另外，汽车尾气排放及汽车轮胎磨损产生的大量含重金属的有害气体和粉尘等，主要分布在公路、铁路的两侧。公路、铁路两侧土壤中的重金属污染，主要是铅、锌、镉、铬、钴、铜的污染。它们来自含铅汽油的燃烧、汽车轮胎磨损产生的含铅粉尘等，这些都可能是导致梨果实农药残留量和重金属含量超标的主要原因，会影响梨果实的食用安全性。果实套袋为果实生长发育提供了一个相对受保护的微域环境，避免了风、雨、光的直接影响及果实与农药的直接接触，因而降低了农药残留及重金属在果实中的富集，为优质、安全的果品生产创造了条件。

（1）套袋处理对果实农药残留的影响

套袋处理的果实农药残留量与不套袋处理相比有降低的趋势（表 7-10），套袋处理果实中的毒死蜱含量较对照处理的低 9.52%，但不存在显著差异。对照处理果实的氯氰菊酯含量为套袋处理的 3.5 倍，且存在显著差异。套袋处理果实的溴氰菊酯含量较对照处理的降低了 25%，但不存在显著差异。套袋处理果实中的氯氟氰菊酯含量和对照处理的相同。套袋处理果实的多菌灵含量较对照处理的降低了 38.30%，且存在极显著差异。果实中的辛硫磷没有检出。

**表 7–10　套袋处理对果实农药残留量的影响**

| 处理 | 毒死蜱 /（mg·kg$^{-1}$） | 辛硫磷[1] /（mg·kg$^{-1}$） | 氯氰菊酯 /（mg·kg$^{-1}$） | 氯氟氰菊酯 /（mg·kg$^{-1}$） | 溴氰菊酯 /（mg·kg$^{-1}$） | 多菌灵 /（mg·kg$^{-1}$） |
|---|---|---|---|---|---|---|
| 套袋 | 0.084±0.0072aA | ＜ 0.01 | 0.044±0.0118aA | 0.016±0.0035aA | 0.042±0.0044aA | 0.174±0.0137aA |
| 对照 | 0.092±0.0211aA | ＜ 0.01 | 0.154±0.0347bA | 0.016±0.0051aA | 0.056±0.0245aA | 0.282±0.0173bB |

注：不同大写字母代表差异达极显著水平（P ＝ 0.01），不同小写字母代表差异达显著水平（p ＝ 0.05）。[1] 表示样品中辛硫磷含量低于测试方法的最小检出浓度 0.01 mg/kg，未检出。

（2）套袋处理对果实重金属含量的影响

套袋处理果实中的重金属含量也有降低的趋势（表 7-11）。套袋处理果实的铅含量比对照处理的降低 10%，但不存在显著差异。对照处理果实的镉含量比套袋处理的增加了 20.00%，且存在显著差异。套袋处理的砷含量较对照处理的降低了 52.38%，亦存在显著差异。套袋处理与对照处理果实中的汞含量相同。

**表 7–11　套袋处理对果实重金属含量的影响**

| 处理 | 铅 /（mg·kg$^{-1}$） | 镉 /（mg·kg$^{-1}$） | 汞 /（mg·kg$^{-1}$） | 砷 /（mg·kg$^{-1}$） |
|---|---|---|---|---|
| 套袋 | 0.10±0.027a A | 0.010±0.0036a A | 0.002±0.0004a A | 0.021±0.0044a A |
| 对照 | 0.11±0.010a A | 0.012±0.0056a A | 0.002±0.0003a A | 0.032±0.0026b A |

## 5. 果实套袋栽培操作技术要点

（1）套袋时间

青皮品种，如鄂梨 2 号、黄金，必须进行二次套袋，谢花后 15 d 套小蜡袋，30 d 后直接在小蜡袋上套大袋。褐皮品种，如丰水、圆黄等，进行一次套袋即可，即谢花后 30 ～ 40 d 直接套袋。杂色品种，如翠冠、玉香，既可以进行二次套袋，也可以进行一次套袋，主要目的是改善果面外观品质，避免形成“花脸”。

套袋时期越早，果面锈斑颜色越浅，呈现出浅黄棕—黄棕—棕褐的变化趋势。从果面光洁度变化趋势看，套袋时期越早，果面越光洁。

（2）套袋前疏果

套袋前要按负载量要求认真疏果，留量可比应套袋果数量多些，以便套袋时有选择

余地。套袋时严格选择果形长、萼紧闭的壮果、大果和边果，剔出病虫弱果、枝叶磨果和次果。每序只套 1 果，1 袋 1 果，不可 1 袋 2 果。

（3）套袋前病虫害防治

套袋前 2 d，选用 37% 苯醚甲环唑水分散粒剂 4000 倍液或 43% 戊唑醇悬浮剂 3000 倍液或 70% 甲基硫菌灵可湿性粉剂 1000 倍液的杀菌剂以及选用 22.4 % 螺虫乙酯悬浮剂 4000 倍液或 10 % 吡虫啉可湿性粉剂 4000 倍液的杀虫剂，进行全园及全株喷雾，注意要仔细彻底，防止漏叶、漏果。重点喷施果面，杀死果面上的菌虫。用药对象主要是梨黑星病、轮纹烂果病及梨木虱、黄粉虫等有害生物。喷药后 10 d 之内还没完成套袋的，余下部分应补喷 1 次药再套。

（4）纸袋的选择

要选择质量较好的梨专用纸袋，鉴别果袋质量一是看纸质。对于外袋，用手触摸、揉捏，手感棉软，皱折不明显，声音小且沉闷的纸质好；反之，手感硬，皱折明显，声音清脆如干柴、响声大的纸质差。用手撕纸，纸口绒毛多，说明含木浆多、纸质好。对于内袋，内袋纸质厚，质地光滑，有光泽，涂蜡均匀，两面涂蜡者为优质；内袋纸质薄而粗，色泽暗淡，涂蜡薄而不均匀，一面涂蜡者质量较差。

二是看制造工艺的精细程度。袋口扁平而柔软，黏结牢固，袋口长短一致；黏结部位不脱胶，纸袋底部两角通气口大小一致，通气性能好，为好果袋；反之为差果袋。

三是看用水浸泡情况。将纸袋样品浸泡 24 h，外袋黏结部位不脱胶、不变形；内袋蜡纸平展而无积水，晾干后外袋无皱纹，平展如初者，表面防水性能好，均为优质纸袋。而脱胶变形，内袋积水多，取出后提起呈团状，晾干后外袋均皱纹明显而不平展者，表面吸水性能强、防水性能差，为不合格纸袋。

四是看透光情况。将内袋取出后，把外袋撑开，呈筒形，取出手后由外向袋子里面看，如亮度较差，光点小而密度大，光点均匀者，表面滤光性能好，为优质育果袋。如亮度较好，光点大而不均匀或呈云片状，表面滤光性能差、质量低。

（5）操作方法

纸袋使用前 2 d 进行湿口处理，将袋口朝下浸水约 4 cm，持续 30 s，然后袋口朝上放置于纸箱中，上面覆盖 10 层湿报纸，纸箱外被塑料薄膜捂实包严。套袋时撑开纸袋如呈灯笼状，张开底角的出水气口，幼果悬空于纸袋中，以免纸袋摩擦幼果果面。纸袋直接捆扎在尽量靠近果台的果柄上，不要将枝叶套入。扎口时宜松紧适度，以纸袋不在果柄上上下滑动为度，铁丝呈“V”形。树体套袋顺序为先上后下，先里后外。套小蜡袋时注意清除幼果尚未脱落干净的雄蕊和柱头。采收时连同果实袋一并摘放入筐中，待装箱时再除袋分级。既可防果碰伤，保持果面净洁，又可减少失水。

（6）套袋后果实的管理

果实套袋后，全园喷施 1 次杀菌剂和杀虫剂。6 月上中旬注意防治梨木虱、黄粉蚜等入袋害虫危害。防治梨木虱使用 22.4% 螺虫乙酯悬浮剂 4000 倍液或 10% 吡虫啉可湿性粉剂 4000 倍液，可加入 0.1% ～ 0.3% 的洗衣粉或 0.1% ～ 0.3% 的碳铵，以提高防治效果。

梨黄粉蚜为套袋所特有的害虫，大多由袋口进入，主要在果肩部为害，被害处初期出现黄色稍凹陷的小斑，以后渐变为黑色，斑点逐渐扩大并腐烂，严重时造成落果。冬季喷 5 波美度石硫合剂，是全年控制梨黄粉蚜虫口密度的重要措施，套袋时要将袋口扎紧，防止梨黄粉蚜入袋为害。另外，5 月下旬至 7 月中旬，每隔 10 d 随机解袋检查一次，若发现梨黄粉蚜为害，应及时喷布敌敌畏等具熏蒸作用的杀虫剂，重点为果袋扎口处。

套袋梨果实采摘前无须解袋，应连袋采下，装箱时除袋后包好果实。

# 第三节　果实采收

## 1. 采收适宜时期的确定

果实的采收时期对果实外观及内在品质、产量和耐储藏性都有重要的影响，如未成熟时采收，果实未充分膨大，产量低、品质差；采收过晚时，果肉易发绵，品质下降，病虫害加重，商品果率下降。适时采收是保证果实品质及经济效益的主要措施之一。适时采收，就是在果实进入成熟阶段后，根据果实采后的用途，在适当的时期采收，以达到最好的效果。梨果的成熟度可分为三种：

一是可采成熟度。此时果实的物质积累过程已基本完成，开始呈现本品种固有的色泽和风味，果实体积和重量不再明显增长。此时果肉较硬，食用品质稍差，但耐藏性良好，适用于长期储藏或远销外地，加工则用于制作蜜饯和制罐等。

二是食用成熟度。此时果内积累的物质已适度转化，呈现出本品种固有的风味，果肉也适度变软，表现出该品种应有的色、香、味，营养价值也达到了最高点，风味最好，食用品质最好，但耐藏性有所降低。适用于及时上市销售，或仅作短期储藏，以获得更

好的果实品质，还可加工成果汁、果酱。

三是生理成熟度。此时种子已充分成熟，果肉明显变软，淡而无味，营养价值大大降低，食用品质明显降低，更不能储藏或运输。果实开始自然脱落。除用于采集种子外，不适于其他用途。

（1）不同采收期对果实外观品质的影响

近成熟期1个月内，金水2号梨果实生长是一个长久而持续的过程，至7月30日果实生理成熟期，其平均单果重仍在增加，日平均增重1.63 g。其中，7月10日采摘的果实平均单果重较7月5日增加了36.02%，7月10日以后各处理果实的平均单果重极显著高于7月5日以前各处理，表明7月5日—7月10日之间果实生长有一个快速跃变期（表7-12）。

**表7–12 不同采收期对果实外观品质的影响**

| 采收期 | 单果质量/g | 果形指数 | 果皮颜色 | 果面光洁度 |
|---|---|---|---|---|
| 6月25日 | 109.84aA | 1.03 | 暗绿色 | 略粗糙，蜡质极少，无光泽 |
| 6月30日 | 109.99Aa | 1.03 | 深绿色 | 略平滑，蜡质少，无光泽 |
| 7月5日 | 113.04Aa | 1.00 | 绿色 | 较平滑，少许蜡质光泽 |
| 7月10日 | 153.76abB | 0.99 | 翠绿色 | 平滑，蜡质较多，有光泽 |
| 7月15日 | 157.65bB | 0.97 | 浅黄绿色 | 平滑，蜡质多，有光泽 |
| 7月20日 | 160.85 bB | 0.98 | 浅黄绿色 | 极平滑，蜡质多，有光泽 |
| 7月25日 | 161.13 bB | 0.96 | 黄绿色 | 极平滑，蜡质多，光亮 |
| 7月30日 | 166.80 bCB | 0.92 | 金黄色 | 极平滑，蜡质多，光亮 |

7月10日以后，仅7月30日采摘的果实平均单果重与7月10日存在显著差异，其余各处理的果实平均单果重无显著差异。从6月25日至7月30日，果形指数缓慢降低，且降幅均匀，总共降低0.11，日平均降低约0.0031，表明果实生长后期横径的生长速率高于纵径。从6月25日开始，随着果实成熟度逐渐提高，果皮颜色亦由深变浅，呈暗绿→绿→翠绿→黄绿→金黄渐次变化；果面光洁度亦由略粗糙变为极平滑，由蜡质少、无光泽变为具有悦目的蜡质光泽。其中，7月10日采摘的果实基本上体现出金水2号固有的外观特征，果皮为翠绿色，果面平滑，具有较多蜡质光泽。各处理期间果实的果点大小、数量和颜色均无变化，仅果点的深度逐渐变浅，说明果点性状形成的时间较早。

（2）不同采收期对果实内在品质的影响

6月25日至7月30日，果实硬度（不去皮及去皮）逐渐降低，其中不去皮硬度降低 6.08 kg/cm$^2$（日平均降低约 0.17 kg/cm$^2$），去皮硬度降低 2.52 kg/cm$^2$（日平均降低约 0.07 kg/cm$^2$），去皮果肉硬度降幅小于不去皮果肉硬度降幅。果肉可溶性固形物含量自 6 月 25 日开始渐次升高，至 7 月 25 日达到最高值，共提高 3.02 个百分点，日平均升高约 0.086 个百分点，其中 7 月 10 日可溶性固形物含量变化范围为 10.8% ～ 12.0%。7 月 30 日由于果实过熟，可溶性固形物含量反而降低（表 7-13）。

**表 7–13　不同采收期对果实内在品质的影响**

| 采收期 | 可溶性固形物 /% | 果肉硬度 /（kg·cm$^{-2}$） | | 果肉质地 | 风味 | 香气 |
|---|---|---|---|---|---|---|
| | | 不去皮 | 去皮 | | | |
| 6 月 25 日 | 9.18 | 14.96 | 9.36 | 稍硬，略粗 | 酸，微涩 | 无 |
| 6 月 30 日 | 10.02 | 13.68 | 9.21 | 略脆，较细 | 甜酸，味淡 | 无 |
| 7 月 5 日 | 10.26 | 13.50 | 8.84 | 略脆，细 | 甜酸 | 无 |
| 7 月 10 日 | 11.00 | 12.66 | 8.86 | 脆，易化渣 | 酸甜 | 微香 |
| 7 月 15 日 | 11.31 | 10.56 | 7.60 | 脆，极细嫩 | 酸甜适度 | 微香 |
| 7 月 20 日 | 12.03 | 10.10 | 7.58 | 极脆，极细 | 酸甜，味浓 | 微香 |
| 7 月 25 日 | 12.20 | 10.13 | 7.31 | 极脆，极细 | 酸甜，味浓 | 较浓 |
| 7 月 30 日 | 11.52 | 8.88 | 6.84 | 脆，稍发绵 | 甜 | 浓 |

另外，果实总酸含量随采摘期的延后逐渐降低，但降幅较小，其中 7 月 10—7 月 25 日各处理期间几乎无变化。固酸比随采摘期延后逐渐增大，至 7 月 25 日达最高值，共计增加 25.69。6 月 25 日采摘的果实肉质稍硬，质粗，石细胞多，不易化渣；从 7 月 10 日开始肉质变脆，细嫩、易化渣；其中 7 月 15—7 月 25 日果实肉质最佳，7 月 30 日由于果实成熟过度导致果肉稍许发绵。果肉风味随采摘期延后则呈现酸→甜酸→酸甜→酸甜适度→甜的渐次变化，口感糖度依次增加，酸度下降。香气亦从无到有，由微香变为淡香。果肉为白色，汁液特多，各处理间均无明显变化。

（3）不同采收期果实对储藏性状的影响

随着采摘期的延后，迟采的果实在常温下储藏相同时间的腐烂率（主要为轮纹病侵染所致）较早采的果实逐渐升高，7 月 30 日、7 月 20 日采摘的果实储藏 15 d 后腐烂率分别较 7 月 10 日升高 22.29 个百分点和 6.29 个百分点（表 7-14）。若按腐烂率低于 15% 作为储藏合格的标准，则 6 月 30 日、7 月 10 日采摘的果实储藏期约为 15 d，较 7

月20日、7月30日延长约5 d，货架期亦延长5 d。从果实储藏后失重率情况来看，早采的果实失重率稍有增加，可能是果面蜡质少的缘故。7月10日采摘的果实储藏后15 d失重率较7月20日、7月30日分别增加3.99个百分点和4.07个百分点，但果面平滑，果皮颜色为金黄色，无皱缩，商品性状依然较好；储藏20 d后则部分果实表面皱缩、果梗发黑，失去商品价值。

**表7–14 不同采收期果实对储藏性状的影响**

| 采收期 | 储藏10 d/% | | 储藏15 d/% | | 储藏20 d/% | |
|---|---|---|---|---|---|---|
| | 失重率 | 腐烂率 | 失重率 | 腐烂率 | 失重率 | 腐烂率 |
| 6月25日 | 8.62 | 0.00 | 12.01 | 4.57 | 19.24 | 20.57 |
| 6月30日 | 8.74 | 0.00 | 11.78 | 5.74 | 14.01 | 30.29 |
| 7月5日 | 8.29 | 0.00 | 11.32 | 6.29 | 12.97 | 32.00 |
| 7月10日 | 7.36 | 0.00 | 11.28 | 9.14 | 12.22 | 34.29 |
| 7月15日 | 7.24 | 1.14 | 9.65 | 15.43 | — | — |
| 7月20日 | 5.88 | 4.57 | 7.29 | 15.43 | — | — |
| 7月25日 | 5.80 | 8.00 | 7.20 | 29.71 | — | — |
| 7月30日 | 5.29 | 9.71 | 7.21 | 31.43 | — | — |

（4）不同采收期果实的其他性状

6月25日采摘的果实种子为白色，种皮柔软，以后则渐次变为白色→黄白色→深黄色→黄褐色→褐色→黑褐色。7月30日采摘的果实种子为黑褐色，种皮极硬，表明这段时期为果实生理成熟期。另外，6月25日、6月30日采摘时，果梗与果台不易脱离，不易拉断，甚至从果肉中拉出，须用采果剪；7月10日果梗则易脱离，用手托住果实往上轻轻一顶即可。另据田间观察，随着金水2号梨果实逐渐成熟，其采前落果程度稍有增加。

## 2. 判定果实成熟度的方法

果实采收是梨园一个生长季生产工作的结束，同时又是果品储运和销售的开始，如果采收不当，不仅使产量降低，而且还会影响果实的耐储性和产品质量，甚至影响翌年的产量。果实的成熟度是适期采收的主要依据，判断成熟度的常用指标有以下几种：

（1）果实颜色

果实颜色是判定果实成熟的主要标准之一。果实成熟时，果皮色泽呈现出本品种固有的颜色。成熟前果实的表皮细胞内含有较多叶绿素而呈现绿色或褐绿色。随着果实成熟，叶绿素逐渐分降而显现出类胡萝卜素的黄色，果色则逐渐变浅、变黄。一般果皮颜色变为黄绿色或黄褐色时即为可采成熟度。

（2）种皮颜色

果实成熟前种皮的颜色为白色，随着果实成熟，种皮颜色逐渐变为褐色，并不断加深，可作为判断果实成熟度的指标。可将种皮颜色分为 4 级，即白色为 1 级，浅褐色为 2 级，褐色为 3 级，深褐色为 4 级。每次采有代表性的果实 3 ～ 5 个，取出其种子观察计算，当平均色级达到 2.3 时即为可采成熟度。

（3）果肉硬度

果肉的硬度大小主要取决于细胞间层原果胶的多少。果实未成熟时，原果胶逐渐水解而减少，果肉硬度逐渐变小，所以定期测定的果肉硬度可作为判断果实成熟度的指标。虽然不同品种果实的果肉硬度大小不同，但在成熟时都有各自相对固定的范围，近于成熟的果实，果肉变软，硬度下降，口感松脆。

（4）果实发育期

在气候条件正常的情况下，某一品种在特定的地区，从盛花期到果实成熟期，所需的天数是相对稳定的，可用来预定采收日期，即果实发育期，由此来确定采收时期是目前绝大部分果园采用的既简便而又可靠的方法。

（5）果实脱落难易程度

果实成熟时，在果柄基部与果枝之间形成离层，稍加触动，即可采摘脱落。

## 3. 采收方法

（1）分批采收

在适宜的采收期内，对果实成熟不一致和采前落果较重的品种，或因劳力不足不能很快采完时，应考虑分批采收。采果时，应根据其果实着生部位、密度等进行分期、分批采收，以提高产量、品质和商品价值。先采收树冠外围和上层着色好的果和大果以及风口果，后采内膛果和下部果。内膛果和下部果因光照、营养条件较差而成熟较晚，稍晚采摘不仅可避免因成熟度低带来的不利影响，还能增加产量和提高果实品质。

（2）注意事项

采摘果实时应避开阴雨天气和有露水的早晨，因为这时果皮细胞膨压较大，果皮较脆，容易造成伤害；同时，因果面潮湿，极易引起果实腐烂和污染果面。还应避开中午

高温，因为这时果温较高，采后堆在一起不易散热，对储藏不利。梨果实含水量高，皮薄，肉质脆嫩，极易造成伤害，采摘过程中需精心保护。

采收人员要注意剪短指甲或戴手套，以免划伤果皮。采果篮应不易变形，并且内衬采用柔软材料，以免挤伤、扎伤果实。摘果时，先用手掌托住果实，用拇指和食指捏住果柄，轻轻一抬，使果柄与果台自然脱离。切不可强拉硬扯，以防碰伤果柄。无柄果实不符合商品要求，而且极易腐烂。采收过程中要轻拿轻放，严禁随意抛掷或整篮倾倒，以免碰伤果实。采收过程中应多用梯、凳，少上树，并按照先外围、后内膛，先下部、后上部的顺序依次采摘，以尽量减少对树体的伤害和碰伤、砸伤果实。采收后的果实要放在阴凉干燥处预储，不能日晒雨淋。

### 4. 果实采收后的管理

果实采收后，应加强果园管理，以补充果实生长发育期间消耗的大量养分，促进树势恢复和花芽分化，提高树体储藏营养水平，确保翌年优质丰产。

（1）及时施肥

及时施入还原肥，以氮肥为主，每株施尿素 1.5 ～ 2.0 kg；秋施基肥，在树冠滴水线处挖宽、深各 30 ～ 50 cm 的环状沟或条状沟施入，施用量占全年用肥量的 70% 以上，以有机肥（堆肥、沤肥、厩肥、沼气肥等）为主，混入全年的磷肥用量和适量的钾肥，按照每生产 1 kg 梨施 1.5 ～ 2.0 kg 优质农家肥的标准；叶面追肥可结合病虫害防治喷施 0.5% ～ 1.0% 尿素溶液 +0.3% ～ 0.5% 磷酸二氢钾溶液。

（2）抓好秋季修剪

采收后梨树修剪应遵循“宁早莫迟，宜轻不宜重”的原则。主要措施：一是清除树冠内的徒长枝，有些品种如金水 1 号等在秋季易萌发徒长枝，应及时去除秋季萌发的直立新枝和夏季保留的牵制枝；二是回缩部分结果后的细长枝、衰老下垂枝、拖地枝及底部不见光的无效枝、中上部的旺长枝，金水酥结果后易形成细弱枝组，应疏除；三是对未停长、贪青生长的枝梢进行摘心，以控制生长，减少营养消耗，促进枝条充实、芽体饱满。

（3）搞好清园

及时清除果园地面的杂草、落叶、烂果、果袋，剪除树上的各类病虫枝，刮净干枝上的轮纹病斑块；同时进行秋播生草，于 9 月初播种白三叶，采用直播法，在墒情适宜时播种，出苗后及时去除杂草，并追施尿素。

（4）防止“二次花”

加强病虫害防控，防止果实采收后叶片异常脱落。重点防治梨网蝽、刺蛾等为害叶片的害虫及梨黑斑病、褐斑病等叶片病害，采果后马上全园喷一次 800 ～ 1000 倍 80% 代森锰锌粉剂 +2500 ～ 3000 倍 2.5% 溴氰菊酯乳油，或 1000 ～ 1200 倍 70% 甲基托布津粉剂 +1000 ～ 1500 倍 80% 敌敌畏乳油。一个月后再防治一次。

# 第八章　病虫害防治

# 第一节　砂梨主要病虫草害

## 1. 主要病害

湖北地区砂梨的主要真菌病害为梨锈病（*Gymnosporangium haraeanum* Syd.）、梨轮纹病（*Physalospora piricola* Nose）、梨黑斑病（*Alternaria kikuchiana* Tanaka）、梨褐斑病 [*Mycosphaerella sentina*（Fr.） Schroter]、梨黑星病（*Venturia pirina* Aderh）、梨炭疽病（*Colletotrichum gloeosporioides* Penz）、梨白粉病 [*Phyllactinia pyri*（Cast） Homma]、梨腐烂病 [*Valsa ambiens*（Per.） Fr.]、梨胴枯病（*Phomopsis fukushii* Tanake & Endo）、梨干腐病 [*Botryosphaeria berengeriana* （Note） Koganezawa & Sakuma]、梨红腐病 [*Trichothecium roseum*（Bull） Link]、梨根腐病（*Phytophthora citricola* Saw.）、梨根朽病 [*Armillariella tabescens* （Scop.et Fr.）Singer]、梨紫纹羽病（*Helicobasidium monpa* Tanaka Jaca）、梨白纹羽病 [*Rasellinia necatrix*（H-art.）Berl.J.]，病毒性病害为梨脉黄病毒病（*Vein yellows and red mottle of pear virus*）、梨环纹花叶病（*Apple chlorotic leaf-spot virus*），细菌性病害为梨根癌病 [*Agrobacterium tumefaciens* （Smith et Towns ） Conn.]、生理性病害主要为梨日灼病、梨裂果病以及缺素症（梨树缺铁症、梨树缺镁症、梨树小叶病）等，其中主要病害为梨锈病、梨黑斑病、梨轮纹病等真菌病害。

（1）梨锈病（*Gymnosporangium haraeanum* Syd.）

湖北地区梨树的主要病害之一，在各产区均发生，除为害梨以外还为害木瓜、山楂、海棠，其中幼叶、幼叶柄、幼果及幼果柄、幼苗等幼嫩部分受害重。不能进行重复侵染，一年中只有一个较短时期产生担子孢子侵染梨。

（2）梨轮纹病（*Physalospora piricola* Nose）

湖北地区梨树上常见的真菌病害，各产区均发生，寄主范围广，除为害梨以外还为害苹果、桃、李、杏、板栗、枣、海棠等果树，主要为害梨树的枝干和果实，较少为害叶片。病原为梨生囊孢壳菌，弱寄生，果实近成熟或储藏期生活力衰退时才开始发病，导致果实腐烂。

（3）梨黑斑病（*Alternaria kikuchiana* Tanaka）

梨树的主要病害之一，主要为害叶片、果实和新梢。

## 2. 主要虫害

（1）为害芽叶和新梢的害虫

湖北地区为害梨树芽叶和新梢的害虫主要有梨木虱（*Psylla pyrisuga* Forster）、梨网蝽（*Stephanitis nashi Esaki et* Takeya）、梨二叉蚜（*Toxoptera piricoia* Matsumura）、梨茎蜂（*Janus piri Okamoto et* Muramatsu）、梨圆蚧（*Quadraspidiotus perniciosus* Comstock）、梨叶甲 [*Paropsides dudecimpustulata* var.hieroglyphica （Gelber）]、梨瘿蚊 [*Contarinia pyuivora*（Riley）]、梨叶锈瘿螨（*Epitrimerus pyri* Nalepa），鳞翅目食叶害虫主要为梨星毛虫（*Illiberis pruni* Dyar）、扁刺蛾（*Thosea sinensis* Walker）、黄刺蛾（*Cnidocampa flavescens* Walker）、绿刺蛾（*Latoia consocia* Walker）、大蓑蛾（*Clania variegate* Snellen）、茶蓑蛾（*Clania minuscule* Butler）、斜纹夜蛾 [*Spodoptera litura* （Fabricius）]，金龟子类害虫主要为铜绿金龟子（*Anomaia cor polenta* Motschulsky）、黑绒金龟子（*Maladera orientalis* Motschulsky），蜗牛类害虫主要为同型巴蜗牛 [*Bradybaena dimilaris*（Ferussac）]、灰巴蜗牛 [*Bradybaena ravida*（Benson）]。

① 梨瘿蚊

梨瘿蚊 [*Contarinia pyuivora*（Riley）]，又名梨蚜蛆。

② 梨木虱

梨木虱(*Psylla pyrisuga* Forster),寄主仅为梨树,为湖北地区严重为害梨树的害虫之一。

（2）为害果实的害虫

湖北地区为害梨果实的害虫主要有梨实蜂（*Hoplocampa pyricola* Rohwer）、梨虎（*Rhynchites coreanus* Kono）、梨小食心虫（*Grapholitha molesta* Busck）、桃蛀螟（*Dichorocis punctiferalis* Grenee）、茶翅蝽（*Halyomorpha picus* Fabricius）、梨蝽（*Urochela luteovaria* Distant）、梨黄粉蚜 [*Aphanostigma iaksuiense*（Kishide）]、胡蜂（*Hymenoptera* Vespoidea）。

武汉地区为害梨果实的夜蛾类害虫主要为咀壶夜蛾（*Oruesi emarainata* Fabricius）、鸟咀壶夜蛾（*O.excayita* Butler）、枯叶夜蛾 [*Adris tyrannus*（Guenee）]、落叶夜蛾（*Ophideres fullonica* Linnaeus）、艳叶夜蛾 [*Macnas salaminia*（Fabricius）]、肖金夜蛾（*Plusiodonta casta* Butler）、彩肖金夜蛾（*Plusiodonta coelonota* Kollar）、小造桥虫（*Anomis flava*）、桥夜蛾（*A.mesogona* Walker）、短带三角夜蛾 [*C.hyppasia*（Cramer）]、青安纽夜蛾 [*Anua tirhaca*（Cramer）]、安纽夜蛾 [*A.triphaenoides*（Walker）]、肖毛翅

夜蛾 [*Lagoptera dotata*（Fabricius）]、毛翅夜蛾 [*Denmaleipa juno*（Dalman）]、旋目夜蛾 [*Spciredonia retorta*（Linnaeus）]、桃剑纹夜蛾（*Acronycta increta* Butler）、梨剑纹夜 [*A.rumicis*（Linnaeus）]、银纹夜蛾（*Plusia agnata* Staudinger）、白条银纹夜蛾（*P.albostriata Bremer* Grey）、小地老虎 [*Agratis ypsilan*（Duponchel）]。

梨小食心虫（*Grapholitha molesta* Busck），寄主为梨、苹果、桃、李、杏、樱桃、山楂、枣、海棠、木瓜、枇杷、榅桲等，为杂食性害虫，湖北地区的幼虫主要蛀食梨、桃果实和桃树新梢，是湖北地区梨园危害较严重的害虫之一，且呈偏高发生的趋势。

（3）为害枝干的害虫

为害梨树枝干的主要害虫有星天牛（*Anoplophora chinensis* Forst）、桑天牛（*Apriona germari* Hope）、金缘吉丁虫（*Lampra limbata* Gebl）、豹纹蠹蛾 [*Zeuzera pyrina*（Linneaeus）]、蚱蝉（*Cryptotympana pustulata* Fabricius）、梨眼天牛（*Bacchisa fortunei* Thomson）。

## 3. 鸟害

随着国家对鸟类保护法的推广普及和对猎枪等器械的限制使用，加之人们保护环境和爱鸟意识的普遍增强，鸟的种类和种群数目急剧增加，对农业生产，特别是水果的生产造成严重的危害，山地鸟害严重的梨园果实被害率超过了 50%。

湖北地区梨园鸟害主要为喜鹊（*Pica pica anderssoni*）和灰喜鹊（*Cyanopica cyanus*），偶尔发现信天翁、乌鸦、野鸽子、山雀、麻雀等鸟类为害，主要啄食果实，特别是梨果近成熟期香甜的气味更增加了对鸟的诱惑，它们往往成群结队为害。同时，果实受害后流出汁液，常伴生次生危害，招引果蝇、金龟子、蜂类等昆虫，滋生多种腐生菌，造成减产及经济损失。果实套袋不能防止鸟对果实的为害。

## 4. 草害

湖北省地处长江中游，位于南北气候过渡带，为亚热带季风气候，四级分明、降水充沛、冬冷夏热、雨热同季，年平均温度为 15 ～ 18℃，夏季平均长达 121 d，年平均降水量为 1201 mm，10℃及以上的积温和日数分别为 4500 ～ 5400℃和 200 ～ 250 d，气候资源丰富多样。

湖北地区的生态气候条件有利于各种杂草滋生为害，杂草繁殖快、再生能力强，梨园杂草争水、争肥、争光和争空间，影响砂梨果实品质；同时，杂草还是梨树病菌、病毒和害虫的中间寄主和越冬场所，为各种病虫害发生的重要来源。

蓼科杂草主要有酸模（*Rumex acetosa* L.）、萹蓄（*Polygomum aviculare* L.），苋科有空心莲子草 [*Alternanthera philoxeroides*（Mart）Griseb.]，马齿苋科有马齿苋（*Portulaca oreracea* L.），石竹科有卷耳（*Gerastium caespitosum* Gilib）、繁缕 [*Stellaria media*（L.）Cyr.]、漆姑草 [*Sagina japonica*（Sw.）Ohwi]，毛茛科有毛茛（*Ranunculus japonixa* Thunb），十字花科有荠菜 [*Capsella bursa-pastoris*（L.）Medicus]、碎米荠（*Cardamine flexuosa* With）、印度蔊菜 [*Rorippa indicate*（L.）Hiern]，豆科有鸡眼草 [*Kummerowia striata*（Thunb.）Schindl.]、大巢菜（*Vicia sativa* L.），酢浆草科有酢浆草 [*Oxalis corniculata* L.]，大戟科有铁苋菜（*Acalypha australis* L.）、地锦（*Euphorbia humifusa* Willd.），葡萄科有乌蔹莓 [*Cayratia japonica*（Thunb.）Gagnep]，伞形科有天胡荽（*Hydrocotyle sibthorpiodes* Lam.），马鞭草科有马鞭草（*Verbena officinalis* L.），茄科有龙葵（*Solanum nigrum* L.），玄参科有波斯婆婆纳（*Veronica persica* Poir），车前科有车前（*Plantago asiatica* L.），茜草科有猪殃殃（*Galium aparine* L.），菊科有野艾蒿（*Artemisia lavandulaefolio* DC.）、刺儿菜（*Cirsium setosum* M.Bieb.）、菊苣（*Cichorium intybus* L.）、苦苣菜（*Sonchus oleraceus* L.）、蒲公英（*Taraxacum mongolicum* Hand.-Mazz.）、黄鹌菜 [*Youngia japonica*（L.）DC.]，莎草科有香附子（*Cyperus rotundus* L.），以及禾本科有看麦娘（*Alopecurus aequalis* Sobol.）、马唐 [*Digitaria sanguinalis*（L.）Scop]、牛筋草 [*Eleusine indica*（L.）Gaertn.]、白茅 [*Imperata cylindrical*（L.）Beauv.]、早熟禾（*Poa annua* L.）、鹅观草（*Roegneria kamoji* Ohwi）、狗尾草 [*Setaria viridis*（L.）Beauv.]。

# 第二节 砂梨主要病虫草害的流行趋势

## 1. 病害的发生趋势

（1）梨炭疽病、梨白粉病呈加重发生的态势

梨炭疽病（*Colletotrichum gloeosporioides* Penz）现为湖北地区梨主要病害之一，且呈加重发生的态势。以前多发生在果实上，极少见到枝条受害，近年来为害枝条，引起主干以外的各级骨干枝、结果枝枯死。在果实的生长中前期侵染，初期果面出现黑色凹

陷的正圆形斑点，周围伴随青褐色的晕，直径为 1 ～ 2 mm；中期果面出现浅褐色水浸状小圆斑，之后病斑颜色变深，并逐渐扩大、软腐下凹，病斑表面出现明显的同心轮纹；后期病部表皮下形成稍隆起的小粒点，起初为褐色，后变成黑色。病斑扩展至烂入果肉或直达果心，呈圆锥形，果实变褐有苦味，导致整个果实腐烂或干缩为僵果。叶片多在正面产生病症，数个灰白色病斑可连片成不规则的黑褐色大斑，导致叶片焦枯，有时可见明显的轮纹，病斑在叶脉间、叶脉上、叶缘、叶尖、叶柄上发生。枯枝或衰弱枝感染炭疽病菌，初期仅形成深褐色小型圆斑，后扩展为长条或椭圆形，病斑中部凹陷或干缩，致皮层、木质部呈深褐色或枯死。该病原菌属于半知菌亚门真菌，在病僵果、病枝叶和果台上以菌丝体形式越冬。分生孢子为初侵染源，通过风雨或昆虫传播，雨水传播是主要传播途径。

梨白粉病 [*Phyllactinia pyri*（Cast）Homma] 近年来在湖北地区梨园普遍发生，特别是在鄂西武陵山二高山地区的梨园，白粉病发生的程度较重，由以前的次要病害上升为主要病害之一。它主要为害叶片，也可为害枝条和果实。病菌为外生寄生菌，属子囊菌亚门真菌。分生孢子很少杀死寄主，只是利用吸器吸取寄主养分，降低其光合作用，相较于梨黑星病、梨黑斑病、梨锈病而言，梨白粉病一直未受到重视。它主要为害成龄梨树叶片，先发生在枝条中下部叶片，逐步向上部新叶扩展，叶片背面出现一块块大小不等的近圆形或不规则形白粉斑，随着霉层的扩大，病斑数量增多，叶片背面被白粉全面覆盖，叶片正面未发现白粉。病菌以闭囊壳在枝条、枝干上以及芽鳞片越冬，以子囊孢子感染寄主，再侵染以分生孢子进行，为主要侵染方式。

（2）枝干病害呈加重发生的态势

湖北地区梨树枝干病害主要为干腐病 [*Botryosphaeria berengeriana*（Note）Koganezawa & Sakuma] 和胴枯病（*Phomopsis fukushii* Tanake & Endo），近年来部分梨园发生程度较重。

梨干腐病病原属子囊菌亚门真菌，主要为害枝干和果实，主干、主枝和侧枝均受害，病斑早期皮层发生深褐色或黑色病变，稍凹陷，后呈条带状纵向扩展，病斑失水，干缩凹陷龟裂，病皮翘起易剥落，病斑上密布黑色小点。病原菌以分生孢子器在病枝干、病果上越冬，分生孢子器萌发最适温度为 25 ～ 30℃，借雨水传播，形成当年的侵染源，在枝干上形成黑褐色长条状病斑，潮湿条件下溢出酱色黏液。果实染病产生轮纹斑，造成果实腐烂，其症状和轮纹病相似。

梨胴枯病多发生在伤口或枝干的分杈处，初期病斑呈湿润状褐色，后在茎部表面形成椭圆形、梭形或不规则形状的黑褐色病斑，之后病部逐渐失水干枯凹陷，四周与健康

部界线明显，病部产生黑点。病原为半知菌亚门真菌，以菌丝体或分生孢子器在病部组织内越冬，分生孢子依靠风、雨、昆虫等传播，在新芽、伤口或未完全愈合的剪口处侵入，引起初侵染。

（3）日灼及缺素症等生理病害呈加重发生的态势

梨果日灼病是温度过高引起的生理病害，干旱失水和高温致使局部组织死亡是日灼病发生的重要原因。初害果病部呈黄白色，为圆形或不规则形状，后变为褐色坏死斑块，果肉木栓化，仅发生在果实皮层，病斑内部果肉不变色。主要原因为太阳光直接照射梨果，其表面温度迅速升高，局部高温导致皮层细胞失水，从而发生灼伤，部分组织坏死。不同品种之间日灼病发生程度有差异，早熟品种发病轻，中晚熟品种发病较重。

梨叶片黄化病为生理病害。土地瘠薄，地下水位过高，长期大量投入化肥农药，过量灌溉，造成土壤的淋溶淀积，土壤团粒结构遭到破坏，通透性变差，土壤中易水解的碱性物质溶解增加，pH 值升高，根系发生生理性吸收障碍，难以吸收铁、镁、铜、锰、锌等矿物元素，不能合成叶绿素，导致茎叶发黄。缺铁黄化最为常见，主要为土壤盐碱使铁盐被固定为不溶状态，难以吸收利用；土壤有机质缺乏，抑制土壤的还原过程，铁的有效性降低；施磷过多引起铁的固化，造成养分失调而影响铁的吸收，导致树叶黄化。

梨园除草剂药害发生加重，特别是南方地区新建梨园，草害发生重，草甘膦、茅草枯、百草枯等除草剂使用普遍，导致翌年幼树叶枝呈丛生扫把状，幼叶小而卷曲，新梢不伸长，严重时死树。

## 2. 虫害的发生趋势

（1）梨小、鸟害、胡蜂等果实害虫呈严重发生的态势

梨树的大面积种植及个体管理模式差异为有害生物的发生和传播创造了有利条件，梨园从过去的零星种植发展为大面积连片种植，而且在同一地区往往栽种多个梨树品种和不同种类的果树，为一些杂性或转移生害虫［如梨小食心虫（梨小）、金龟子、椿象和吸果夜蛾等］提供了丰富食料及传播桥梁，甚至有些果园失管，为一些有害生物提供了生存空间及繁殖场所。

梨小食心虫（*Grapholitha molesta* Busck）近些年来在湖北地区发生范围广，发生程度有逐年加重的趋势，现已成为桃、梨等果树上的重要害虫，主要原因为近年来湖北省桃产业发展迅猛，梨、桃混栽大面积、大范围存在，导致其发生程度加重。

随着社会环保意识的增强，打鸟、捕鸟等不法行为受到限制，鸟的种类以及种群数

量快速增加，导致鸟类（喜鹊、灰喜鹊）对梨果实的为害呈加重的趋势，由鸟害导致的次生危害（果实被啄破、啄烂，果汁外流）如胡蜂、金龟子、果蝇的为害也时有发生，导致果实破损，继而感染其他腐生性病原菌，经济损失越来越大。喜鹊、灰喜鹊常单独或小群于田野空旷处活动，生性凶猛粗暴，杂食性，警觉性高，筑巢于大树中、上层，巢相当大，食量大、为害重。湖北地区的胡蜂（*Hymenoptera Vespoidea*）现有 20 余种，隶属 3 科 6 属，食性广，尤其嗜食甜性物质。据利川市汪营镇绿源果蔬种植专业合作社调查，胡蜂为害果实的比例超过 50%。

（2）套袋栽培导致梨木虱、黄粉蚜等害虫呈偏重发生的态势

梨套袋栽培已成为湖北地区生产优质、高档梨果的一项必不可少的技术措施。果实套袋后通过纸袋的物理隔绝和化学防除作用减轻了一些病虫害，如生理性裂果减少、轮纹病和果实炭疽病发生程度减轻，有效防止梨小食心虫、金龟子、胡蜂和果蝇等果实害虫的为害。但在套袋模式下，纸袋提供了湿润、高温、荫蔽的微域环境，为喜温湿、趋阴的病虫繁殖创造了条件，如梨木虱（*Psylla pyrisuga* Forster）和梨黄粉蚜[*Aphanostigma iaksuiense*（Kishide）]。

梨木虱对套袋梨的直接危害主要为若虫入袋刺吸果面并分泌黏液，形成内浅褐色、外围黑褐色，大小不同的斑点， 斑点周围的黑褐色或黄褐色果点直接形成黑斑；间接危害指梨木虱分泌的黏液， 经雨水冲刷流至袋内果实上， 被链格孢菌附生破坏表皮组织并产生不规则的褐色或黑色病斑， 严重时导致果实表皮脱落， 果面凹陷。

梨黄粉蚜为套袋梨果专有的害虫。在湖北地区每年发生 8 ～ 10 代，以卵在果台、枝干裂缝及秋梢芽鳞上越冬，5 月中下旬从未扎紧的纸袋口进入，在果柄基部、果肩部等处取食，初期刺吸处周围形成环形、半圆形或圆形褐色晕圈， 圆圈逐渐形成直径约为 1 mm 的黑点，数个黑点集中成腐烂块，导致果实丧失商品价值。

（3）天牛、吉丁虫等害虫呈轻度发生的态势

20 世纪 90 年代中期以前普遍发生且为害程度较重的天牛、眼天牛、吉丁虫、毛虫、蓑蛾、毒蛾类等害虫，已经从田间主要害虫降为次要害虫，现在仅偶尔见到，主要原因为天牛、眼天牛、吉丁虫、毛虫、蓑蛾、毒蛾类等害虫寄主范围大为缩小，加上在单一梨园中于繁殖期大量使用广谱性杀虫剂毒死蜱、菊酯类等农药，使得其种群数量急剧下降，而成了次要虫害。

（4）间歇性害虫呈爆发态势

间歇性害虫如蚜虫、蝽象、螨类、斜纹夜蛾等，由次要害虫上升为主要害虫。梨园

较为稳定、单一的生态系统有利于间歇性害虫的发生，化学农药尤其是广谱性杀虫剂的大量使用，使果园中的有益生物如蜘蛛及捕食性寄生性天敌昆虫数量大大减少，导致蚜虫、蝽象、螨类、斜纹夜蛾等间歇性害虫为害逐渐加重，甚至猖獗爆发。如频繁机械翻耕锄草不利于保护天敌，自然控制因素减弱，导致蚜虫、蝽象等害虫的迅速传播和严重危害；如梨园生草栽培，导致斜纹夜蛾和蜗牛的严重发生，使得它们由次要害虫上升为主要害虫。

# 第三节 病虫草害防治中存在的问题

### 1. 农药的滥混滥用问题较为突出

不少梨园农药的滥混滥用问题较为突出，盲目随意地调制配方，每次打药时杀虫剂、杀菌剂、叶面肥、微肥等 5 ～ 6 种药剂混配，不同种类农药的相互混合已经成为湖北地区梨园的用药特点。农药混配完全没有考虑农药的酸碱性和离子间反应，不考虑保护性杀菌剂同治疗杀菌剂之间、菊酯类杀虫剂同阿维菌素类杀虫剂之间、杀菌剂同杀虫剂之间、微肥类同杀虫剂和杀菌剂之间的合理搭配等，既增加了用药量、杀伤了天敌、破坏了生态环境，又增加了投资、降低了生产效益，为一些投机商人推销劣质、假冒农药提供了机会。

有的梨园在 2018 年 4 月中旬的一次喷药中，使用了 22.4 % 螺虫乙酯（亩旺特）悬浮剂 4000 倍液 +10% 吡虫啉可湿性粉剂 4000 倍液 +37% 苯醚甲环唑水分散粒剂 4000 倍液 +43% 戊唑醇悬浮剂 3000 倍液 + 磷酸二氢钾 0.3 %+ 氨基酸钙 300 倍液，大大增加了防治的成本。

### 2. 无的放矢用药，施药次数多

湖北梨园管理主要由 50 ～ 70 岁年龄段的中老年人承担，文化水平普遍偏低，很少接受科学使用农药的培训。大部分果农主要经由农药经销商的推荐购买农药，部分果农盲目使用农药，不管有没有病虫，只要看见别人施药，自己就跟着施药，看见别人用什么农药，自己也就用什么农药，还认为毒性大的农药杀虫效果好，或者凭自己的经验或同行建议购买。对于农药施用时的用量和称量，大部分果农不看说明书，不用精密量具，全凭经验或者通过他人介绍选定用量，通过瓶盖和依靠经验来量取农药，随意加大农药使用剂量，连续使用单一农药，不注意农药的交替使用，乱用、滥用和超剂量施用农药的现象十分普遍。只重视病虫发生后施药，不注重提早预防；片面强调生长期防治，疏于休眠期及早春防治；只注重化学药剂防治，忽视农业防治、物理防治和生物防治。果农在管理梨园时，存在不见病虫不用药，见了病虫乱用药的问题，错过了病虫最佳的药剂防治时机，导致农药使用效率低下。

随着农药使用频率和使用量越来越大，病虫害非但没有被有效遏制，反而使害虫产生越来越大的抗药性，大量使用农药会杀死害虫的天敌，使病虫害进一步加剧，反过来又得大量依赖农药，造成恶性循环。据调查，江汉平原砂梨老产区年农药使用次数为 14 ～ 16 次，鄂西武陵山区梨新产区年农药使用次数为 12 ～ 14 次，并且呈现逐年增加的趋势。

### 3. 施药工具落后，农药使用效率低下

湖北地区砂梨种植以小于 20 亩的家庭式梨园为主，大部分梨园仍主要使用传统的背负式手动喷雾器，而且这些喷雾器里面有 50% 以上的都还没有通过国家和质量认证，农药的跑、冒、滴、漏现象严重，雾化程度低，喷药不全面、质量差。部分梨园打药时雇用临时工，不注重喷药方法，喷药时图省力，药液喷布不均匀、不到位，树冠内膛叶片和叶片背面着药少，降低了防治效果，农药的利用率较低；不看天气、时间，随时用药，刮风天喷药造成药液随风飘散，降低了药效。据调查，湖北地区梨园生长期每次药液的使用量为 65 ～ 75 kg/667 $m^2$。

种植规模超过 50 亩的砂梨园，大部分使用机动喷雾，用喷枪施药，采用“淋雨式”喷雾方法。雾滴大，造成农药浪费，利用率低，农药的跑、冒、滴、漏现象仍存在，不但加大了防治成本，而且会造成大气、土壤、水域污染。

### 4. 农药成本和人工成本呈逐年上升态势

湖北地区生态气候条件优越，有合适的温度、光照和湿度条件，使梨园病虫害周年发生、反复危害。部分梨园在生产上未能抓住防治适期的要点，造成使用农药浓度提高，使用次数增加，大量用药、反复用药，往往就是见虫就打、见病就防，不仅农药使用效率低，而且费工费药，防治费用不断上升。据调查，湖北地区梨园每年农药投入为 700 ～ 900 元 /667 $m^2$，每年病虫害防治的人工成本为 600 ～ 800 元 /667 $m^2$，合计每年的病虫害防治总投入为 1400 ～ 1600 元 /667 $m^2$。

# 第四节 砂梨病虫草害综合防治策略

## 1. 农业措施

（1）从源头上减少病虫基数

梨树病虫数量是成年累月积累的，当达到一定数量时，会直接对树体造成危害，必须从源头上控制病虫的繁殖。落叶后清除梨园的落叶、落果及病虫枝，除去地埂及田间杂草；刮除枝干轮纹病瘤，清理粗皮裂缝；清除果园中越冬害虫的卵、幼虫、茧蛹等，将病虫的载体清除掉并带出园外集中进行焚烧或深埋。深翻树下行带，将土壤越冬的梨虎、梨实蜂、梨瘿蚊幼虫、蛹翻于地面，地面残留的害虫、病原菌翻入地下，打破其生存环境，减少翌年危害基数。将主干刷白，涂白剂为石灰 2 kg、硫黄粉 1 kg、食盐 0.1 kg、水 5 ～ 6 kg 混合而成，涂刷在主干和枝干被刮除露白的部位。园地及梯埂要用扫把清扫干净。

（2）果园生草

提倡行间生草及树盘覆盖，替代梨园除草剂。梨树行间适宜种植绿肥或者生草。行间种植的间作物或草类应为与梨无共性病虫害的浅根、矮秆植物，如豆科植物白三叶、紫花苕子等，每年刈割 3 ～ 4 次，覆盖于树盘，秋季翻耕入土，4 ～ 5 年后春季翻压，休闲 1 ～ 2 年后重新生草。对树盘进行覆盖。覆盖材料可选用麦秸、麦糠、玉米秸、稻草、稻壳、山青及田间杂草等，厚度为 10 ～ 15 cm，上面零星压土，连续覆盖 3 ～ 4 年后，结合秋施基肥浅翻或深翻开大沟埋入。也可使用地布进行覆盖。

自然生草 + 旋耕土壤管理模式要注意选留无直立、强大直根系，须根多，植株生长矮小，茎部不木质化，匍匐茎生长能力强，能尽快覆盖地面的乡土草种；且尽量选能够适应当地的土壤和气候条件，需水量小，与梨树无共同病虫害且有利于害虫天敌及微生物活动的杂草，如马唐 [*Digitaria sanguinalis*（L.） Scop]、牛筋草 [*Eleusine indica*（L.） Gaertn.]、狗尾草 [*Setaria viridis*（L.） Beauv.] 等。春夏季清除空心莲子草、藜、苋菜、刺儿菜、鹅绒藤、蒿、白茅等恶性杂草。

## 2. 物理措施

利用害虫的趋光性和趋化性，设置黑光灯、频振式杀虫灯、糖醋液、性诱剂和黄板等进行诱杀。采用黑光灯和杀虫灯诱杀梨小食心虫、尺蠖、金龟子、毒蛾和螟蛾等虫类，黑光灯约每公顷设置 1 个，或者沿果园对角线每 50 ～ 100 m 设置 1 个。通过黏虫板诱杀粉蚜、天牛等害虫，平均设置 15 ～ 20 个 /667m$^2$ 的黏虫板，或根据虫害数量进行设置。通过糖醋液和性诱剂来诱杀果夜蛾、潜蛾和黏虫等成虫，平均每棵树悬挂 3 ～ 5 个糖醋液瓶，具体数量根据树体大小和虫口密度来确定。秋季（9 月中旬—10 月上旬）在树主干距离地面 20 ～ 30 cm 处绑定草带和草绳引诱梨木虱、红蜘蛛和康氏粉蚧等越冬虫类，12 月中下旬进行集中烧毁灭杀。

### 3. 生物防治

（1）利用自然天敌

据调查，湖北地区梨园害虫的天敌种群共计 8 目 26 科 47 种，分别为烟蚜茧蜂（*Aphidius gifuensis* Ashmead）、麦蚜茧蜂 [*Ephedrus plagiator*（Nees）]、螟蛉绒茧蜂 [*Apanteles ruficrus*（Haliday）]、广黑点瘤姬蜂（*Xanthopimpla punctata* Fabricius）、蓑蛾瘤姬蜂（*Sericopimpla sagrae sauteri* Cushman）、松毛虫赤眼蜂（*Trichogramma dendrolimi* Matsumura）、啮小蜂（*Tetrastichus* sp）、大腿小蜂（*Brachymeria* sp）、普通长脚胡蜂（Po*listes okinawansis* Matsumura & Uehida）、上海青蜂（*Chrysis shanghaiensis* Smith）、青翅隐翅虫（*Paederus fuscipes* Curtis）、龟纹瓢虫 [*Propylaea japonica*（Thunberg）]、黑襟毛瓢虫 [*Scymnus*（Neopullus）hoffmanni Weise]、深点食螨瓢虫（*Stethorus punctillum* Weise）、四斑月瓢虫 [*Chiomene quadri plagiata*（Swartz）]、黄斑盘瓢虫（*Coelophora caucia* Mulsant）、黑背毛瓢虫 [*Scymnus*（Neopullus）*babai* Sasaji]、七星瓢虫（*Coccinella septempunctata* Linnaeus）、异色瓢虫 [*Leis axyridis*（Pallas）]、瘤鞘艳步甲（*Caeabus coptobabrus* Fischer）、黄缘青地甲（*Chlaenius circumdatus* Brulle）、塔 6 点蓟马（*Scolothrips takahashii* Priesner.）、黑带食蚜蝇（*Epistrophe balteata* De Geer）、刻点小食蚜蝇（*Paragus tibialis* Fallen）、大灰食蚜蝇（*Syrphus corollae* Fabrieius）、凹带食蚜蝇（*Syrphus nitens* Zetterstedt）、刺腿食蚜蝇（*Ischiodon scutrllaris* Fabricius）、斜斑鼓额食蚜蝇 [*Lasiopticus pyrastri*（Linnaeus）]、月斑鼓额食蚜蝇 [*Lasiopticus selenitica*（meigen）]、灰色蚜小蝇（*Leuecopis puncticrnis* Meigen）、大草蛉（*Chrysopa sapempunctata* Wesmael）、丽草蛉（*Chrysopa formosa* Brauer）、中华草蛉（*Chrsopa sinica* Tjeder）、叶色草蛉（*Chrysopa phyllochroma* Wesmael）、全北褐蛉（*Hemerobius humuli* Linnaeus）、小花蝽（*Orius similis* Zheng）、大眼蝉长蝽 [*Geocoris pallidipennis*

（Costa）]、灰姬猎蝽（*Nabis palliferus* Hsiao）、窄姬猎蝽（*Nabis stenoferus* Hsiao）、黄足猎蝽 [*Sirthenea flavipes*（Stal）]、拟宽腹螳螂（*Hierodula saussurei* Kirby）、三突花蟑 [*Misumenopos tricuspidata*（Fahricius）]、直伸肖蛸 [*Tetragnatha extensa*（Linnaeus）]、草间小黑蛛 [*Erigonidium graminicolum*（Sundevall）]、八斑球腹蛛（*Theridion octomaculatum* Boes. et Str.）、黄褐新圆蛛 [*Neoscona doenitzi*（Boes. & Str.）]、T- 纹豹蛛 [*Pardosa T-insignita*（Boes.&Str.）]。

保护梨园生态环境，为梨树创建一个符合自身生长发育要求的环境，才能做到产量效益与生态平衡环境保护的协调统一。于生长季节在田间释放捕食螨及瓢虫卵 1 ～ 2 次，天敌昆虫大量存在时应避免使用广谱杀虫剂。利用梨小性诱芯监测成虫发生期，成虫发生高峰期为 1 ～ 2 d 后释放赤眼蜂卵块，5 月底至 6 月初为第一次放蜂的最佳时期。针对梨小产卵期不整齐的问题，可分 4 次释放，间隔期为 3 ～ 4 d，将卵卡别在叶片下方，每次释放 2 万～ 3 万头 /667 $m^2$。选择无大风降雨天气释放，上午 10 点前或者下午 3 点后放蜂，避免新羽化的赤眼蜂遭受日晒。当叶均梨山楂叶螨量小于 2 头时，释放胡瓜钝绥螨进行防治，每棵树释放 1000 ～ 2000 头。

（2）利用生物性信息素

利用梨小食心虫性信息素诱杀（迷向）梨小食心虫成虫。于开花前每棵树或间隔一棵树使用 1 根迷向丝，干扰雌雄虫交配；性诱芯于开花前悬挂 25 ～ 30 个 /667 $m^2$，在坡度较高和主风方向的边缘处加倍悬挂，干扰雌雄虫交配，监测梨小食心虫成虫发生基数；于开花前涂抹迷向素，2 ～ 3 个月后再涂抹一次，在每棵树不低于地面 1.5 m 的树杈上涂抹 2 g 左右。

（3）梨园养鹅

搭建防鸟网能够彻底解决果园鸟害，同时还可以与防雹结合，减轻甚至避免冰雹灾害，是比较理想的方法，但成本高。在梨园中养鹅能对鸟类起到威慑、惊吓和驱逐作用，在梨果成熟期尤为明显，可有效减轻鸟害。以本地鹅种为宜，适应性强，病害少，成活率高；养殖密度为 2 ～ 4 只 /667 $m^2$，生长季不喂饲料，仅吃草及残次果。

（4）使用抗生素和生防菌剂

可使用 3% 多抗霉素可湿性粉剂 50 ～ 200 单位于叶面喷雾防治梨黑斑病。采用生防菌剂（主要为酵母和芽孢杆菌固体发酵粉或液态发酵液），全年喷施 3 ～ 4 次。梨树新梢初发及花后果实膨大期喷施 2 次，控制病原菌侵染幼嫩枝、叶和果实，减轻病害发生；果实采收前，喷施 1 ～ 2 次，控制梨果实采收后病害的发生。应避开高温时段施药，主要选择在晴天早晨 9 时前或下午 4 时后进行，每隔 10 d 喷一次。

## 4. 化学防治

（1）萌芽期

萌芽前，在芽体鳞片开始松动脱落时进行，用 5 波美度石硫合剂或 45% 石硫合剂晶体 100 倍稀释液对全株枝干进行一次淋洗式喷雾，以枝干滴水为度。

（2）谢花期

在花谢 80 % 时进行，全园杀菌剂和杀虫剂混合使用一次，主要防治梨锈病、黑斑病、褐斑病、轮纹病、炭疽病、黑星病以及梨木虱、蚜虫、梨瘿蚊、梨实蜂等病虫害。杀菌剂为 15% 三唑酮可湿性粉剂 500 倍液 +80% 大生 M-45 可湿性粉剂 800 倍液、70% 代森锰锌（或丙森锌）可湿性粉剂 600 倍液或 70% 甲基硫菌灵可湿性粉剂 1000 倍液，杀虫剂为 22.4 % 螺虫乙酯（亩旺特）悬浮剂 4000 倍液、10% 吡虫啉可湿性粉剂 4000 倍液或 3% 啶虫脒乳油 2000 倍液或 1.8% 阿维菌素乳油 4000 倍液。

（3）果实膨大期

谢花后约 15 d，二次套袋（小蜡袋）前，全园喷施一次杀虫剂和杀菌剂，主要防治黑斑病、褐斑病、轮纹病、炭疽病、梨锈病、黑星病以及梨木虱、蚜虫、梨瘿蚊等病虫害。杀菌剂为 37% 苯醚甲环唑水分散粒剂 4000 倍液、43% 戊唑醇悬浮剂 3000 倍液、25% 咪鲜胺乳油 1000 倍液、40% 氟硅唑乳油 4000 倍液或 70% 甲基硫菌灵可湿性粉剂 1000 倍液，杀虫剂为 22.4% 螺虫乙酯（亩旺特）悬浮剂 4000 倍液、10% 吡虫啉可湿性粉剂 4000 倍液、3% 啶虫脒乳油 2000 倍液或 1.8 % 阿维菌素乳油 4000 倍液。

5 月上中旬，套袋前，全园喷施一次杀虫剂和杀菌剂，主要防治黑斑病、褐斑病、炭疽病、轮纹病、黑星病、腐烂病以及梨木虱、蚜虫、梨瘿蚊、梨小等病虫害。农药的类型及浓度同上。

6 月初，套袋完成后，全园喷施一次杀虫剂和杀菌剂。农药的类型及浓度同果实膨大期用药。根据病害的发生情况，套袋完成后（5 月下旬至 6 月上旬）推荐使用一次波尔多液（硫酸铜∶石灰∶水 =1 ∶3∶200），主要防治梨黑斑病、褐斑病、轮纹病及炭疽病等病害。安全间隔期为 15 d。

（4）果实采收前

6 月下旬，早熟品种采收前全园喷施一次杀虫剂和杀菌剂，农药的类型及浓度同上。注意不同作用机理农药的交替使用，农药每种每年最多使用 2 次。

（5）果实采收后

果实采收后，全园喷施一次杀虫剂和杀菌剂，主要防治黑斑病、褐斑病、炭疽病、

腐烂病、轮纹病以及梨网蝽、刺蛾和毛虫等鳞翅目害虫。杀菌剂为 37 % 苯醚甲环唑水分散粒剂 4000 倍液、43% 戊唑醇悬浮剂 3000 倍液、25% 咪鲜胺乳油 1000 倍液、40% 氟硅唑乳油 4000 倍液或 70% 甲基硫菌灵可湿性粉剂 1000 倍液，杀虫剂为 20 % 甲氰菊酯乳油 2000 倍液、2.5% 高效氯氰菊酯乳油 3000 倍液或 2.5 % 高效氯氟氰菊酯乳油 2000 倍液。或者果实采收后直接施用一次 0.1 ～ 0.5 波美度石硫合剂。根据病虫害发生的实际情况，酌情决定是否再喷施一次杀虫剂和杀菌剂，农药的类型及浓度同上。

# 第五节　几种主要病虫害的防控

## 1. 梨锈病

（1）症状

梨锈病又称赤星病或羊胡子，主要为害叶片、叶柄、新梢、果梗和幼果。为害梨树叶片时，在叶正面形成数目不等的橙黄色近圆形斑点，病斑直径为 4 ～ 5 mm，大的可以达到 7 ～ 8 mm，病部中央密生橙黄色针头大小的小粒点（性孢子器）。遇到潮湿条件，溢出浅黄色黏液（性孢子）。黏液干燥后，小粒点变黑，病斑组织渐变肥厚，对应的叶背面组织增厚，正面微凹陷，背面隆起部位长出黄褐色毛状物（锈孢子器）。一个病斑可长出十多条毛状的锈子腔。锈子腔成熟后，先端破裂，散出黄褐色粉末（病菌的锈孢子）。叶片上病斑较多时，会早枯脱落。幼果受害后，初期病斑与叶片上的相似，病部稍凹陷，病斑上密生橙黄色小粒点，后变黑色。果实生长停滞，畸形早落。新梢、果梗与叶柄上的病斑大体上与果实的相同。叶柄、果梗受害，引起落叶、落果。

（2）病原

梨锈病由担子菌亚门真菌——梨胶锈菌（*Gymmosporangium haraeanur* Syd.）引起。性孢子器多生于叶面黄褐色的表皮下，初期为黄色，后期为黑色。性孢子为纺锤形或葫芦形。冬孢子角为红褐色，圆锥形，寄生于桧柏上，引起桧柏锈病。

（3）发生规律

梨锈病病菌产生冬孢子、担孢子、性孢子和锈孢子，但无夏孢子阶段，不发生重复侵染。病原菌为转主寄生菌，其转主寄主为松柏科的桧柏、龙柏、刺柏等。 病菌以多年生的菌丝体在桧柏等转主寄主的病组织中越冬，翌春 2—3 月间开始形成冬孢子角。冬孢子在适宜的温度和湿度下迅速萌发产生担子孢子，借风传播，为害梨树。担子孢子萌发的最适温度为 17 ～ 20℃，低于 14℃或高于 30℃均不萌发。病菌侵入后，侵染梨树幼叶、嫩梢和幼果，叶面产生橙黄色病斑，病斑表面长出性孢子器，然后在病斑背面或附近形成锈孢子器和锈孢子。锈孢子不为害梨树，只能在桧柏等转主寄主上为害，并在转主寄主上越夏、越冬，至翌春形成冬孢子角。病菌的潜育期长短与气温和叶龄有密切关系，一般为 6 ～ 10 d。温度越高，叶龄越小，潜育期越短，展叶后 25 d 的叶片不受感染。梨锈病发生的轻重与转主寄主、气候条件、品种的抗性等密切相关。

（4）防治方法

① 清除转主寄主

砍除距梨园 5 km 以内的桧柏类树木，是防治梨锈病最彻底有效的方法。在建立新梨园时，也应考虑附近有无桧柏存在，如有零星桧柏，应彻底砍除。

② 杀灭转主寄主上的病原菌

如梨园附近的桧柏不宜砍除时，可对桧柏喷药杀灭梨锈病病菌的冬孢子，减少初侵染源。时间在梨树发芽前，这段时期冬孢子已经成熟，可以控制梨树发病，使用 3 ～ 5 波美度石硫合剂或 15% 三唑酮可湿性粉剂 2000 倍液。

③ 化学防治

时间在梨树萌芽至展叶后约 25 d（长江中游地区在 3 月下旬至 4 月上旬），即在担孢子传播侵染盛期进行，每隔 10 d 喷药一次，连喷 2 ～ 3 次。使用 15% 三唑酮可湿性粉剂 2000 倍液、40% 氟硅唑乳油 8000 ～ 10000 倍液、12.5% 烯唑醇可湿性粉剂 2000 ～ 3000 倍液、12.5% 腈菌唑可湿性粉剂 3000 倍液或 10% 苯醚甲环唑水分散粒剂 2000 倍液。

### 2. 梨黑斑病

（1）症状

梨黑斑病在梨树整个生长期及各部位均有为害，主要侵害叶片、果实和新梢。幼嫩的叶片最易发病，开始时产生针头大、黑色、圆形的斑点，以后斑点逐渐扩大，呈近圆形或不规则形，中央呈灰白色，边缘为黑褐色，有时微显淡紫色轮纹。潮湿时病斑表面遍生黑霉（分生孢子梗及分生孢子）。叶片上长出多数病斑时，往往相互融合成不规则形的大病斑，使叶片成为畸形，引起其早落。成龄叶片病斑为淡黑褐色，微显轮纹，直

径可达 2 cm。幼果染病，起初在果面上产生一个至数个针头大的黑色圆形斑点，逐渐扩大，呈近圆形或椭圆形。病斑略凹陷，上生黑霉。由于病健部分发育不均，果实长大时，果面发生龟裂，裂隙可深达果心，在裂缝内也会产生很多黑霉，造成落果。新梢染病时，发生黑色小斑点，以后发展成长椭圆形，暗褐色，凹陷，病健交界处产生裂缝，病斑表面有霉状物。

（2）病原

病菌为半知菌亚门真菌——菊池链格孢（*Alternaria kikuchiana* Tanaka），以菌丝体和分生孢子在病枝、病芽及早落的病叶、病果上越冬。分生孢子梗数根丛生，不分枝或极少分枝。分生孢子为短棒形，呈暗褐色或浅褐色。

（3）发生规律

病菌以分生孢子及菌丝体在病枝梢、病芽及芽鳞、病叶、病果上越冬。翌年春天产生分生孢子，借风雨传播。分生孢子萌发侵入寄主植物组织，引起初次侵染。以后新老病斑上又不断产生新的分生孢子而发生再侵染。4 月中旬至 5 月初，日平均气温为 13 ～ 15℃时，叶片开始出现病斑，5 月中旬增加，6 月多雨，病斑急剧增加。4 月底至 5 月初，孢子开始显著增加，并侵害幼果，5 月中下旬为孢子飞散的高峰期，也是全年的发病盛期，果实于 5 月中旬出现病斑，5 月下旬至 6 月上旬开始龟裂，7—8 月病果腐烂脱落。温度和湿度与病害的发生和发展关系极为密切。分生孢子萌发的最适温度为 25 ～ 27℃，在 30℃ 以上或 20℃以下萌发不良。适温条件下，分生孢子在水中 10 h 即能萌发。当气温在 24 ～ 28℃，如遇连续阴雨则黑斑病快速发生与蔓延，如气温在 30℃以上，并连续晴天，则病害停止扩展。不同品种、树势强弱和树龄大小与发病轻重程度密切相关。

梨褐斑病 [*Mycosphaerella sentina*（Fries）Schrot] 由子囊菌亚门——梨褐斑小球壳菌侵染，又称梨叶斑病或梨斑枯病，常与梨黑斑病一起发生。梨褐斑病是先产生褐色斑点，后病斑变成中间灰白色，周围褐色，外围黑色，病斑上密生小黑点（分生孢子器）。而梨黑斑病是先产生黑色斑点，后病斑变成中间灰白色，周缘黑褐色，潮湿时病斑表面密生黑色霉层（分生孢子梗和分生孢子）。生产上两种病害常常一起防治，选用的药剂也相同。

（4）防治方法

① 冬季清园消毒

冬季或者萌芽前，用 0.5% 五氯酚钠 +5 波美度石硫合剂进行枝干淋洗式喷雾，全园清园。

② 化学防治

五一前后视叶片病斑发生情况，选用 10% 多抗霉素粉剂 1000 ～ 1500 倍液、60% 唑醚 · 代森联水分散粒剂 1500 倍液、50% 异菌脲可湿性粉剂 800 ～ 1500 倍液、65% 代森锌可湿性粉剂 500 ～ 600 倍液、12.5% 烯唑醇可湿性粉剂 2500 ～ 4000 倍液、25% 吡唑醚菌酯乳油 1000 ～ 3000 倍液或 24% 腈苯唑悬浮剂 2500 ～ 3000 倍液，喷药间隔期为 10 d 左右，喷 2 ～ 3 次，保护剂和治疗剂混用或轮换使用。

### 3. 轮纹病

（1）症状

梨轮纹病又称瘤皮病、粗皮病或烂果病，主要为害枝干、果实和叶片。枝干以皮孔为中心产生褐色、水渍状小病斑，逐步扩大，呈圆形或扁圆形不规则褐色瘤状凸起，直径为 0.3 ～ 3.0 cm，病斑较坚硬，里面为暗褐色。病斑上产生许多黑色小粒点，为病菌的分生孢子器，病斑多数限于树皮表层，部分病斑可达形成层甚至木质部，病健交界处隆起，出现裂缝、翘起、剥离。染病严重时，病斑相连，枝干表面极为粗糙，故称为粗皮病。果实多数在近成熟期发病，起初在果面上产生一圆形褐色小点，2 ～ 3 d 后病斑扩大至 3 ～ 5 mm，病斑显轮纹，逐渐扩展，呈暗红褐色并有明显的同心轮纹，深达果心；病果以皮孔为中心产生水渍状、褐色、近圆形的斑点，后逐渐扩大，腐烂流出茶褐色的黏液。叶片上发病少，起初形成近圆形或不规则的褐色病斑，微具同心轮纹，后期变灰白色，产生黑色小粒点。

（2）病原

梨轮纹病有性阶段为子囊菌亚门（*Physalospora pirlcola* Nose），无性阶段为半知菌亚门（*Macrophoma kuwatsukai* Hara）。菌丝无色有隔，子囊壳球形或者扁球形，黑褐色，子囊长棍棒状，无色，顶端膨大。子囊内生 8 个子囊孢子，单胞、无色，椭圆形。分生孢子器为扁圆形或椭圆形，具有乳头状凸起，内壁密生分生孢子梗，顶端着生分生孢子。

（3）发生规律

以菌丝体和分生孢子器及子囊壳在枝干瘤斑、病果、病叶处越冬，为翌年的侵染源。病菌发育的最适温度为 27℃，最高 36℃，最低 7℃。第二年春季恢复活动，4—6 月形成分生孢子，继续侵害梨树枝干。分生孢子器内的分生孢子在下雨时散出，引起初次侵染，当气温在 20℃以上、相对湿度在 75% 以上时，孢子大量散布，借风雨传播，落到果实、枝条等处萌发后从皮孔侵入。枝干上的病斑在春、秋两季有两次扩展高峰，在夏季基本停顿。叶片发病从5月份开始，7—9月发病较重。此病的发病程度还受外界诸多因素的影响。降雨早、雨量大、次数多的温暖多雨年份发病严重，干旱年份发病较轻。

（4）防治方法

① 冬季清园，减少病原菌基数

冬季结合清园剪除病枝，刮除病斑，将园内的病叶、病果、病瘤及杂草、残附物等清除干净，收集深埋，然后使用3～5波美度石硫合剂+500倍液五氯酚钠树冠喷雾，减少病菌的初侵染来源。

② 增强树势，提高树体抗病能力

轮纹病菌是弱寄生菌，在树体生活力旺盛的情况下，病害程度明显减轻。梨树进入结果期后，往往树势明显下降，应加强肥水管理，增施有机肥，适当挂果，增强树势，提高抗病力。

③ 化学防治

梨病原菌借风雨流行传播，在雨前、雨后应及时喷药，减轻病原菌的侵害。使用70%甲基托布可湿性粉剂1000倍液、75%百菌清可湿性粉剂800倍液、50%多菌灵可湿性粉剂600倍液、10%的多抗霉菌1000倍液或1∶2∶160倍的波尔多液进行防治。

## 4. 黑星病

（1）症状

梨黑星病又称疮痂病或黑霉病，主要为害叶片、果实、叶柄和新梢等器官。叶片发病初期，在叶背主脉两侧和支脉之间产生圆形、椭圆形或不规则形的淡黄色小斑点，界线不明显，扩大后在病斑上产生黑色霉状物，严重时多病斑融合，产生黑色霉层。叶柄受害则出现黑色、椭圆形的凹陷病斑，产生黑色霉层，造成落叶。果实前期受害，产生淡褐色圆形小病斑，逐渐扩大后表面长出黑色霉层（分生孢子梗和分生孢子）。随着果实增大，病部逐渐凹陷、木栓化、龟裂、丧失商品价值。生长期新梢受害，病斑为椭圆形或近圆形，淡黄色，微隆起，表面有黑色霉层，以后病部逐渐凹陷、龟裂，呈粗皮状的疮痂。

（2）病原

梨黑星病有性阶段为子囊菌亚门（*Vendturia pirina* Aderhord），无性阶段为半知菌亚门 [*Fusicladium pirinum*（Lib.）Fuckel]。分生孢子梗为暗褐色，丛生，短肥、直立或者弯曲。分生孢子为淡褐色，卵形或纺锤形，单胞。子囊壳球形或者扁球形，黑褐色，子囊棍棒状，无色，内生 8 个子囊孢子，淡黄褐色，长卵圆形，双细胞。

（3）发生规律

以菌丝和分生孢子、子囊壳在病部越冬，也以菌丝团或子囊壳在落叶上越冬。分生孢子萌发的温度范围为 2 ～ 30℃，以 15 ～ 20℃为适宜，高于 25℃萌发率急剧下降，分生孢子形成温度为 12 ～ 20℃，最适温度为 16℃。春季随着梨芽萌发和新梢的抽出，越冬菌源开始活动，新生的分生孢子借风雨传播进行初侵染，引起发病。以后由病叶、病果上的分生孢子借风雨传播，进行再侵染。多雨年份或多雨地区易大量发生，尤其是 5—7 月雨量多、日照寡、湿度大，易大量发生。

（4）防治方法

生长期在田间开始发现病芽梢、叶时，进行第 1 次喷药。以后根据发病情况，每隔 15 ～ 20 d 喷一次药。使用 40% 福星 8000 倍液、10% 苯醚甲环唑 2000 倍液或 5% 烯唑醇 3000 倍液进行全株叶面喷雾。

## 5. 梨小食心虫

梨小食心虫（*Grapholitha molesta* Busck）别名梨小蛀果蛾、桃折梢虫或东方蛀果蛾，简称“梨小”，为鳞翅目卷蛾科害虫，国内各梨区分布广泛。

（1）为害特点

主要为害梨、桃、苹果、李、杏、樱桃、山楂、枣和枇杷等果树，分布广。幼虫为害梨果实多从萼洼、梗洼处蛀入，直达果心，蛀食果肉。早期入果孔较浅、较大，有虫粪排出，蛀孔周围变黑腐烂，略凹陷，俗称“黑膏药”；晚期入果孔很小，蛀孔四周为青绿色，稍凹陷。幼虫老熟后由果肉脱出，脱果孔大，虫道有丝状物。幼虫为害桃树嫩梢时，多从新梢顶端 2 ～ 3 片嫩叶的叶柄基部蛀入髓部，向下蛀至木质化处就转移为害，蛀孔外流胶并有虫粪，被害嫩梢枯萎下垂，俗称桃折心虫。

（2）发生规律

每年发生代数因各地气候不同而异，华北多为 3 ～ 4 代，长江流域及以南地区为 5 ～ 7 代，武汉地区发生 5 代，各代发生不整齐，世代重叠。以老熟幼虫在梨树枝干及根颈部的翘皮裂缝中及土中结茧越冬，为灰白色薄茧。部分幼虫在堆果场、果库等处越冬。越冬代成虫 3 月中下旬开始化蛹；4 月上中旬成虫羽化，产卵于新梢；5 月上旬第 1 代幼虫开始蛀食桃梢，老熟后在桃树枝干处化蛹。卵期为 5 ～ 6 d，第一代卵期为 8 ～ 10 d，非越冬幼虫期为 25 ～ 30 d，蛹期为 7 ～ 10 d，成虫寿命为 4 ～ 15 d，除最后一代幼虫越

冬外，完成一代需 40 ～ 50 d。有转主为害的特性，一般 1、2 代为害桃、李、杏梢，以后各代为害梨果实。卵产于中部叶背，为害果实产于果实表面，多产于萼洼和两果接缝处，散产。单一种植的果园发生程度轻，梨、桃、李混栽的果园发生程度重。

（3）防治方法

① 人工防治

4—6 月剪除第 1、2 代梨小为害后的桃、李、杏、樱桃等萎蔫的新梢，集中深埋。剪除被害新梢的时间不宜太晚，如果被害梢已变褐、枯干，则其中的幼虫已转移。7—8 月，人工摘除虫果，捡拾落果，并集中深埋，切忌堆积在树下。8 月在梨树干绑草环，诱集幼虫进入越冬，冬季解下草环深埋。

结合休眠期清园消毒，刮除树干粗皮、翘皮及裂缝，清扫枯枝、落叶、杂草，铲除越冬的梨小食心虫幼虫。对于聚集在树干基部 3 ～ 10 cm 深的土里越冬的幼虫，可浅翻树盘，将在土中越冬的幼虫翻在地表杀灭。

② 农业措施

建园时避免桃、梨、杏、樱桃、苹果混栽。对果实进行套袋，可有效阻止梨小产卵于果面，从而杜绝其危害。

③ 诱杀成虫

梨小成虫有趋光性，对糖醋液有趋性。可在梨园设置频振灯或黑光灯，诱杀成虫。用糖 1 份 + 醋 4 份 + 水 16 份 + 少量敌百虫配制成糖醋液，盛于广口塑料瓶中，诱集成虫取食杀死。梨小成虫的飞翔力较强，易迅速扩散，大面积梨园要统一采取行动，统防统治。

梨小食心虫性信息素产品主要有迷向素、迷向丝和性诱芯。迷向丝在梨树开花前系于棚架架面上。每棵树使用 1 根或间隔一棵树使用 1 根迷向丝，干扰雌雄虫交配。性诱芯于梨树开花前悬挂在架面上，每亩悬挂 25 ～ 30 个，干扰雌雄虫交配。

④ 加强虫情测报，及时进行化学防治

梨小幼虫一旦蛀进果内，就无法防治，适期防治是控制此类害虫的关键。将人工合成的性诱剂挂于果园，每 15 亩果园挂 1 个，每天检查诱集虫数，当诱集成虫数量剧增时，每 3 d 检查 1 次卵果。当卵果率达到 1% 时，则立即进行化学防治，选用 1% 苦参碱 1000 倍液、4.5% 高效氯氰菊酯乳油 2000 倍液、48% 乐斯本乳油 2000 倍液、20% 灭扫利或 2.5% 功夫 3000 倍液等，每隔 15 d 喷 1 次药。

### 6. 梨实蜂

梨实蜂（*Hoplocampa pyricola* Rohwer）俗称“花钻子”“白钻眼”，为膜翅目叶蜂科害虫，国内各梨区分布广泛。

（1）为害特点

仅为害梨，严重时可造成早花品种绝产，晚花品种受害轻或不受害。成虫在花萼上产卵，少数直接产卵于花托上。成虫产卵时分泌黑色黏液，在产卵处形成蝇粪状小黑点，剖开小黑点，里面有粒状长椭圆形的白色卵。初孵幼虫先在花萼筒内取食为害，花谢后有一黑色虫道，后期被害萼筒全部变黑。萼筒即将脱落时，幼虫转到果实内为害，幼果被取食内空即将脱落时则转果为害。被害幼果有一大虫孔，一头幼虫可为害 1 ～ 4 个果，蛀入孔或萼筒处有黑色潮湿粪便。果台上幼果全部被取食后，幼虫则转移到果台副梢或邻近新梢基部继续为害，啃食其内部幼嫩组织，新梢基部被蛀空变黑时则枯死。

（2）发生规律

梨实蜂成虫为黑色或褐色小蜂，有光泽，胸、腹部之间不缢缩成细腰，一年发生 1 代。专性滞育，以老熟幼虫在土层内做茧越冬。入土深度为 3 ～ 10 cm，以 7 ～ 8 cm 深，距树干半径 1 m 的范围内居多。休眠期约为 11 个月。武汉地区 3 月上旬化蛹，蛹期约为 7 d。成虫于 3 月中旬羽化，羽化期较集中，约为 10 d，特别是雨后成虫出土多。成虫羽化后先群集在杏花、李花、樱花上吸食花蜜，3 月中下旬转至梨花上产卵为害。产卵期为 7 ～ 8 d。成虫于晴天上午 10 时至下午 3 时在梨花间飞舞、交配、产卵，早晚或阴雨天气温低时，常静止在花中或花萼下。成虫有假死性，遇震即坠落。4 月初卵孵化，卵期为 5 ～ 6 d。幼虫发生盛期为 4 月上旬，在果实或新梢内为害 15 ～ 20 d。老熟后由蛀入孔脱出，4 月下旬为脱果（梢）盛期，末期为 4 月底至 5 月初。幼虫落地后爬行不远即入土，在土内做一土室，然后吐丝做椭圆形茧，在茧内越夏、越冬。梨实蜂成虫产卵为害期为 3 月底以前，4 月 5 日以后基本不产卵为害。幼虫发生始盛期短而集中，约为 3 d，生产上此时期为防治幼虫为害的关键时期。

（3）防治方法

① 人工防治

成虫到梨树上产卵为害期（3 月中下旬），在树冠下张接布单，利用其假死性，于清晨震落杀死。在卵期及初龄幼虫期，及时摘除有卵花萼及有虫幼果，杀死卵及幼虫，以免幼虫入果并转果为害。对被害落果，应及时捡拾，集中处理，消灭落果内幼虫。

② 杀灭土壤中的成虫

成虫出土（3 月中旬）前于树冠下喷药或撒毒土触杀，此时期亦较为关键。选用 25% 辛硫磷微粒胶囊剂 300 倍液，40.7% 乐斯本乳油 600 倍液进行地面喷雾，重点为树干半径 1 m 范围内的土壤。亦可撒毒土，施于树冠滴水线内，浅翻表土，提高触杀效果。

③ 及时防治幼虫为害

花谢 90% 时于树体喷药杀灭梨实蜂卵及初孵幼虫。此时期相当关键，若喷药不及时则幼虫转果暴食，造成幼果大量脱落。此时喷药及时则可完全控制其危害，选用 40.7% 乐斯本 2000 倍液、80% 敌敌畏 1500 倍液或 2.5% 溴氰菊酯 4000 倍液，重点喷雾花萼及幼果。

## 7. 梨瘿蚊

梨瘿蚊（*Dasinenra pyri* Bouche）别名梨蚜蛆或梨卷叶瘿蚊，为双翅目瘿蚊科害虫，分布于湖北、安徽、浙江、福建、江苏、四川、贵州、河南等地。

（1）为害特点

仅为害梨，以幼虫为害梨芽、叶，幼虫在未展开的嫩叶边缘刮吸汁液，使叶面皱缩、畸形，呈肿瘤状，叶缘正面相对纵卷。受害轻的幼叶长大后边缘不开展，凹凸不平，卷曲叶缘发黑皱缩；受害严重的幼叶完全不开展，呈筒状，变黑枯死而脱落。武汉地区春梢为害盛期为 4 月上中旬，夏梢为 5 月中旬，秋梢为 9 月初，以夏梢叶片被害最为严重。

（2）发生规律

成虫体为暗红色，体长 1.3 ～ 1.6 mm，雌虫体稍长，翅展约 3.6 mm，雄虫略短。幼虫 4 龄，呈狭纺锤形。低龄幼虫无色透明，老熟幼虫橘红色，体长 1.5 ～ 2.1 mm，头极小，在中胸腹面有 1 个棕褐色“Y”形剑骨片。长江流域梨产区高温高湿，适宜其生长发育，发生程度重。武汉地区一年发生 4 代，老熟幼虫在树冠滴水线内深 0 ～ 6 cm 的土壤中越冬，少数在枝干粗翘皮裂缝中越冬，2 ～ 3 cm 处表土层中数量多。越冬代成虫盛发期为 4 月上旬，第 1 代为 5 月上旬，第 2 代为 6 月上旬，第 3 代为 9 月初。雌虫多在上午羽化，雄虫则在黄昏时羽化。雌雄交尾在上午 8：00— 10：00 进行，雌虫交尾 1 次，雄虫可交尾数次。雌虫交尾后即产卵，卵一般产在未展开的芽叶缝隙中，少数直接产在芽叶表面。成虫寿命约为 1 d，雌虫稍长。卵期为 2 ～ 4 d，气温高时卵期短。幼虫孵化后即钻入芽内舐吸为害，幼虫为害期为 11 ～ 13 d。老熟幼虫遇降雨或大的露水则脱出卷叶，弹落地面，沿土缝入土化蛹，少数随雨水潜行至枝干粗皮、翘皮裂缝中化蛹。蛹期随温度升高而缩短，第 1 代为 20 d，第 2 代为 12 d，第 3 代为 20 d。10 月初老熟幼虫将身体蜷曲，入土或在枝干裂缝中结茧越冬。

温（湿）度和雨水对梨瘿蚊发生数量及发生世代有极显著的影响。春季 10 cm 处土层温度在 10℃以上时越冬幼虫破茧活动，20℃时成虫大量羽化。温度高于 30℃时幼虫恢复休眠而不能化蛹。低于 15℃时，羽化后成虫不能活动产卵。雨水是老熟幼虫脱叶的重要条件，不降雨则老熟幼虫不能钻出卷叶，也不能在卷叶内化蛹。土壤含水量为 20%～25% 时，梨瘿蚊大量化蛹、羽化。土壤含水量低于 5% 或高于 35% 时化蛹缓慢，成虫羽化率低。

（3）防治方法

① 人工防治

冬季应深翻行带，集中烧毁枯枝、落叶、杂草等物，对枝干粗皮、翘皮应认真刮除，并涂 10 波美度石硫合剂 + 0. 5% 五氯酚钠。生长期应及时摘除全部被害叶片，带出园外，集中杀死里面幼虫。

② 利用天敌

武汉地区梨瘿蚊的天敌有中华草蛉、七星瓢虫、小花蝽等，合理利用天敌，对压低虫口基数有明显作用。

③ 土壤喷药触杀

武汉地区越冬成虫羽化盛期为 3 月底至 4 月初，第 1 代为 5 月上旬，可选用 25% 对硫磷微粒胶囊剂 300 倍液、40.7% 乐斯本乳油 600 倍液，进行地面喷雾触杀。

④ 杀灭幼虫

武汉地区各代发生期分别为 4 月上旬、5 月上旬、6 月上旬、9 月上旬。由于梨瘿蚊幼虫舐吸为害，且又有卷叶保护，触杀性农药防治效果差，宜选用内吸性或胃毒性农药。可选用 22.4% 螺虫乙酯悬浮剂 2000 倍液、22% 噻虫 · 高氯氟微囊悬浮剂 2500 倍液、20% 吡虫啉可湿性粉剂 5000 倍液、50% 敌敌畏乳油 1200 倍液，重点喷雾新梢未展嫩芽叶。

## 8. 梨木虱

梨木虱（*Psylla pyrisuga* Forster）为同翅目木虱科害虫，国内各梨产区分布广泛。

（1）为害特点

食性专一，仅为害梨，以成、若虫刺吸芽、叶、嫩梢和果实汁液。第 1 代若虫潜入芽鳞片内或群集于花簇基部及未展开的叶内为害，以后成虫和若虫在梨树嫩绿部位刺吸

汁液，春季成虫、若虫多集中于新梢、叶柄为害；夏秋季则多集中在叶背的叶柄、叶主脉附近吸食为害，受害叶片叶脉扭曲，叶片皱缩，且若虫分泌的大量蜜露黏液，常使两叶片粘在一起或粘在果实上，诱发煤污病，污染叶片和果面，影响品质。若虫危害较重，肛门上常分泌出白色弯曲的絮状物盖在虫体上，影响药液的渗透。

（2）发生规律

在武汉地区 1 年发生 5 代，世代重叠。以成虫在落叶、杂草中及树缝下越冬，耐寒力较强。成虫很微小，体长仅 2 ～ 3 mm，卵长 0.3 mm。适宜生存的温度范围为 0 ～ 35.5℃，最适温度为 15 ～ 25℃，相对湿度为 65% ～ 85%，其生长发育的虫态历期随温度升高而缩短，当日平均温度超过 23℃时，虫态发育进度会随温度升高而减缓，日最高温度超过 35℃时，对种群会产生非常明显的抑制作用。2 月下旬，梨树花芽处可见成虫，但此时不活跃。3 月上旬梨树花芽萌动时，成虫开始进入活跃期，常在新梢上取食为害，成虫在树干的阳面，气温升高时交尾产卵。越冬代产卵量最高，主要在枝条顶部芽穗下的叶痕处，散产或 2 ～ 3 粒一起，以后成虫的卵主要散产在新梢上有绒毛的地方，最后 1 代的卵产在叶片正面主脉沟内，呈线状排列。连年高温干旱时，梨木虱发生严重，雨水偏多年份发生较轻；4—7 月是梨木虱的发生盛期，占全年发生量的 85% ～ 92%。

（3）防治方法

梨木虱繁殖系数极高，越冬代雌成虫产卵量大，每头 150 ～ 200 粒，初孵若虫潜入芽鳞片内或群集花簇基部及未展开的叶内为害，不易察觉。第 1 代雌成虫每头产卵约 100 粒，当这两代若虫的发生进入盛发期，由于若虫排泄大量弱酸性黏液般的蜜露，到中后期较难防治。因此，应该强化早期防治，选用 22.4% 螺虫乙酯悬浮剂 3000 倍液、20% 烯啶虫胺水分散粒剂 2000 倍液、40% 氯虫苯甲酰胺·噻虫嗪水分散粒剂 3000 倍液、50% 噻虫胺水分散粒剂 4000 倍液进行防治，可以混加 500 ～ 1000 倍的洗衣粉，去除若虫上的黏液，提高防效。

## 9. 梨网蝽

梨网蝽（*Stephanitis nashi* Esaki et Takeya）俗称梨军配虫，为半翅目网蝽科害虫，主要为害梨、苹果、花红、桃、李、杏、樱桃等果树，全国各梨产区均有发生。

（1）为害特点

成虫和若虫群集在叶背吸食汁液，受害叶片正面呈现苍白色褪绿斑点，以叶片中心脉处最严重并向叶缘蔓延，背面布满斑斑点点的褐色粪便和产卵时留下的蝇粪状黑点，叶背面有大量褐色黏液，使之呈现黄褐色锈渍，被害叶片正面初期呈现黄白色斑点，逐渐转化为锈黄色，以叶片中心脉处最严重并向叶缘蔓延。在盛发期，被害叶片反卷脱落，造成二次开花，影响第二年的产量和品质。

（2）发生规律

成虫体小而扁，体长 3.0 ～ 3.5 mm，呈暗褐色。头小、复眼暗黑，触角丝状，翅上布满网状纹。前胸背板隆起，向后延伸呈扁板状，盖住小盾片，两侧向外凸出呈翼状。前翅合叠，形成“X”形黑褐色斑纹。卵长 0.4 ～ 0.6 mm，长椭圆形。若虫共 5 龄。初孵时白色，后渐变为深褐色，3 龄时出现翅芽，外形似成虫。老熟若虫体扁平，呈暗褐色。

武汉地区 1 年发生 5 代，以成虫在枯枝落叶、枝干翘皮裂缝、杂草及土、石缝中越冬。越冬成虫 4 月初出蛰，第 1 代成虫于 5 月底发生，世代重叠。成虫畏光，多隐匿在叶背面，夜间具有趋光性。卵多产在叶背面主脉两侧的叶肉组织内，初孵幼虫行动迟缓，群集在叶背，2 龄后逐渐扩大为害活动范围，成、若虫喜群集于叶背中心脉附近为害，全年以 8 月上中旬至 9 月中下旬为害最为严重，遇到高温、干旱则为害加重。

（3）防治方法

① 农业防治

成虫春季出蛰活动前，彻底清除果园内及附近的杂草、枯枝落叶，集中烧毁或深埋，消灭越冬成虫。9 月间在树干上束草，诱集越冬成虫并杀灭。4 月中旬至 8 月底，果园悬挂频振式杀虫灯诱杀成虫，采用 100 m 间距，直线排列杀虫灯。

② 生物防治

在成虫发生期，采用田间释放蝽象黑卵蜂或人工收集蝽象黑卵蜂寄生的卵块，待寄生蜂羽化后，放回梨园以提高寄生率。

③ 化学防治

选用 2% 阿维菌素 2000 倍液、11.5% 阿维 • 吡虫啉 3000 倍液、10% 蚜虱净 2000 倍液、10% 氯氰菊酯 3000 倍液等药剂交替防治。发生成虫为害严重的梨园，7 ～ 10 d 再喷 1 次，注意全园喷药。

# 第九章　采后处理

# 第一节 分级、储藏及包装

## 1. 梨果分级

根据品种特点和保存期长短来确定梨果实适宜的采收期。采收过早，果实尚未成熟，营养成分低，不易储藏；采收过晚，果肉细胞衰老，不耐储藏。确定梨果的最佳收获时间，以延长梨果的储藏时间。

梨果实的装载工具最好使用竹篮（箱）、塑料篮（箱）等，在器具内应使用经过消毒的纸屑、软布或者塑料泡沫，不应直接装在麻袋、布袋及塑料袋中，直接装易变形，造成梨果因挤压、擦碰而损耗。在采收、入箱、装卸和运输过程中尽量避免发生刮擦、挤压等物理损坏，减少重新装卸和处理的次数。采收时注意保留果柄，减少梨的刺伤。

分级的主要目的是使商品达到标准化。分级是在果形、新鲜度、颜色、品质、病虫害和机械伤等方面符合要求的基础上（表 9-1），再按果实大小（重量）划分成若干个等级（规格）。分级工作应与采收及包装相结合，分级方法有人工分级和机械分级。传统的人工分级主要是目测法，即按照人的视觉判断，根据果实的外观颜色和大小进行分级，主观性较强，当前的小型梨园主要采用选果板进行分级，根据选果板上不同的孔径将果实分级，这种方法分级误差较小；人工分级用工量大、人工成本高。机械分级是采用机械选果，实现规模化处理，但损耗较大，初期设备投资高，适合企业进行商品化处理。

表 9-1 鲜梨（GB/T 10650—2008）

| 指标项目 | 优等品 | 一等品 | 二等品 |
|---|---|---|---|
| 基本要求 | 具有本品种固有的特征和成熟度；具有适于市场销售或贮藏要求的成熟度；果实完整良好；新鲜洁净，无异味或非正常风味；无外来水分 | | |
| 果形 | 果形端正，具有本品种固有的特性 | 果形正常，允许有轻微缺陷，具有本品种应有的特征 | 果形允许有缺陷，仍保持本品种应有特征，不得有偏缺过大的畸形果 |
| 色泽 | 具有本品种成熟时应有的色泽 | 具有本品种成熟时应有色泽 | 具有本品种应有色泽，允许色泽较差 |
| 果梗 | 果梗完整（不包括商品化处理造成的果梗缺省） | 果梗完整（不包括商品化处理造成的果梗缺省） | 允许果梗轻微损伤 |
| 大小整齐度 | 各等级果的大小尺寸不作具体规定，可根据收购商要求操作，但要求应具有本品种基本的大小。而大小整齐度应有硬性规定，要求果实横径差异＜ 5 mm | | |

续表 9-1

| 指标项目 | 优等品 | 一等品 | 二等品 |
|---|---|---|---|
| 果面缺陷 | 允许下列规定的缺陷不超过 1 项： | 允许下列规定的缺陷不超过 2 项： | 允许下列规定的缺陷不超过 3 项： |
| ①碰压伤 | 不允许 | 不允许 | 允许轻微者碰压伤，总面积不超过 0.5 $cm^2$，其中每处不超过 0.3 $cm^2$，伤处不得变褐，对果肉无明显伤害 |
| ②刺伤，破伤划伤 | 不允许 | 不允许 | 不允许 |
| ③磨伤（枝磨、叶磨） | 不允许 | 不允许 | 允许不严重影响果实外观的轻微磨伤，面积不超过 1.0 $cm^2$ |
| ④水锈、药斑 | 允许轻微薄层总面积不超过果面的 1/20 | 允许轻微薄层总面积不超过果面的 1/10 | 允许轻微薄层总面积不超过果面的 1/5 |
| ⑤日灼 | 不允许 | 允许轻微的日灼伤害，总面积不超过 1.0 $cm^2$，但不得有伤部果肉变软 | 允许轻微的日灼伤害，总面积不超过 1.0 $cm^2$，但不得有伤部果肉变软 |
| ⑥雹伤 | 不允许 | 不允许 | 允许轻微者 2 处，总面积不超过 1.0 $cm^2$ |
| ⑦虫伤 | 不允许 | 干枯虫伤 2 处，总面积不超过 0.2 $cm^2$ | 干枯虫伤处数不限，总面积不超过 1.0 $cm^2$ |
| ⑧病害 | 不允许 | 不允许 | 不允许 |
| ⑨食心虫害 | 不允许 | 不允许 | 不允许 |

## 2. 储藏

我国古代劳动人民创造了许多梨储藏方法，《齐民要术》记载“初霜后即收。霜多即不得经夏也”[①]，随着人们生活水平的提高和国内外市场的需求，通过现代化的手段进行储藏保鲜，已经做到季产年销，周年供应。

（1）冷库

按照制冷机使用的制冷剂可将冷库分为氨机制冷的氨机库和氟机制冷的氟机库；按照冷库温度的高低可分为低温库和高温库，果蔬保鲜库一般是高温库，最低温度为 -2℃；按照冷库内冷分配器的形式可分为排管冷库和冷风机冷库，果品蔬菜保鲜为冷风

① 缪启愉，缪桂龙撰 . 齐民要术译注，上海：上海古籍出版社，2006.12：283.

机冷库；按照库房的建筑方式可分为土建冷库、装配冷库和土建装配复合式冷库，装配式冷库是预制保温板装配式的库房。水果保鲜冷库按照库容大小可以分为大型、中型、小型及微型。库容 1000 t 以上的库称为大型库，1000 t 以下、100 t 以上的库称为中型库，100 t 以下的库称为小、微型库。家庭式机械恒温保鲜库最适于建设 5 ～ 100 t 的小、微型冷库，与我国果农分散生产的实际情况紧密结合，投资小、见效快。

微型水果保鲜冷库的库体为民用房屋及仓库，面积在 15 ～ 20 $m^2$，可储藏梨果 5 ～ 7 t，库内冷风机为悬挂式，制冷机组设于库外，不设机房。制冷机组为间歇性工作，耗电小，也可设计成容量 10 t、容积 60 $m^3$，保温板采用聚苯材料。小、微型冷库安装设备，充分考虑了农村、农户、小型批发、流通商场和市场的使用特点，以及维护管理水平和电网电压情况。采用全封闭制冷压缩机，运行安全可靠，无故障运行时间长。

（2）储藏

① 储藏前准备

在梨入储前一周，对仓库设施进行检查，如冷库的各种配套设施、机组的运行情况、控制系统的工作状况等，确保在梨入储时仓库保温、密闭性良好，保证果实正常入储。在储藏梨果实前，将库房彻底清扫，用 40% 福尔马林 150 ～ 200 倍液喷洒库墙、库顶及地面，密闭 24 h；或用 20 $g/m^3$ 硫黄熏蒸，密封 10 h 以上。在梨入库前进行通风换气，排除残存消毒剂后用于储存。给库房消毒灭菌时，将储存用具放入库内一并消毒。果品入库前 2 d，要将冷库预先降温，保证在果品入库时库温降至果品储藏要求的温度。

② 果实预冷

对采收后的果实进行预冷处理。梨采收后在常温下有很强的呼吸作用，产生大量的呼吸热，同时带有大量的田间热，若不及时预冷，会加速梨果成熟和老化，使其新鲜度和质量明显降低。短时间内进行预冷，将其迅速冷却至约 3℃，保持较低的呼吸速率，延缓果实衰老。

自然预冷是在没有冷藏或预冷设备的情况下，将采后的梨果用通透包装运到阴凉、通风处，利用自然风或机械送风来除去热量。自然预冷需时较长，且不易达到适储温度，只用于档次较低、不进行精包装的果品，且运输距离在 400 km 以内的区域。冷库预冷应设立专门的预冷冷库。田间采收的梨果应于当日尽快运至加工厂，快速分级后进入已消毒并降温至 2 ～ 3℃的预冷库，使果实快速降温。果箱入库后堆码成垛，垛底垫板并架空 10 ～ 15 cm，垛与垛、箱与箱之间要留有空隙。果实分批进入预冷库，每天入库量不要超过总库容的 20%，以便果实快速降温至所需温度，预冷时间以 24 h 为宜。

③ 储藏

储藏过程中，要注意库内温度条件，防止冷害的发生。果箱堆叠类型为品字型和蜂窝型，堆垛体积不应太大，果箱间要保留空隙，堆垛应离地面 15 ～ 20 cm、距顶部 20 ～ 30 cm，底部一般用托盘或垫木垫起，放置方向不影响库内冷风循环的位置。堆垛间距为 0.5 ～ 0.7 m，库房中间留有 1.0 ～ 1.3 m 的人行通道兼作通风道。储存期间保持温度和湿度稳定，温度一般为 0 ～ 1℃，湿度为 90% ～ 94%，每 10 d 进行一次通风换气，防止诸如乙烯、乙醇、氨气等有害气体过多积累，造成二氧化碳中毒和催熟作用产生。

（3）包装

包装是产品转化成商品的重要组成部分，兼有包容产品、保护产品和宣传产品等功效，是果品商品化生产中增值最高的一个技术环节。果品包装技术呈现包装系统化、规格小型化、容器精致化、设计精美化及内涵注重品牌化的趋势，为果品在产后储、运、销过程中的流通提供极大的便利。

① 包装容器的要求

梨果实商品包装应具有美观、清洁、无有害化学物质，内壁光滑、卫生，自重轻、成本低，便于取材，易于回收及处理的特点。外包装材料要求卫生、美观、坚固，有利于储藏和运输中的堆码；内包装宜选用价格便宜、不易破损、具有良好的透湿透气性能、符合卫生和环保要求的包装纸、保鲜膜（含单果膜）、网套等，并用隔板或垫片隔离，以防果实挤压造成伤害。在包装外注明商标、品名、等级、重量、产地、特定标志及包装日期等。

采收包装以有内衬的竹篮、藤筐或塑料筐为宜，可减少对果品的擦伤。运输包装要有一定的坚固性，能承受运输期的压力和颠簸，并容易回收。最好用纸箱或泡沫箱，内加果实衬垫。储藏的外包装应坚固、通气；内包装应保湿透气。由于储藏库内低温高湿，产品的堆码较高，要求有良好的通气状态。销售包装以方便、轻巧、直观和美观为准，选择透明度高、透气性好的塑料薄膜袋、网，塑料托盘、泡沫托盘，或小纸箱包装。销售包装上应标明重量、品名、价格和日期。

② 包装容器的种类及特点

纸箱：果品储藏和销售最为主要的包装容器，瓦楞纸箱具有自重轻、经济实用和易于回收的特点，且空箱可折叠，便于堆放和运输。箱体支撑力较大，有弹性，可较好地保护果实；规格大小一致，便于堆码，在装卸过程中便于机械化作业。

塑料箱和钙塑箱：塑料箱的主要材料是高密度聚乙烯或聚苯乙烯，钙塑箱的主要材料是聚乙烯和碳酸钙，箱体结实牢固，自重轻、抗挤压，碰撞能力强，防水，不易变形，便于果品包装后高度堆码，有效利用储运空间。在装卸过程中便于机械化作业，外表光滑易清洗，可重复使用，空箱可以套叠，箱口有插槽，空箱周转、运输和堆码时安全。

③ 辅助包装材料

包果纸：减少果品采后失水、腐烂和机械伤害，质地光滑、柔软、卫生，无异味，有韧性。

衬垫物：泡沫、网套以及牛皮纸等。

抗压托盘：具凹坑，凹坑的大小和形状以及图案的类型根据包装的具体果实设计，每个凹坑放置一个果实，果实的层与层之间由抗压托盘隔开，有效减少果实的损伤。

# 第二节　加　　工

梨果除了鲜食以外，还有很多加工产品。《齐民要术》记载“凡醋梨，易水熟煮，则甜美而不损人也”[①]，同时记载了酒蜜混合后腌制梨的“梨菹法”。明代《农政全书》记载了梨用来烘焙的食用方法，《救荒本草》记载了梨未熟时煮食和晒作梨糁备用的食用方法。随着科技的发展，梨的加工品更是多种多样，如糖水罐头、梨汁、梨干、梨酒、梨醋以及糖制品梨脯、蜜饯、梨酱等，令人垂涎。

2018 年，世界加工用梨为 244.0 万 t，占梨总产量的 11.9%。我国加工用梨为 120 万 t，占世界加工梨的 19.2%。罐头和浓缩汁是我国梨主要加工产品，其次有梨膏、梨果酒、蒸馏酒、梨汁和梨汁饮品、梨干、梨脯、梨糖等产品，民间传统加工品有煮梨汤、烤梨、冻梨、泡梨等。2018 年，我国梨浓缩汁出口量为 4.49 万 t，同比下降 2.28%，出口额为 4864.5 万美元。2018 年梨罐头出口量为 6.39 万 t，同比增长 23.09%，出口额为 5980 万美元，同比增长 25.75%。

---

① 缪启愉，缪桂龙撰 . 齐民要术译注，上海：上海古籍出版社，2006，12：283.

### 1. 梨罐头

（1）工艺流程

原料→分级→清洗→去皮→护色→切半→去心→抽空与漂烫→装罐→排气→封口→杀菌→冷却→保温→打检→成品。

（2）技术要点

① 原料选择及处理

以充分成熟、新鲜完整为标准，剔除病、虫、伤果，冷藏果须缓慢升温，果心温度达到 15℃以上再行加工。用旋皮机旋皮，经人工修整。

② 护色、切半和去心

果实去皮后易发生酶促氧化褐变，用 1% ～ 2% 的食盐水 +0.1% ～ 0.2% 的柠檬酸组成的护色液浸泡护色。及时进行切半、去心，按产品要求切成两半或四瓣，去净果心周围的石细胞，尽量减少原料在空气中的暴露时间。

③ 装罐

装罐前通过漂烫法、抽空法或者生装法进行处理。生装法的果块既不漂烫也不抽空处理，直接装罐，大大缩短了整个工艺时间，减少产生不良变化的机会，产品色泽和风味好。每罐内按产品质量标准装入规定重量的果块，之后注入糖液，留足顶隙。

④ 排气和封口

将罐内空气排除，封口后形成一定的真空度，保证产品质量。将罐置于高温蒸汽下 10 ～ 15 min，使罐中心温度达到 75℃，之后迅速封口。加热后果块及糖液体积膨胀，果块内的空气被排除，再经封口、杀菌，冷却后由于内容物收缩，顶隙中水蒸气凝结，即可形成一定的真空度。采用微波加热使罐内各部位同时均匀受热，短时间内达到排气要求的温度，受热时间短，从而最大限度地保持原料的色泽、风味和脆度，铁罐包装不能采用微波加热排气。

⑤ 杀菌和冷却

严格按照各种罐盒、各种罐型规定的杀菌温度和杀菌时间进行杀菌操作，杀菌后及时冷却，擦干罐外水分，进行保温检验，合格后贴标、装箱、入库或上市。

### 2. 梨汁

（1）工艺流程

原料选择和处理→清洗→破碎及榨汁→灭菌和澄清→调配和过滤→装罐和杀菌→冷

却→成品。

（2）技术要点

① 原料选择和处理

用于制汁的梨应充分成熟，肉质新鲜。成熟度低，风味尚未形成，制成的梨汁风味较差；轻度轮纹病果挖除病斑及其周围 1 cm 厚果肉后可制汁使用，黑星病果必须剔除。果心轻度褐变的果实，挖净黑心部位后可制汁，但果肉已经褐变者必须剔除。去心带皮制成的梨汁香气较浓，但颜色深；去心去皮时梨汁色浅、味正，但香气少；带心带皮时风味稍淡，颜色略深，但爽口性好。

② 清洗、破碎及榨汁

果实在 1% 盐酸溶液中浸泡 3 ～ 5 min，去掉残留农药，用流动的清水刷洗，洗净果面泥沙、污物。以生榨为宜，破碎过程中添加护色剂进行护色，维生素 C、亚硫酸盐和柠檬酸是常用的护色剂。由于原料及榨出的果汁与空气接触过多，还原性护色剂易氧化失去护色功能，果汁易褐变，宜选用螺旋式榨汁机，并在榨汁过程中充入惰性气体进行保护。为提高出汁率，可在破碎后的原料中加入 0.03% 的果胶酶制剂，在 45℃下保持 1 h。

③ 灭酶、澄清及调配和过滤

榨汁前未灭酶的，榨汁后应尽快进行加热灭酶，以控制褐变，在 95 ～ 100℃的温度下，约经 10 s 即钝化多酚氧化酶活性，达到护色目的。灭酶后的梨汁需用澄清剂进行澄清。对梨汁进行适当调配，将其可溶性固形物调至 10% ～ 12%，含酸量调至 0.15% ～ 0.18%。

④ 杀菌、罐装和冷却

梨汁先杀菌后罐装，也可先罐装后杀菌。先杀菌后罐装时，将梨汁加热至 93℃，罐装后迅速封口，放置保温 3 ～ 5 min 后进行冷却。先罐装后杀菌时，将梨汁加热至 63℃，罐装后迅速封口，放入 93℃的热水中杀菌 10 min，取出进行冷却。杀菌温度不应高于灭酶温度，否则易造成梨汁的返浑。

### 3. 梨酒

（1）工艺流程

原料选择→前处理→清洗→破碎及榨汁→灭菌→过滤→成分调整→主发酵→换缸→

后发酵→陈酿→勾兑→澄清→装罐和杀菌→成品。

（2）技术要点

① 原料选择和处理、灭酶

选择新鲜、充分成熟、无腐烂和病虫害、含糖量高、梨汁多的品种作为原料，用清水清洗干净，切分、破碎后榨汁。梨酒有较长的发酵期和陈酿期，且在发酵过程中，为保持酵母的活性还需要通气溶氧气，维生素C和亚硫酸盐易氧化而失去护色功能。应提高灭酶温度，使酶彻底钝化，灭酶温度控制在100℃，灭酶后要迅速冷却。

② 过滤及成分调整

灭酶后的梨汁不必进行澄清和精滤，只进行粗滤即可。梨汁的含糖量和含酸量均较低，为保证发酵正常进行，需加以调整。含酸量应补充至0.3%～0.5%。糖的添加量应不超过20%，以免造成发酵困难。

③ 发酵（主发酵）

梨汁经高温灭酶后接种酵母菌进行人工发酵，葡萄酒干酵母的降糖速度快，主发酵周期短，有利于提高生产效率和梨酒的质量。发酵温度应控制在15～25℃，低于15℃酵母不易起发，高于35℃酵母迅速老化，影响发酵进度和酒的风味。主发酵结束后及时将发酵汁与沉淀分离，利用发酵汁中的残糖和分离时溶进的氧恢复酵母的活力进行后发酵，以含残糖量不高于1%作为后发酵结束的标准。

④ 陈酿

后发酵结束后将酒液分离，在12～15℃的条件下进行一年以上的陈酿。用冷热处理法加速酒的后熟，缩短陈酿期，保证酒的酯化和沉淀充分。为防止陈酿期间的氧化褐变，保持桶满和密封状态，可适量添加亚硫酸盐。

⑤ 勾兑、灌装及杀菌

根据成品的质量要求进行勾兑，灌入瓶中至适当满后立即密封，在60～70℃的温度下杀菌10～15 min；或先将酒在90℃的温度下杀菌1 min，立即灌装、密封。杀菌后接着冷却到40℃。

### 4. 梨醋

（1）工艺流程

原料选择及处理→破碎打浆→离心过滤→粗果汁→酶解→糖度调整→酒精发酵→接种醋酸菌酸化→定时回浇→淋醋→调配沉降→过滤→杀菌→成品。

（2）技术要点

① 原料选择和处理、酶解

选择成熟的梨，腐烂、虫蛀部位剔除的残次梨亦可使用。用流动的清水清洗干净，除去表面的泥沙和部分杂质，用锤式破碎机将梨打成 2 ～ 3 mm 的均匀小块，离心过滤取汁后加入 1% 果胶酶，在 50 ～ 55℃下酶解 150 min，果汁质量分数为 10° Bx。

② 酒精发酵

将果汁装在密闭容器内，装罐量为 80%，每吨接种活性干酵母 100 ～ 200 g，发酵温度为 39 ～ 40℃，时间为 5 ～ 6 d，酒醪酒精含量在 6%（V/V）以上，酸度 1.0 ～ 1.5 g/100 mL。

③ 醋酸菌酸化

大麦糟 20%、100℃热蒸 20 min，与 70% 果渣和 10% 的麸皮混合均匀，加入 5% 的大麦芽和 3% 的水湿润后破碎，55 ～ 65℃下保温堆放 30 min，然后冷却至 35 ～ 40℃。向固体醋醅中加入 10% 的醋酸菌种子，充分混匀，投入带有假底的发酵池中，盖上塑料布，醋醅温度控制在 35 ～ 38℃，6 h 后将酒醪均匀淋浇到醅表面，24 h 后松醅。每到品温达到 40℃时，将池底放出的醋汁回浇，使品温降至 36 ～ 38℃，每天回浇 5 ～ 6 次，20 ～ 22 d 发酵完成。

④调配杀菌及灌装

当成熟的醋汁酸度达 4 ～ 5 g/mL 时，加入 2% 的食盐，防止氧化，同时抑制醋酸菌的活性。后熟期为 14 ～ 16 d，后熟后取清汁，调配、过滤杀菌后灌装。

# 参考文献


[1] 吴耕民 . 中国温带落叶果树栽培学 [M]. 杭州：浙江科学技术出版社，1993.

[2] 蒲富慎 . 果树种质资源描述符——记载项目及评价标准 [M]. 北京：中国农业出版社，1990.

[3][ 清 ] 赫懿行撰；栾保群点校，山海笺疏 [M]. 北京：中华书局，2019.06.

[4] 魏闻东 . 鲜食梨 [M]. 郑州：河南科学技术出版社，2005.

[5]（明）朱棣著，王锦秀 , 汤彦承译注 . 上海：中国古代科技名著译注丛书，赖荒本草译注 [M]：上海古藉出版社，2015.12.

[6]（明）符光启撰，石声汉点校 [M]. 上海：上海古籍出版社，2020.

[7]（明）朱棣著，王锦秀，汤彦承译注 [M]. 上海：上海古籍出版社，2015.

[4] 李先明，丁向阳，吴美华 . 柿栽培新品种新技术 [M]. 南昌：江西科学技术出版社，2018.

[5] 李六林 . 梨水分生理研究进展 [J]. 河北农业科学，2015，19（06）：34-39.

[6] 刘先琴 . 砂梨病虫害发生源头防控技术试验示范 [J]. 湖北农业科学，2008（09）：1041-1043.

[7] 李先明 . 梨新品种“金香”的品种特性及栽培技术 [J]. 中国南方果树，2018，47（S1）：5-8.

[8] 李先明 . 西北地区梨主要树形冠层结构调查分析 [J]. 中国南方果树，2018，47（S1）：67-71.

[9] 李先明 . 梨果实若干外观性状及童期的遗传学调查 [J]. 江西农业学报，2016，28（07）：22-26.

[10] 刘先琴 . 湖北省砂梨主要病虫害发生演替与防治对策 [J]. 中国果树，2007（06）：51-53.

[11] 武春昊 . 我国近五十年梨芽变育种研究进展与展望 [J]. 北方园艺，2018（19）：156-161.

[12] 李先明 . 韩国梨产业发展模式 [J]. 世界农业，2013（05）：120-124.

[13] 李先明 . 不同类型纸袋套袋处理对梨果实品质的影响 [J]. 浙江农业学报，2012，24（06）：998-1003.

[14] 李先明 . 六个中晚熟梨品种叶面积回归方程的建立 [J]. 湖北农业科学，2012，51（12）：2487-2492.

[15] 刘逸凡 . 湖南观光果园规划研究 [D]. 长沙：湖南农业大学，2017.

[16] 李先明 . 不同梨品种需冷量研究 [J]. 河南农业科学，2011，40（07）：126-129.

[17] 李先明 . 7 个早熟梨品种叶面积回归方程的建立 [J]. 江西农业学报，2011，23（05）：36-39.

[18] 李先明 . 套袋对梨果实农药残留和重金属含量的影响 [J]. 天津农业科学，2010，16（05）：97-99.

[19] 李先明 . 梨不同树形的结构特征、产量分布及果实品质的差异 [J]. 中国农学通报，2009，25（23）：323-326.

[20] 李先明 . 湖北省砂梨产业现状、存在问题及发展对策 [J]. 河北农业科学，2009，13（08）：100-104.

[21] 李相禹 . 果园绿肥新种——大别山野豌豆概述 [J]. 特种经济动植物，2019，22（09）：28-30.

[22] 门小鹏 . 安徽省梨产业现状分析与发展对策 [D]. 合肥：安徽农业大学，2017.

[23] 李先明 . 十六个早熟砂梨品种在武汉的引种试验 [J]. 中国南方果树，2003（04）：66-67.

[24] 李先明 . 采摘期对金水 2 号梨果实性状的影响 [J]. 中国南方果树，2001（04）：54-55.

[25] 李先明 . 武汉地区梨瘿蚊发生特点及防治 [J]. 湖北植保，2000（03）：23-24.

[26] 李先明 . 优质晚熟梨——金水 1 号 [J]. 中国土特产，2000（03）：36.

[27] 李先明 . 金水 2 号梨套袋试验 [J]. 中国南方果树，2000（02）：45.

[28] 李先明 . 梨接芽苗栽植技术 [J]. 落叶果树，2000（01）：52.

[29] 李先明 . 梨双层开心形整形修剪技术 [J]. 中国南方果树，1999（06）：47.

[30] 李先明 . 武汉地区梨实蜂发生特点及防治 [J]. 湖北植保，1999（04）：20-21.

[31] 李先明 . 梨园正确使用波尔多液的方法 [J]. 中国农村科技，2000（08）：23.

[32] 刘先琴 . 砂梨病虫种群动态及其无公害防控技术 [J]. 湖北农业科学，2009，48（11）：2756-2758，2782.

[33] 王克，赵文珊 . 果树病虫害及其防治 [M]. 北京：中国林业出版社，1989.

[34] 王杰 . 梨历史与产业发展研究 [D]. 福州：福建农林大学，2011.

[35] 杨娇 . 观光果园规划设计研究 [D]. 长沙：中南林业科技大学，2013.

[36] 罗桂环 . 梨史源流 [J]. 古今农业，2014（03）：49-58.

[37] 杜澍 . 西北梨的栽培历史 [J]. 山西果树，1980（01）：2-4.

[38] 王斐等 . 我国育成梨品种特点分析及展望 [J]. 中国果树，2014（04）：66-71.

[39] 滕元文 . 梨属植物系统发育及东方梨品种起源研究进展 [J]. 果树学报，2017，34（03）：370-378.

[40] 李先明 . 早熟梨新品种“玉香”的选育 [J]. 中国南方果树 2018，47（S1）：1-4.

[41] 李先明 . 不同时期套袋对鄂梨 2 号果实品质的影响 [J]. 果树学报，2008（06）：924-927.

[42] 李先明 . 梨果实若干经济性状遗传倾向研究 [J]. 西北农业学报，2014（11）：85-91.

[43] 李先明 . 生草对梨园微域生态环境及果实品质的影响 [J]. 河南农业科学，2010（01）：92-95.

[44] 王斐 . 我国梨育种亲本的选配及骨干亲本分析 [J]. 中国南方果树，2015（05）：106-111.

[45] 李先明 . 湖北地区砂梨有害生物发生及防治现状 [J]. 果树学报，2018（A1）：46-54.

[46] 李先明 . 湖北省梨高接换种技术规程 [J]. 河北农业科学，2020（06）：65-68.

[47] 李先明 . 不同梨品种光合作用差异性的研究 [J]. 江西农业学报，2012（03）：7-10.

[48] 李先明 . 砂梨套袋技术及其效应研究 [D]. 武汉：华中农业大学，2005.

[49] 李先明 . 梨品种需冷量评价模式 [J]. 西北农业学报，2013（05）：68-71.

[50] 李先明 . 一种梨杂交种子简易快速育苗方法：ZL201110130146.4[P]. 2011-10-19.

[51] 李先明 . 一种果树杂交育种人工授粉工具：ZL201120161087.2[P]. 2012-05-30.

[52] 李先明 . 湖北省地方标准：化学农药减施增效技术规范 第 2 部分：梨园 [S]，DB 42/T 1788.2—2022.

[53] 李先明 . 湖北省地方标准：生草栽培技术规程 第 1 部分：梨园 [S]，DB 42/T 1759.1—2021.

[54] 李先明 . 湖北省地方标准：砂梨套袋栽培技术规程 [S]，DB 42/T 930—2013.

[55] 李先明 . 湖北省地方标准：砂梨生产技术规程 [S]，DB 42/T 931—2013.

[56] 李先明 . 湖北省地方标准：长江流域梨树体管理增效技术规程 [S]，DB 42/T 1578—2020.

[57] 李先明 . 湖北省地方标准：鄂梨 1 号、鄂梨 2 号生产技术规程 [S]，DB 42/T 424—2020.

# 附录 1

砂梨周年管理工作历

| 月份 | 物候期 | 作业项目 | 具体操作方法与技术要点 |
|---|---|---|---|
| 11 月至翌年 2 月 | 落叶休眠期 | 土壤管理 | 翻培行带，深 20 ～ 30 cm。行间清耕，间作物或者果园生草为矮秆豆科植物，如三叶草、大别山野豌豆、苕子等 |
| | | 清园消毒 | 刮除主干和主枝上的病斑、翘皮并烧毁，距地面 1 m 左右树干涂白。清除果园周边杂草，扫清枯枝、落叶及病虫枝、僵果，集中烧毁。全园喷 5 波美度石硫合剂 +500 倍五氯酚钠清园，对枝干进行淋洗式喷雾 |
| | | 冬季修剪 | 适宜树形为小冠疏层形、倒伞形、纺锤形等，小冠疏层形的结构为主干高 50 cm，具有中央领导干，第一层 3 ～ 4 个主枝，基角为 65° ～ 70°；第二层 2 个主枝，基角为 50° ～ 60°。每个主枝配置 2 ～ 3 个侧枝。第一、二层主干层间距为 1.0 ～ 1.2 m，其上着生中、小型结果枝组。长枝修剪，少短截，多长枝甩放。鄂梨 2 号尤忌短截过多，过密枝疏除 |
| 3 月 | 萌芽开花期 | 土壤管理 | 催芽肥：盛果期树每株施 1.0 ～ 1.5 kg 复合肥，幼旺树可略减，萌芽前挖深 10 ～ 15 cm 的条沟施入。果园生草追施一次尿素提苗 |
| | | 病虫防治 | 花芽萌动前用 5 波美度石硫合剂，或 45 % 石硫合剂晶体 100 倍稀释液对全株枝干进行一次淋洗式喷雾，以枝干滴水为度；或者选用 43% 戊唑醇悬浮剂 3000 倍液 +10 % 吡虫啉可湿性粉剂 4000 倍液进行喷雾，铲除轮纹病、黑斑病及梨木虱、蚜虫等越冬病虫害 |
| | | 花、果、枝管理 | 进行花前复剪，剪除过多花枝及无花营养枝。纺锤形进行刻芽，中心干 50 cm 以上的芽全部在芽体上部刻伤。对花多及坐果率高的品种进行疏花，进行人工授粉或人工放蜂，提高坐果率。抹除剪口附近丛生芽及过多背上芽 |
| 4 月 | 新梢及幼果生长期 | 疏果 | 谢花后 15 d，及时疏果。鄂梨 2 号、华梨 2 号等中果型品种，每果台可留双果，玉绿、圆黄等大果型品种则留单果。每果台保留第 2 ～ 4 序位果，疏除病虫果、小果、朝天果、畸形果，第一次疏果应适当多留 20% ～ 30% 的幼果，以防疏果过量。上旬，青皮品种果实套小蜡袋 |
| | | 夏季修剪 | 疏枝：疏除过多背上枝、徒长枝及延长枝。摘心：新梢 30 cm、延长枝 50 cm 长时摘除先端生长点。拉枝：2 ～ 3 年生直立枝和陡长新梢，背上枝打桩拉平促花，或用塑料袋装土进行吊枝，或用竹签进行撑枝。幼树用牙签撑枝 |
| | | 病虫防治 | 花谢 90% 时及时喷施杀菌剂 70 % 代森锰锌（或丙森锌）可湿性粉剂 600 倍液、70% 甲基硫菌灵可湿性粉剂 1000 倍液 + 杀虫剂 10% 吡虫啉可湿性粉剂 4000 倍液或 3% 啶虫脒乳油 2000 倍液。重点防治梨实蜂，其爆发时会造成大量落果。4 月上中旬检查叶片，若发现针尖状的黄斑，应及时防治梨锈病（15 % 三唑酮可湿性粉剂 500 倍液），喷雾时应仔细，防止漏叶，连喷 2 次（间隔 10 ～ 15 d）。全园挂黄板和频振灯进行诱杀 |

| 月份 | 物候期 | 作业项目 | 具体操作方法与技术要点 |
| --- | --- | --- | --- |
| 5月 | 果实及枝梢生长期 | 夏季修剪 | 剪梢：剪除过多新梢，如丛生枝和背上枝。扭梢：留基部5～7片叶，扭转90°（新梢半木质化时进行）。环割：对结果少的幼旺树的主干（距地面30～40 cm处）及主枝用钢锯条环割2圈，促进花芽分化 |
| | | 土肥管理 | 5月中下旬施壮果肥，每株施1.0～1.5 kg磷钾肥。多雨时注意梨园清沟排渍；行带进行中耕、除草及翻压；推荐行带用园艺地布进行覆盖 |
| | | 果实管理 | 5月上旬结合果实套袋进行定果，疏除过密、过小幼果。上中旬及时套袋，套袋前进行1次彻底病虫防治，重点防治黄粉蚜和梨木虱 |
| | | 病虫防治 | 5月初及时防治梨木虱、梨瘿蚊、蚜虫及黑星病、黑斑病、轮纹病等，杀菌剂为37%苯醚甲环唑水分散粒剂4000倍液、43%戊唑醇悬浮剂3000倍液、25%咪鲜胺乳油1000倍液、40%氟硅唑乳油4000倍液、70%甲基硫菌灵可湿性粉剂1000倍液+杀虫剂为22.4 %螺虫乙酯悬浮剂4000倍液、10 %吡虫啉可湿性粉剂4000倍液、3%啶虫脒乳油2000倍液或1.8%阿维菌素乳油4000倍液，全株喷雾；5月中旬重喷1次，注意药剂交替使用。黑星病发生严重的果园，月初应随时检查，发现叶片有黑斑霉时，及时打药 |
| 6月 | 果实膨大期 | 土壤管理 | 行带覆盖，除草荒。果实膨大时尤其注意防止干旱，天旱时灌水 |
| | | 病虫防治 | 重点防治梨木虱、梨小、蟀象、梨瘿螨及黑斑病、黑星病，药剂使用同5月，注意不同药剂的交替使用。摘除病虫为害的枝、叶、果，集中烧毁。月初喷雾1次，间隔15～20 d再喷1次 |
| | | 果实管理 | 这段时期梅雨开始，注意防治梨木虱为害，在果实表面形成烟煤。中晚熟品种进行定果，第二层追施壮果肥，每株施1.0～1.5 kg复合肥 |
| 7月 | 早熟梨果实成熟期 | 果实管理 | 7月上中旬早熟品种果实成熟，分批采收，轻拿轻放，套袋则带袋采收。 |
| | | 土肥管理 | 伏旱发生应及时灌水。果实采收后及时施还原肥，每株施1.0～1.5 kg复合肥 |
| | | 病虫防治 | 早熟品种采收后及时喷药，重点防治梨网蝽、梨木虱、刺蛾等食叶害虫及黑斑病，防止过早落叶，造成二次开花。秋月、圆黄等中晚熟品种防治食心虫为害。这段时期重点防治果实鸟害以及金龟子、胡蜂等果实害虫 |
| 8月至10月 | 采收及树体储藏营养期 | 土壤管理 | 干旱时灌水，除去杂草；9—10月全园翻耕，10月中下旬揭开行带地布 |
| | | 果实管理 | 中晚熟品种圆黄、秋月、金水1号采收，特别注意防止食心虫为害 |
| | | 病虫防治 | 果实采收后，全园清除病果、病叶后，全面喷施1次农药，这段时期重点防治梨网蝽、梨木虱、刺蛾等食叶害虫，药剂同5月。喷雾时应均匀、全面，叶背和叶面均应到位；农药宜交替使用，不应乱混乱用。9月树干束草把 |
| | | 施基肥 | 早施、深施，在树冠滴水线附近，于9—10月挖深40～50 cm、宽30～40 cm的条沟施入，亩施用量3000 kg有机肥+150 kg过磷酸钙 |

# 附录 2

## （一）梨园常用的农药

大生 M-45：80% 可湿性粉剂，通用名为代森锰锌，是锌、锰离子以络合态的形式结合而成的化合物，广谱、高效，耐雨水冲刷，可在雨前喷施，在叶果表面形成一种致密的保护药膜，抑制病菌的萌发和侵入。

三唑酮：又名粉锈宁、百菌酮，三唑类杀菌剂，高效、低毒、低残留、持效期长、内吸性强，被植物的各部分吸收后在植物体内传导，对锈病和白粉病具有预防、铲除、治疗等作用，可抑制菌丝生长和孢子形成。三唑酮应用广泛，原药和制剂类型多，主要有 15%、20% 乳油，8%、10%、12% 高渗乳油，12% 增效乳油，10%、15%、25% 可湿性粉剂，8% 高渗可湿性粉剂，15% 烟雾剂以及含三唑酮的复配杀菌剂和杀菌杀虫剂、种衣剂，可以茎叶喷雾、处理种子、处理土壤等多种方式施用，可与多种杀菌剂、杀虫剂、除草剂等现混现用。

苯醚甲环唑：又名恶醚唑，商品名称为思科、世高。三唑类杀菌剂，具内吸性，具有保护和治疗作用，安全性比较高。杀菌谱广，对子囊菌纲、担子菌纲和包括链格孢属、壳二孢属、尾孢霉属、刺盘孢属、球痤菌属、茎点霉属、柱隔孢属、壳针孢属、黑星菌属在内的半知菌类、白粉菌科、锈菌目等有持久的保护和治疗作用。

甲基托布津：又名甲基硫菌灵，苯并咪唑类，广谱性内吸低毒杀菌剂，具有内吸、预防和治疗作用，在植物体内转化为多菌灵，干扰菌的有丝分裂中纺锤体的形成，影响细胞分裂，可用于防治梨黑星病、黑斑病、褐斑病、炭疽病等真菌病害。

吡唑醚菌酯：又名百克敏、唑菌胺酯，甲氧基丙烯酸酯类杀菌剂之一，新型广谱杀菌剂，线粒体呼吸抑制剂，具有保护、治疗、叶片渗透传导作用。一般喷药 3 次，间隔 10 d 喷 1 次药。对子囊菌类、担子菌类、半知菌类及卵菌类等植物病原菌有显著的抗菌活性，且具有潜在的治疗活性，可用于防治多种作物真菌性病害。

咪鲜胺：广谱杀菌剂，系抑制麦角甾醇生物合成，具有保护和铲除作用。对由子囊菌和半知菌引起的病害具有明显的防效，可以与大多数杀菌剂、杀虫剂、除草剂混用，均有较好的防治效果。

烯啶虫胺：新烟碱类杀虫剂，高效、低毒、内吸和无交互抗性，主要作用于昆虫神经，对害虫突触受体具有神经阻断作用，对各种蚜虫、粉虱、叶蝉和蓟马有良好的防效。杀虫谱较广，残留期可持续15 d，主要用于防治梨木虱、梨蚜。使用安全，害虫不易产生抗体。

噻虫嗪：又名阿克泰，是一种全新结构的第二代烟碱类高效低毒杀虫剂，可选择性抑制昆虫中枢神经系统烟酸乙酰胆碱酯酶受体，进而阻断昆虫中枢神经系统的正常传导，促使害虫出现麻痹机时死亡。对害虫具有胃毒、触杀及内吸活性，用于叶面喷雾及土壤灌根处理。施药后迅速被内吸，并传导到植株各部位，对鞘翅目、双翅目、鳞翅目，尤其是同翅目害虫有高活性，有效防治各种刺吸式害虫，如蚜虫、叶蝉、飞虱类、粉虱、金龟子幼虫、线虫、潜叶蛾等，与吡虫啉、啶虫脒、烯啶虫胺无交互抗性。既可用于茎叶处理，也可用于土壤处理。

吡虫啉：烟碱类杀虫剂，广谱、高效、低毒、低残留，不易产生抗性，对人、畜、植物和天敌安全，并有触杀、胃毒和内吸等多重作用，产品速效性好，药后1 d即有较高的防效，残留期长达25 d，温度高，杀虫效果好，主要用于防治刺吸式口器害虫，如蚜虫、飞虱、粉虱、叶蝉、蓟马等；对鞘翅目、双翅目和鳞翅目的某些害虫有效，但对线虫和红蜘蛛无效。具有优良内吸性，特别适于用种子处理和撒颗粒剂方式施药。

虱螨脲：新型杀虫剂，通过作用于昆虫幼虫、阻止脱皮过程而杀死害虫，对蓟马、锈螨、白粉虱有独特的杀灭机理，适用于防治对合成除虫菊酯和有机磷农药产生抗性的害虫。持效期长，对作物安全，对益虫的成虫和扑食性蜘蛛作用温和。药效持久，耐雨水冲刷。用药后具杀卵功能，2～3 d见效，可作为良好的混配剂使用，对鳞翅目害虫有良好的防效，防治梨实蜂、梨木虱、梨瘿蚊、蟏象、梨蚜、梨小食心虫，主要作用于卵和幼虫。

螺虫乙酯：季酮酸类化合物，高效、广谱，具有双向内吸传导性能，吸收后在整个植物体内上下移动，抵达叶面和树皮，其独特的内吸性能可有效保护新生茎、叶和根部，防止害虫的卵和幼虫生长，持效期长达8周。有效防治各种刺吸式口器害虫，如蚜虫、蓟马、木虱、粉蚧、粉虱和介壳虫等，在美国梨树上登记的是主要防治卵和幼虫，对成虫无效。对重要益虫如瓢虫、食蚜蝇和寄生蜂具有良好的选择性。

吡蚜酮：又名吡嗪酮，新型吡啶杂环类杀虫剂，高效、低毒、高选择性，对环境生态安全，用于防治大部分同翅目害虫，尤其是刺吸式口器害虫，如蚜虫科、粉虱科、叶蝉科害虫。

高效氯氰菊酯：商品名称为高保、高清、高亮等数十个，制剂类型多，有95%原药、4.5%乳油、5%可湿粉剂以及复配制剂，如40%甲·辛·高氯乳油、29%敌畏·高氯乳油、30%高氯·辛乳油，非内吸性，具触杀和胃毒作用，通过与害虫钠通道相互作用而破坏其神经系统，有强毒性。广谱性杀虫剂，对许多种害虫均具有很高的杀虫活性，主要防治鳞翅目害虫，可用于木虱类、蓟马类、食心虫类、卷叶蛾类、毛虫类、刺蛾类等害虫。

啶虫脒：又名乙虫脒、啶虫咪，氯化烟碱类化合物，是一种新型杀虫剂。杀虫谱广、活性高、用量少、持效长、速效，具有触杀和胃毒作用，内吸活性强。对半翅目（蚜虫、叶蝉、粉虱、蚧虫、介壳虫等）、鳞翅目（小菜蛾、潜蛾、小食心虫、纵卷叶螟）、鞘翅目（天牛、猿叶虫）以及总翅目害虫（蓟马类）均有效，对半翅目、鳞翅目害虫有高效，在防治对有机磷、氨基甲酸酯，以及拟除虫菊酯类等农药品种在产生抗药性的害虫上具有较好效果。

甲维盐：全称甲氨基阿维菌素苯甲酸盐，溶于丙酮和甲醇、微溶于水，是从发酵产品阿维菌素合成的一种新型高效抗生素杀虫剂。是超高效、低毒（制剂近无毒）、低残留的生物杀虫杀螨剂，活性最高、杀虫谱广、无抗药性，具有胃毒、触杀作用，对鳞翅目害虫、螨虫、鞘翅目及同翅目害虫有极高的活性。

敌敌畏：又名 DDVP，有机磷杀虫剂，溶于有机溶剂，易水解，遇碱分解快。对人、畜有毒，对鱼类毒性较高，对蜜蜂是剧毒。广谱性杀虫、杀螨剂，具有触杀、胃毒和熏蒸作用，对害虫击倒力强而快，对咀嚼口器和刺吸口器的害虫均有效，用于防治多种鳞翅目、半翅目、螨类等害虫。

烯啶吡蚜酮：60% 烯啶虫胺和 20% 吡蚜酮复配。

烯啶噻虫嗪：20% 烯啶虫胺、20% 噻虫嗪和 10% 增效剂复配。

高氯甲维盐：0.2% 甲氨基阿维菌素苯甲酸盐与 4% 高效氯氰菊酯混配。

### （二）波尔多液的配制及使用

波尔多液为矿物源农药，是生产绿色果品提倡使用的杀菌剂，对梨黑斑病、褐斑病、白粉病、黑星病等病害具有很好的防治效果。

#### 1. 配制比例

在梨树上使用波尔多液硫酸铜∶生石灰∶水 =1∶4∶200 效果最佳，适当增加石灰用量可提高药液的黏附能力，每喷 1 次可维持药效 30 ～ 40 d，整个梨树生长期间（4—9 月）仅喷 3 ～ 4 次即可，且对果实外观无不良影响，不产生果锈。而使用传统的 1∶2∶200 波尔多液，每喷 1 次仅能维持 15 ～ 20 d，且易产生果锈。若使用 1∶6∶200 波尔多液，则影响叶片光合作用，药效亦降低。

### 2. 配制方法

配制波尔多液不宜用金属容器，可用木桶、塑料桶或瓷器。石灰宜选用白色、质轻、块状的新鲜石灰，忌用久置粉化发绵的石灰。配制时先用 2 /3 的水稀释硫酸铜，并充分搅拌，使其溶解，再用 1/3 的水将生石灰配成浓石灰乳，然后将稀硫酸铜溶液缓慢倒入浓石灰乳中，边倒边搅拌，这样配成的波尔多液为天蓝色胶悬体，不产生沉淀。

### 3. 使用方法

波尔多液为保护性杀菌剂，应在发病前使用，而且喷雾时应细致均匀，叶背及叶面都应喷至滴水为度，枝干则用淋洗式，成年梨树每亩每次用药以 150 kg 为宜。喷药应在晴天上午 9 点至下午 4 点进行，阴天、有露水时忌用，多雨季节宜在雨前使用。武汉地区梨树第一次用药应在花后 10 d，4 月中旬尽早进行。波尔多液为碱性农药，宜随配随用，忌与其他杀虫剂、杀菌剂混合使用，以免产生药害；而且使用其他杀虫剂、杀菌剂时，应与波尔多液错开 7 ～ 10 d，否则会降低药效。波尔多液可与退菌特混合使用，且能提高药效。长期使用波尔多液的梨园，红蜘蛛有加重为害的趋势，5—7 月在使用波尔多液前，可提前使用杀螨剂防治红蜘蛛的为害。

## （三）石硫合剂的熬制

石硫合剂是梨园冬季清园消毒常用的药剂。熬制石硫合剂时，石灰应选择色白、质轻无杂质、含钙量高的块状石灰。硫黄要用色黄、质细的优质硫黄，最好在 350 目以上。生石灰∶硫黄粉∶水 =1∶2∶10。先烧水至水温达 70 ～ 80℃时，将称好的硫黄粉放入预备容器内，加热水（50℃）搅拌至硫黄全部溶解呈面糊状，倒入大锅内。大锅内硫黄水近沸腾时则缓慢加入生石灰，此时溶液易喷溅，应加少量冷水降温，石灰全部加入锅内以后开始计时，不断搅拌并加大火力猛煮约 50 min，在此过程中，水分蒸发较快，应补水至生石灰∶硫黄粉∶水 =1∶2∶13，锅内的溶液呈酱油色，用波美比重计测定浓度为 26 ～ 28 波美度。原液澄清后，即可稀释使用。锅内的残渣收集后，可用作梨树刷干。